추천의 글

'왜'라는 질문에 답을 주는 힌트북

이 책은 아이들의 '왜'라는 질문에 '원래' 또는 '그냥'이라는 말로 답하지 않고 수학적 개념을 '위치와 질서'에 따라 차분하게 설명합니다. 교과서 문제를 활용하여 친숙하게 다가온 점, 개념 따라쓰기로 개념을 머릿속에 각인시킨 점도 이 책의 강점입니다. 힌트북을 통해 '왜'라는 질문에 수학적 개념으로 답변할 수 있는 실력 있는 학생들이 되기를 기대합니다.

정성윤 선생님(서울세검정초등학교)

과제집착력을 길러주는 효과적인 구성!

학급에서 수학 수업을 할 때 최대한 답을 나중에 알려주면서 힌트를 주거나 문제를 이해할 수 있도록 풀어 설명해 줍니다. 과제집착력, 즉 문제를 끝까지 풀어내고자 하는 태도가 결국에는 수학 실력 향상에 도움이 된다고 생각하기 때문입니다. 힌트북은 아이들이 혼자 공부할 때에도 과제집착력을 기를 수 있는 효과적인 구성을 가진 교재라고 생각합니다. 힌트북은 수학을 잘 하고 싶어하는 아이들에게 기본기를 꼼꼼히 다져주는 좋은 친구이자 선생님이 되어 줄 것입니다.

류윤정 선생님(중앙대학교 사범대학 부속초등학교)

문제의 실마리를 주는 힌트

문제를 풀다 막히면 답지부터 찾아본 경험, 누구나 있을 거예요. 그런데 이 책엔 힌트북이 있어 답지를 보지 않고 문제의 실마리를 찾을 수 있습니다. 또 본문에서 개념을 따라 쓰는 코너가 있어서 학생들이 개념을 얼마나 잘 알고 있는지를 점검할 수 있다는 점도 매우 유익합니다.

박명선 선생님(덕은초등학교)

새 교육과정에서 중요시하는 과정 중심 평가에 맞는 학습서

새로 개정된 수학과 교육과정은 학습 결과 평가뿐만 아니라 과정 중심 평가도 중요시하여 종합적인 학습 평가를 지향하고 있습니다. 과정 중심 평가에서의 핵심은 학생들의 요구에 맞추어 피드백이 즉각적으로 이루져야 한다는 것입니다. 그런 점에서 이 책은 단계별로 효과적인 수학 학습이 되도록 학생 본인의 사고에 맞게 학습을 조절할 수 있습니다. 목표에 도달했다고 하더라도 어떤 과정으로 도달했는지, 혹은 어떤 이유로 도달하지 못했는지에 대한 학습 방향을 알려주는 나침반 같은 역할을 할 수 있기를 기대합니다.

최현아 선생님(서울가락초등학교)

수학에 자신 있는 친구들에게도 추천해요.

힌트북에서는 귀여운 캐릭터들이 설명해 주는 힌트를 통해 아이들이 개념과 원리를 지루하지 않고 흥미 있게 집중하여 이해할 수 있습니다. 수학을 많이 버거워하는 아이들도 캐릭터들이 차근차근 설명하는 힌트를 따라가며 자신감을 키우게 될 것입니다. 풀이가 힘들고 귀찮아 힌트를 먼저 펼쳐보게 되는 아이들도 힌트 속에 녹아 있는 개념과 풀이 과정을 통해 자연스레 개념을 복습하게 되고 차근차근 풀이 과정을 밟아가는 연습을 할 수 있을 것입니다. 아울러 수학에 자신 있어 하는 친구들에게도 추천합니다. 어렵지 않게 푼 문제들도 '힌트' 속 설명을 통해 수학 실력을 더욱 탄탄히 다질 수 있을 테니까요.

강상미 선생님(서울송례초등학교)

추천의 글

생각하는 힘과 인내심을 길러줘요.

수학은 암기과목이 아닙니다. 한 문제를 풀어내는 과정은 마치 미로 속에서 출구를 찾아내는 과정과 비슷합니다. 많은 문들을 인내심을 갖고 하나하나 열어가며 출구를 찾아냈을 때 비로소 빛을 보는 기쁨을 누릴 수 있는 것과 같습니다. 모르겠다고 처음부터 답을 봐 버리면 생각하는 힘을 얻을 수 없고, 수학 문제를 해결하는 데 반드시 필요한 인내심도 기를 수 없습니다. 이 책은 문제를 해결하기 위해 통과해야 하는 많은 문들을 하나하나 열어갈 수 있도록 적절하게 힌트를 주고 있습니다. 이 책을 통해 필요한 만큼의 힌트를 참고하여 스스로 문제를 풀어내는 기쁨을 누리며 진정한 수학 실력을 높일 수 있기를 바랍니다.

채현정 선생님(서울대명초등학교)

스스로 깨닫게 하는 유능한 수학 코치!

문제 옆에 바로 붙어 있는 일반 참고서의 힌트는 아이들이 스스로 사고할 기회를 빼앗는 나쁜 친구죠. 그렇다고 힌트가 없으면 포기하기 쉽고, 또 답과 해설을 보며 공부하다 보면 끝내 혼자서는 문제를 풀어내지 못합니다. 이러한 문제의 완벽한 해결사가 힌트북입니다! 게다가 힌트북은 문제마다 중요한 개념을 친구처럼 세밀하게 알려주어서 문제의 핵심을 스스로 깨닫게 하는 가장 유능한 수학 코치입니다!

유은화 선생님(분당 공부방 원장)

혼자서도 척척, 혼공 내비게이션!

흔히 수학에는 왕도가 없다고 하지요. 그만큼 쉽고 빠른 지름길이 없다는 말인데요, 힌트북이 좋은 길잡이가 될 수 있을 것 같네요. 막히면 힌트를 보고 제대로 된 맞춤길을 안내받아 문제를 척척 풀어나갈 수 있으니까요.

안소정 선생님('수학의 역사' 저자)

학습 결손을 막아주는 '찐' 혼공 학습서

왜 진작에 이런 학습서가 나오지 않았을까요? 힌트북이 선생님이 되어 스스로 풀어내도록 도와주니 수학 실력뿐 아니라 자신감까지 올려주네요! 특히 요즘처럼 비대면 수업으로 인한 학습 결손이나 학력 격차까지 막아줄 수 있는 찐 혼공 학습서입니다.

배기근 선생님(대치 파인만학원 영재원 대표강사)

수학을 가장 쉽고 빠르게 공부할 수 있는 교재

구구절절 설명하는 책들은 넘쳐나지만 한눈에 보여주는 책은 이 책이 유일한 것 같습니다. 개념과 방법이 한눈에 이해되다 보니 힌트북이야말로 수학을 가장 쉽고 빠르게 공부할 수 있는 교재가 아닐까 하는 생각이 듭니다. 학생들이 쉽고 재밌게 공부하기에 안성맞춤입니다!

김준 선생님(일산 에이스학원 원장)

언제나 필요했던 게 바로 이런 책이었어요.

학원이나 선생님 도움 없이 혼자 책을 보며 공부하길 좋아했던 내가 언제나 필요했던 게 바로 이런 책이었습니다. 개념을 쉽게 설명하는 책은 많지만, 개념을 어떻게 받아들이고 어떻게 적용하는지 알려주는 책은 많지 않죠. 힌트북은 선생님이 옆에서 가르쳐 주듯 하나하나 알려주는 든든한 교재입니다.

이승은(서울대 대학원 보건학과)

문제 읽는 방법을 배워 '진짜 실력'을 길러요.

문제를 풀다 어렵다고 해설을 바로 보면 실력이 잘 늘지 않기에 과외 수업을 할 때도 힌트를 종종 주곤 합니다. 문제 접근법을 다시 생각해보게 하는 거죠. 힌트북은 '문제를 읽는 방법'을 학생 스스로 배울 수 있게 합니다. '진짜 실력'을 기르기에 참 좋은 교재입니다.

전가원(서울대 수의예과 21학번)

개념을 문제에 적용할 수 있는 힘을 길러줘요.

수학 문제를 풀 때 가장 중요한 능력은 문제를 분석하고 올바르게 개념을 적용하는 능력입니다. 힌트북은 시중 초등 참고서에 없던 '힌트북'을 통해 처음 공부하는 학생이라도 개념을 문제에 스스로 '적용할 수 있는 힘'을 길러주고 있습니다.

현승환(서울대 자유전공학부 21학번)

매일의 목표를 이루어주는 힌트북

'성공도 습관'이라는 말이 있듯이, 하루의 작은 성공이 반복되어 습관이 될 때 결국 목표를 이루게 됩니다. 이 교재는 하루에 4쪽씩 학습량을 정해 두었는데, 힌트북이 매일의 목표를 포기하지 않고 끝까지 이룰 수 있도록 도와줍니다.

김하경(서울대 체육교육과 21학번)

수학을 고등까지 꾸준히 잘하도록 도와줘요.

수학을 고등학교 때까지 꾸준히 잘하기 위해서 가장 중요한 것은 개념을 완전히 이해하고 문제에 적절하게 적용하는 능력입니다. 책속 힌트북을 통해 학생들이 그 능력을 자연스럽게 기를 수 있고, 자신감까지 얻을 수 있을 것 같습니다.

김지우(서울대 인문계열 21학번)

힌트가 생각의 방향을 잡아줘요.

개념 이해에서 시작한 공부는 문제 해결까지 이어져야 합니다. 힌트북은 이 과정을 끝까지 하도록 유도한다는 점에서 매력적입니다. 문제 속 개념을 찾아내는 것부터, 문제 해결을 위한 생각의 방향을 잡는 것까지 스스로 할 수 있도록 돕기 때문입니다.

김연우(서울대 조경지역시스템공학부 21학번)

스스로 답까지 도착하도록 도와줘요.

귀여운 그림과 예쁜 색감을 사용하여 학생들이 좀 더 관심을 가지고 집중할 수 있을 것 같아요. 답과 풀이만 있는 다른 교재와는 달리 힌트북은 '힌트'라는 스캐폴딩을 설정하여 스스로 생각하고 고민하여 답까지 도착할 수 있도록 도와줍니다. 전체 구성이 개념 → 확인 → 쉬운 문제 → 어려운 문제순으로 단계별로 이루어져 있어 스스로 공부하기에 정말 좋습니다.

송지혁(서울대 아동학과 21학번)

힌트로 수학의 원리를 체화할 수 있어요.

진정한 이해는 혼자 공부할 때 비로소 이루어진다고 생각합니다. 이 책의 강점은 힌트를 통해 모르는 문제가 있을 때 문제의 방식을 혼자 이해하고 몸에 익힐 수 있다는 것입니다. 이 책으로 공부하면 힌트를 통해 풀이 과정을 이해하면서 수학의 원리를 체화할 수 있습니다.

조현준(서울대 생명과학부 21학번)

문제와 풀이 사이에 힌트가 있다면?

막힐 땐

힌트북

막힐 때 힌트 보며 혼자서도 척척

초등 혼공 기본서

슬기로운 공부

이 책의 구성과 특징

기본 개념 학습

개념학습 > 확인문제 > 교과서문제 > 개념 따라쓰기

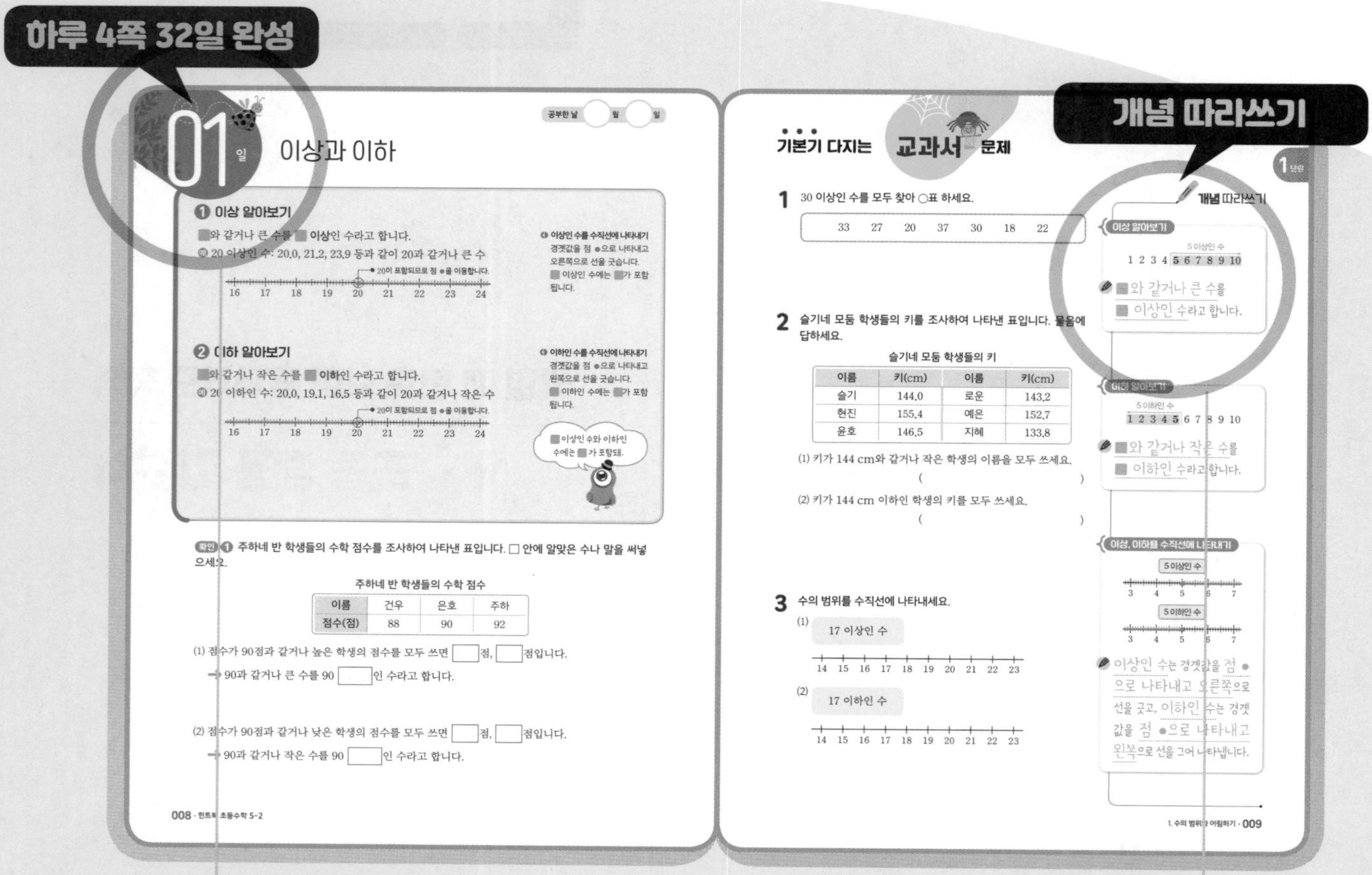

하루 4쪽 32일 완성

하루 4쪽 공부로 단기간에 수학의 기본기를 탄탄하게 완성할 수 있습니다.

개념 따라쓰기

눈으로 확인한 개념을 직접 손으로 따라쓰며 머릿속에 새길 수 있습니다.

스스로 풀어내는 도전 10 문제

기본문제 > 응용문제 > 독해력문제 > 표현력문제

막힐 때 찾아보는 힌트 링크

수학적 독해력·표현력 문제

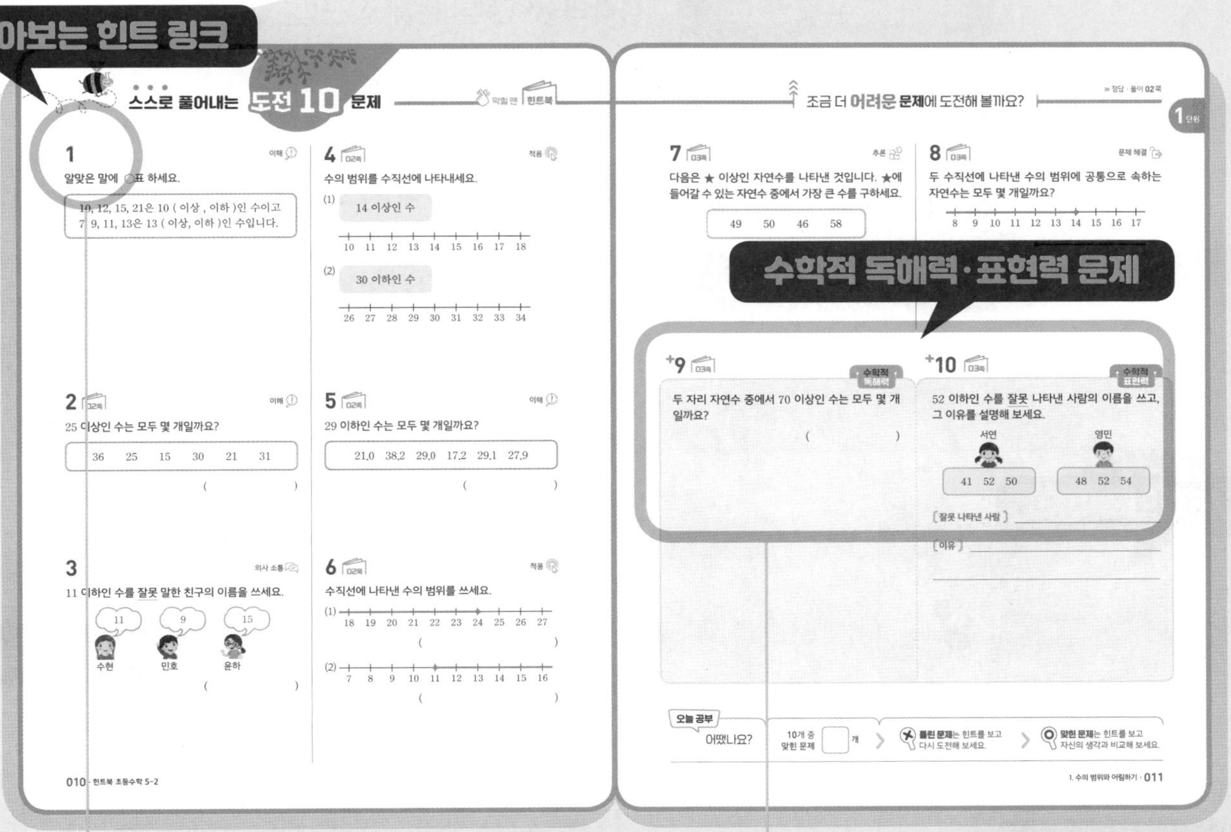

막힐 때 찾아보는 힌트 링크

문제 풀다 막힐 때 힌트를 바로 찾아 확인할 수 있습니다.

수학적 독해력·표현력 문제

문제의 의미를 파악하고, 풀이 과정을 수학적으로 표현하는 연습을 합니다.

이 책의 구성과 특징

막힐 때 찾아보는 힌트

힌트는?

문제해결의 실마리	생각의 첫 단추, 문제 접근법
문제 속 숨은 개념	출제 포인트, 출제 의도
수학적 아이디어	수학적 발상, 수학적 사고
상위권의 풀이법	문제 풀이 스킬, 다양한 풀이 비법

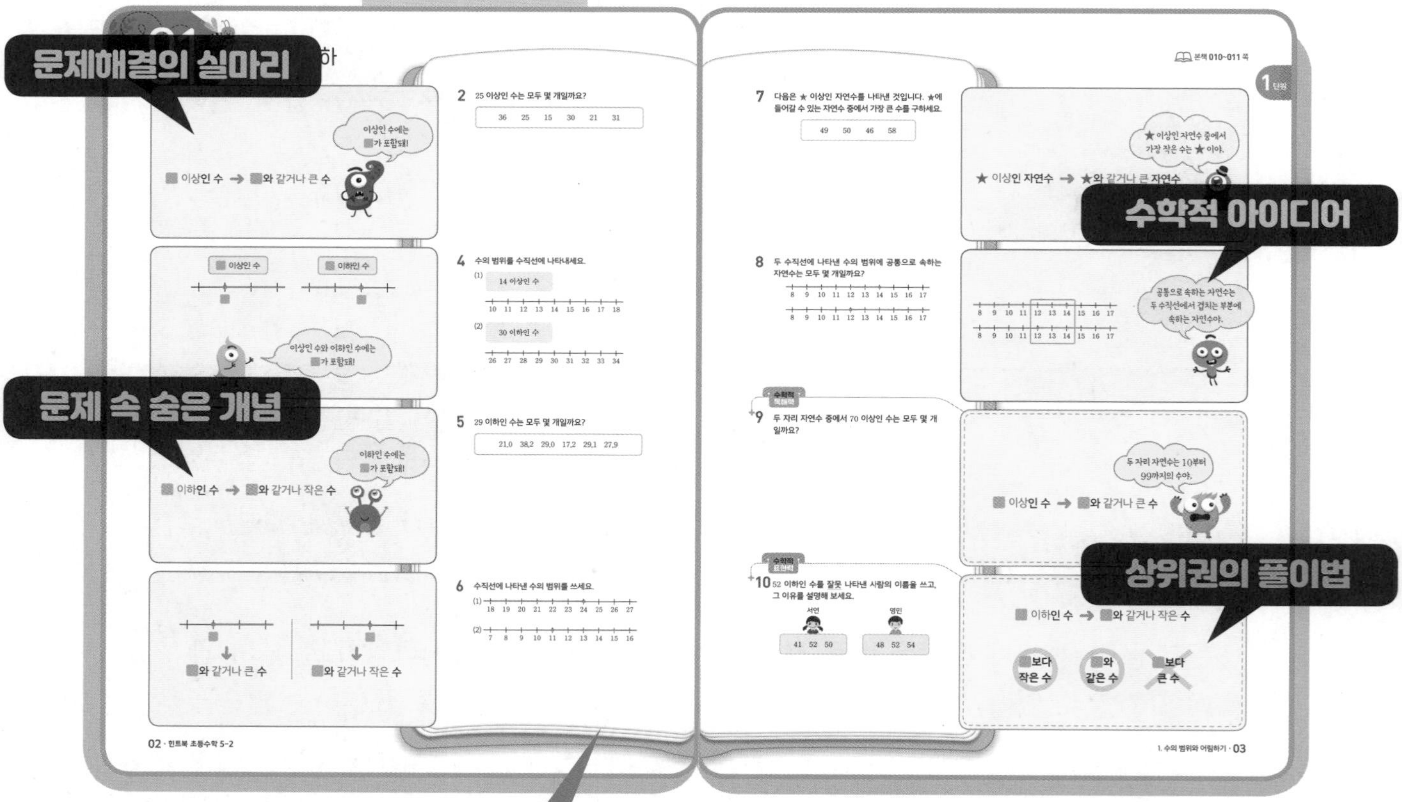

문제를 보며 힌트를 확인할 수 있습니다.

이 책의 200% 활용법

혼공할 때

홈스쿨할 때

선행할 때

수학이 어려울 때

힌트북으로 공부하면

개념이
쉽고 명확해집니다.

문제를 보면
개념이 떠오릅니다.

어려웠던 수학이
만만해집니다.

이 책의 차례

4단원 소수의 곱셈

5단원 직육면체

6단원 평균과 가능성

01일 이상과 이하

❶ 이상 알아보기

□와 같거나 큰 수를 □ **이상**인 수라고 합니다.

예 20 이상인 수: 20.0, 21.2, 23.9 등과 같이 20과 같거나 큰 수

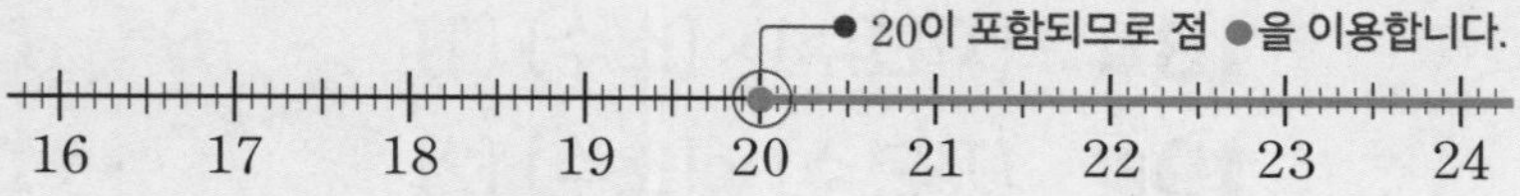

이상인 수를 수직선에 나타내기
경곗값을 점 ●으로 나타내고 오른쪽으로 선을 긋습니다.
□ 이상인 수에는 □가 포함됩니다.

❷ 이하 알아보기

□와 같거나 작은 수를 □ **이하**인 수라고 합니다.

예 20 이하인 수: 20.0, 19.1, 16.5 등과 같이 20과 같거나 작은 수

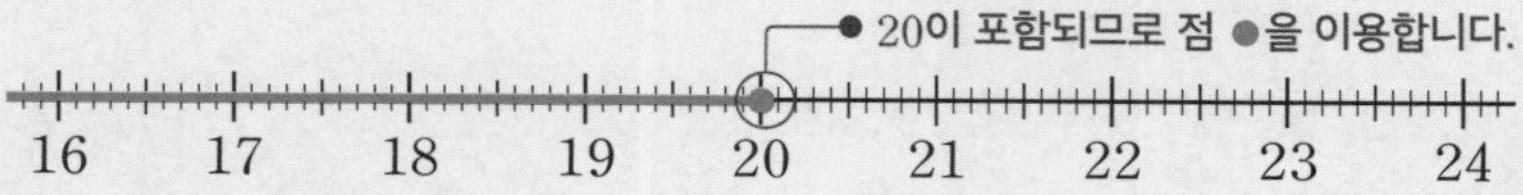

이하인 수를 수직선에 나타내기
경곗값을 점 ●으로 나타내고 왼쪽으로 선을 긋습니다.
□ 이하인 수에는 □가 포함됩니다.

확인 1 주하네 반 학생들의 수학 점수를 조사하여 나타낸 표입니다. □ 안에 알맞은 수나 말을 써넣으세요.

주하네 반 학생들의 수학 점수

이름	건우	은호	주하
점수(점)	88	90	92

(1) 점수가 90점과 같거나 높은 학생의 점수를 모두 쓰면 □점, □점입니다.

➜ 90과 같거나 큰 수를 90 □인 수라고 합니다.

(2) 점수가 90점과 같거나 낮은 학생의 점수를 모두 쓰면 □점, □점입니다.

➜ 90과 같거나 작은 수를 90 □인 수라고 합니다.

기본기 다지는 교과서 문제

» 정답 · 풀이 02쪽

1 30 이상인 수를 모두 찾아 ○표 하세요.

33	27	20	37	30	18	22

2 슬기네 모둠 학생들의 키를 조사하여 나타낸 표입니다. 물음에 답하세요.

슬기네 모둠 학생들의 키

이름	키(cm)	이름	키(cm)
슬기	144.0	로운	143.2
현진	155.4	예은	152.7
윤호	146.5	지혜	133.8

(1) 키가 144 cm와 같거나 작은 학생의 이름을 모두 쓰세요.

( )

(2) 키가 144 cm 이하인 학생의 키를 모두 쓰세요.

( )

3 수의 범위를 수직선에 나타내세요.

(1) 17 이상인 수

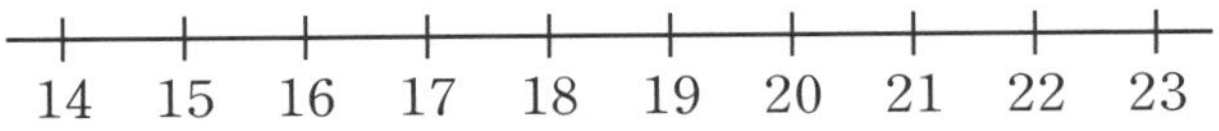

(2) 17 이하인 수

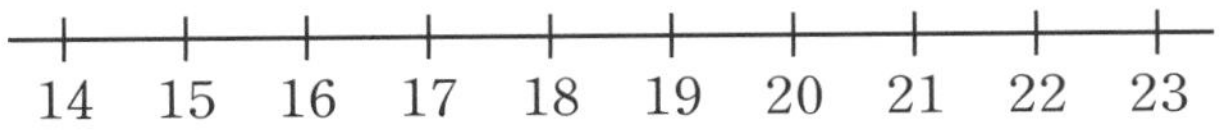

개념 따라쓰기

이상 알아보기

5 이상인 수

1 2 3 4 **5 6 7 8 9 10**

■와 같거나 큰 수를 ■ 이상인 수라고 합니다.

이하 알아보기

5 이하인 수

1 2 3 4 5 6 7 8 9 10

■와 같거나 작은 수를 ■ 이하인 수라고 합니다.

이상, 이하를 수직선에 나타내기

5 이상인 수

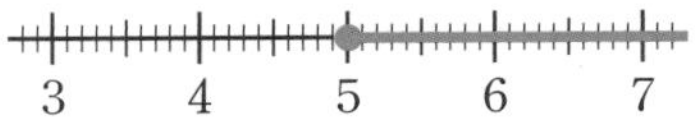

5 이하인 수

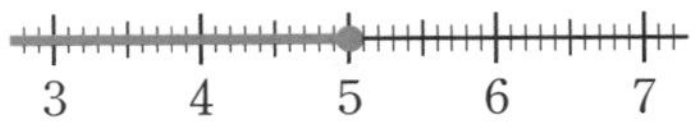

이상인 수는 경곗값을 점 ●으로 나타내고 오른쪽으로 선을 긋고, 이하인 수는 경곗값을 점 ●으로 나타내고 왼쪽으로 선을 그어 나타냅니다.

1

이해

알맞은 말에 ○표 하세요.

10, 12, 15, 21은 10 (이상 , 이하)인 수이고
7, 9, 11, 13은 13 (이상, 이하)인 수입니다.

2

02쪽

이해

25 이상인 수는 모두 몇 개일까요?

36　25　15　30　21　31

(　　　　　　)

3

의사 소통

11 이하인 수를 잘못 말한 친구의 이름을 쓰세요.

(　　　　　　)

4

02쪽

적용

수의 범위를 수직선에 나타내세요.

(1) 14 이상인 수

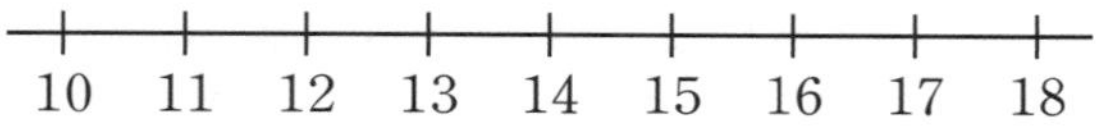

(2) 30 이하인 수

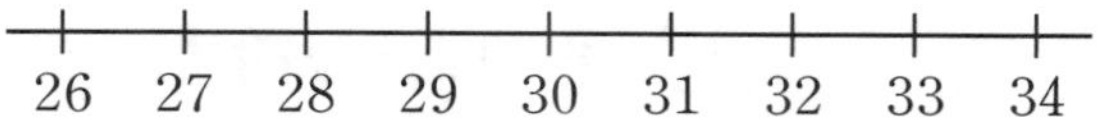

5

02쪽

이해

29 이하인 수는 모두 몇 개일까요?

21.0　38.2　29.0　17.2　29.1　27.9

(　　　　　　)

6

02쪽

적용

수직선에 나타낸 수의 범위를 쓰세요.

(1)

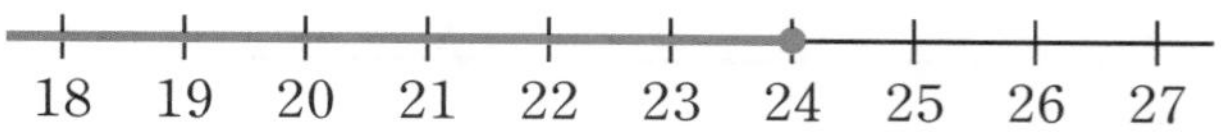

(　　　　　　)

(2)

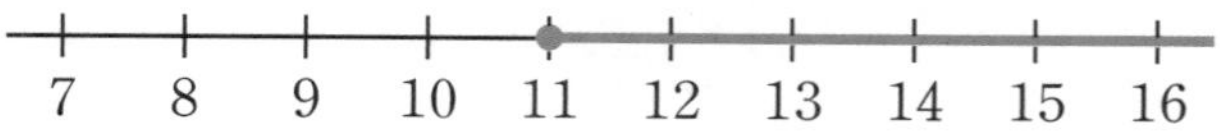

(　　　　　　)

7 03쪽 추론

다음은 ★ 이상인 자연수를 나타낸 것입니다. ★에 들어갈 수 있는 자연수 중에서 가장 큰 수를 구하세요.

49	50	46	58

( )

8 03쪽 문제 해결

두 수직선에 나타낸 수의 범위에 공통으로 속하는 자연수는 모두 몇 개일까요?

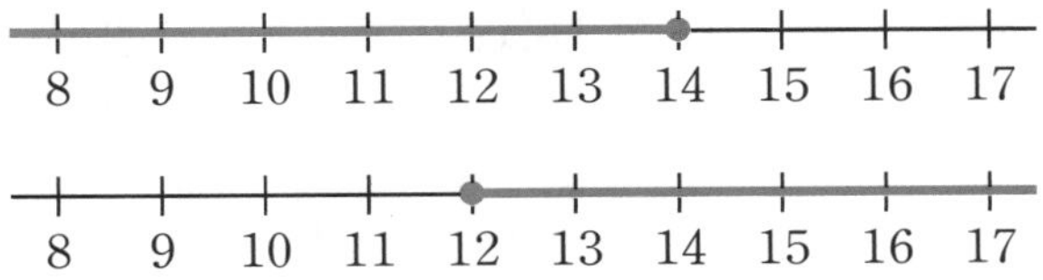

( )

+9 03쪽 수학적 독해력

두 자리 자연수 중에서 70 이상인 수는 모두 몇 개일까요?

( )

+10 03쪽 수학적 표현력

52 이하인 수를 잘못 나타낸 사람의 이름을 쓰고, 그 이유를 설명해 보세요.

서연

41 52 50

영민

48 52 54

[잘못 나타낸 사람] ______________________

[이유] ______________________

____

오늘 공부 어땠나요? 10개 중 맞힌 문제 [ ] 개 > **틀린 문제**는 힌트를 보고 다시 도전해 보세요. > **맞힌 문제**는 힌트를 보고 자신의 생각과 비교해 보세요.

02일 초과와 미만

❶ 초과 알아보기

■보다 큰 수를 ■ **초과**인 수라고 합니다.

예 15 초과인 수: 15.1, 16.0, 18.5 등과 같이 15보다 큰 수

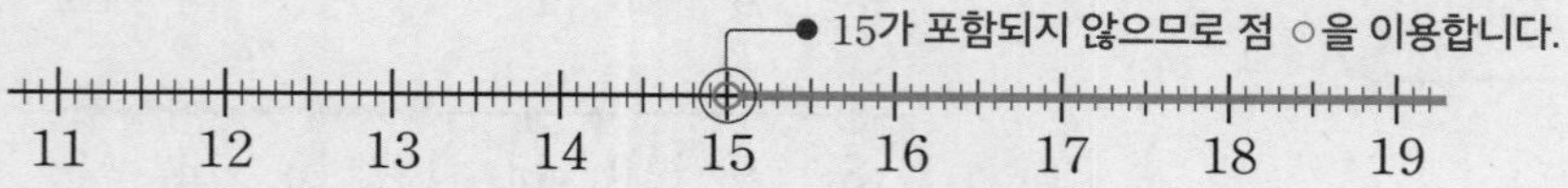

초과인 수를 수직선에 나타내기
경곗값을 점 ○으로 나타내고 오른쪽으로 선을 긋습니다.
■ 초과인 수에는 ■가 포함되지 않습니다.

❷ 미만 알아보기

■보다 작은 수를 ■ **미만**인 수라고 합니다.

예 15 미만인 수: 14.9, 13.1, 12.0 등과 같이 15보다 작은 수

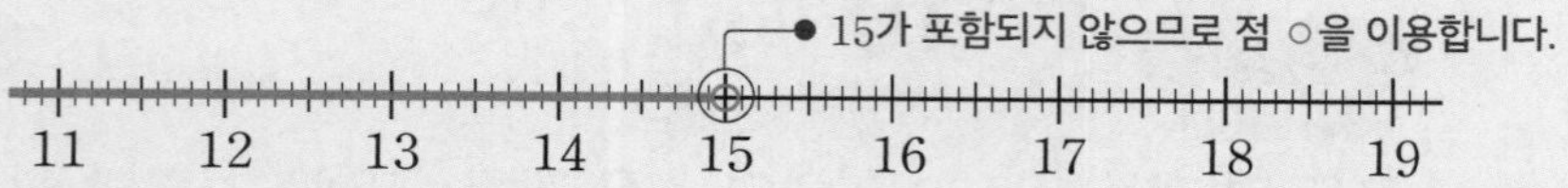

미만인 수를 수직선에 나타내기
경곗값을 점 ○으로 나타내고 왼쪽으로 선을 긋습니다.
■ 미만인 수에는 ■가 포함되지 않습니다.

■ 초과인 수와 미만인 수에는 ■가 포함되지 않아.

확인 1 지혜네 반 학생들이 한 학기 동안 읽은 책 수를 조사하여 나타낸 표입니다. □ 안에 알맞은 수나 말을 써넣으세요.

지혜네 반 학생들이 한 학기 동안 읽은 책 수

이름	영민	은지	수민	진석	지혜
책 수(권)	12	19	17	15	23

(1) 읽은 책이 17권보다 많은 학생의 책 수를 모두 쓰면 □권, □권입니다.

➜ 17보다 큰 수를 17 □인 수라고 합니다.

(2) 읽은 책이 17권보다 적은 학생의 책 수를 모두 쓰면 □권, □권입니다.

➜ 17보다 작은 수를 17 □인 수라고 합니다.

기본기 다지는 교과서 문제

1 27 초과인 수를 모두 찾아 쓰세요.

13 26 19 46 27 32

( )

2 예은이네 모둠 학생들의 악력 기록을 조사하여 나타낸 표입니다. 물음에 답하세요.

예은이네 모둠 학생들의 악력 기록

이름	힘(kg)	이름	힘(kg)	이름	힘(kg)
예은	22.1	현진	18.3	수현	13.6
은결	20.0	지후	20.2	연서	15.5

(1) 악력이 20 kg보다 작은 학생의 이름을 모두 쓰세요.

( )

(2) 악력이 20 kg 미만인 학생의 기록을 모두 쓰세요.

( )

3 수의 범위를 수직선에 나타내세요.

(1) 32 초과인 수

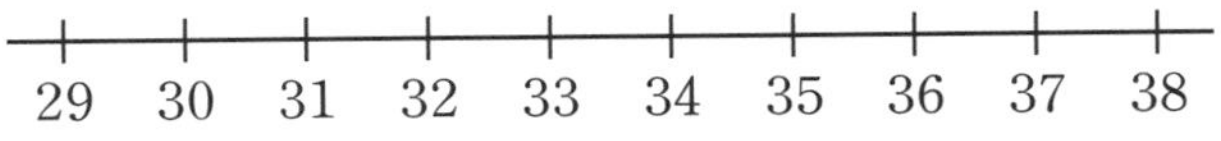

(2) 32 미만인 수

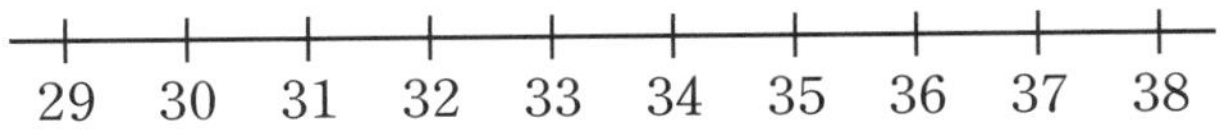

개념 따라쓰기

초과 알아보기

5 초과인 수

1 2 3 4 **5** | 6 7 8 9 10

■보다 큰 수를 ■ 초과인 수라고 합니다.

미만 알아보기

5 미만인 수

1 2 3 4 | **5** 6 7 8 9 10

■보다 작은 수를 ■ 미만인 수라고 합니다.

초과, 미만을 수직선에 나타내기

5 초과인 수

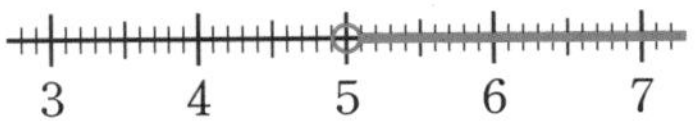

5 미만인 수

초과인 수는 경곗값을 점 ○으로 나타내고 오른쪽으로 선을 긋고, 미만인 수는 경곗값을 점 ○으로 나타내고 왼쪽으로 선을 그어 나타냅니다.

스스로 풀어내는 도전 10 문제

막힐 땐 힌트북

1

이해

44 미만인 수는 모두 몇 개일까요?

31.6	50.3	28.9	44.0	43.1

( )

2

이해

25 초과인 수를 모두 찾아 ○표 하세요.

11	13	21	25	28	34

3 04쪽

적용

수의 범위를 수직선에 나타내세요.

(1) 12 초과인 수

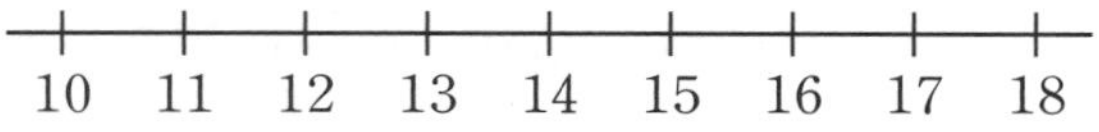

(2) 30 미만인 수

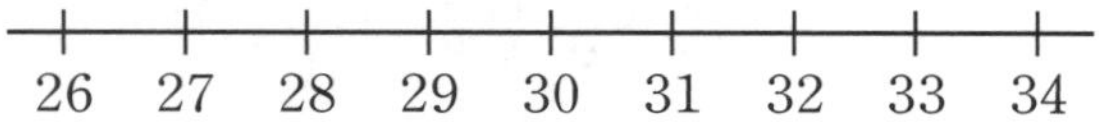

4 04쪽

의사 소통

18을 포함하는 수의 범위를 말한 친구의 이름을 쓰세요.

( )

5 04쪽

적용

36 미만인 수를 바르게 나타낸 것을 찾아 기호를 쓰세요.

㉠ 27, 30, 36, 11
㉡ 38, 60, 44, 25
㉢ 34, 27, 30, 19

( )

6 04쪽

적용

수직선에 나타낸 수의 범위를 쓰세요.

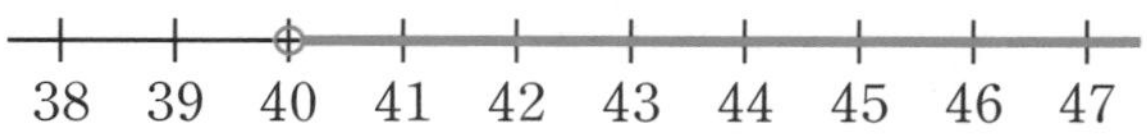

( )

» 정답 · 풀이 03쪽

7 05쪽 문제 해결

수직선에 나타낸 수의 범위에 속하는 자연수 중에서 가장 큰 수를 구하세요.

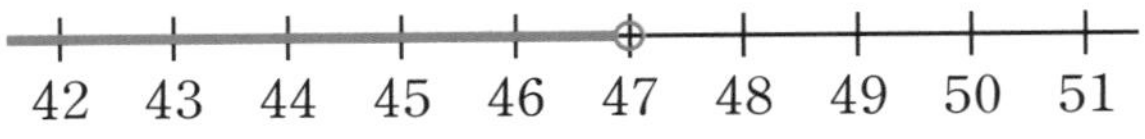

(   )

8 05쪽 추론

다음 〈조건〉을 만족하는 자연수는 모두 몇 개일까요?

〈조건〉
- 두 자리 수입니다.
- 15 미만인 수입니다.

(   )

+9 05쪽 수학적 독해력

㉠과 ㉡의 합을 구하세요.

㉠: 8 초과인 자연수 중에서 가장 작은 수
㉡: 10 미만인 자연수 중에서 가장 큰 수

(   )

+10 05쪽 수학적 표현력

윤하와 영민이 중에서 잘못 말한 사람의 이름을 쓰고, 그 이유를 설명해 보세요.

〔잘못 말한 사람〕 ________________

〔이유〕 ________________

____

오늘 공부 어땠나요? 10개 중 맞힌 문제 [   ] 개 > 틀린 문제는 힌트를 보고 다시 도전해 보세요. > 맞힌 문제는 힌트를 보고 자신의 생각과 비교해 보세요.

03일 수의 범위를 활용하여 문제 해결하기

❶ 수의 범위를 활용하여 문제 해결하기

예 팔 굽혀 펴기 기록이 23회인 영서가 어느 등급에 속하는지 알아보기

등급별 횟수

등급	횟수(회)
1	30 이상
2	25 이상 30 미만
3	20 이상 25 미만
4	20 미만

- 영서의 기록인 23회는 20회 이상 25회 미만의 범위에 속하므로 영서는 3등급입니다.
- 영서가 속한 등급의 횟수 범위를 수직선에 나타내면 다음과 같습니다.

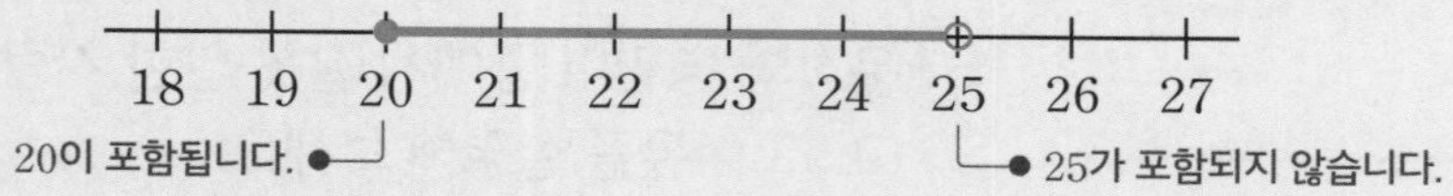

개념+ 수의 범위를 수직선에 나타내기

이상과 이하는 점 ●을, 초과와 미만은 점 ○을 이용하여 나타낸 후 두 점을 선으로 연결합니다.

- 5 이상 8 이하인 수

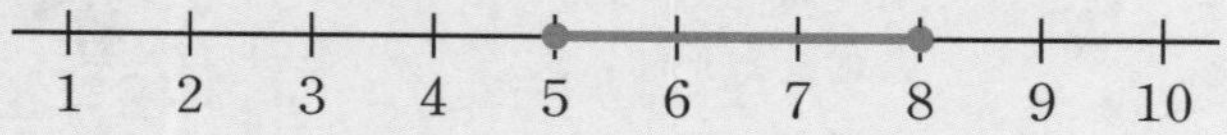

- 5 이상 8 미만인 수

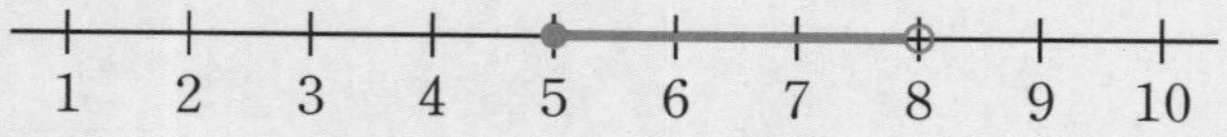

- 5 초과 8 이하인 수

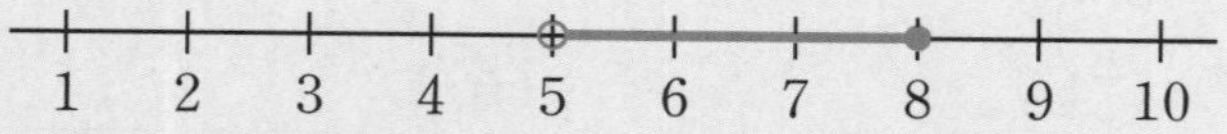

- 5 초과 8 미만인 수

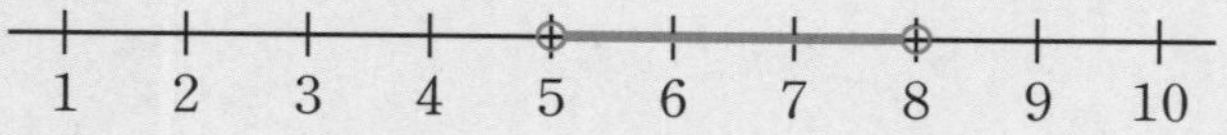

이상과 이하는 경곗값이 포함되고 초과와 미만은 경곗값이 포함되지 않습니다.

확인 1 은찬이네 모둠 학생들의 키를 조사하여 나타낸 표입니다. 키가 140 cm 이상 150 cm 미만인 학생의 이름을 모두 쓰세요.

은찬이네 모둠 학생들의 키

이름	은찬	예린	상현	정민	성욱
키(cm)	135.6	140.0	138.9	142.4	150.0

( )

기본기 다지는 교과서 문제

1 다음 수의 범위를 나타내려고 합니다. □ 안에 이상, 이하, 초과, 미만 중에서 알맞은 말을 써넣으세요.

22	23	24	25	26	27	28	29

→ 22 □ 29 □인 자연수

[2~4] 혜인이네 모둠 학생들의 윗몸 말아 올리기 기록과 등급별 횟수를 나타낸 표입니다. 물음에 답하세요.

혜인이네 모둠 학생들의 윗몸 말아 올리기 기록

이름	우진	혜인	호현	지연	세아
횟수(회)	32	20	16	26	39

등급별 횟수

등급	횟수(회)
1	40 이상
2	30 이상 40 미만
3	20 이상 30 미만
4	10 이상 20 미만
5	10 미만

2 혜인이가 속한 등급의 횟수 범위를 쓰세요.

( )

3 혜인이와 같은 등급에 속한 학생의 이름을 쓰세요.

( )

4 호현이가 속한 등급의 횟수 범위를 수직선에 나타내세요.

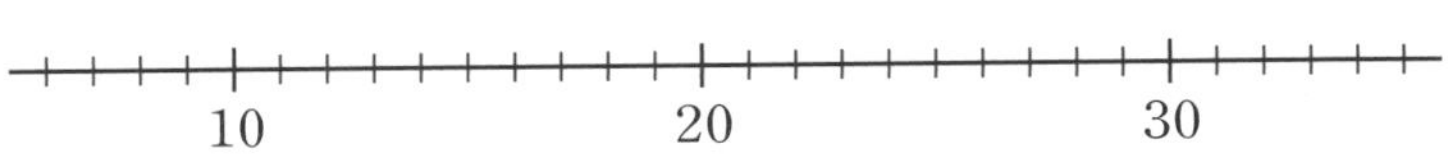

개념 따라쓰기

수의 범위를 수직선에 나타내기

■이상 ▲이하인 수

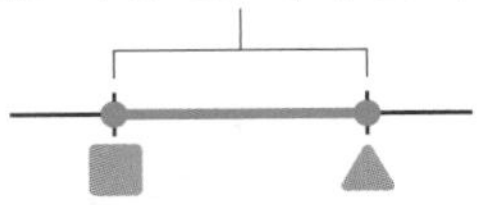

■이상 ▲미만인 수

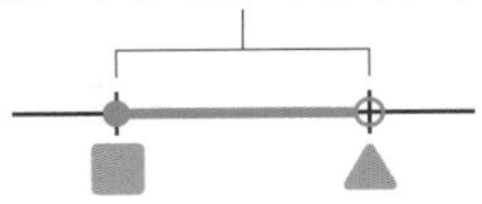

■초과 ▲이하인 수

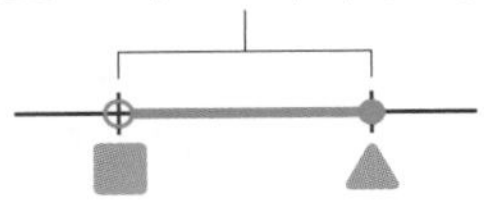

■초과 ▲미만인 수

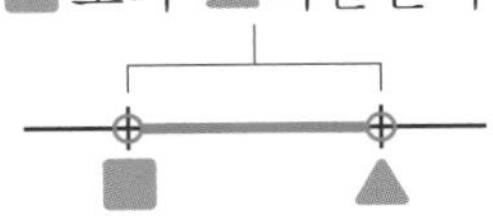

이상과 이하는 점 ●을, 초과와 미만은 점 ○을 이용하여 나타낸 후 두 점을 선으로 연결합니다.

스스로 풀어내는 도전 10 문제

막힐 때 힌트북

1

이해

20 초과 24 이하인 수를 모두 찾아 쓰세요.

18	19	20	21	22	23	24	25

( )

2

이해

45 이상 53 미만인 수는 모두 몇 개일까요?

31.8	50.6	38.9
53.0	45.0	50.7

( )

3 06쪽

적용

수의 범위를 수직선에 나타내세요.

(1) 10 이상 15 이하인 수

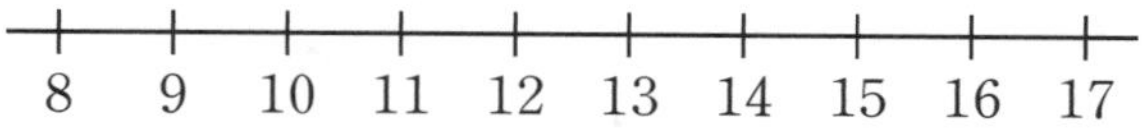

(2) 24 초과 29 미만인 수

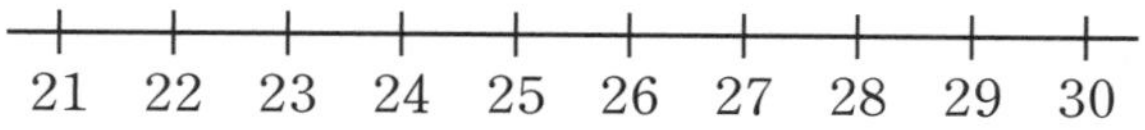

4 06쪽

적용

수직선에 나타낸 수의 범위에 포함되는 수를 모두 찾아 ○표 하세요.

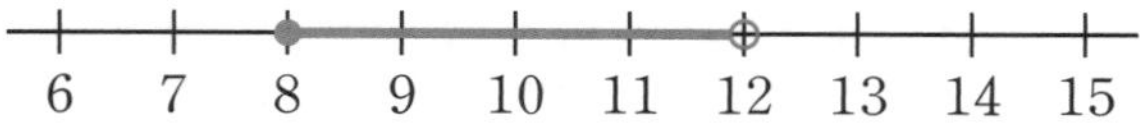

9.6	5.8	8.0	12.6	11.3	7.2

[5~6] 현승이네 학교 태권도 선수들의 몸무게와 체급별 몸무게를 조사하여 나타낸 표입니다. 물음에 답하세요.

현승이네 학교 태권도 선수들의 몸무게

이름	몸무게(kg)	이름	몸무게(kg)
현승	32.1	경은	38.6
은하	36.0	지우	39.0
윤수	37.3	태수	42.3

체급별 몸무게(초등학생용)

체급	몸무게(kg)
핀급	32 이하
플라이급	32 초과 34 이하
밴텀급	34 초과 36 이하
페더급	36 초과 39 이하
라이트급	39 초과

5 06쪽

문제 해결

페더급에 속하는 학생을 모두 찾아 이름을 쓰세요.

( )

6 06쪽

적용

현승이가 속한 체급의 몸무게의 범위를 수직선에 나타내세요.

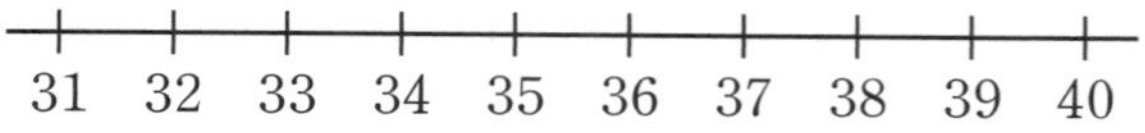

조금 더 어려운 문제에 도전해 볼까요?

7 07쪽 적용

88을 포함하는 수의 범위를 모두 찾아 기호를 쓰세요.

㉠ 85 초과 88 이하인 수
㉡ 84 이상 88 미만인 수
㉢ 88 이상 93 이하인 수
㉣ 88 초과 95 미만인 수

( )

8 07쪽 의사 소통

수의 범위에 속하는 자연수가 더 많은 사람의 이름을 쓰세요.

( )

+9 07쪽 수학적 독해력

다음 수직선에 나타낸 수의 범위에 속하는 자연수는 8개입니다. ★에 알맞은 자연수는 얼마일까요?

( )

+10 07쪽 수학적 표현력

다음 수의 범위에 포함되는 자연수는 모두 몇 개인지 풀이 과정을 쓰고, 답을 구하세요.

61 이상 70 미만인 수

[풀이]

[답]

오늘 공부 어땠나요? 10개 중 맞힌 문제 ☐ 개 > 틀린 문제는 힌트를 보고 다시 도전해 보세요. > 맞힌 문제는 힌트를 보고 자신의 생각과 비교해 보세요.

공부한 날 ( ) 월 ( ) 일

04일 올림

① 올림 알아보기

구하려는 자리 아래 수를 올려서 나타내는 방법을 **올림**이라고 합니다.

> ◐ 구하려는 자리 아래 수가 모두 0이 아니면 구하려는 자리 숫자에 1을 더하고, 구하려는 자리 아래 수를 모두 0으로 나타냅니다.

예 137을 올림하여 나타내기

- 올림하여 십의 자리까지 나타내기: 137 → 140
  - 십의 자리 아래 수인 7을 10으로 봅니다.
- 올림하여 백의 자리까지 나타내기: 137 → 200
  - 백의 자리 아래 수인 37을 100으로 봅니다.

예 2.436을 올림하여 나타내기

- 올림하여 소수 둘째 자리까지 나타내기: 2.436 → 2.44
  - 0.006을 0.01로 봅니다.
- 올림하여 소수 첫째 자리까지 나타내기: 2.436 → 2.5
  - 0.036을 0.1로 봅니다.
- 올림하여 일의 자리까지 나타내기: 2.436 → 3
  - 0.436을 1로 봅니다.

> ◐ 구하려는 자리 아래 수가 모두 0인 경우에는 올릴 것이 없으므로 원래 수를 그대로 씁니다.
>
> 예 400을 올림하여 백의 자리까지 나타내기
>
> 400 → 400
>
> 원래 수를 그대로

개념+ 올림하여 ■가 되는 수의 범위

예 올림하여 십의 자리까지 나타냈을 때 30이 되는 수의 범위

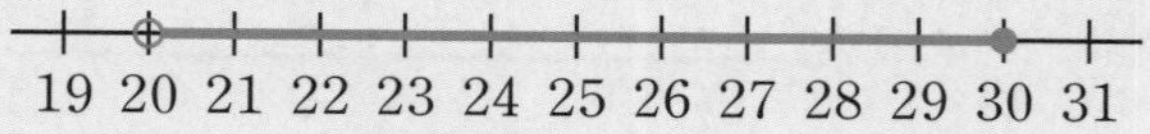

→ 20 초과 30 이하

확인 1 주어진 수를 올림하여 십의 자리까지 나타낸 수를 찾아 ○표 하세요.

(1) 174 → 160 170 180

(2) 256 → 250 260 270

(3) 1312 → 1300 1310 1320

확인 2 올림하여 백의 자리까지 나타내려고 합니다. □ 안에 알맞은 수를 써넣으세요.

(1) 4528 → 4□□□

(2) 6419 → 6□□□

(3) 7000 → 7□□□

기본기 다지는 교과서 문제

» 정답 · 풀이 05쪽

1 주어진 수를 올림하여 십의 자리까지 나타내세요.

(1) 518 → (　　　　　　　)

(2) 726 → (　　　　　　　)

2 올림하여 주어진 자리까지 나타내세요.

수	십의 자리	백의 자리
227		
1983		

3 소수를 올림하려고 합니다. 물음에 답하세요.

(1) 3.172를 올림하여 소수 첫째 자리까지 나타내세요.

(　　　　　　　)

(2) 0.469를 올림하여 소수 둘째 자리까지 나타내세요.

(　　　　　　　)

4 올림하여 천의 자리까지 나타낸 것입니다. 바르게 나타낸 사람의 이름을 쓰세요.

주영: 1832 → 1900
선미: 5000 → 6000
지훈: 2904 → 3000

(　　　　　　　)

개념 따라쓰기

올림 알아보기

올림하여 십의 자리까지 나타내면

123 → 130
└ 십의 자리 아래 수인 3을 10으로 봅니다.

구하려는 자리 아래 수를 올려서 나타내는 방법을 올림이라고 합니다.

올림하여 나타내기 ①

올림하여 십의 자리까지 나타내면

123 → 130
└ 십의 자리 아래 수인 3을 10으로 봅니다.

구하려는 자리 아래 수가 모두 0이 아니면 구하려는 자리 숫자에 1을 더하고, 구하려는 자리 아래 수를 모두 0으로 나타냅니다.

올림하여 나타내기 ②

올림하여 백의 자리까지 나타내면

300 → 300
원래 수를 그대로

구하려는 자리 아래 수가 모두 0인 경우에는 올릴 것이 없으므로 원래 수를 그대로 씁니다.

1 이해

올림하여 백의 자리까지 바르게 나타낸 것에 ○표 하세요.

254 → 300	155 → 100
( )	( )

2 적용

올림하여 주어진 자리까지 나타내세요.

수	십의 자리	백의 자리
3820		

3 08쪽 적용

소수를 올림하려고 합니다. □ 안에 알맞은 수를 써넣으세요.

1.48을 올림하여 소수 첫째 자리까지 나타내면 □입니다.

4 08쪽 적용

올림하여 천의 자리까지 나타내면 8000이 되는 수를 찾아 기호를 쓰세요.

㉠ 7000　　㉡ 7010　　㉢ 8001

(   )

5 08쪽 적용

어림한 수의 크기를 비교하여 ○ 안에 >, =, <를 알맞게 써넣으세요.

782를 올림하여 십의 자리까지 나타낸 수 ○ 701을 올림하여 백의 자리까지 나타낸 수

6 08쪽 문제 해결

올림하여 백의 자리까지 나타낸 수가 다른 사람의 이름을 쓰세요.

(   )

7 09쪽 추론

어떤 수를 올림하여 십의 자리까지 나타냈더니 60이 되었습니다. 어떤 수가 될 수 있는 자연수는 모두 몇 개인지 구하세요.

(   )

8 09쪽 창의 융합

수 카드 4장을 한 번씩만 사용하여 가장 큰 네 자리 수를 만들고, 만든 네 자리 수를 올림하여 백의 자리까지 나타내세요.

3   5   7   1

(   )

+9 09쪽 수학적 독해력

지훈이의 사물함 비밀번호를 올림하여 백의 자리까지 나타내면 7300입니다. 지훈이의 사물함 비밀번호를 구하세요.

(   )

+10 09쪽 수학적 표현력

올림하여 백의 자리까지 나타낸 수가 가장 작은 수를 찾아 쓰려고 합니다. 풀이 과정을 쓰고, 답을 구하세요.

1306   1172   1045

[풀이] ______________________

____

____

[답] ______________________

오늘 공부 어땠나요? 10개 중 맞힌 문제 [   ] 개 › **틀린 문제**는 힌트를 보고 다시 도전해 보세요. › **맞힌 문제**는 힌트를 보고 자신의 생각과 비교해 보세요.

05일 버림

❶ 버림 알아보기

구하려는 자리 아래 수를 버려서 나타내는 방법을 **버림**이라고 합니다.

◐ 구하려는 자리 아래 수를 모두 0으로 나타냅니다.

예 269를 버림하여 나타내기
- 버림하여 십의 자리까지 나타내기: 269 → 260
  - 십의 자리 아래 수인 9를 0으로 봅니다.
- 버림하여 백의 자리까지 나타내기: 269 → 200
  - 백의 자리 아래 수인 69를 0으로 봅니다.

예 3.246을 버림하여 나타내기
- 버림하여 소수 둘째 자리까지 나타내기: 3.246 → 3.24
  - 0.006을 0으로 봅니다.
- 버림하여 소수 첫째 자리까지 나타내기: 3.246 → 3.2
  - 0.046을 0으로 봅니다.
- 버림하여 일의 자리까지 나타내기: 3.246 → 3
  - 0.246을 0으로 봅니다.

◐ 구하려는 자리 아래 수가 모두 0인 경우에는 버릴 것이 없으므로 원래 수를 그대로 씁니다.

예 300을 버림하여 백의 자리까지 나타내기

300 → 300

원래 수를 그대로

개념+ 버림하여 ■가 되는 수의 범위

예 버림하여 십의 자리까지 나타냈을 때 20이 되는 수의 범위

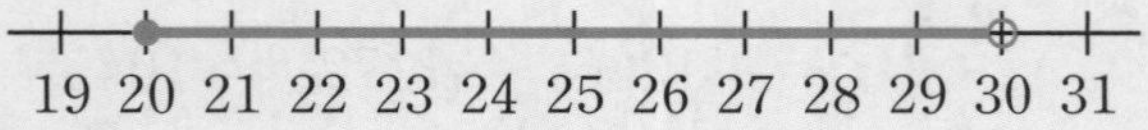

→ 20 이상 30 미만

확인 1 주어진 수를 버림하여 십의 자리까지 나타낸 수를 찾아 ○표 하세요.

(1) 246 → 250 240 260

(2) 375 → 370 380 390

(3) 5016 → 5000 5010 5020

확인 2 버림하여 백의 자리까지 나타내려고 합니다. □ 안에 알맞은 수를 써넣으세요.

(1) 1598 → 1□□□

(2) 3409 → 3□□□

(3) 2000 → 2□□□

기본기 다지는 교과서 문제

1 주어진 수를 버림하여 십의 자리까지 나타내세요.

(1) 421 → (　　　　　　　)

(2) 5237 → (　　　　　　　)

2 버림하여 주어진 자리까지 나타내세요.

수	십의 자리	백의 자리
5277		
3914		

3 소수를 버림하려고 합니다. 물음에 답하세요.

(1) 1.64를 버림하여 소수 첫째 자리까지 나타내세요.

(　　　　　　　)

(2) 1.782를 버림하여 소수 둘째 자리까지 나타내세요.

(　　　　　　　)

4 버림하여 십의 자리까지 나타낸 것입니다. 잘못 나타낸 것의 기호를 쓰세요.

㉠ 372 → 370
㉡ 859 → 860
㉢ 600 → 600

(　　　　　　　)

개념 따라쓰기

버림 알아보기

버림하여 십의 자리까지 나타내면

321 → 320
(십의 자리 아래 수인 1을 0으로 봅니다.)

구하려는 자리 아래 수를 버려서 나타내는 방법을 버림이라고 합니다.

버림하여 나타내기 ①

버림하여 십의 자리까지 나타내면

321 → 320
(십의 자리 아래 수인 1을 0으로 봅니다.)

구하려는 자리 아래 수를 모두 0으로 나타냅니다.

버림하여 나타내기 ②

버림하여 백의 자리까지 나타내면

300 → 300
(원래 수를 그대로)

구하려는 자리 아래 수가 모두 0인 경우에는 버릴 것이 없으므로 원래 수를 그대로 씁니다.

1

이해

버림하여 십의 자리까지 바르게 나타낸 것에 ○표 하세요.

578 → 570 ( )

694 → 600 ( )

2

적용

버림하여 주어진 자리까지 나타내려고 합니다. □ 안에 알맞은 수를 써넣으세요.

258을 버림하여 십의 자리까지 나타내면 □, 백의 자리까지 나타내면 □입니다.

3

10쪽

적용

소수를 버림하여 주어진 자리까지 나타내세요.

소수	소수 첫째 자리	소수 둘째 자리
8.724		

4

10쪽

적용

버림하여 백의 자리까지 나타내면 5400이 되는 수를 찾아 기호를 쓰세요.

㉠ 5220 ㉡ 5408 ㉢ 5392

( )

5

10쪽

이해

버림하여 십의 자리까지 나타낸 것입니다. 잘못 나타낸 것을 고르세요. ( )

① 332 → 330
② 741 → 740
③ 1934 → 1930
④ 5892 → 5900
⑤ 4300 → 4300

6

10쪽

적용

어림한 수의 크기를 비교하여 ○ 안에 >, =, <를 알맞게 써넣으세요.

573을 버림하여 백의 자리까지 나타낸 수 ○ 524를 버림하여 십의 자리까지 나타낸 수

조금 더 어려운 문제에 도전해 볼까요?

7 11쪽 문제 해결

8512를 버림하여 천의 자리까지 나타낸 수와 버림하여 백의 자리까지 나타낸 수의 차를 구하세요.

(　　　　　　　)

8 11쪽 창의 융합

수 카드 4장을 한 번씩만 사용하여 가장 작은 네 자리 수를 만들고, 만든 네 자리 수를 버림하여 십의 자리까지 나타내세요.

8　0　2　5

(　　　　　　　)

+9 11쪽 수학적 독해력

버림하여 백의 자리까지 나타냈을 때 5400이 되는 자연수는 모두 몇 개인지 구하세요.

(　　　　　　　)

+10 11쪽 수학적 표현력

버림하여 천의 자리까지 나타낸 수가 다른 하나를 찾아 쓰려고 합니다. 풀이 과정을 쓰고, 답을 구하세요.

5846　　6027　　5000

[풀이] ____________________

____

____

[답] ____________________

오늘 공부 어땠나요? 10개 중 맞힌 문제 [　] 개 > **틀린 문제**는 힌트를 보고 다시 도전해 보세요. > **맞힌 문제**는 힌트를 보고 자신의 생각과 비교해 보세요.

06일 반올림

❶ 반올림 알아보기

구하려는 자리 바로 아래 자리의 숫자가 0, 1, 2, 3, 4이면 버리고, 5, 6, 7, 8, 9이면 올려서 나타내는 방법을 **반올림**이라고 합니다.

예 372를 반올림하여 나타내기

- 반올림하여 십의 자리까지 나타내기: 372 ➔ 370
  - 일의 자리 숫자가 2이므로 버림합니다.
- 반올림하여 백의 자리까지 나타내기: 372 ➔ 400
  - 십의 자리 숫자가 7이므로 올림합니다.

예 4.273을 반올림하여 나타내기

- 반올림하여 소수 둘째 자리까지 나타내기: 4.273 ➔ 4.27
  - 소수 셋째 자리 숫자가 3이므로 버림합니다.
- 반올림하여 소수 첫째 자리까지 나타내기: 4.273 ➔ 4.3
  - 소수 둘째 자리 숫자가 7이므로 올림합니다.
- 반올림하여 일의 자리까지 나타내기: 4.273 ➔ 4
  - 소수 첫째 자리 숫자가 2이므로 버림합니다.

◐ 0부터 9까지의 수 중 5는 수를 양쪽으로 나눌 때 오른쪽에 치우치므로 5일 때는 올려서 나타냅니다.

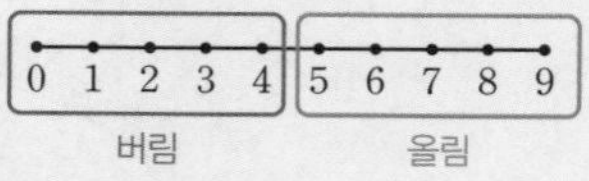

◐ **반올림하여 나타내는 방법**

구하려는 자리 바로 아래 자리의 숫자가

① 5 미만이면 구하려는 자리 아래 수를 모두 0으로 나타냅니다.

② 5 이상이면 구하려는 자리 숫자에 1을 더하고, 구하려는 자리 아래 수를 모두 0으로 나타냅니다.

개념+ 반올림하여 ■가 되는 수의 범위

예 반올림하여 십의 자리까지 나타냈을 때 20이 되는 수의 범위

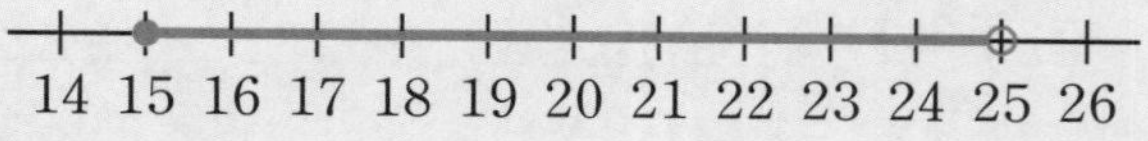

➔ 15 이상 25 미만

확인 1 주어진 수를 반올림하여 십의 자리까지 나타낸 수를 찾아 ○표 하세요.

(1) 147 ➔ 130 140 150

(2) 596 ➔ 580 590 600

(3) 8053 ➔ 8000 8050 8060

확인 2 □ 안에 알맞은 수를 써넣으세요.

(1) 반올림하여 백의 자리까지 나타내기

3527 ➔ 3□□□

(2) 반올림하여 천의 자리까지 나타내기

5846 ➔ □□□□

기본기 다지는 교과서 문제

» 정답 · 풀이 07쪽

1 주어진 수를 반올림하여 백의 자리까지 나타내세요.

(1) 2517 ➜ (　　　　　　　　)

(2) 8064 ➜ (　　　　　　　　)

2 반올림하여 주어진 자리까지 나타내세요.

수	백의 자리	만의 자리
48267		
21094		

3 소수를 반올림하려고 합니다. 물음에 답하세요.

(1) 8.54를 반올림하여 소수 첫째 자리까지 나타내세요.

(　　　　　　　　)

(2) 7.416을 반올림하여 소수 둘째 자리까지 나타내세요.

(　　　　　　　　)

4 반올림하여 천의 자리까지 나타낸 것입니다. 잘못 나타낸 사람의 이름을 쓰세요.

지혜: 1352 ➜ 1000
진영: 2806 ➜ 3000
수민: 6499 ➜ 7000

(　　　　　　　　)

개념 따라쓰기

반올림 알아보기

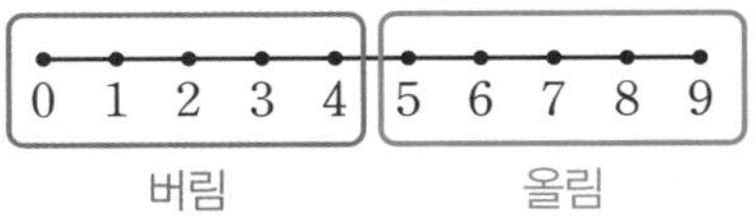

구하려는 자리 바로 아래 자리의 숫자가 0, 1, 2, 3, 4이면 버리고, 5, 6, 7, 8, 9이면 올려서 나타내는 방법을 반올림이라고 합니다.

반올림하여 나타내기

반올림하여 십의 자리까지 나타내면

372 ➜ 370
426 ➜ 430

구하려는 자리 바로 아래 자리의 숫자가

① 5 미만이면 구하려는 자리 아래 수를 모두 0으로 나타냅니다.

② 5 이상이면 구하려는 자리 숫자에 1을 더하고, 구하려는 자리 아래 수를 모두 0으로 나타냅니다.

1 이해

반올림하여 십의 자리까지 바르게 나타낸 것에 ○표 하세요.

825 → 830 ( )

654 → 660 ( )

2 12쪽 적용

반올림하여 주어진 자리까지 나타내세요.

수	백의 자리	천의 자리
7260		

3 적용

반올림하여 십의 자리까지 나타낸 수가 3540인 수를 찾아 쓰세요.

3532 3548 3544

( )

4 12쪽 이해

반올림하여 십의 자리까지 나타낸 것입니다. 잘못 나타낸 것을 고르세요. ························ ( )

① 352 → 350
② 2746 → 2750
③ 1830 → 1830
④ 8895 → 8900
⑤ 5375 → 5370

5 12쪽 적용

반올림하여 천의 자리까지 나타낸 수가 다른 하나를 찾아 기호를 쓰세요.

㉠ 22740 ㉡ 23058 ㉢ 22491

( )

6 12쪽 적용

어림한 수의 크기를 비교하여 ○ 안에 >, =, <를 알맞게 써넣으세요.

246을 반올림하여 백의 자리까지 나타낸 수 ○ 246을 반올림하여 십의 자리까지 나타낸 수

7 13쪽 추론

다음 수를 반올림하여 백의 자리까지 나타내면 1700입니다. □ 안에 들어갈 수 있는 수를 모두 구하세요.

16□8

(   )

8 13쪽 창의 융합

수 카드 3장을 한 번씩만 사용하여 가장 큰 세 자리 수를 만들고, 만든 세 자리 수를 반올림하여 백의 자리까지 나타내세요.

6 3 7

(   )

+9 13쪽 수학적 독해력

반올림하여 백의 자리까지 나타낸 수가 600이 되는 자연수 중에서 가장 큰 수와 가장 작은 수의 차는 얼마인지 구하세요.

(   )

+10 13쪽 수학적 표현력

연필의 길이는 몇 cm인지 반올림하여 일의 자리까지 나타내려고 합니다. 풀이 과정을 쓰고, 답을 구하세요.

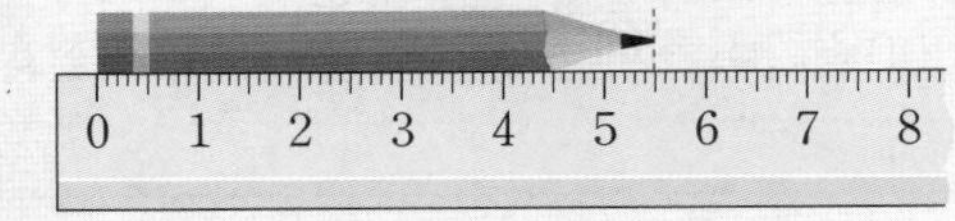

[풀이] ______________________

____

____

[답] ______________________

오늘 공부 어땠나요?

10개 중 맞힌 문제 □ 개

틀린 문제는 힌트를 보고 다시 도전해 보세요.

맞힌 문제는 힌트를 보고 자신의 생각과 비교해 보세요.

07일 올림, 버림, 반올림을 활용하여 문제 해결하기

❶ 올림, 버림, 반올림을 활용하여 문제 해결하기

예 대형 할인점에서 사탕을 한 봉지에 10개씩 담아 팔고 있습니다. 이 할인점에서 사탕을 사서 학생 153명에게 한 개씩 나누어 주려고 합니다. 사탕은 몇 봉지를 사야 할까요?

① 올림, 버림, 반올림 중에서 어떤 방법으로 어림해야 좋은지 구하기

➜ 사탕은 한 봉지에 10개씩 들어 있으므로 153명을 160명으로 올림해야 합니다.

② 학생 153명이 모두 사탕을 받으려면 최소 몇 봉지 사야 하는지 구하기

➜ 160÷10=16이므로 사탕을 최소 16봉지 사야 합니다.

◐ 올림, 버림, 반올림을 활용하여 문제 해결하기

올림, 버림, 반올림 중 어떤 방법으로 어림해야 좋은지 알아보기

↓

어림한 후 문제 해결하기

❷ 생활 속에서 올림, 버림, 반올림을 활용하는 경우

올림	버림	반올림
자판기에서 800원짜리 음료수를 뽑을 때 음료수 값을 올림하여 1000원짜리 지폐를 넣기도 합니다.	시장에서 고기 등을 살 때 가격에서 십 원 미만의 금액을 버림하여 계산하기도 합니다.	영화를 본 관람객 수를 말할 때 반올림하여 약 몇천 명이라고 말하기도 합니다.

확인 1 지훈이가 지폐로 34200원인 가방을 사려고 합니다. 1000원짜리 지폐로 가방을 사려면 최소한 얼마가 있어야 하는지 알맞은 것에 ○표 하세요.

올림, 버림, 반올림 중에서 (올림 , 버림 , 반올림)으로 어림해야 합니다.
따라서 1000원짜리 지폐로 가방을 사려면 최소 (34000 , 35000)원이 있어야 합니다.

확인 2 구슬 258개를 한 상자에 10개씩 담으려고 합니다. 상자에 담을 수 있는 구슬은 최대 몇 개인지 알맞은 것에 ○표 하세요.

올림, 버림, 반올림 중에서 (올림 , 버림 , 반올림)으로 어림해야 합니다.
따라서 상자에 담을 수 있는 구슬은 최대 (250 , 260)개입니다.

기본기 다지는 교과서 문제

1 학생 134명이 모두 승합차를 타고 현장 학습을 가려고 합니다. 승합차 한 대에 탈 수 있는 정원이 10명일 때 승합차는 최소 몇 대 필요한지 물음에 답하세요.

(1) 올림, 버림, 반올림 중에서 어떤 방법으로 어림해야 하는지 구하세요.

( )

(2) 학생 134명이 모두 승합차를 타고 현장 학습을 가려면 승합차는 최소 몇 대 필요한지 구하세요.

( )

2 연아가 선물을 사기 위해 동전을 지폐로 바꾸려고 합니다. 모은 동전 58680원을 10000원짜리 지폐로 바꾼다면 최대 얼마까지 바꿀 수 있는지 물음에 답하세요.

(1) 올림, 버림, 반올림 중에서 어떤 방법으로 어림해야 하는지 구하세요.

( )

(2) 10000원짜리 지폐로 바꾼다면 최대 얼마까지 바꿀 수 있는지 구하세요.

( )

3 오늘 하루 영화관에서 영화를 본 관람객은 2857명입니다. 관람객 수를 반올림하여 백의 자리까지 나타내세요.

( )

개념 따라쓰기

올림을 활용하는 경우

자판기에서 800원짜리 음료수를 뽑을 때 음료수 값을 올림하여 1000원짜리 지폐를 넣기도 합니다.

버림을 활용하는 경우

시장에서 고기 등을 살 때 가격에서 십 원 미만의 금액을 버림하여 계산하기도 합니다.

반올림을 활용하는 경우

영화를 본 관람객 수를 말할 때 반올림하여 약 몇천 명이라고 말하기도 합니다.

[1~3] 연우네 학교 5학년 학생은 143명입니다. 공책을 10권 또는 100권씩 묶어서 파는 문구점에서 공책을 구입하여 5학년 학생들에게 모두 한 권씩 나눠 주려고 합니다. 물음에 답하세요.

1

이해

올림, 버림, 반올림 중에서 어떤 방법으로 어림해야 하는지 구하세요.

(　　　　　　)

2

14쪽

이해

공책을 10권씩 묶음으로 살 때 □ 안에 알맞은 수를 써넣으세요.

> 공책을 10권씩 묶음으로 산다면 학생 3명을 □명으로 생각하고 사야 합니다.
> 따라서 공책을 최소 □권 사야 합니다.

3

14쪽

이해

공책을 100권씩 묶음으로 살 때 □ 안에 알맞은 수를 써넣으세요.

> 공책을 100권씩 묶음으로 산다면 학생 43명을 □명으로 생각하고 사야 합니다.
> 따라서 공책을 최소 □권 사야 합니다.

4

14쪽

적용

어느 공장에서 인형을 538개 만들었습니다. 이 인형을 한 상자에 10개씩 담아서 판다면 팔 수 있는 인형은 최대 몇 개인지 구하세요.

(　　　　　　)

5

14쪽

문제 해결

오늘 축구장에 입장한 관람객은 51832명입니다. 관람객 수를 반올림하여 천의 자리까지 나타내세요.

(　　　　　　)

6

문제 해결

철물점에서 철사를 1 m 단위로 판매한다고 합니다. 철사 2137 cm가 필요하다면 철사를 최소 몇 m 사야 하는지 구하세요.

(　　　　　　)

» 정답 · 풀이 08쪽

조금 더 어려운 문제에 도전해 볼까요?

7 15쪽 문제 해결

윤아네 아파트는 세 동입니다. 동별 주민 수가 다음과 같을 때 윤아네 아파트 전체 주민 수는 몇 명인지 반올림하여 백의 자리까지 나타내세요.

동별 주민 수

동	1	2	3
주민 수(명)	563	715	634

( )

8 15쪽 추론

지혜네 학교 5학년 학생 수를 반올림하여 십의 자리까지 나타내면 270명입니다. 5학년 학생들에게 공책을 한 권씩 모두 나누어 주려면 공책을 적어도 몇 권 준비해야 할까요?

( )

+9 15쪽 수학적 독해력

어림하는 방법이 다른 한 친구를 찾아 이름을 쓰세요.

수현: 동전 3700원을 1000원짜리 지폐로 바꾼다면 최대 3000원까지 바꿀 수 있어.

민호: 145.2 cm 내 키를 1 cm 단위 가까운 쪽의 눈금을 읽으면 145 cm야.

윤하: 감자 6839개를 한 상자에 100개씩 담아서 판다면 팔 수 있는 감자는 최대 68상자야.

( )

+10 15쪽 수학적 표현력

슬기네 학교에서 재활용 센터로 보낼 헌 종이를 558 kg 모았습니다. 한 자루에 10 kg씩 담는다면 헌 종이를 몇 자루까지 담을 수 있고, 남는 헌 종이는 몇 kg인지 풀이 과정을 쓰고, 답을 구하세요.

〔풀이〕

〔답〕

오늘 공부 어땠나요? 10개 중 맞힌 문제 [ ] 개 › 틀린 문제는 힌트를 보고 다시 도전해 보세요. › 맞힌 문제는 힌트를 보고 자신의 생각과 비교해 보세요.

01~07일 단원평가

01 23 이하인 수에 모두 ○표 하세요.

35 11 29 23 19

02 수직선에 나타낸 수의 범위를 쓰세요.

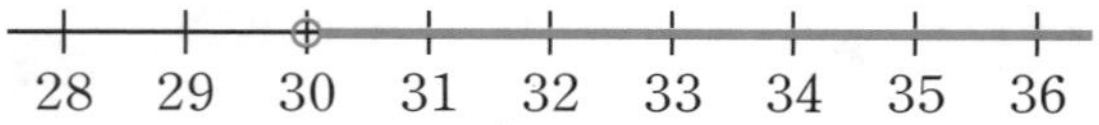

(   )

03 7329를 올림, 버림하여 십의 자리까지 나타내세요.

수	올림	버림
7329		

04 지후네 모둠 학생들의 훌라후프 기록과 등급별 횟수를 나타낸 표입니다. 2등급에 속한 학생의 이름을 모두 쓰세요.

지후네 모둠 학생들의 훌라후프 기록

이름	지후	재은	진수	주영
횟수(회)	85	74	50	63

등급별 횟수

등급	횟수(회)
1	85 이상
2	63 이상 85 미만
3	45 이상 63 미만
4	23 이상 45 미만
5	23 미만

(   )

05 수의 범위를 수직선에 나타내세요.

18 이상 22 미만인 수

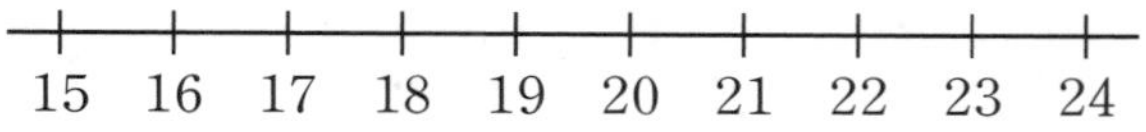

06 빵을 만드는 데 밀가루가 280 g 필요합니다. 마트에서 밀가루를 100 g 단위로만 판다면 밀가루를 최소 몇 g 사야 하는지 구하세요.

(　　　　　　　)

07 다음 수를 올림하여 천의 자리까지 나타낸 수와 버림하여 십의 자리까지 나타낸 수의 차를 구하세요.

1278

(　　　　　　　)

08 38□92를 반올림하여 천의 자리까지 나타내면 39000입니다. □ 안에 들어갈 수 있는 한 자리 수를 모두 구하세요.

(　　　　　　　)

09 올림하여 십의 자리까지 나타내면 2810이 되는 자연수 중에서 가장 작은 수를 반올림하여 십의 자리까지 나타내세요.

(　　　　　　　)

서술형

10 3750을 어림했더니 3800이 되었습니다. 어떻게 어림했는지 〈보기〉의 어림하는 방법 중 두 가지 방법으로 각각 설명해 보세요.

〈보기〉

올림　　버림　　반올림

〔방법1〕 ______________________

____

〔방법2〕 ______________________

____

08일 (분수)×(자연수)

1 (진분수)×(자연수)

예 $\frac{5}{8}\times 4$의 계산

방법 1 분자와 자연수를 곱한 후 약분하여 계산하기

$$\frac{5}{8}\times 4=\frac{5\times 4}{8}=\frac{\overset{5}{\cancel{20}}}{\underset{2}{\cancel{8}}}=\frac{5}{2}=2\frac{1}{2}$$

방법 2 분자와 자연수를 곱하는 과정에서 약분하여 계산하기

$$\frac{5}{8}\times 4=\frac{5\times \overset{1}{\cancel{4}}}{\underset{2}{\cancel{8}}}=\frac{5}{2}=2\frac{1}{2}$$

방법 3 분모와 자연수를 약분한 후 계산하기

$$\frac{5}{\underset{2}{\cancel{8}}}\times \overset{1}{\cancel{4}}=\frac{5\times 1}{2}=\frac{5}{2}=2\frac{1}{2}$$

(진분수)×(자연수)
분수의 분모는 그대로 두고 분자와 자연수를 곱합니다.

$$\frac{●}{■}\times ▲=\frac{●\times ▲}{■}$$

주의 분수의 분모와 분자에 모두 자연수를 곱하지 않도록 합니다.

예 $\frac{2}{3}\times 4=\frac{2\times 4}{3\times 4}$ (×)

$\frac{2}{3}\times 4=\frac{2\times 4}{3}$ (○)

2 (대분수)×(자연수)

예 $1\frac{1}{4}\times 3$의 계산

방법 1 대분수를 가분수로 바꾸어 계산하기

$$1\frac{1}{4}\times 3=\frac{5}{4}\times 3=\frac{5\times 3}{4}=\frac{15}{4}=3\frac{3}{4}$$

대분수 → 가분수

방법 2 대분수를 자연수와 진분수의 합으로 바꾸어 계산하기

$$1\frac{1}{4}\times 3=(1\times 3)+\left(\frac{1}{4}\times 3\right)=3+\frac{3}{4}=3\frac{3}{4}$$

대분수를 자연수와 진분수의 합으로

주의 대분수를 가분수로 바꾸지 않고 분모와 자연수를 약분하지 않도록 합니다.

예 $2\frac{1}{\underset{2}{\cancel{6}}}\times \overset{1}{\cancel{3}}=2\frac{1}{2}$ (×)

$2\frac{1}{6}\times 3=\frac{13}{\underset{2}{\cancel{6}}}\times \overset{1}{\cancel{3}}$

$=\frac{13}{2}=6\frac{1}{2}$ (○)

확인 1 그림을 보고 □ 안에 알맞은 수를 써넣으세요.

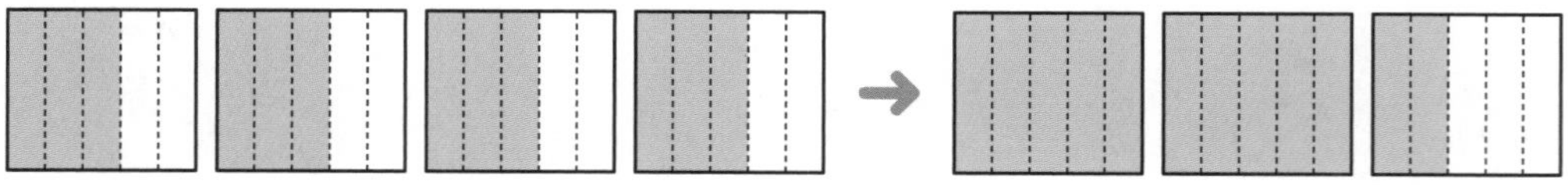

$$\frac{3}{5}\times 4=\frac{3}{5}+\frac{3}{5}+\frac{3}{5}+\frac{3}{5}=\frac{3\times \square}{5}=\frac{\square}{5}=\square\frac{\square}{\square}$$

» 정답 · 풀이 09쪽

기본기 다지는 교과서 문제

1 $\frac{3}{8}\times 6$을 여러 가지 방법으로 계산하려고 합니다. □ 안에 알맞은 수를 써넣으세요.

방법 1 $\frac{3}{8}\times 6=\frac{3\times 6}{8}=\frac{\cancel{18}^{\square}}{\cancel{8}_{\square}}=\frac{\square}{\square}=\square\frac{\square}{\square}$

방법 2 $\frac{3}{8}\times 6=\frac{3\times \cancel{6}^{\square}}{\cancel{8}_{\square}}=\frac{\square}{\square}=\square\frac{\square}{\square}$

방법 3 $\frac{3}{\cancel{8}_{\square}}\times \cancel{6}^{\square}=\frac{\square}{\square}=\square\frac{\square}{\square}$

2 $1\frac{4}{9}\times 2$를 두 가지 방법으로 계산하려고 합니다. □ 안에 알맞은 수를 써넣으세요.

방법 1 $1\frac{4}{9}\times 2=\frac{\square}{9}\times 2=\frac{\square}{9}=\square\frac{\square}{\square}$

방법 2 $1\frac{4}{9}\times 2=(1\times 2)+\left(\frac{\square}{9}\times 2\right)=2+\frac{\square}{\square}$

$=\square\frac{\square}{\square}$

개념 따라쓰기

(진분수)×(자연수)

$\frac{●}{■}\times ▲=\frac{●\times ▲}{■}$

분수의 분모는 그대로 두고 분자와 자연수를 곱합니다.

(대분수)×(자연수) ①

$2\frac{1}{6}\times 4=\frac{13}{6}\times 4$

대분수를 가분수로

대분수를 가분수로 바꾸어 계산합니다.

(대분수)×(자연수) ②

$2\frac{1}{6}\times 4=(2\times 4)+\left(\frac{1}{6}\times 4\right)$

대분수를 자연수와 진분수의 합으로

대분수를 자연수와 진분수의 합으로 바꾸어 계산합니다.

도전 10 문제

막힐 때 힌트북

1 16쪽
이해

□ 안에 알맞은 수를 써넣으세요.

(1) $\frac{3}{5}\times 6=\frac{3\times\square}{5}=\frac{\square}{5}=\square\frac{\square}{\square}$

(2) $\frac{2}{9}\times 15=\frac{2\times\square}{9}=\frac{\overset{\square}{\cancel{30}}}{\underset{3}{\cancel{9}}}=\frac{\square}{3}$

$=\square\frac{\square}{\square}$

2 16쪽
적용

〈보기〉와 같이 계산해 보세요.

〈보기〉

$\frac{7}{12}\times 9=\frac{7\times\overset{3}{\cancel{9}}}{\underset{4}{\cancel{12}}}=\frac{21}{4}=5\frac{1}{4}$

$\frac{5}{18}\times 10=$ ______

3
계산

계산해 보세요.

(1) $\frac{9}{10}\times 8$

(2) $1\frac{5}{6}\times 4$

4 16쪽
적용

다음이 나타내는 수를 구하세요.

$3\frac{1}{9}$을 3배 한 수

(　　　　　　)

5 16쪽
적용

빈 곳에 알맞은 수를 써넣으세요.

$2\frac{3}{10}$ → $\times 6$ → □

6
계산

계산 결과를 찾아 선으로 이어 보세요.

$\frac{9}{16}\times 12$ •	• $3\frac{3}{4}$
$\frac{5}{12}\times 9$ •	• $6\frac{3}{4}$
$1\frac{5}{8}\times 6$ •	• $9\frac{3}{4}$

7 17쪽 계산

계산 결과를 비교하여 ○ 안에 >, =, <를 알맞게 써넣으세요.

$$\frac{5}{18}\times 16 \bigcirc 2\frac{7}{18}\times 2$$

8 17쪽 창의 융합

물이 $\frac{3}{4}$ L씩 들어 있는 병이 9개 있습니다. 물은 모두 몇 L일까요?

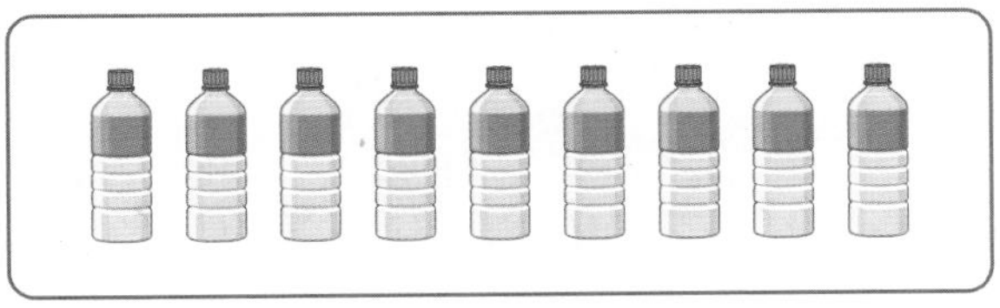

(　　　　　　　)

+9 17쪽 수학적 독해력

선물 상자 한 개를 포장하는 데 리본 $1\frac{7}{10}$ m가 필요합니다. 선물 상자 18개를 포장하려면 리본은 적어도 몇 m 필요할까요?

(　　　　　　　)

+10 17쪽 수학적 표현력

한 변의 길이가 $5\frac{1}{6}$ cm인 정삼각형의 둘레는 몇 cm인지 풀이 과정을 쓰고, 답을 구하세요.

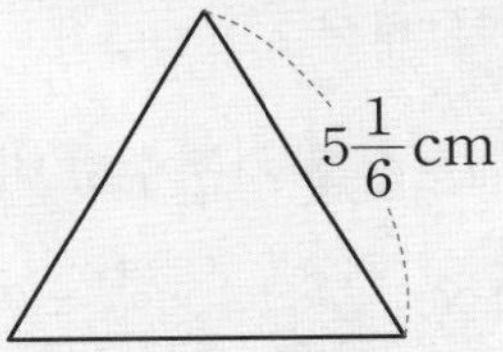

[풀이] ____________________

____

____

[답] ____________________

오늘 공부 어땠나요?

10개 중 맞힌 문제 [　　] 개

틀린 문제는 힌트를 보고 다시 도전해 보세요.

맞힌 문제는 힌트를 보고 자신의 생각과 비교해 보세요.

09일 (자연수)×(분수)

❶ (자연수)×(진분수)

예 $12\times\frac{4}{9}$의 계산

방법 1 자연수와 분자를 곱한 후 약분하여 계산하기

$$12\times\frac{4}{9}=\frac{12\times4}{9}=\frac{\overset{16}{\cancel{48}}}{\underset{3}{\cancel{9}}}=\frac{16}{3}=5\frac{1}{3}$$

방법 2 자연수와 분자를 곱하는 과정에서 약분하여 계산하기

$$12\times\frac{4}{9}=\frac{\overset{4}{\cancel{12}}\times4}{\underset{3}{\cancel{9}}}=\frac{16}{3}=5\frac{1}{3}$$

방법 3 자연수와 분모를 약분한 후 계산하기

$$\overset{4}{\cancel{12}}\times\frac{4}{\underset{3}{\cancel{9}}}=\frac{4\times4}{3}=\frac{16}{3}=5\frac{1}{3}$$

◐ (자연수)×(진분수)
분수의 분모는 그대로 두고 자연수와 분자를 곱합니다.

▲×$\frac{●}{■}$=$\frac{▲\times●}{■}$

◐ 진분수는 1보다 작은 수이므로 자연수에 진분수를 곱한 값은 처음 자연수보다 작아집니다.

▲×(진분수)<▲

❷ (자연수)×(대분수)

예 $4\times1\frac{1}{5}$의 계산

방법 1 대분수를 가분수로 바꾸어 계산하기

$$4\times1\frac{1}{5}=4\times\frac{6}{5}=\frac{24}{5}=4\frac{4}{5}$$

대분수 → 가분수

방법 2 대분수를 자연수와 진분수의 합으로 바꾸어 계산하기

$$4\times1\frac{1}{5}=(4\times1)+\left(4\times\frac{1}{5}\right)=4+\frac{4}{5}=4\frac{4}{5}$$

대분수를 자연수와 진분수의 합으로

◐ 대분수는 1보다 큰 수이므로 자연수에 대분수를 곱한 값은 처음 자연수보다 커집니다.

▲×(대분수)>▲

확인 1 그림을 보고 □ 안에 알맞은 수를 써넣으세요.

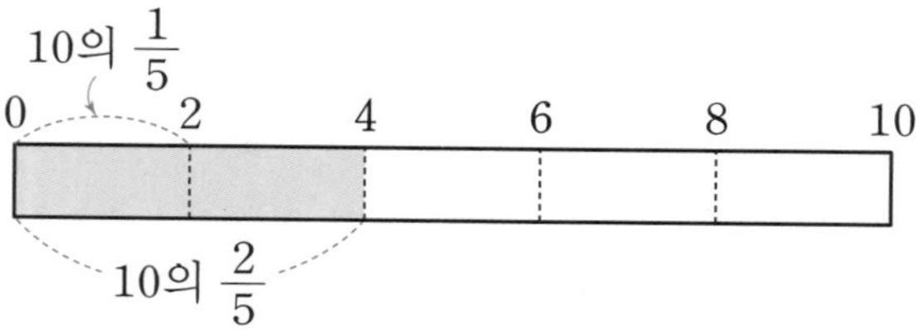

$10\times\frac{1}{5}=\square$ → $10\times\frac{2}{5}=\square$

기본기 다지는 교과서 문제

» 정답 · 풀이 10쪽

1 $15\times\frac{5}{6}$를 여러 가지 방법으로 계산하려고 합니다. □ 안에 알맞은 수를 써넣으세요.

방법 1 $15\times\frac{5}{6}=\frac{\square\times5}{6}=\frac{\overset{\square}{\cancel{75}}}{\underset{2}{\cancel{6}}}=\frac{\square}{2}=\square\frac{\square}{\square}$

방법 2 $15\times\frac{5}{6}=\frac{\overset{\square}{\cancel{15}}\times5}{\underset{\square}{\cancel{6}}}=\frac{\square}{\square}=\square\frac{\square}{\square}$

방법 3 $\overset{\square}{\cancel{15}}\times\frac{5}{\underset{\square}{\cancel{6}}}=\frac{\square}{\square}=\square\frac{\square}{\square}$

2 $2\times1\frac{2}{5}$를 두 가지 방법으로 계산하려고 합니다. 그림을 보고 □ 안에 알맞은 수를 써넣으세요.

방법 1 $2\times1\frac{2}{5}=2\times\frac{\square}{5}=\frac{\square}{\square}=\square\frac{\square}{\square}$

방법 2 $2\times1\frac{2}{5}=(2\times1)+\left(2\times\frac{\square}{\square}\right)=\square+\frac{\square}{\square}$

$=\square\frac{\square}{\square}$

개념 따라쓰기

(자연수)×(진분수)

$\blacktriangle\times\frac{\bullet}{\blacksquare}=\frac{\blacktriangle\times\bullet}{\blacksquare}$

분수의 분모는 그대로 두고 자연수와 분자를 곱합니다.

(자연수)×(대분수) ①

$4\times2\frac{1}{6}=4\times\frac{13}{6}$

대분수를 가분수로

대분수를 가분수로 바꾸어 계산합니다.

(자연수)×(대분수) ②

$4\times2\frac{1}{6}=(4\times2)+\left(4\times\frac{1}{6}\right)$

대분수를 자연수와 진분수의 합으로

대분수를 자연수와 진분수의 합으로 바꾸어 계산합니다.

1

계산

계산해 보세요.

(1) $16\times\frac{11}{24}$

(2) $25\times1\frac{3}{20}$

4 18쪽

문제 해결

액자의 가로는 세로의 $\frac{3}{4}$입니다. 액자의 세로가 32 cm이면 가로는 몇 cm일까요?

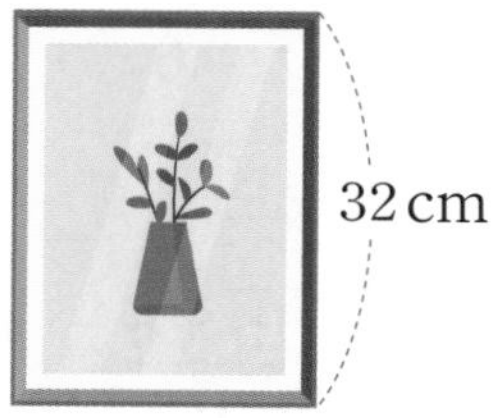

(　　　　　　)

2 18쪽

이해

계산 결과가 7보다 큰 식에 ○표, 7보다 작은 식에 △표 하세요.

$7\times\frac{8}{9}$	$7\times1\frac{2}{3}$
(　　)	(　　)

5 18쪽

적용

빈 곳에 알맞은 수를 써넣으세요.

12 → $\times2\frac{2}{9}$ → □

3

적용

〈보기〉와 같이 계산해 보세요.

〈보기〉

$6\times1\frac{1}{8}=\overset{3}{\cancel{6}}\times\frac{9}{\underset{4}{\cancel{8}}}=\frac{27}{4}=6\frac{3}{4}$

$15\times1\frac{2}{9}=$ ______________

6 18쪽

문제 해결

페인트가 12 L 있습니다. 그중의 $\frac{7}{9}$을 벽을 칠하는 데 사용했습니다. 남은 페인트는 몇 L일까요?

(　　　　　　)

조금 더 **어려운 문제**에 도전해 볼까요?

7 19쪽 문제 해결

평행사변형의 넓이는 몇 cm^2일까요?

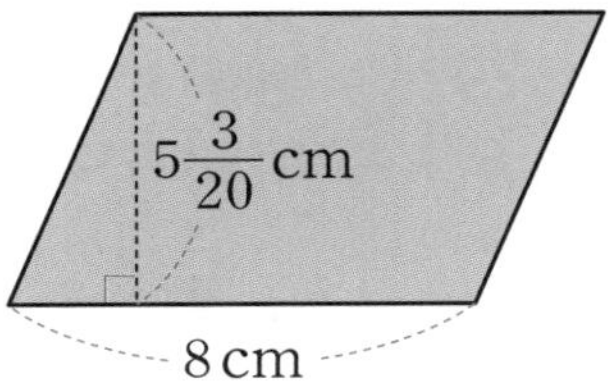

(　　　　　　　)

8 19쪽 추론

□ 안에 들어갈 수 있는 자연수는 모두 몇 개일까요?

$$\square\frac{1}{9} < 8 \times \frac{7}{18}$$

(　　　　　　　)

+9 19쪽 수학적 독해력

두 직사각형 가와 나가 있습니다. 가의 넓이는 나의 넓이보다 몇 cm^2 더 넓은지 구하세요.

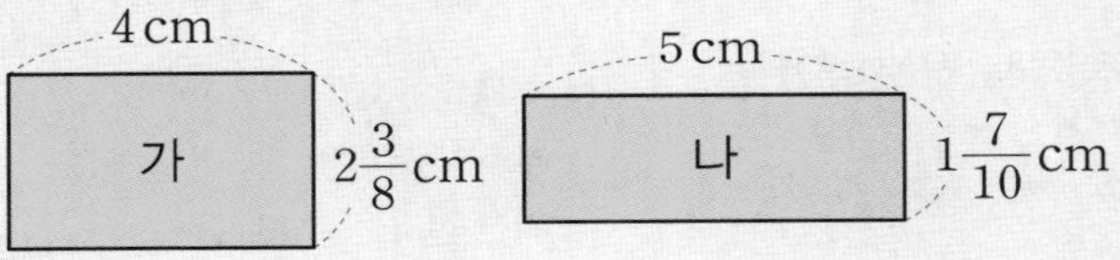

(　　　　　　　)

+10 19쪽 수학적 표현력

미주의 몸무게는 42 kg입니다. 삼촌의 몸무게는 미주의 몸무게의 $1\frac{4}{7}$배입니다. 삼촌의 몸무게는 몇 kg인지 풀이 과정을 쓰고, 답을 구하세요.

[풀이] ______________________

____

____

[답] ______________________

오늘 공부 어땠나요? 10개 중 맞힌 문제 □ 개 > **틀린 문제**는 힌트를 보고 다시 도전해 보세요. > **맞힌 문제**는 힌트를 보고 자신의 생각과 비교해 보세요.

10일 진분수의 곱셈

① (단위분수) × (단위분수)

예 $\frac{1}{3}\times\frac{1}{4}$의 계산

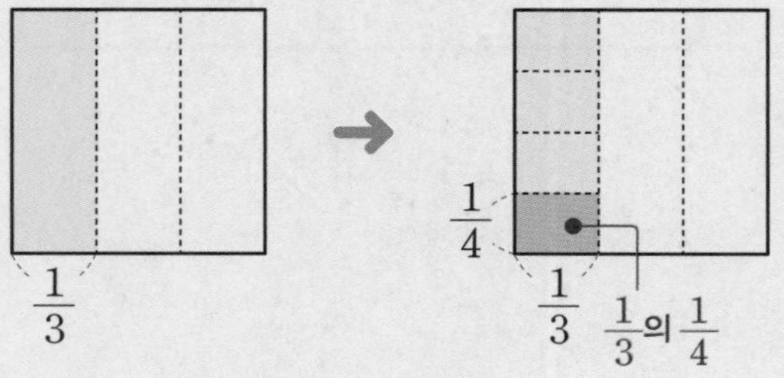

$$\frac{1}{3}\times\frac{1}{4}=\frac{1}{3\times4}=\frac{1}{12}$$

◐ **(단위분수) × (단위분수)**
분자 1은 그대로 두고, 분모끼리 곱합니다.

$$\frac{1}{■}\times\frac{1}{●}=\frac{1}{■\times●}$$

◐ 단위분수에 단위분수를 곱하면 곱한 결과는 처음 수보다 작아집니다.

$$\frac{1}{■}\times\frac{1}{●}<\frac{1}{■}$$

② (진분수) × (진분수)

예 $\frac{6}{7}\times\frac{5}{8}$의 계산

방법 1 분자는 분자끼리, 분모는 분모끼리 곱한 후 약분하여 계산하기

$$\frac{6}{7}\times\frac{5}{8}=\frac{6\times5}{7\times8}=\frac{\overset{15}{\cancel{30}}}{\underset{28}{\cancel{56}}}=\frac{15}{28}$$

방법 2 분자는 분자끼리, 분모는 분모끼리 곱하는 과정에서 약분하여 계산하기

$$\frac{6}{7}\times\frac{5}{8}=\frac{\overset{3}{\cancel{6}}\times5}{7\times\underset{4}{\cancel{8}}}=\frac{15}{28}$$

방법 3 분자와 분모를 약분한 후 계산하기

$$\frac{\overset{3}{\cancel{6}}}{7}\times\frac{5}{\underset{4}{\cancel{8}}}=\frac{15}{28}$$

◐ **(진분수) × (진분수)**
분자는 분자끼리, 분모는 분모끼리 곱합니다.

$$\frac{●}{■}\times\frac{▲}{★}=\frac{●\times▲}{■\times★}$$

◐ (진분수) × (진분수)에서 두 분수의 순서를 바꾸어 곱해도 계산 결과는 같습니다.

$$\frac{●}{■}\times\frac{▲}{★}=\frac{▲}{★}\times\frac{●}{■}$$

확인 1 그림을 보고 □ 안에 알맞은 수를 써넣으세요.

(1)

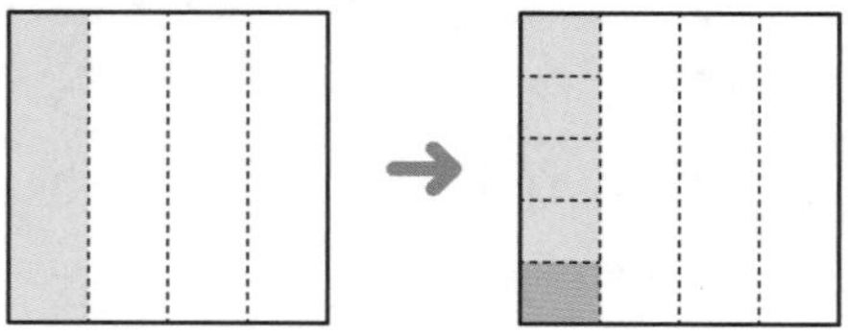

$$\frac{1}{4}\times\frac{1}{5}=\frac{1}{\square\times\square}=\frac{1}{\square}$$

(2)

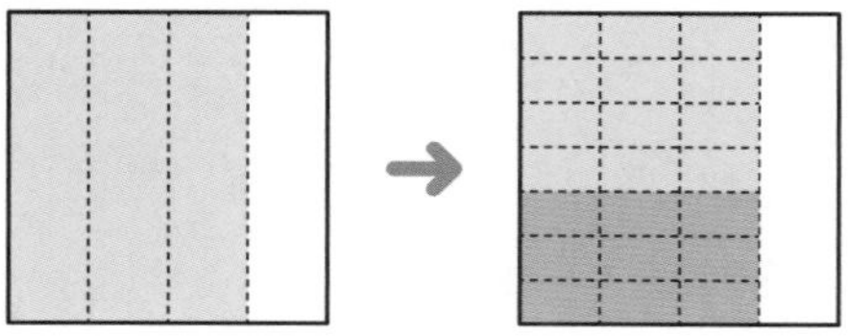

$$\frac{3}{4}\times\frac{3}{7}=\frac{3\times\square}{4\times\square}=\frac{\square}{\square}$$

기본기 다지는 교과서 문제

» 정답 · 풀이 11쪽

1 그림을 보고 □ 안에 알맞은 수를 써넣으세요.

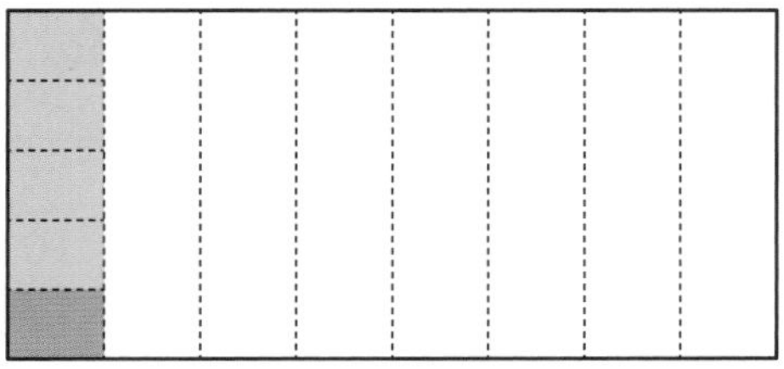

$$\frac{1}{8}\times\frac{1}{5}=\frac{1}{\square\times\square}=\frac{1}{\square}$$

2 $\frac{1}{3}\times\frac{1}{6}$을 계산하려고 합니다. □ 안에 알맞은 수를 써넣으세요.

$$\frac{1}{3}\times\frac{1}{6}=\frac{1}{\square\times\square}=\frac{\square}{\square}$$

3 그림을 보고 □ 안에 알맞은 수를 써넣으세요.

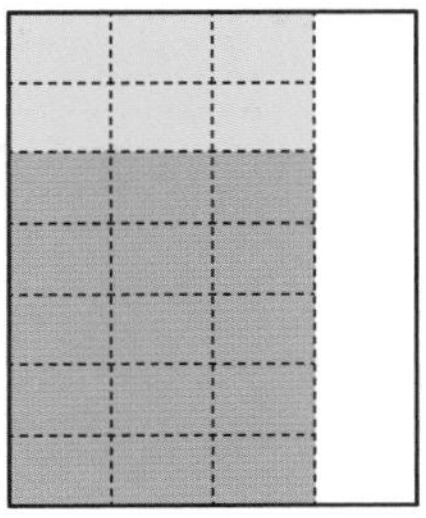

$$\frac{3}{4}\times\frac{5}{7}=\frac{\square\times 5}{4\times\square}=\frac{\square}{\square}$$

4 $\frac{3}{8}\times\frac{2}{5}$를 여러 가지 방법으로 계산하려고 합니다. □ 안에 알맞은 수를 써넣으세요.

방법 1 $\frac{3}{8}\times\frac{2}{5}=\frac{3\times\square}{8\times\square}=\frac{\overset{\square}{\cancel{6}}}{\underset{\square}{\cancel{40}}}=\frac{\square}{\square}$

방법 2 $\frac{3}{8}\times\frac{2}{5}=\frac{3\times\overset{\square}{\cancel{2}}}{\underset{\square}{\cancel{8}}\times 5}=\frac{\square}{\square}$

방법 3 $\frac{3}{\underset{\square}{\cancel{8}}}\times\frac{\overset{\square}{\cancel{2}}}{5}=\frac{\square}{\square}$

개념 따라쓰기

2 단원

(단위분수) × (단위분수)

$$\frac{1}{■}\times\frac{1}{●}=\frac{1}{■\times●}$$

분자 1은 그대로 두고, 분모끼리 곱합니다.

(진분수) × (진분수)

$$\frac{●}{■}\times\frac{▲}{★}=\frac{●\times▲}{■\times★}$$

분자는 분자끼리, 분모는 분모끼리 곱합니다.

1 20쪽 이해

□ 안에 알맞은 수를 써넣으세요.

$$\frac{1}{8}\times\frac{1}{9}=\frac{1}{8\times\square}=\frac{\square}{\square}$$

2 20쪽 이해

그림에 알맞게 색칠하고 □ 안에 알맞은 수를 써넣으세요.

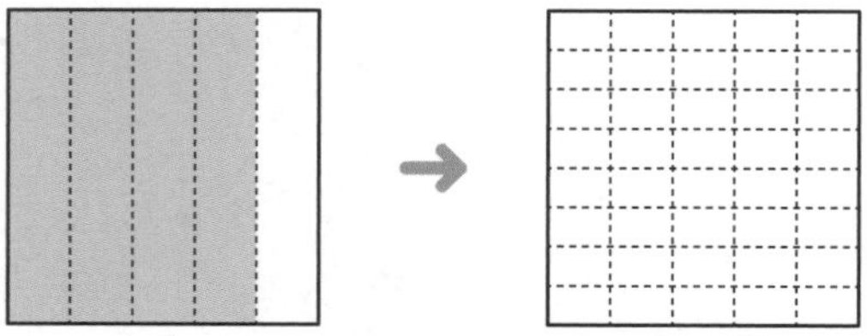

$\frac{4}{5}$　　　$\frac{4}{5}\times\frac{3}{8}$

$$\frac{4}{5}\times\frac{3}{8}=\frac{4\times\square}{\square\times 8}=\frac{\square}{40}=\frac{\square}{10}$$

3 이해

$\frac{9}{10}\times\frac{11}{27}$을 세 가지 방법으로 계산하려고 합니다. □ 안에 알맞은 수를 써넣으세요.

(1) $\frac{9}{10}\times\frac{11}{27}=\frac{9\times 11}{10\times 27}=\frac{\overset{\square}{\cancel{99}}}{\underset{\square}{\cancel{270}}}=\frac{\square}{30}$

(2) $\frac{9}{10}\times\frac{11}{27}=\frac{\overset{\square}{\cancel{9}}\times\square}{10\times\underset{\square}{\cancel{27}}}=\frac{\square}{30}$

(3) $\frac{\overset{\square}{\cancel{9}}}{10}\times\frac{11}{\underset{\square}{\cancel{27}}}=\frac{\square}{30}$

4 20쪽 적용

〈보기〉와 같이 계산해 보세요.

〈보기〉

$$\frac{4}{5}\times\frac{10}{13}=\frac{4\times\overset{2}{\cancel{10}}}{\underset{1}{\cancel{5}}\times 13}=\frac{8}{13}$$

$\frac{7}{12}\times\frac{13}{14}=$ __________

5 20쪽 적용

다음이 나타내는 수를 구하세요.

$\frac{9}{14}$를 $\frac{5}{18}$배 한 수

(　　　　　)

6 적용

빈칸에 알맞은 수를 써넣으세요.

×	$\frac{1}{7}$	$\frac{7}{25}$
$\frac{1}{2}$		
$\frac{5}{6}$		

7 21쪽
문제 해결

직사각형의 넓이는 몇 cm^2일까요?

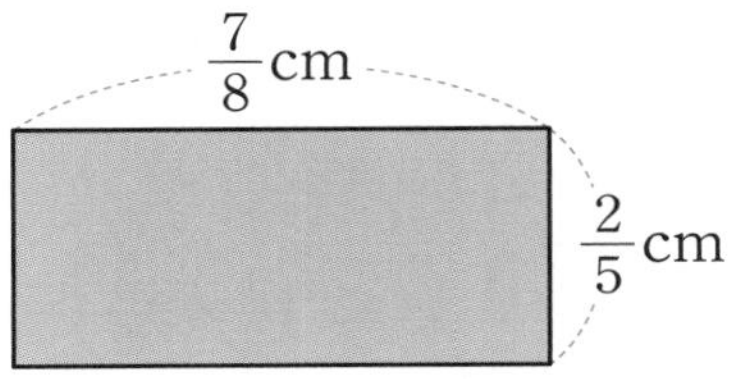

(　　　　　　　　)

8 21쪽
추론

□ 안에 들어갈 수 있는 자연수를 모두 구하세요.

$$\frac{1}{35} < \frac{1}{7} \times \frac{1}{\square}$$

(　　　　　　　　)

+9 21쪽
수학적 독해력

다음 수 카드 중 2장을 사용하여 계산 결과가 가장 작은 분수의 곱셈식을 만들려고 합니다. ■+●의 값을 구하세요.

1　2　3　4　5

$$\frac{1}{■} \times \frac{1}{●}$$

(　　　　　　　　)

+10 21쪽
수학적 표현력

슬기네 반 학생의 $\frac{3}{5}$은 여학생이고, 그중 $\frac{3}{8}$은 안경을 썼습니다. 슬기네 반에서 안경을 쓴 여학생은 전체 학생의 몇 분의 몇인지 풀이 과정을 쓰고, 답을 구하세요.

[풀이] ____________________

____

____

[답] ____________________

오늘 공부 어땠나요?

10개 중 맞힌 문제 □ 개 > **틀린 문제**는 힌트를 보고 다시 도전해 보세요. > **맞힌 문제**는 힌트를 보고 자신의 생각과 비교해 보세요.

공부한 날 ( ) 월 ( ) 일

11일 여러 가지 분수의 곱셈

❶ (대분수)×(대분수)

예 $2\frac{1}{5}\times1\frac{1}{4}$의 계산

방법 1 대분수를 가분수로 바꾸어 계산하기

$$2\frac{1}{5}\times1\frac{1}{4}=\frac{11}{\overset{1}{\cancel{5}}}\times\frac{\overset{1}{\cancel{5}}}{4}=\frac{11}{4}=2\frac{3}{4}$$

방법 2 곱하는 대분수를 자연수와 진분수의 합으로 바꾸어 계산하기

$$2\frac{1}{5}\times1\frac{1}{4}=\left(2\frac{1}{5}\times1\right)+\left(2\frac{1}{5}\times\frac{1}{4}\right)=2\frac{1}{5}+\left(\frac{11}{5}\times\frac{1}{4}\right)$$

$$=2\frac{1}{5}+\frac{11}{20}=2\frac{4}{20}+\frac{11}{20}=2\frac{\overset{3}{\cancel{15}}}{\underset{4}{\cancel{20}}}=2\frac{3}{4}$$

◐ 주의 대분수를 가분수로 바꾸지 않고 약분하지 않도록 합니다.

예 $1\frac{1}{\underset{2}{\cancel{8}}}\times2\frac{\overset{1}{\cancel{4}}}{5}$ (×)

$1\frac{1}{8}\times2\frac{4}{5}=\frac{9}{\underset{4}{\cancel{8}}}\times\frac{\overset{7}{\cancel{14}}}{5}$ (○)

❷ 세 분수의 곱셈

예 $\frac{2}{7}\times\frac{3}{4}\times\frac{5}{9}$의 계산

방법 1 앞에서부터 두 분수씩 차례로 계산하기

$$\frac{2}{7}\times\frac{3}{4}\times\frac{5}{9}=\left(\frac{\overset{1}{\cancel{2}}}{7}\times\frac{3}{\underset{2}{\cancel{4}}}\right)\times\frac{5}{9}=\frac{\overset{1}{\cancel{3}}}{14}\times\frac{5}{\underset{3}{\cancel{9}}}=\frac{5}{42}$$

방법 2 세 분수를 한꺼번에 계산하기

$$\frac{2}{7}\times\frac{3}{4}\times\frac{5}{9}=\frac{\overset{1}{\cancel{2}}\times\overset{1}{\cancel{3}}\times5}{7\times\underset{2}{\cancel{4}}\times\underset{3}{\cancel{9}}}=\frac{5}{42}$$

◐ 세 분수의 곱셈
분자는 분자끼리, 분모는 분모끼리 곱합니다.

$\frac{●}{■}\times\frac{▲}{★}\times\frac{◆}{♥}=\frac{●\times▲\times◆}{■\times★\times♥}$

◐ 세 분수의 곱셈은 순서를 바꾸어 곱해도 계산 결과는 같습니다.

예 $\left(\frac{2}{7}\times\frac{3}{4}\right)\times\frac{5}{9}=\frac{2}{7}\times\left(\frac{3}{4}\times\frac{5}{9}\right)$

확인 1 그림을 보고 □ 안에 알맞은 수를 써넣으세요.

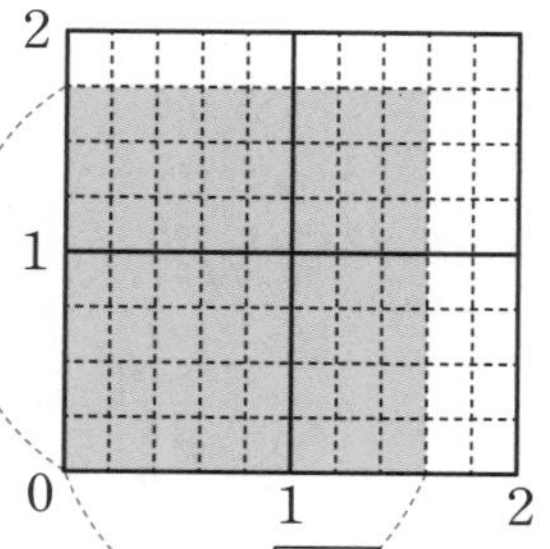

$1\frac{3}{4}=\frac{\square}{4}$

$1\frac{3}{5}=\frac{\square}{5}$

$$1\frac{3}{5}\times1\frac{3}{4}=\frac{\overset{2}{\cancel{8}}}{\square}\times\frac{\square}{\underset{1}{\cancel{4}}}=\frac{\square}{5}=\square\frac{\square}{\square}$$

기본기 다지는 교과서 문제

» 정답 · 풀이 12쪽

1 그림을 보고, □ 안에 알맞은 수를 써넣으세요.

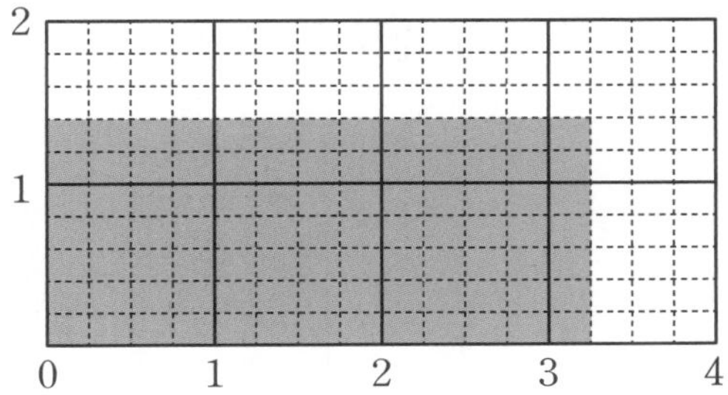

$$3\frac{1}{4}\times1\frac{2}{5}=\frac{\square}{4}\times\frac{\square}{5}=\frac{\square}{\square}=\square\frac{\square}{\square}$$

2 그림을 보고, □ 안에 알맞은 수를 써넣으세요.

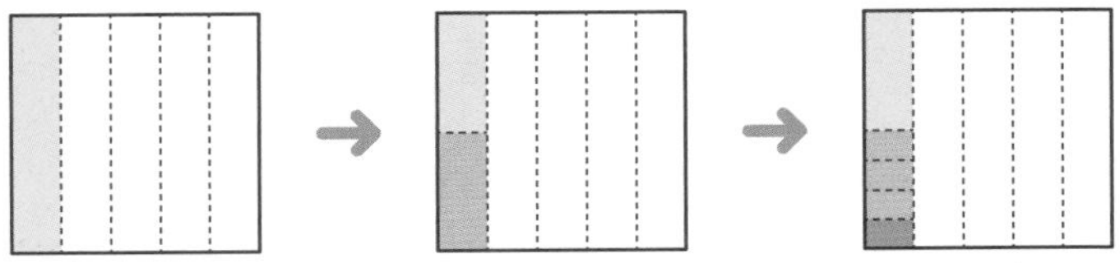

$\frac{1}{5}$ → $\frac{1}{5}\times\frac{1}{2}$ → $\left(\frac{1}{5}\times\frac{1}{2}\right)\times\frac{1}{4}$

$$\frac{1}{5}\times\frac{1}{2}\times\frac{1}{4}=\frac{\square}{\square}\times\frac{1}{4}=\frac{\square}{\square}$$

3 □ 안에 알맞은 수를 써넣으세요.

(1) $2\frac{2}{3}\times1\frac{5}{7}=\frac{\square}{\cancel{3}_{1}}\times\frac{\cancel{12}^{4}}{\square}=\frac{\square}{\square}=\square\frac{\square}{\square}$

(2) $\frac{1}{9}\times\frac{6}{7}\times\frac{7}{11}=\frac{1\times\cancel{6}^{\square}\times\cancel{7}^{1}}{\cancel{9}_{\square}\times\cancel{7}_{\square}\times11}=\frac{\square}{\square}$

개념 따라쓰기

2 단원

(대분수)×(대분수)

$$2\frac{1}{5}\times1\frac{1}{4}=\frac{11}{5}\times\frac{5}{4}$$

대분수를 가분수로

대분수를 가분수로 바꾸어 분자는 분자끼리, 분모는 분모끼리 곱합니다.

세 분수의 곱셈

$$\frac{●}{■}\times\frac{▲}{★}\times\frac{◆}{♥}=\frac{●\times▲\times◆}{■\times★\times♥}$$

분자는 분자끼리, 분모는 분모끼리 곱합니다.

1 22쪽
이해

□ 안에 알맞은 수를 써넣으세요.

$$1\frac{1}{8}\times 2\frac{1}{9}=\frac{9}{\square}\times\frac{\square}{9}=\frac{\overset{1}{\cancel{9}}\times\square}{8\times\underset{1}{\cancel{9}}}$$

$$=\frac{\square}{\square}=\square\frac{\square}{\square}$$

2
계산

계산해 보세요.

(1) $4\frac{1}{2}\times 1\frac{1}{7}$

(2) $\frac{5}{7}\times\frac{3}{8}\times\frac{2}{9}$

3 22쪽
적용

〈보기〉와 같이 계산해 보세요.

〈보기〉

$$1\frac{5}{6}\times 3\frac{3}{4}=\frac{11}{\underset{2}{\cancel{6}}}\times\frac{\overset{5}{\cancel{15}}}{4}=\frac{55}{8}=6\frac{7}{8}$$

$1\frac{4}{5}\times 1\frac{1}{6}=$ ______________

4
문제 해결

직사각형의 넓이는 몇 cm^2일까요?

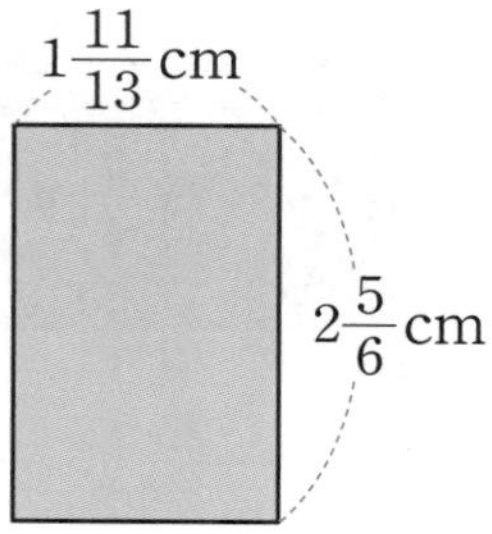

(　　　　　　　)

5 22쪽
적용

빈 곳에 알맞은 수를 써넣으세요.

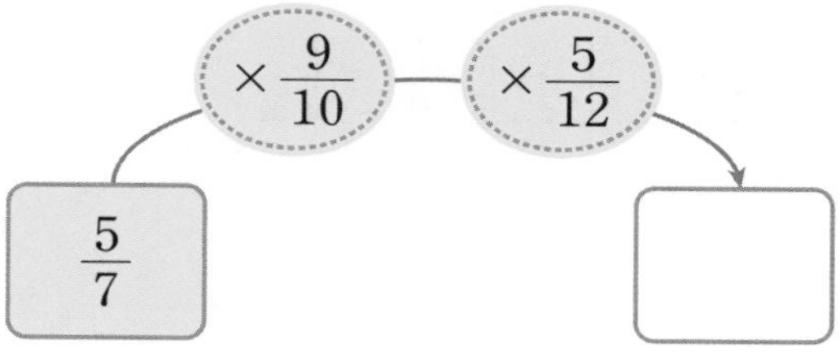

6 22쪽
문제 해결

어떤 수는 $2\frac{2}{5}$의 $1\frac{1}{3}$배입니다. 어떤 수의 $2\frac{1}{4}$배는 얼마일까요?

(　　　　　　　)

조금 더 **어려운 문제**에 도전해 볼까요?

7 23쪽 적용

계산 결과가 작은 것부터 차례로 기호를 쓰세요.

㉠ $1\frac{3}{5}\times\frac{3}{4}$　　㉡ $1\frac{3}{5}\times\frac{3}{4}\times\frac{1}{2}$

㉢ $1\frac{3}{5}\times1\frac{2}{3}$　　㉣ $1\frac{3}{5}\times1\frac{2}{3}\times1\frac{6}{7}$

□-□-□-□

8 23쪽 추론

□ 안에 들어갈 수 있는 자연수를 모두 구하세요.

$2\frac{1}{3}\times1\frac{2}{5}<\square<1\frac{3}{7}\times4\frac{2}{5}$

(　　　　　　　　)

+9 23쪽 수학적 독해력

다음 수 카드를 한 번씩만 사용하여 만들 수 있는 가장 큰 대분수와 가장 작은 대분수의 곱을 구하세요.

2　3　6

(　　　　　　　　)

+10 23쪽 수학적 표현력

민아네 학교의 전체 학생 수의 $\frac{5}{14}$는 5학년입니다. 5학년 중에서 $\frac{5}{9}$가 여학생이고, 그중 $\frac{7}{15}$이 수학을 좋아합니다. 수학을 좋아하는 5학년 여학생은 전체 학생의 얼마인지 풀이 과정을 쓰고, 답을 구하세요.

[풀이] ______________________

[답] ______________________

오늘 공부 어땠나요? 10개 중 맞힌 문제 □ 개 > **틀린 문제**는 힌트를 보고 다시 도전해 보세요. > **맞힌 문제**는 힌트를 보고 자신의 생각과 비교해 보세요.

01 그림을 보고 □ 안에 알맞은 수를 써넣으세요.

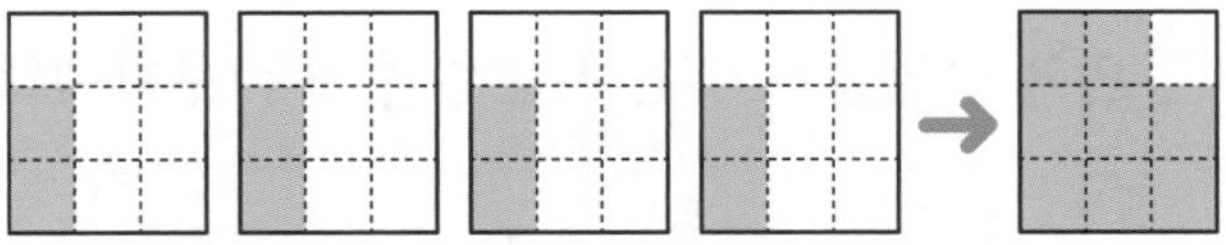

$$\frac{2}{9}\times 4=\frac{\square}{9}+\frac{\square}{9}+\frac{\square}{9}+\frac{\square}{9}$$
$$=\frac{2\times\square}{9}=\frac{\square}{9}$$

02 대분수를 자연수와 진분수의 합으로 바꾸어 계산해 보세요.

$$2\frac{3}{8}\times 6=(\square\times 6)+\left(\frac{\square}{8}\times 6\right)$$
$$=\square+\square\frac{\square}{4}=\square\frac{\square}{\square}$$

03 □ 안에 알맞은 수를 써넣으세요.

$$\frac{\overset{\square}{\cancel{8}}}{9}\times\frac{7}{\underset{\square}{\cancel{10}}}=\frac{\square\times 7}{9\times\square}=\frac{\square}{\square}$$

04 윤지네 반 학생의 $\frac{1}{4}$은 여학생이고, 그중 $\frac{2}{5}$는 안경을 썼습니다. 윤지네 반에서 안경을 쓴 여학생은 전체 학생의 몇 분의 몇일까요?

( )

05 다음 수 카드 중 2장을 골라 □ 안에 써넣어 계산 결과가 가장 큰 곱셈식을 만들려고 합니다. 계산한 값을 구하세요.

4 5 7 8

$$\frac{1}{\square}\times\frac{1}{\square}$$

( )

06 〈보기〉와 같이 계산해 보세요.

〈보기〉

$$3\frac{4}{7}\times 1\frac{1}{6}=\frac{25}{\underset{1}{\cancel{7}}}\times\frac{\overset{1}{\cancel{7}}}{6}=\frac{25}{6}=4\frac{1}{6}$$

$$1\frac{2}{9}\times 1\frac{1}{14}=$$ ______________________

____

07 세 수의 곱을 구하세요.

$\frac{4}{5}$　　$\frac{1}{12}$　　$\frac{9}{16}$

(　　　　　　　　)

08 평행사변형의 넓이는 몇 cm^2일까요?

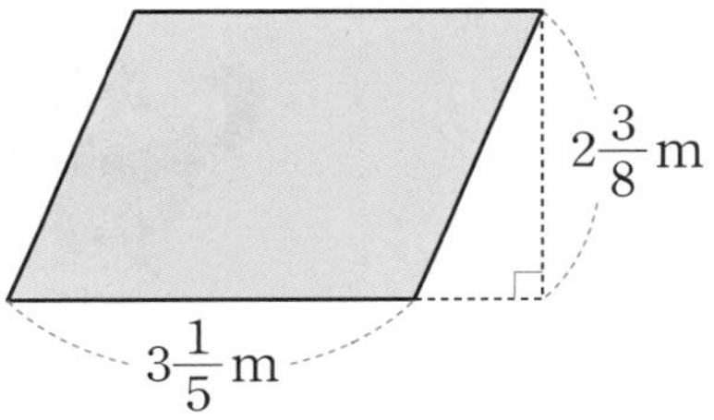

(　　　　　　　　)

09 빈 곳에 알맞은 수를 써넣으세요.

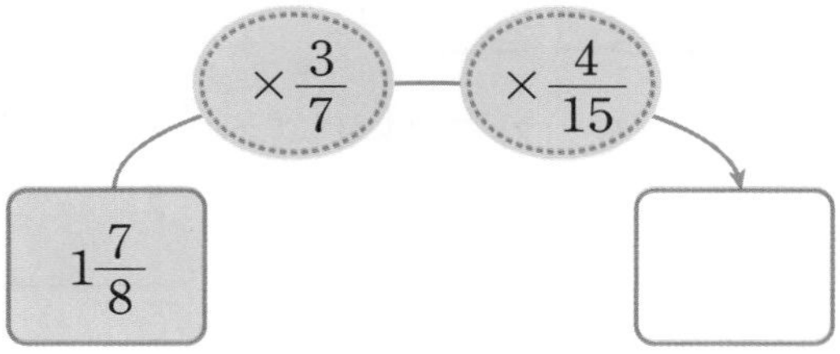

서술형

10 물통에 물이 $3\frac{3}{4}$ L 들어 있습니다. 이 물통에 처음 있던 물의 $1\frac{1}{6}$만큼을 더 부어서 그중 $\frac{8}{9}$을 사용했습니다. 사용한 물은 몇 L인지 풀이 과정을 쓰고, 답을 구하세요.

〔풀이〕

〔답〕

12일 도형의 합동

❶ 도형의 합동

모양과 크기가 같아서 포개었을 때 완전히 겹치는 두 도형을 서로 **합동**이라고 합니다.

(완전히 겹치는: 남거나 모자라는 부분이 없는)

예

◐ 도형을 뒤집거나 돌려서 포개었을 때 남거나 모자라는 부분이 없으면 합동입니다.

◐ 모양이 같아도 크기가 다르면 합동이 아닙니다.

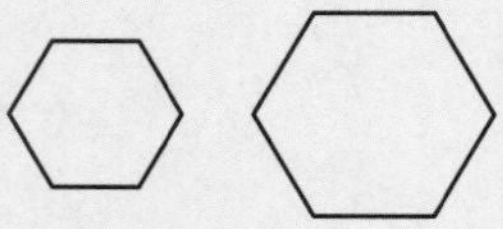

→ 합동이 아닙니다

❷ 서로 합동인 도형 만들기

• 직사각형을 두 조각으로 잘라서 서로 합동인 도형 만들기

예

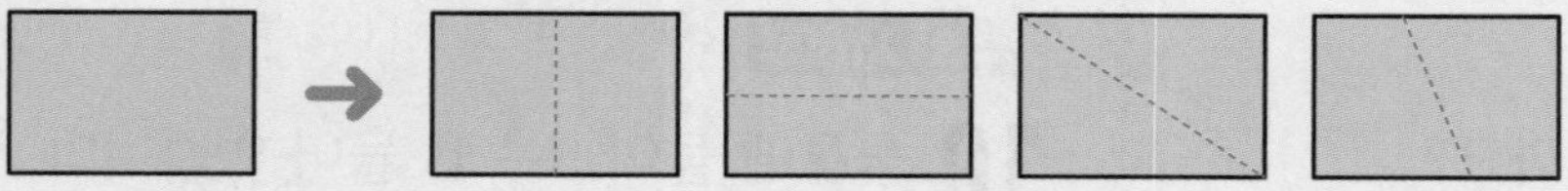

• 직사각형을 네 조각으로 잘라서 서로 합동인 도형 만들기

예

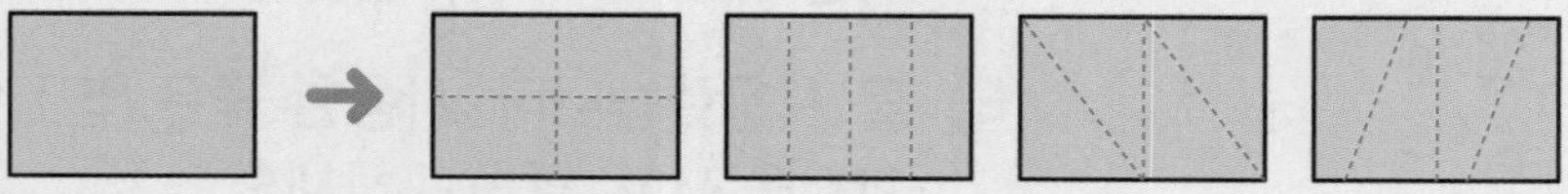

확인 1 도형을 보고 □ 안에 알맞은 말을 써넣으세요.

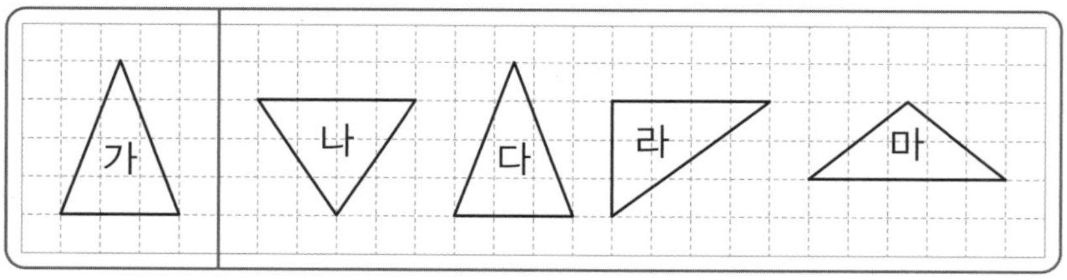

(1) 도형 가와 포개었을 때 완전히 겹치는 도형은 도형 □입니다.

(2) (1)에서 도형 가와 도형 □처럼 모양과 크기가 같아서 포개었을 때 완전히 겹치는 두 도형을 서로 □(이)라고 합니다.

기본기 다지는 교과서 문제

» 정답 · 풀이 14쪽

1 오른쪽 도형과 서로 합동인 도형을 찾아 ○표 하세요.

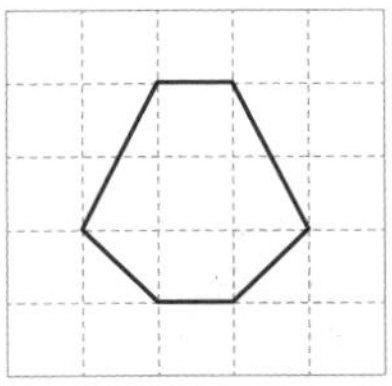

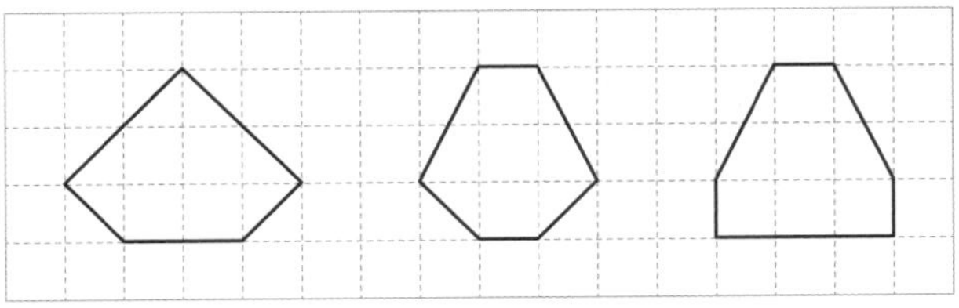

(　　　) (　　　) (　　　)

2 서로 합동인 도형을 모두 찾아 쓰세요.

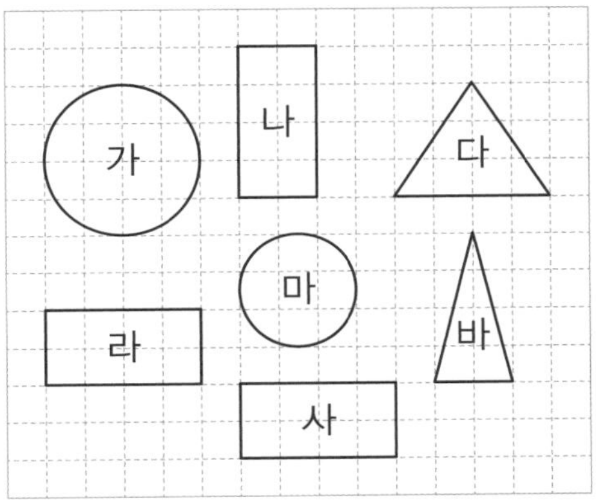

(　　　　　　　)

3 직사각형 모양의 색종이를 점선을 따라 잘랐을 때 만들어지는 세 도형이 서로 합동인 것을 찾아 ○표 하세요.

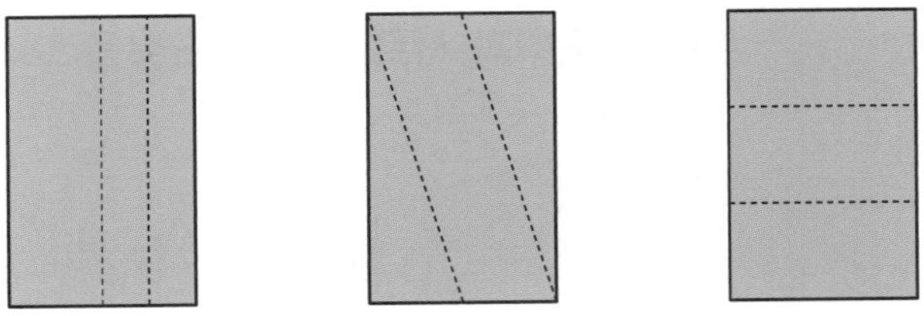

(　　　) (　　　) (　　　)

개념 따라쓰기

합동 알아보기

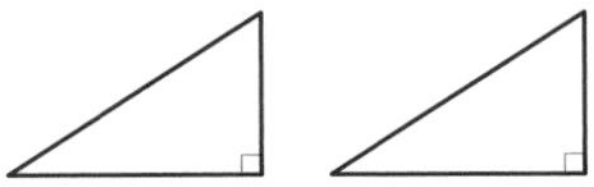

모양과 크기가 같아서 포개었을 때 완전히 겹치는 두 도형을 서로 합동이라고 합니다.

뒤집거나 돌려서 서로 합동인 도형 찾기

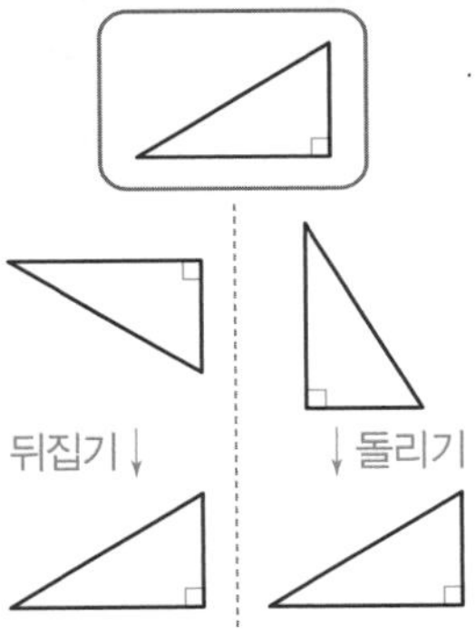

도형을 뒤집거나 돌려서 포개었을 때 남거나 모자라는 부분이 없으면 합동입니다.

1 24쪽

이해

오른쪽 표지판과 모양이 서로 합동인 표지판을 찾아 ○표 하세요. (단, 표지판의 색깔과 표지판 안의 그림은 생각하지 않습니다.)

(　　　) (　　　) (　　　) (　　　)

[2~3] 도형을 보고 물음에 답하세요.

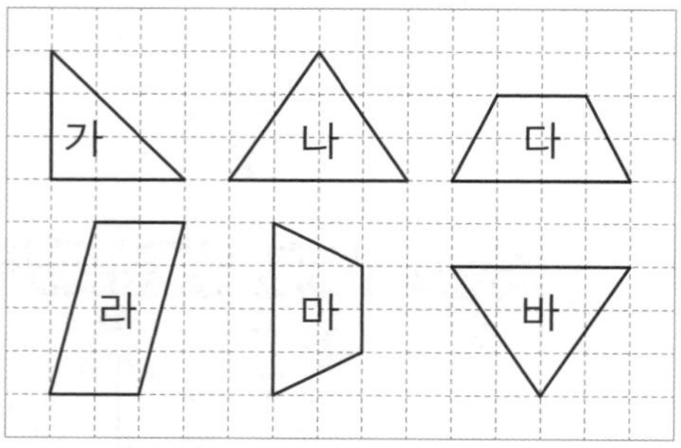

2

적용

도형 다와 합동인 도형을 찾아 기호를 쓰세요.

(　　　　　)

3

적용

서로 합동인 도형은 모두 몇 쌍인가요?

(　　　　　)

4 24쪽

적용

나머지 셋과 합동이 아닌 도형을 찾아 기호를 쓰세요.

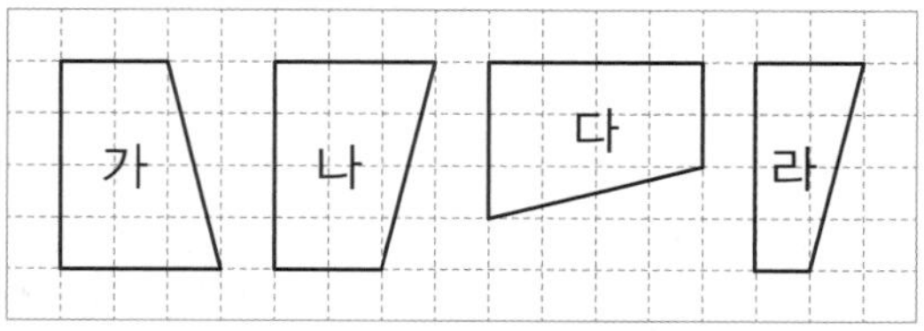

(　　　　　)

5 24쪽

추론

직사각형을 점선을 따라 잘랐을 때 만들어지는 두 도형이 서로 합동이 되는 점선을 모두 찾아 번호를 쓰세요.

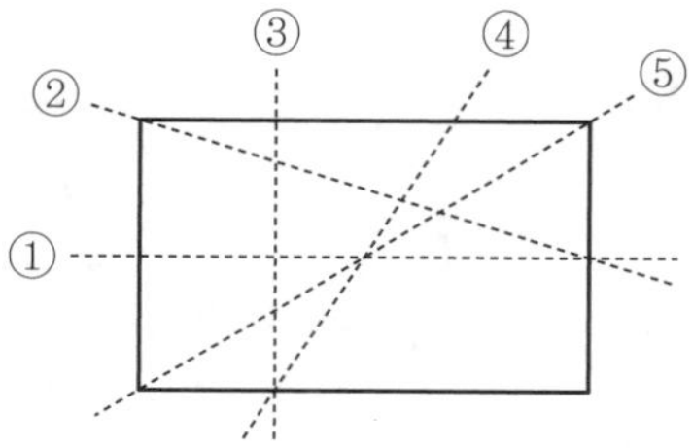

(　　　　　)

6 24쪽

적용

주어진 도형과 서로 합동인 도형을 그려 보세요.

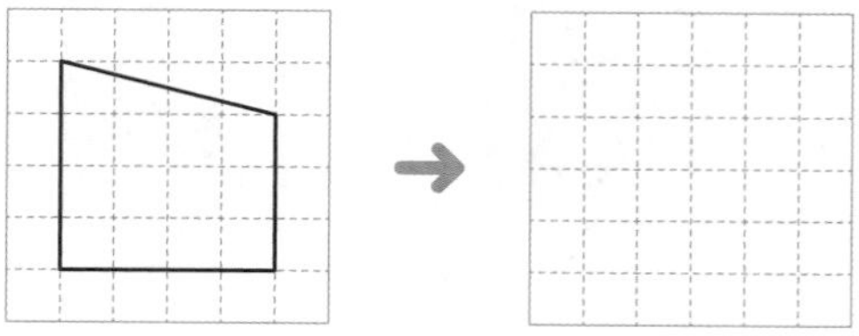

조금 더 **어려운 문제**에 도전해 볼까요?

7 25쪽 적용

점선을 따라 잘랐을 때 만들어지는 두 도형이 서로 합동인 것을 모두 찾아 기호를 쓰세요.

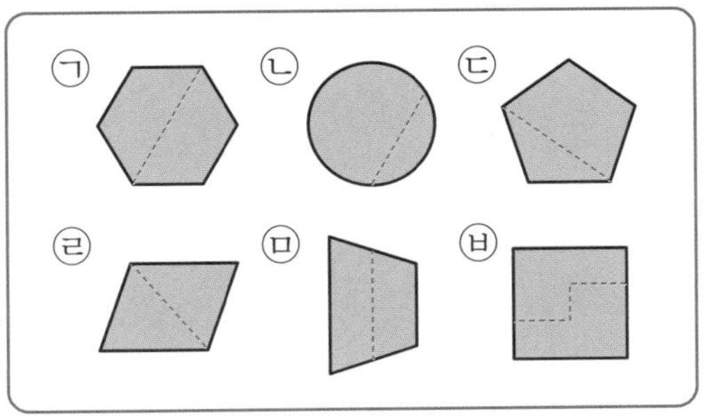

(　　　　　　　　)

8 25쪽 추론

두 변의 길이가 같은 직각삼각형에 선을 3개 그어서 서로 합동인 삼각형 4개가 되도록 나누어 보세요.

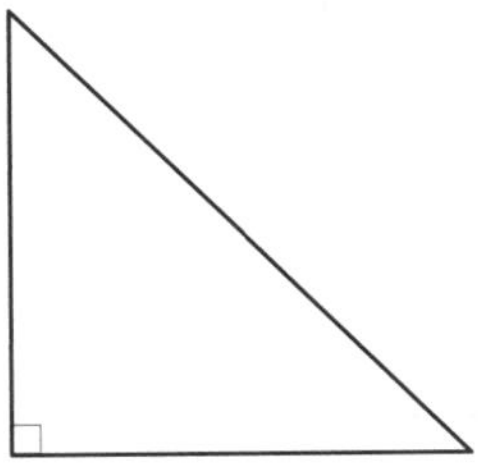

+9 25쪽 수학적 독해력

합동인 두 도형에 대한 대화를 보고 바르게 말한 사람을 찾아 이름을 쓰세요.

수현: 넓이가 같으면 서로 합동이야.

민호: 모양이 같으면 서로 합동이야.

윤하: 두 도형을 포개었을 때 완전히 겹치면 서로 합동이야.

(　　　　　　　　)

+10 25쪽 수학적 표현력

두 도형이 합동인지 아닌지 쓰고, 그 이유를 설명하세요.

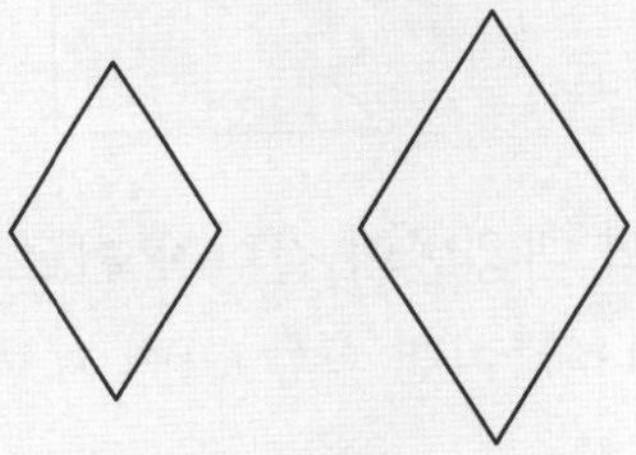

답 ____________________

이유 ____________________

____

____

오늘 공부 어땠나요? 10개 중 맞힌 문제 [　] 개 > **틀린 문제**는 힌트를 보고 다시 도전해 보세요. > **맞힌 문제**는 힌트를 보고 자신의 생각과 비교해 보세요.

공부한 날 월 일

합동인 도형의 성질

① 대응점, 대응변, 대응각

서로 합동인 두 도형을 포개었을 때 완전히 겹치는 점을 **대응점**, 겹치는 변을 **대응변**, 겹치는 각을 **대응각**이라고 합니다.

◐ 서로 합동인 두 ■각형에서 대응점, 대응변, 대응각은 각각 ■쌍씩 있습니다.

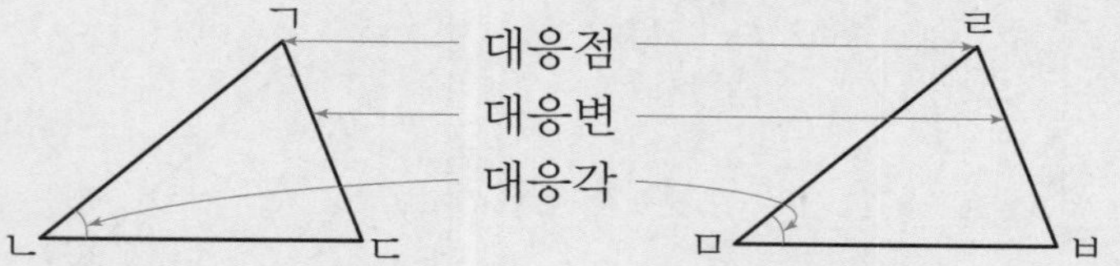

- 대응점: 점 ㄱ과 점 ㄹ, 점 ㄴ과 점 ㅁ, 점 ㄷ과 점 ㅂ
- 대응변: 변 ㄱㄴ과 변 ㄹㅁ, 변 ㄴㄷ과 변 ㅁㅂ, 변 ㄷㄱ과 변 ㅂㄹ
- 대응각: 각 ㄱㄴㄷ과 각 ㄹㅁㅂ, 각 ㄴㄷㄱ과 각 ㅁㅂㄹ, 각 ㄷㄱㄴ과 각 ㅂㄹㅁ

② 합동인 두 도형의 성질

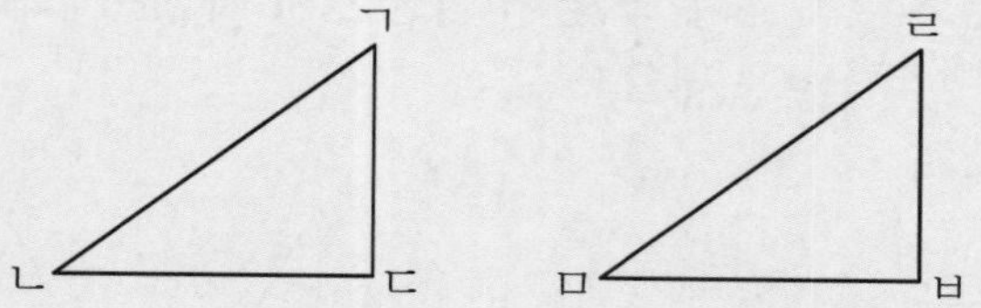

① 각각의 대응변의 길이가 서로 같습니다.
(변 ㄱㄴ)=(변 ㄹㅁ), (변 ㄴㄷ)=(변 ㅁㅂ), (변 ㄷㄱ)=(변 ㅂㄹ)

② 각각의 대응각의 크기가 서로 같습니다.
(각 ㄱㄴㄷ)=(각 ㄹㅁㅂ), (각 ㄴㄷㄱ)=(각 ㅁㅂㄹ), (각 ㄷㄱㄴ)=(각 ㅂㄹㅁ)

확인 1 두 삼각형은 서로 합동입니다. 대응점, 대응변, 대응각을 찾아 □ 안에 알맞게 써넣으세요.

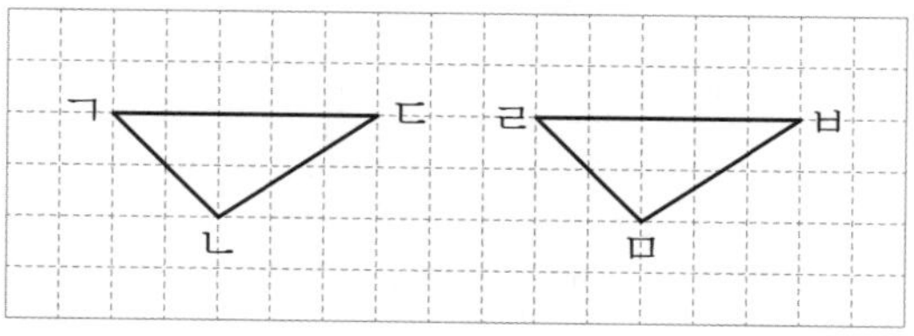

대응점	대응변	대응각
점 ㄱ과 점 ㄹ	변 ㄱㄴ과 변 ㄹㅁ	각 ㄱㄴㄷ과 각 ㄹㅁㅂ
점 ㄴ과 점 □	변 ㄴㄷ과 변 □	각 ㄴㄷㄱ과 각 □
점 ㄷ과 점 □	변 ㄷㄱ과 변 □	각 ㄷㄱㄴ과 각 □

기본기 다지는 교과서 문제

1 두 삼각형은 서로 합동입니다. 물음에 답하세요.

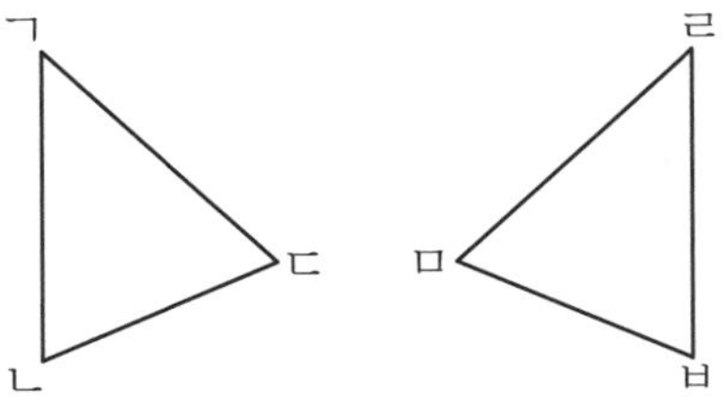

(1) 점 ㄷ의 대응점을 쓰세요. (　　　　　)

(2) 변 ㄴㄷ의 대응변을 쓰세요. (　　　　　)

(3) 각 ㄷㄱㄴ의 대응각을 쓰세요. (　　　　　)

2 두 사각형은 서로 합동입니다. 알맞은 말에 ○표 하세요.

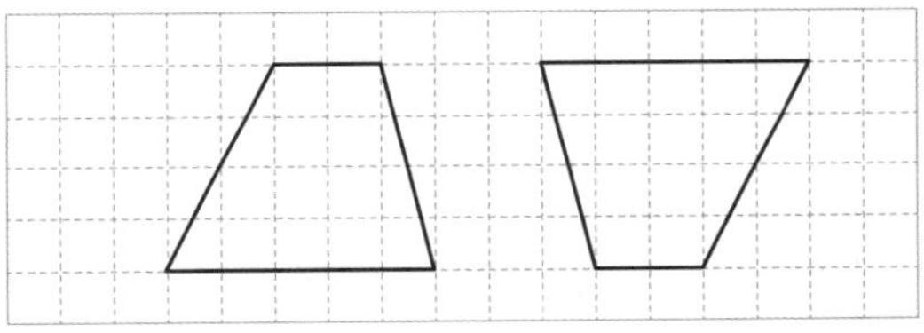

(1) 각각의 대응변의 길이가 서로 (같습니다 , 다릅니다).

(2) 각각의 대응각의 크기가 서로 (같습니다 , 다릅니다).

3 두 도형은 서로 합동입니다. □ 안에 알맞은 수를 써넣으세요.

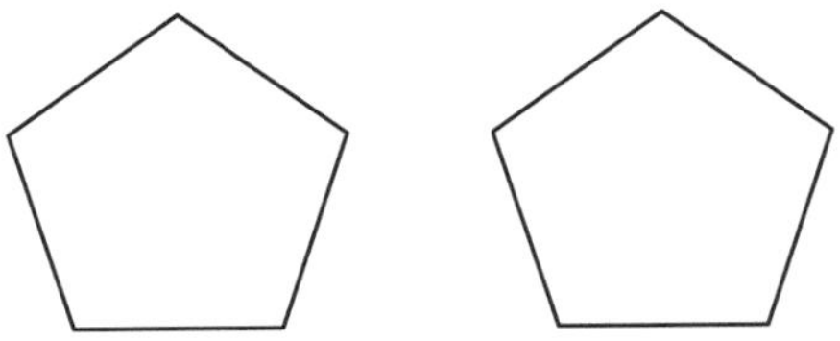

대응점: □쌍

대응변: □쌍

대응각: □쌍

개념 따라쓰기

대응점, 대응변, 대응각

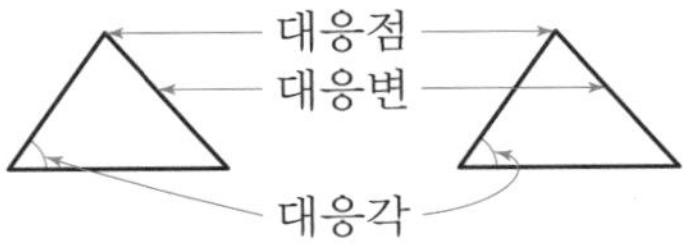

서로 합동인 두 도형을 포개었을 때 완전히 겹치는 점을 대응점, 겹치는 변을 대응변, 겹치는 각을 대응각이라고 합니다.

합동인 두 도형의 성질

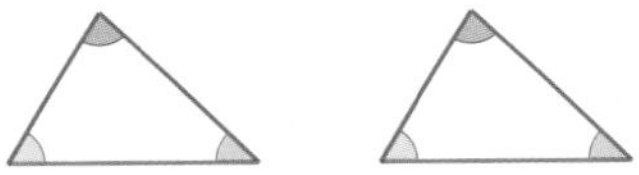

① 각각의 대응변의 길이가 서로 같습니다.

② 각각의 대응각의 크기가 서로 같습니다.

3 단원

1 26쪽 이해

두 사각형은 서로 합동입니다. 물음에 답하세요.

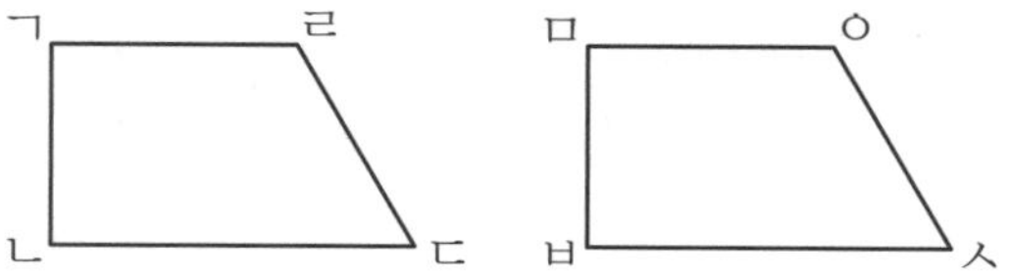

(1) 점 ㄷ의 대응점을 쓰세요.

( )

(2) 변 ㄴㄷ의 대응변을 쓰세요.

( )

(3) 각 ㄱㄹㄷ의 대응각을 쓰세요.

( )

2 26쪽 이해

두 도형은 서로 합동입니다. 대응점, 대응변, 대응각이 각각 몇 쌍 있는지 쓰세요.

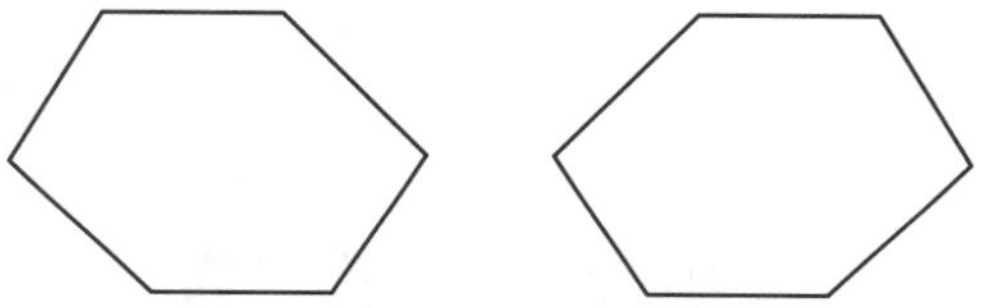

대응점 ( )
대응변 ( )
대응각 ( )

3 26쪽 적용

두 사각형은 서로 합동입니다. 변 ㄴㄷ은 몇 cm인가요?

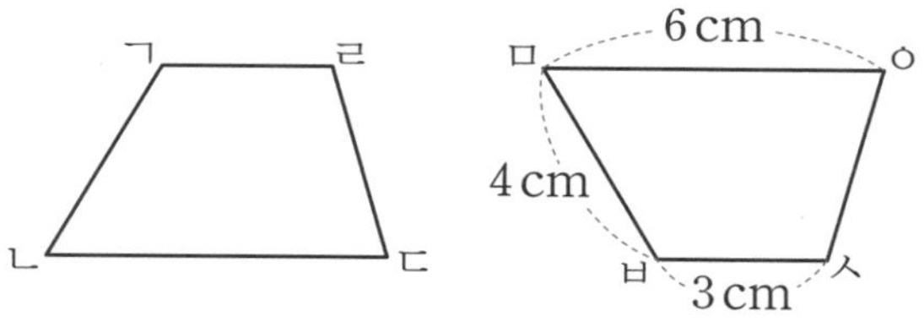

( )

4 26쪽 적용

두 삼각형은 서로 합동입니다. 각 ㄱㄷㄴ은 몇 도인가요?

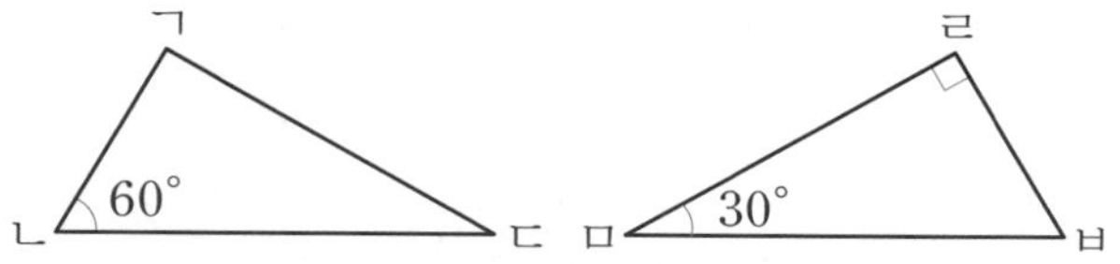

( )

[5~6] 두 사각형은 서로 합동입니다. 물음에 답하세요.

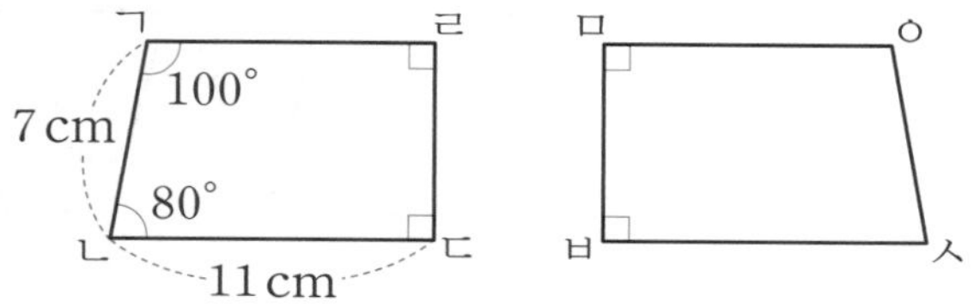

5 적용

변 ㅇㅅ은 몇 cm인가요?

( )

6 적용

각 ㅁㅇㅅ은 몇 도인가요?

( )

7 27쪽 창의 융합

두 사각형은 서로 합동입니다. 사각형 ㄱㄴㄷㄹ의 둘레는 몇 cm인지 구하세요.

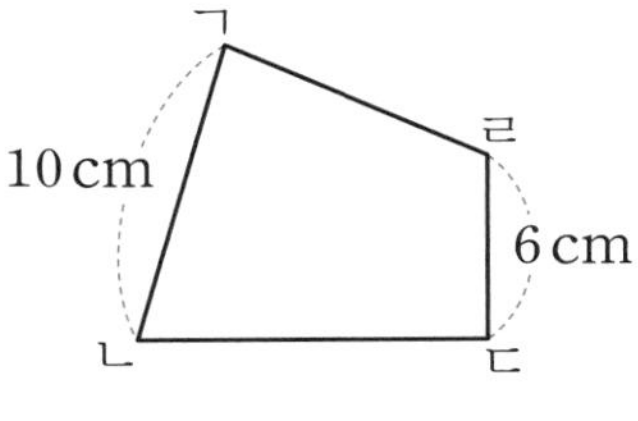

(　　　　　　　)

8 27쪽 문제 해결

두 사각형은 서로 합동입니다. 각 ㅁㅂㅅ은 몇 도인가요?

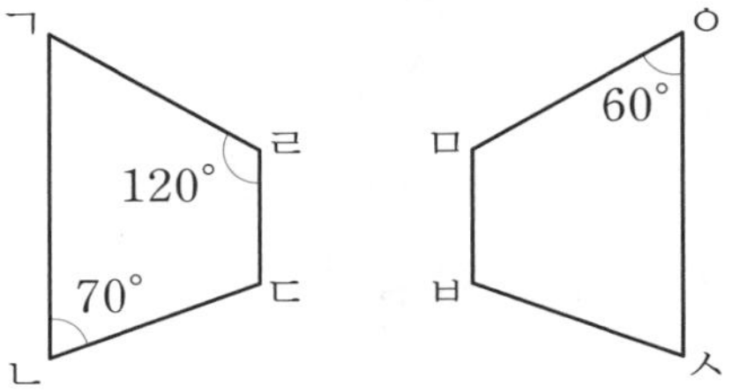

(　　　　　　　)

+9 27쪽 수학적 독해력

다음과 같은 모양의 화단이 있습니다. 삼각형 ㄱㄴㄷ과 삼각형 ㄷㄹㅁ이 서로 합동일 때 전체 화단의 둘레는 몇 m인가요?

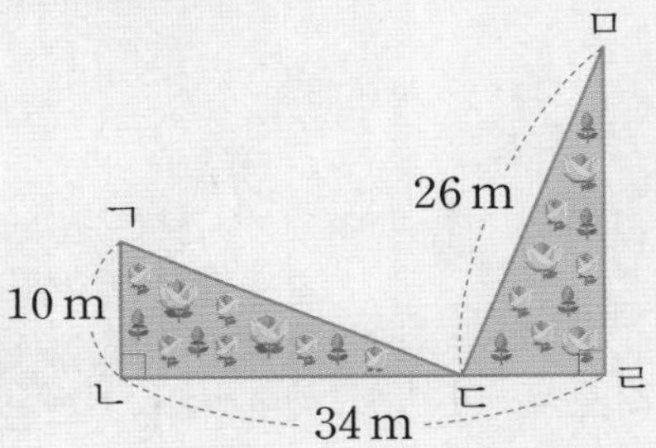

(　　　　　　　)

+10 27쪽 수학적 표현력

두 삼각형은 서로 합동입니다. 각 ㄹㅁㅂ은 몇 도인지 풀이 과정을 쓰고, 답을 구하세요.

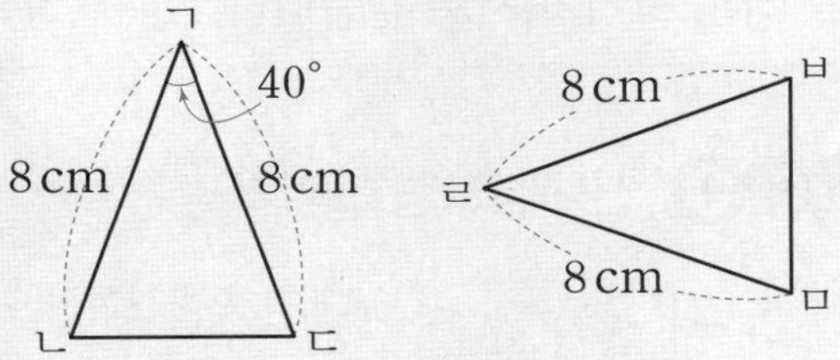

풀이 ______________________________

____

____

답 ______________________________

오늘 공부 어땠나요? 10개 중 맞힌 문제 [　] 개 > 틀린 문제는 힌트를 보고 다시 도전해 보세요. > 맞힌 문제는 힌트를 보고 자신의 생각과 비교해 보세요.

14일 선대칭도형과 그 성질

① 선대칭도형

- 한 직선을 따라 접었을 때 완전히 겹치는 도형을 **선대칭도형**이라고 합니다. 이때 그 직선을 **대칭축**이라고 합니다.
- 대칭축을 따라 접었을 때 겹치는 점을 **대응점**, 겹치는 변을 **대응변**, 겹치는 각을 **대응각**이라고 합니다.

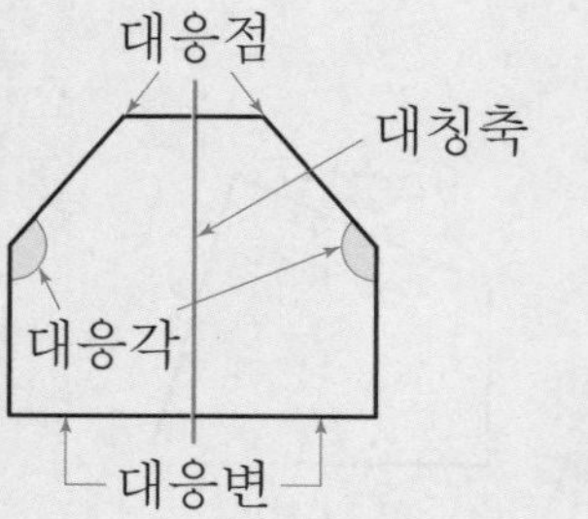

◐ 선대칭도형에서 대칭축으로 나누어진 두 부분은 서로 합동입니다.

◐ 선대칭도형의 대칭축은 여러 개일 수도 있습니다.

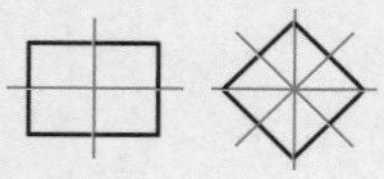

② 선대칭도형의 성질

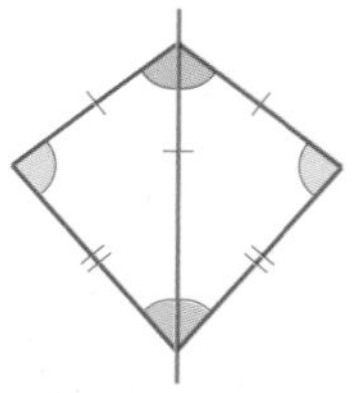

① 각각의 대응변의 길이와 대응각의 크기가 서로 같습니다.

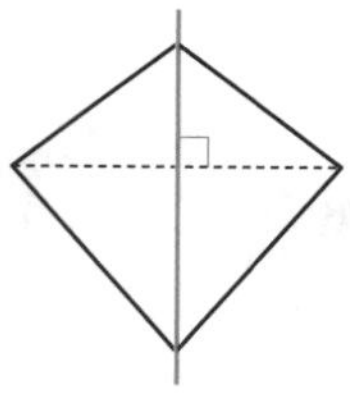

② 대응점끼리 이은 선분은 대칭축과 수직으로 만납니다.

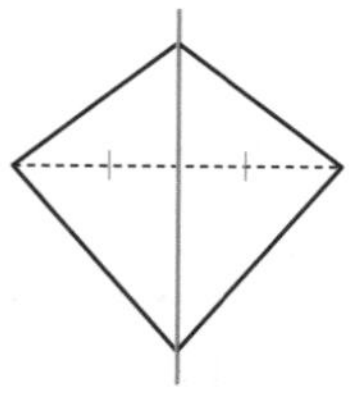

③ 대칭축은 대응점끼리 이은 선분을 둘로 똑같이 나눕니다.

개념+ 선대칭도형 그리기

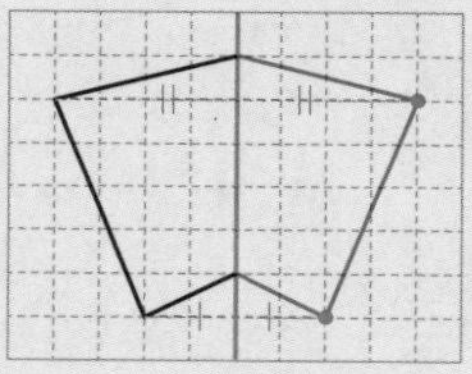

① 대칭축을 중심으로 각 점에서 같은 거리만큼 떨어진 대응점을 찾아 표시합니다.

② 대응점끼리 이은 선분이 대칭축과 수직으로 만나는지 확인하며 대응점을 차례로 이어 선대칭도형을 완성합니다.

◐ 대칭축은 대응점끼리 이은 선분을 둘로 똑같이 나누므로 각각의 대응점에서 대칭축까지의 거리는 서로 같습니다.

확인 1 도형을 보고 □ 안에 알맞게 써넣으세요.

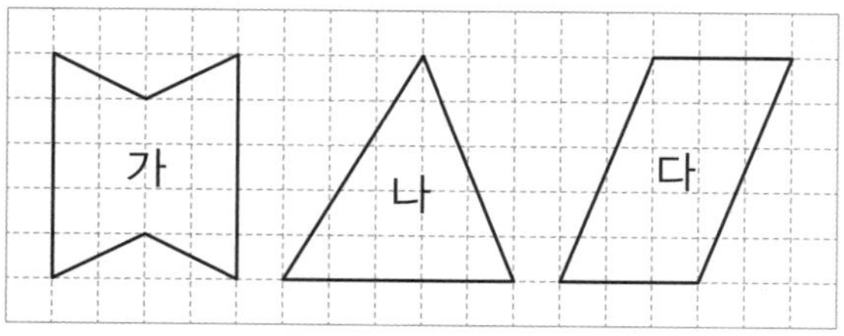

(1) 한 직선을 따라 접었을 때 완전히 겹치는 도형은 □입니다.

(2) 한 직선을 따라 접었을 때 완전히 겹치는 도형을 □(이)라 하고, 이때 접은 직선을 □(이)라고 합니다.

기본기 다지는 교과서 문제

» 정답 · 풀이 17쪽

1 선대칭도형을 모두 찾아 ○표 하세요.

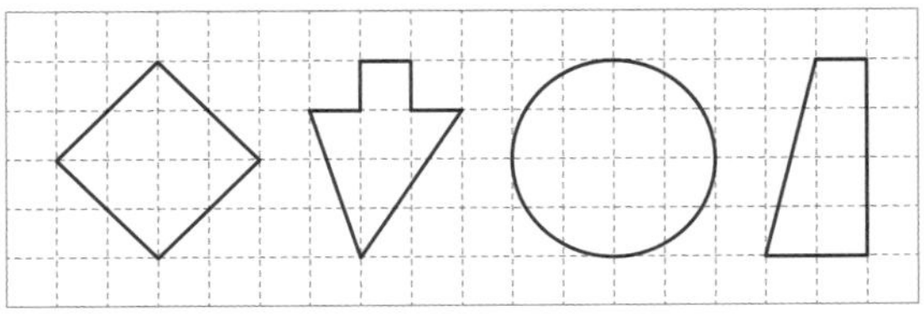

( ) ( ) ( ) ( )

2 선대칭도형의 성질을 알아보려고 합니다. □ 안에 알맞게 써넣고, 알맞은 말에 ○표 하세요.

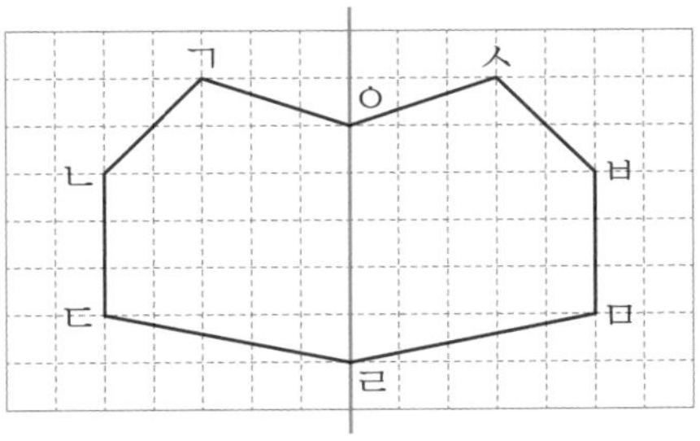

(1) 변 ㄱㄴ의 대응변: 변 □

변 ㄴㄷ의 대응변: 변 □

변 ㄷㄹ의 대응변: 변 □

➜ 각각의 대응변의 길이가 서로 (같습니다 , 다릅니다).

(2) 각 ㄱㄴㄷ의 대응각: 각 □

각 ㄴㄷㄹ의 대응각: 각 □

각 ㄴㄱㅇ의 대응각: 각 □

➜ 각각의 대응각의 크기가 서로 (같습니다 , 다릅니다).

3 선대칭도형이 되도록 나머지 부분을 완성하세요.

(1)

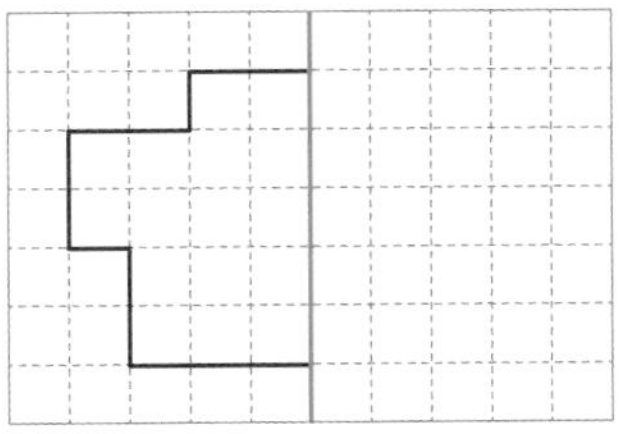

(2)

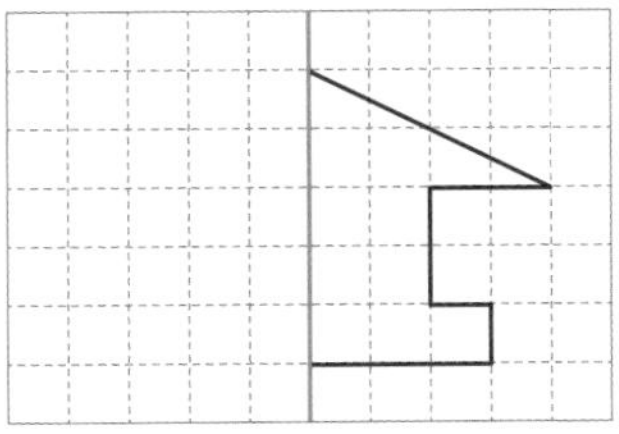

개념 따라쓰기

선대칭도형 알아보기

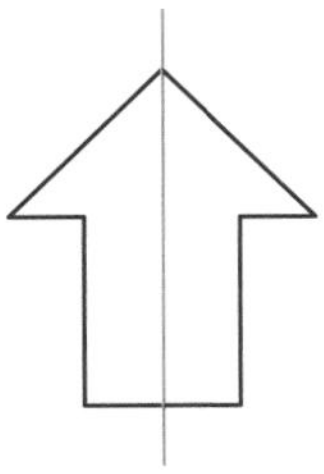

선대칭도형은 한 직선을 따라 접었을 때 완전히 겹치는 도형입니다.

선대칭도형의 성질

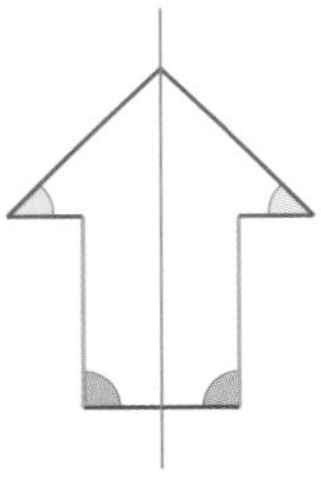

선대칭도형은 각각의 대응변의 길이와 대응각의 크기가 서로 같습니다.

3 단원

1

이해

선대칭도형을 모두 찾아 기호를 쓰세요.

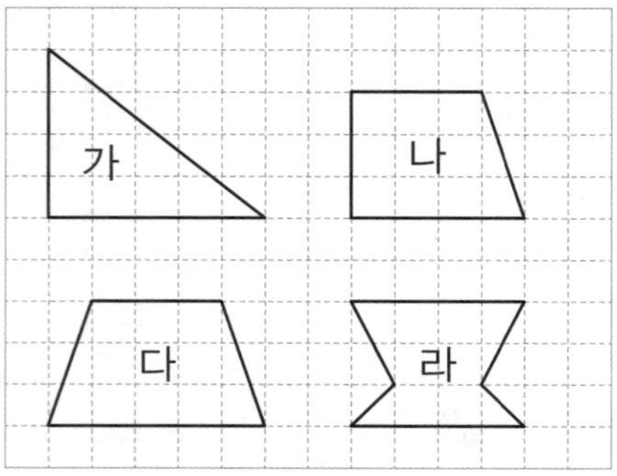

( )

2 28쪽

이해

그림과 같이 직사각형에 직선을 그었을 때 대칭축이 되는 직선을 모두 찾아 기호를 쓰세요.

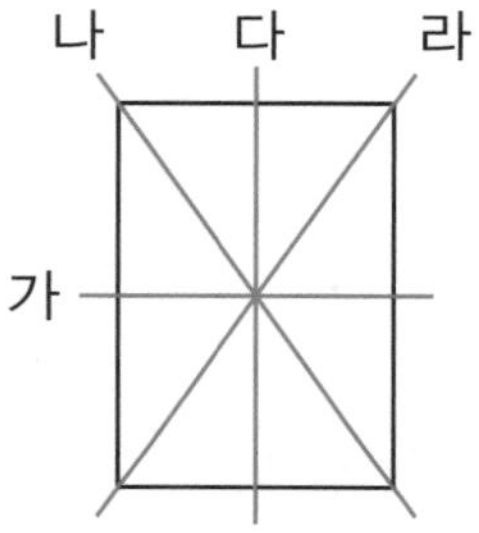

( )

3

적용

직선 ㅅㅇ을 대칭축으로 하는 선대칭도형입니다. 대응점, 대응변, 대응각을 각각 찾아 쓰세요.

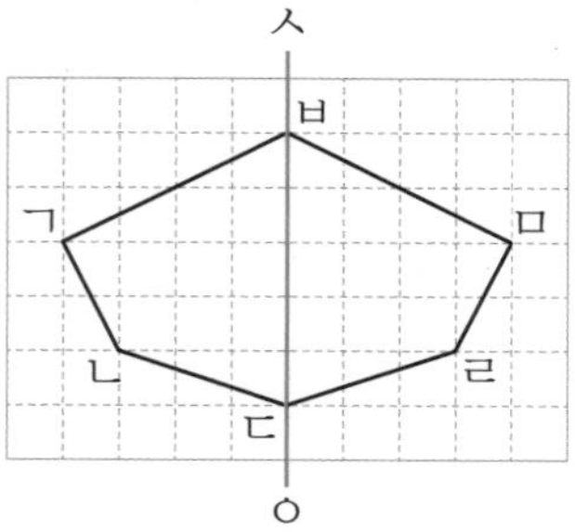

점 ㄱ의 대응점 ( )
변 ㄴㄷ의 대응변 ( )
각 ㄱㄴㄷ의 대응각 ( )

[4~5] 직선 ㅅㅇ을 대칭축으로 하는 선대칭도형입니다. 물음에 답하세요.

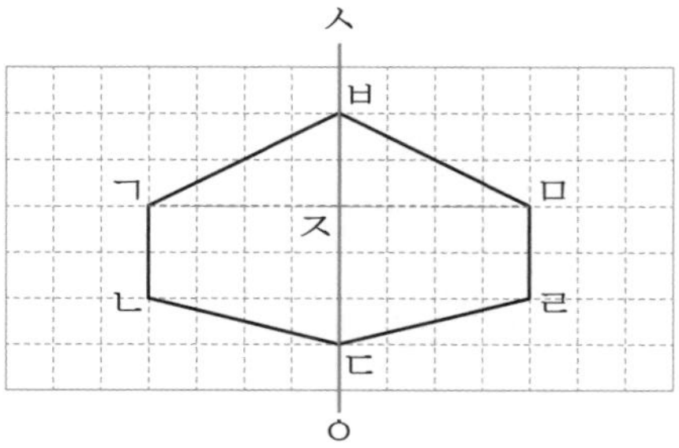

4 28쪽

적용

선분 ㄱㅈ과 길이가 같은 선분은 어느 것인가요?

( )

5 28쪽

적용

선분 ㄱㅁ이 대칭축과 만나서 이루는 각은 몇 도인가요?

( )

6 28쪽

문제 해결

직선 ㅅㅇ을 대칭축으로 하는 선대칭도형입니다. 각 ㄱㄹㄷ은 몇 도인가요?

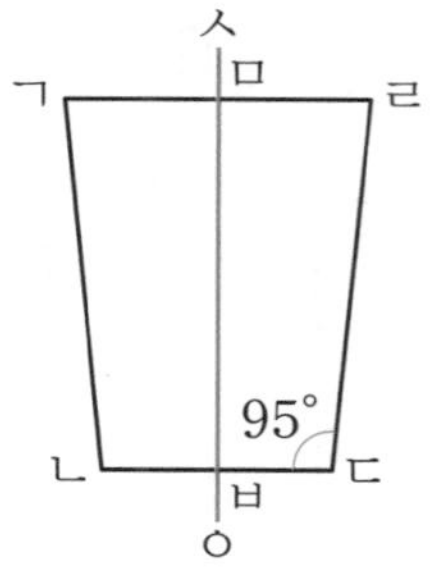

( )

» 정답 · 풀이 17쪽

7 29쪽 창의 융합

대칭축의 수가 많은 도형부터 차례로 기호를 쓰세요.

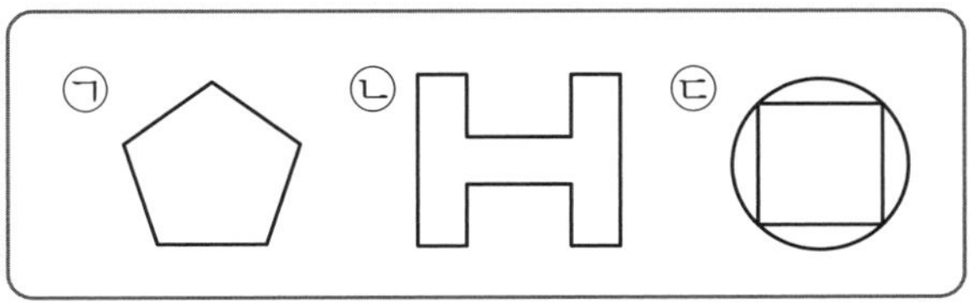

□—□—□

8 29쪽 추론

선분 ㄱㄷ을 대칭축으로 하는 선대칭도형입니다. 각 ㄷㄱㄹ은 몇 도인가요?

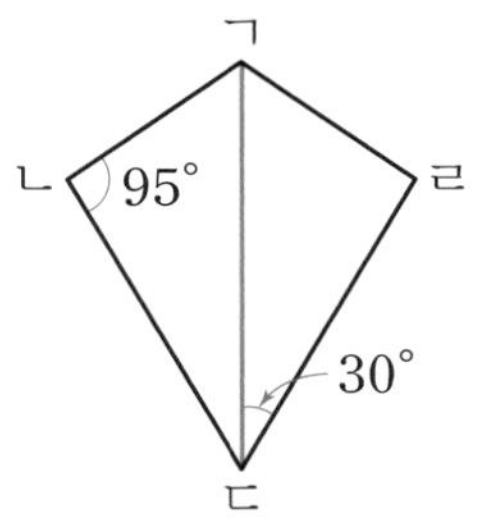

(　　　　　　)

+9 29쪽 수학적 독해력

직선 ㅅㅇ을 대칭축으로 하는 선대칭도형 모양의 타일이 있습니다. 이 타일의 둘레는 몇 cm인가요?

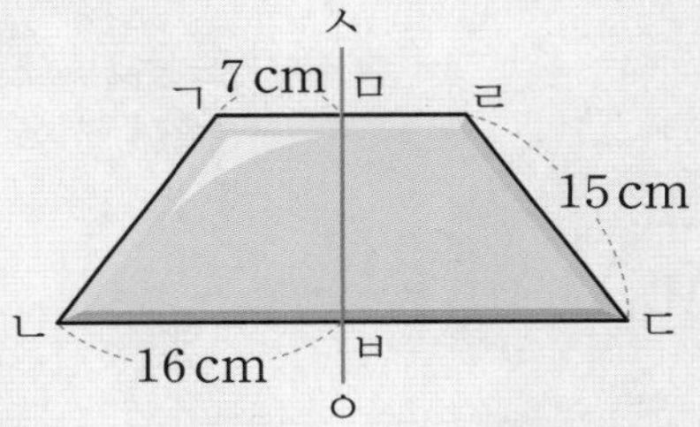

(　　　　　　)

+10 29쪽 수학적 표현력

직선 ㄱㄴ을 대칭축으로 하는 선대칭도형입니다. ㉠은 몇 도인지 풀이 과정을 쓰고, 답을 구하세요.

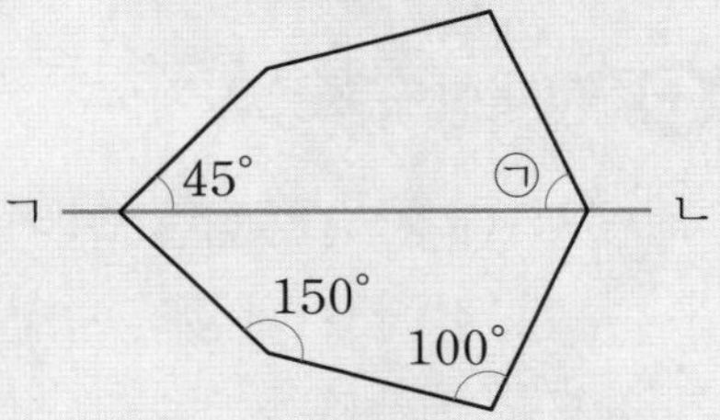

[풀이] ______________________

____

____

[답] ______________________

오늘 공부 어땠나요? 10개 중 맞힌 문제 □ 개 > 틀린 문제는 힌트를 보고 다시 도전해 보세요. > 맞힌 문제는 힌트를 보고 자신의 생각과 비교해 보세요.

15일 점대칭도형과 그 성질

❶ 점대칭도형

- 한 도형을 어떤 점을 중심으로 180° 돌렸을 때 처음 도형과 완전히 겹치면 이 도형을 **점대칭도형**이라고 합니다. 이때 그 점을 **대칭의 중심**이라고 합니다.
- 대칭의 중심을 중심으로 180° 돌렸을 때 겹치는 점을 **대응점**, 겹치는 변을 **대응변**, 겹치는 각을 **대응각**이라고 합니다.

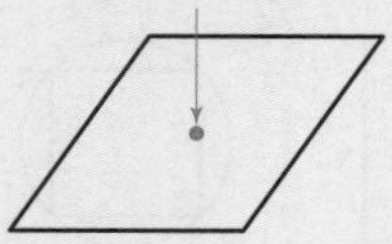

점대칭도형에서 대칭의 중심
점대칭도형에서 대칭의 중심은 도형의 한가운데에 있고, 항상 1개입니다.

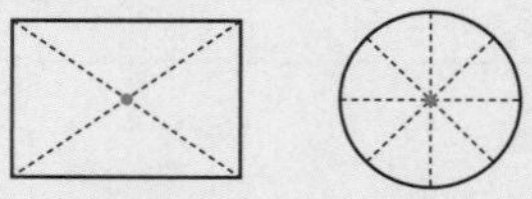

→ 대응점끼리 이은 선분은 반드시 대칭의 중심을 지납니다.

❷ 점대칭도형의 성질

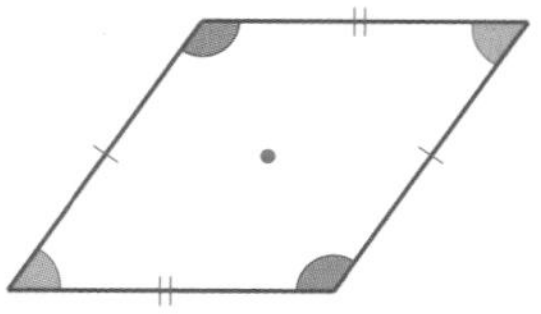	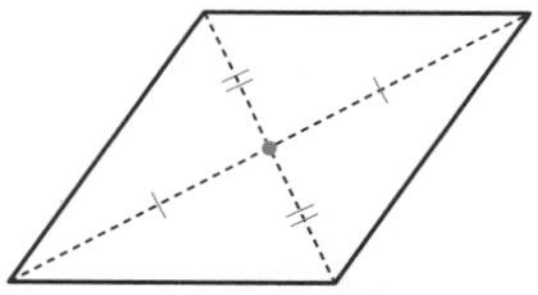
① 각각의 대응변의 길이와 대응각의 크기가 서로 같습니다.	② 각각의 대응점에서 대칭의 중심까지의 거리가 서로 같습니다.

점대칭도형의 성질
대칭의 중심은 대응점끼리 이은 선분을 둘로 똑같이 나누므로 각각의 대응점에서 대칭의 중심까지의 거리는 서로 같습니다.

개념+ 점대칭도형 그리기

① 각 점에서 대칭의 중심을 지나는 직선을 그은 후 각 점에서 대칭의 중심까지의 길이가 같도록 대응점을 찾아 표시합니다.
② 대응점을 차례로 이어 점대칭도형을 완성합니다.

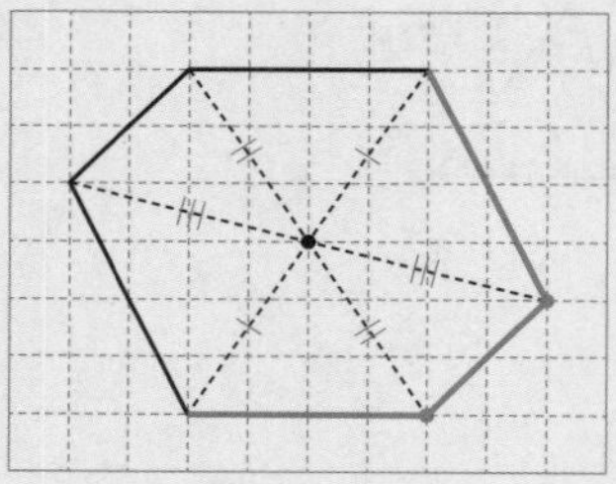

점대칭도형에서 대응점을 이은 선분들이 만나는 점이 대칭의 중심입니다.

확인 1 그림을 보고 □ 안에 알맞게 써넣으세요.

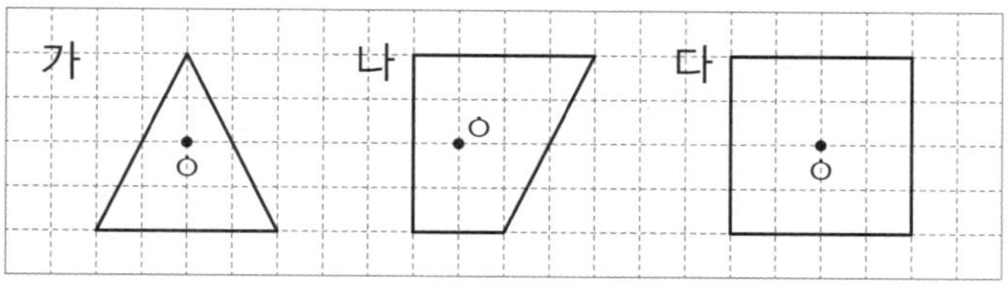

(1) 점 ○을 중심으로 180° 돌렸을 때 처음 도형과 완전히 겹치는 도형은 □입니다.

(2) 한 도형을 어떤 점을 중심으로 180° 돌렸을 때 처음 도형과 완전히 겹치면 이 도형을 □(이)라고 합니다. 이때 그 점을 □(이)라고 합니다.

기본기 다지는 교과서 문제

» 정답 · 풀이 18쪽

1 점대칭도형을 모두 찾아 ○표 하세요.

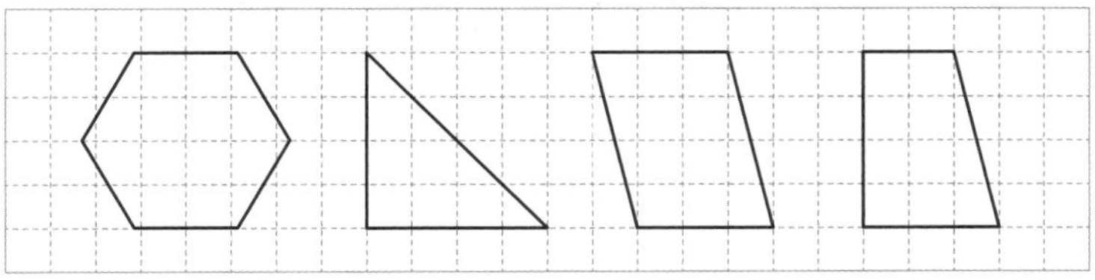

( ) ( ) ( ) ( )

2 점대칭도형의 성질을 알아보려고 합니다. □ 안에 알맞게 써넣고, 알맞은 말에 ○표 하세요.

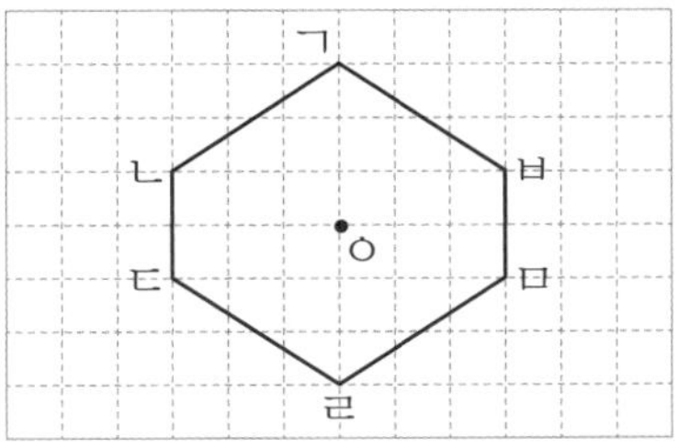

(1) 변 ㄱㄴ의 대응변: 변 □

변 ㄴㄷ의 대응변: 변 □

변 ㄷㄹ의 대응변: 변 □

➜ 각각의 대응변의 길이가 서로 (같습니다 , 다릅니다).

(2) 각 ㄱㄴㄷ의 대응각: 각 □

각 ㄴㄷㄹ의 대응각: 각 □

각 ㄴㄱㅂ의 대응각: 각 □

➜ 각각의 대응각의 크기가 서로 (같습니다 , 다릅니다).

3 다음 도형은 점대칭도형입니다. 대칭의 중심을 찾아 번호를 쓰세요.

(1)

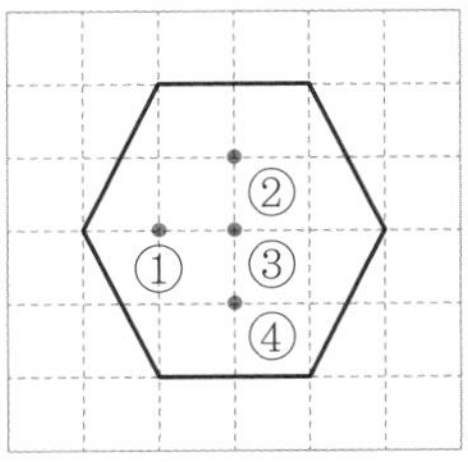

( )

(2)

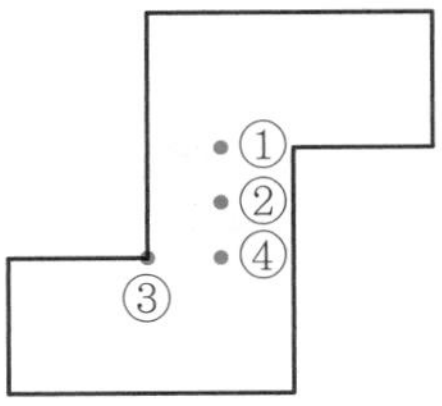

( )

개념 따라쓰기

점대칭도형 알아보기

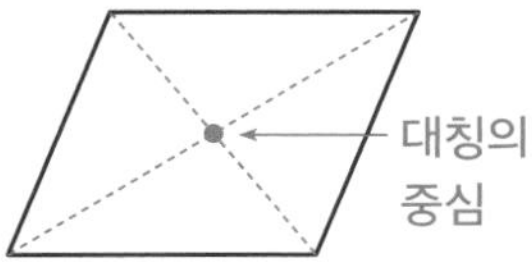

점대칭도형은 한 도형을 어떤 점을 중심으로 180° 돌렸을 때 처음 도형과 완전히 겹치는 도형입니다. 이때 그 점을 대칭의 중심이라고 합니다.

점대칭도형의 성질

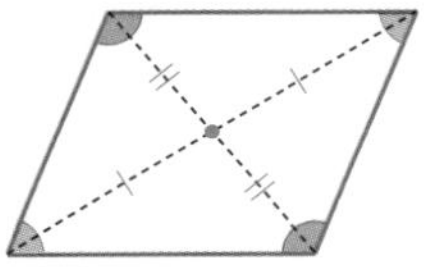

① 각각의 대응변의 길이와 대응각의 크기가 서로 같습니다.

② 각각의 대응점에서 대칭의 중심까지의 거리가 서로 같습니다.

스스로 풀어내는 도전 10 문제

1 이해

점대칭도형을 모두 찾아 기호를 쓰세요.

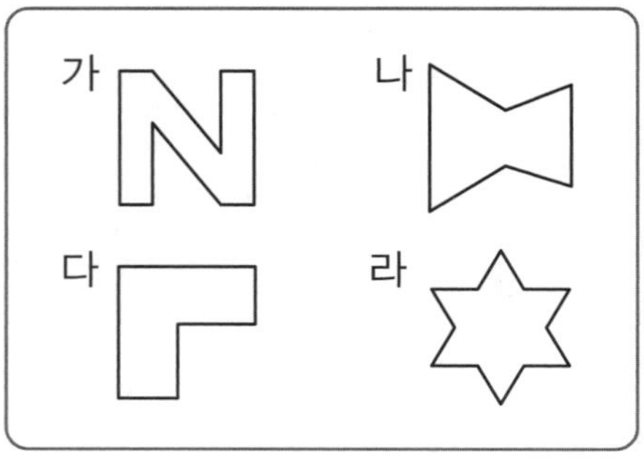

( )

2 30쪽 이해

다음 도형은 점대칭도형입니다. 대칭의 중심은 몇 개인가요?

( )

3 적용

점 ㅇ을 대칭의 중심으로 하는 점대칭도형입니다. 대응점, 대응변, 대응각을 각각 찾아 쓰세요.

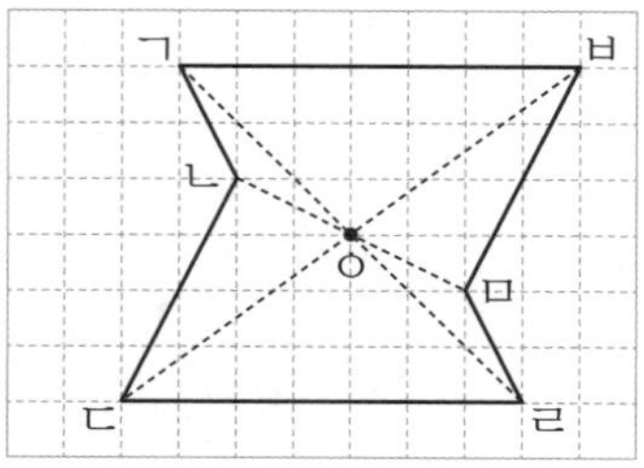

점 ㄱ의 대응점 ( )

변 ㄴㄷ의 대응변 ( )

각 ㄴㄷㄹ의 대응각 ( )

[4~5] 점 ㅇ을 대칭의 중심으로 하는 점대칭도형입니다. 물음에 답하세요.

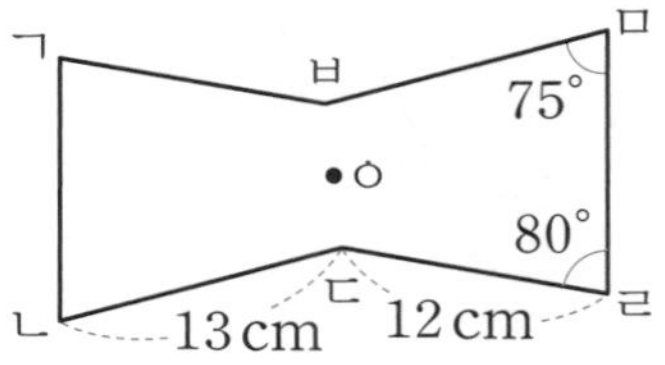

4 30쪽 적용

변 ㅂㅁ은 몇 cm인가요?

( )

5 30쪽 적용

각 ㄱㄴㄷ은 몇 도인가요?

( )

6 30쪽 의사 소통

점대칭도형에 대해 잘못 말한 사람을 찾아 이름을 쓰세요.

수현: 대칭의 중심은 항상 1개야.

민호: 대칭의 중심은 대응점끼리 이은 선분을 둘로 똑같이 나눠.

윤하: 각각의 대응점에서 대칭의 중심까지의 거리는 서로 달라.

( )

» 정답 · 풀이 18쪽

조금 더 어려운 문제에 도전해 볼까요?

7 31쪽 창의 융합

점 ㅇ을 대칭의 중심으로 하는 점대칭도형입니다. □ 안에 알맞은 각도를 써넣으세요.

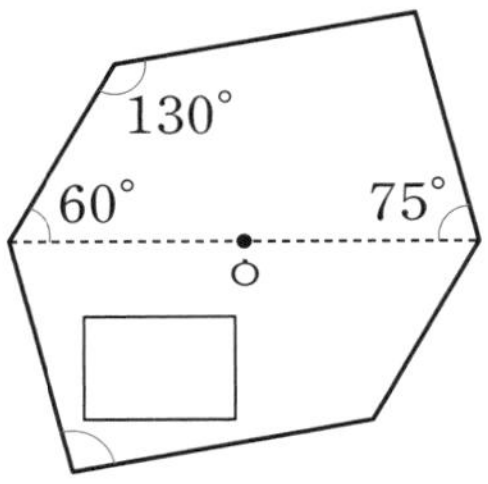

8 31쪽 문제 해결

점 ㅇ을 대칭의 중심으로 하는 점대칭도형입니다. 선분 ㄱㄹ과 선분 ㅇㅁ의 길이의 차는 cm인지 구하세요.

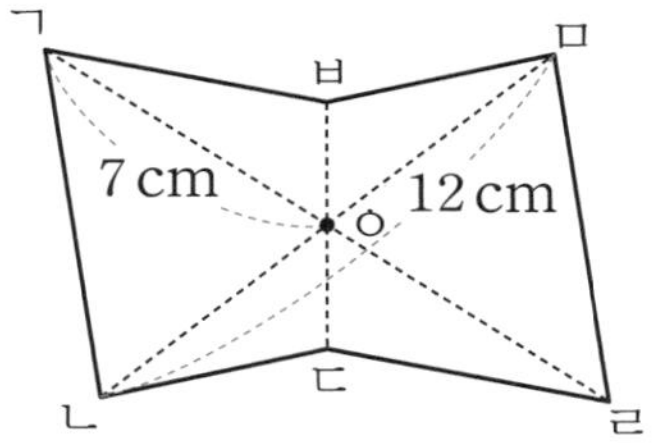

(　　　　　　　)

+9 31쪽 수학적 독해력

점 ㅇ을 대칭의 중심으로 하는 점대칭도형입니다. 이 점대칭도형의 둘레는 몇 cm인지 구하세요.

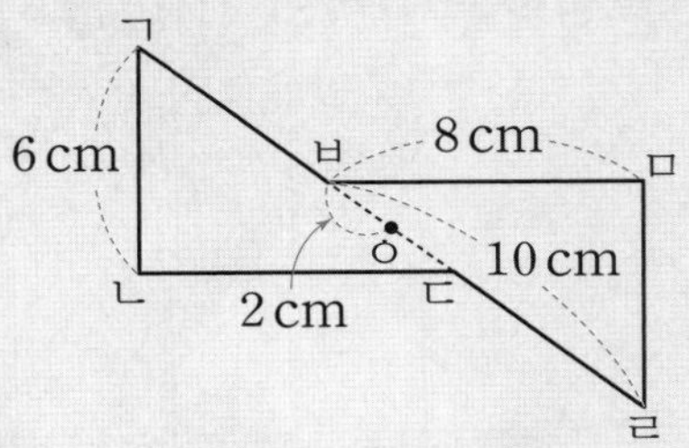

(　　　　　　　)

+10 31쪽 수학적 표현력

점 ㅇ을 대칭의 중심으로 하는 점대칭도형입니다. 이 점대칭도형의 둘레가 94 cm일 때 변 ㅅㅈ은 몇 cm인지 풀이 과정을 쓰고, 답을 구하세요.

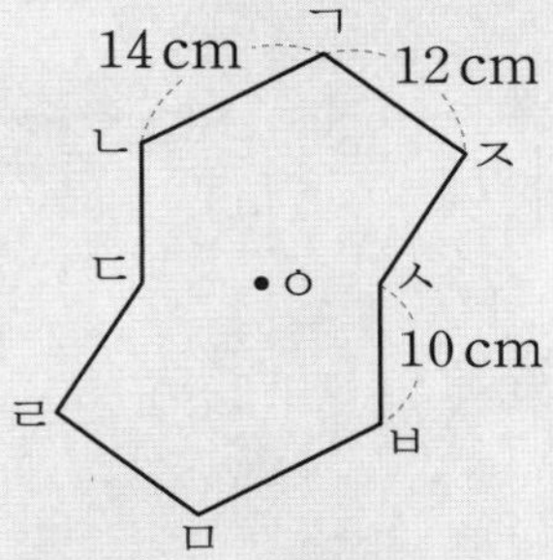

[풀이] ______________________

[답] ______________________

오늘 공부 어땠나요? 10개 중 맞힌 문제 [　] 개 > 틀린 문제는 힌트를 보고 다시 도전해 보세요. > 맞힌 문제는 힌트를 보고 자신의 생각과 비교해 보세요.

01 서로 합동인 도형을 찾아 기호를 쓰세요.

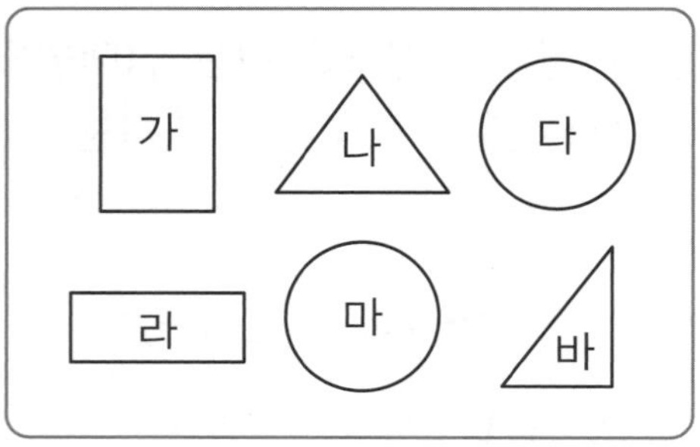

( )

02 두 도형은 서로 합동입니다. □ 안에 알맞은 수를 써넣으세요.

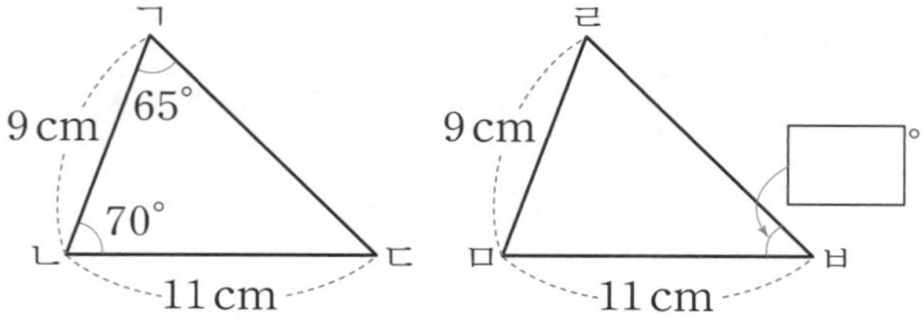

03 다음 도형은 선대칭도형입니다. 대칭축을 그려 보세요.

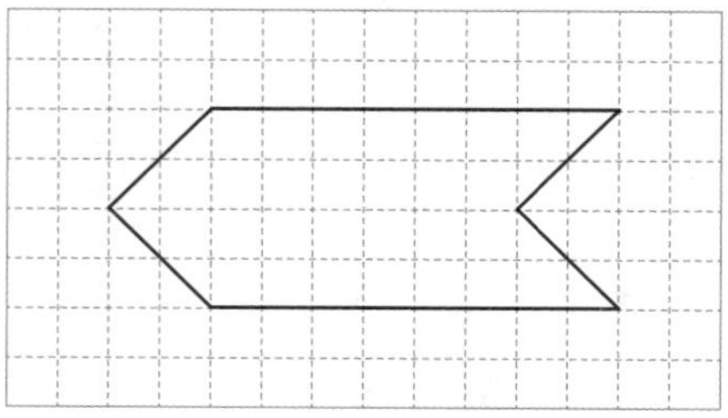

[04 ~ 05] 도형을 보고 물음에 답하세요.

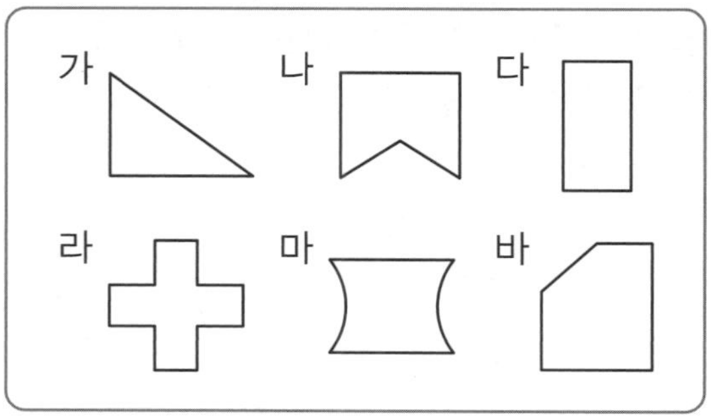

04 선대칭도형을 모두 찾아 기호를 쓰세요.

( )

05 점대칭도형을 모두 찾아 기호를 쓰세요.

( )

06 점 ㅇ을 대칭의 중심으로 하는 점대칭도형입니다. □ 안에 알맞은 수를 써넣으세요.

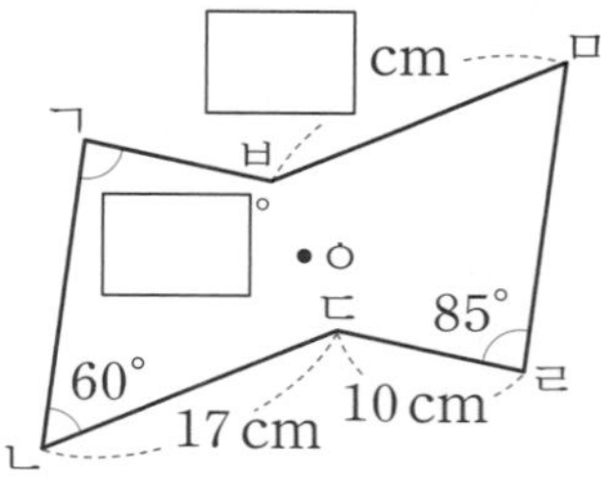

07 직선 ㅌㅍ을 대칭축으로 하는 선대칭도형입니다. 선분 ㄹㅋ과 선분 ㅇㅎ의 길이의 차는 몇 cm인가요?

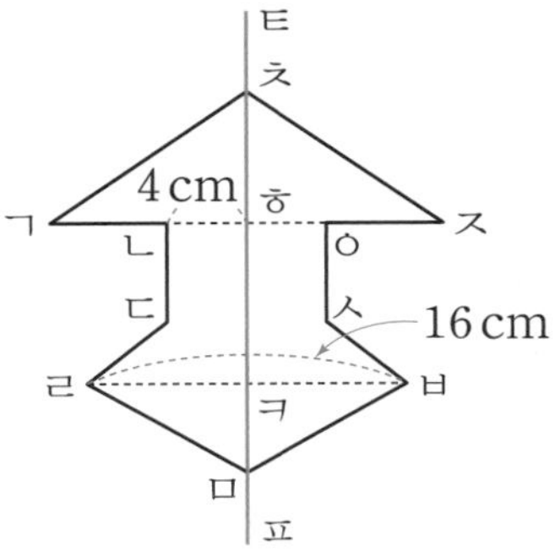

( )

08 두 도형은 서로 합동입니다. 삼각형 ㄱㄴㄷ의 둘레가 25 cm일 때 변 ㅁㅂ은 몇 cm인가요?

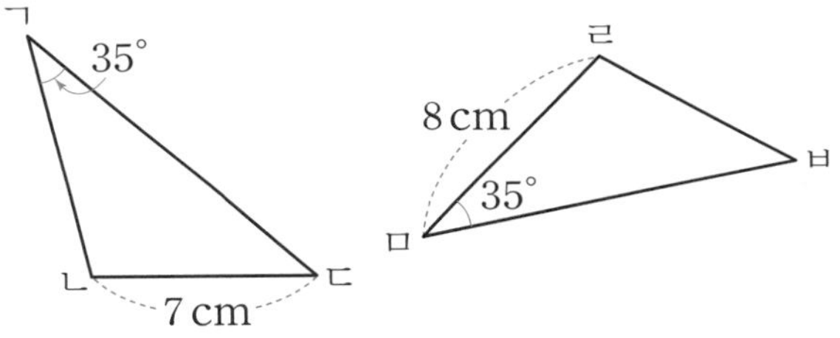

( )

09 점 ㅇ을 대칭의 중심으로 하는 점대칭도형입니다. 이 점대칭도형의 둘레는 몇 cm인가요?

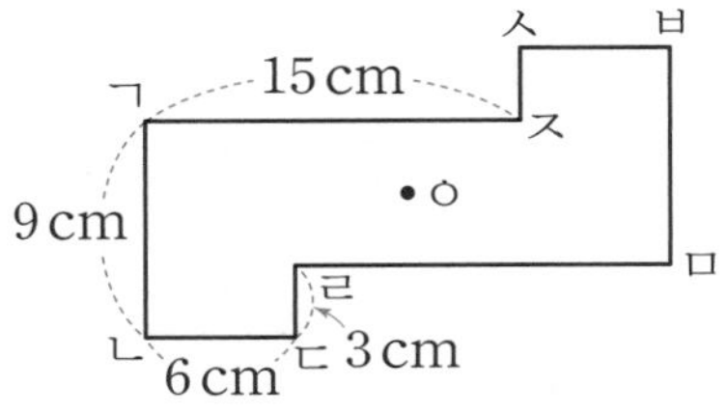

( )

서술형

10 선대칭도형이면서 점대칭도형인 것을 찾아 기호를 쓰려고 합니다. 풀이 과정을 쓰고, 답을 구하세요.

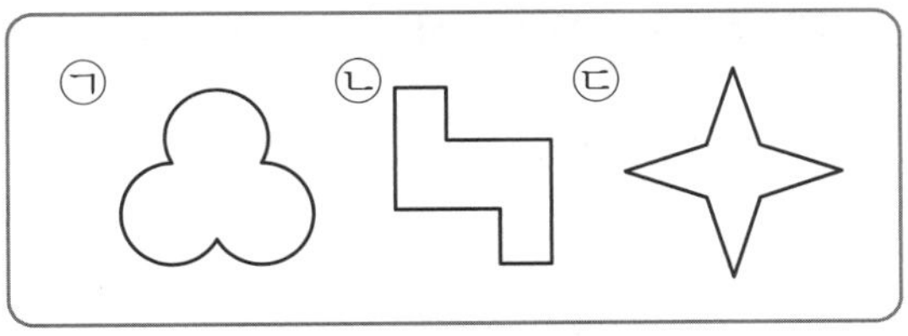

[풀이]

[답]

16일 (소수)×(자연수) (1)

① (1보다 작은 소수)×(자연수)

예 0.4×6의 계산

방법 1 수직선으로 계산하기

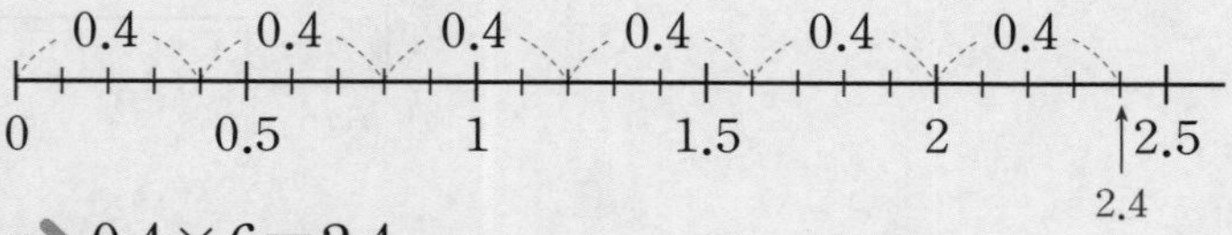

→ $0.4\times6=2.4$

방법 2 덧셈식으로 계산하기

$0.4\times6=0.4+0.4+0.4+0.4+0.4+0.4=2.4$

(0.4가 6개)

방법 3 분수의 곱셈으로 계산하기

$0.4\times6=\frac{4}{10}\times6=\frac{4\times6}{10}=\frac{24}{10}=2.4$

(소수 → 분수, 분수 → 소수)

방법 4 0.1의 개수로 계산하기

0.4는 0.1이 4개입니다.

0.4×6은 0.1이 4개씩 6묶음입니다. ($4\times6=24$)

→ 0.1이 모두 24개이므로 $0.4\times6=2.4$입니다.

개념+ 자연수의 곱셈으로 계산하기

$4\times6=24$

$\frac{1}{10}$배 ↓ ↓ $\frac{1}{10}$배

$0.4\times6=2.4$

곱해지는 수가 $\frac{1}{10}$배가 되면 계산 결과도 $\frac{1}{10}$배가 됩니다.

◐ **0.4×6의 값 어림하기**

0.4씩 5묶음이면 2이므로 0.4×6은 2보다 조금 크다고 어림할 수 있습니다.

◐ **0.4×6을 0.1의 개수로 계산하기**

0.1	0.1	0.1	0.1
0.1	0.1	0.1	0.1
0.1	0.1	0.1	0.1
0.1	0.1	0.1	0.1
0.1	0.1	0.1	0.1
0.1	0.1	0.1	0.1

(첫 줄 → 0.4)

$0.4\times6=0.1\times4\times6$
$=0.1\times24$
$=2.4$

확인 1 0.3×4를 여러 가지 방법으로 계산하려고 합니다. □ 안에 알맞은 수를 써넣으세요.

(1) 수직선으로 계산하기

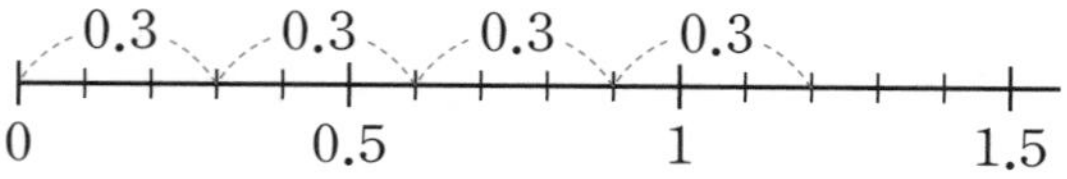

$0.3\times4=$□

(2) 덧셈식으로 계산하기

$0.3\times4=0.3+0.3+0.3+0.3=$□

(3) 분수의 곱셈으로 계산하기

$0.3\times4=\frac{3}{10}\times4=\frac{3\times4}{10}=\frac{□}{10}=$□

» 정답 · 풀이 20쪽

1 0.9×3을 여러 가지 방법으로 계산하려고 합니다. □ 안에 알맞은 수를 써넣으세요.

(1) 덧셈식으로 계산하기

$0.9\times3=0.9+\square+\square=\square$

(2) 분수의 곱셈으로 계산하기

$0.9\times3=\frac{\square}{10}\times3=\frac{\square\times3}{10}=\frac{\square}{10}=\square$

(3) 0.1의 개수로 계산하기

0.9는 0.1이 □개입니다.

0.9×3은 0.1이 □개씩 3묶음입니다.

➜ 0.1이 모두 □개이므로 0.9×3=□입니다.

2 〈보기〉와 같이 계산해 보세요.

〈보기〉

$0.2\times9=\frac{2}{10}\times9=\frac{2\times9}{10}=\frac{18}{10}=1.8$

0.6×5= ________________

3 계산해 보세요.

(1) 0.8×7

(2) 0.27×2

개념 따라쓰기

덧셈식으로 계산하기

0.3×4

↓

$0.3+0.3+0.3+0.3=1.2$

0.3이 4개

(소수)×(자연수)를 덧셈식으로 나타내어 계산할 수 있습니다.

분수의 곱셈으로 계산하기

소수 → 분수

$0.3\times4=\frac{3}{10}\times4$

(소수)×(자연수)를 분수의 곱셈으로 바꾸어 계산할 수 있습니다.

0.1의 개수로 계산하기

0.1	0.1	0.1	→ 0.3
0.1	0.1	0.1	
0.1	0.1	0.1	
0.1	0.1	0.1	

$0.3\times4=0.1\times3\times4$
$=0.1\times12$
$=1.2$

(소수)×(자연수)를 0.1의 개수를 이용하여 계산할 수 있습니다.

4 단원

스스로 풀어내는 도전 10 문제

막힐 때 힌트북

1 32쪽 이해

수직선을 보고 □ 안에 알맞은 수를 써넣으세요.

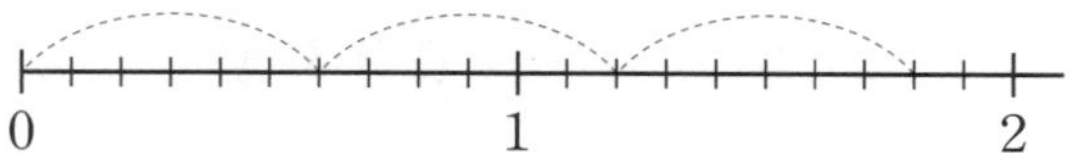

$0.6 \times 3 =$ □

2 계산

빈 곳에 알맞은 수를 써넣으세요.

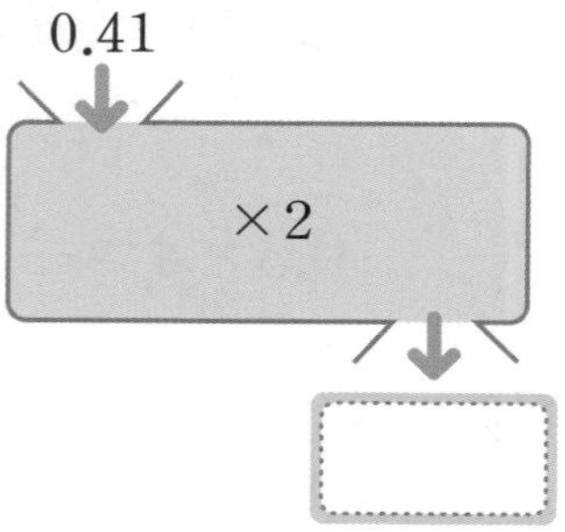

3 계산

계산 결과를 찾아 선으로 이어 보세요.

0.8×9 •	• 2.8
0.9×6 •	• 5.4
0.35×8 •	• 7.2

4 32쪽 적용

가장 작은 수와 가장 큰 수의 곱을 구하세요.

0.7　　2　　0.19

(　　　　　　)

5 32쪽 문제 해결

주하는 매일 공원을 0.8 km씩 달립니다. 주하가 일주일 동안 달린 거리는 몇 km일까요?

(　　　　　　)

6 32쪽 계산

계산 결과가 큰 것부터 차례로 ○ 안에 1, 2, 3을 써넣으세요.

0.71×5	0.5×8	0.38×9
○	○	○

» 정답 · 풀이 20쪽

7 33쪽 추론

□ 안에 들어갈 수 있는 자연수는 모두 몇 개일까요?

$$0.6 \times 7 < \square < 0.7 \times 12$$

(　　　　　　　　)

8 33쪽 창의 융합

길이가 0.4 m인 색 테이프 9개를 0.08 m씩 겹쳐서 이어 붙였습니다. 이어 붙인 색 테이프의 전체 길이는 몇 m일까요?

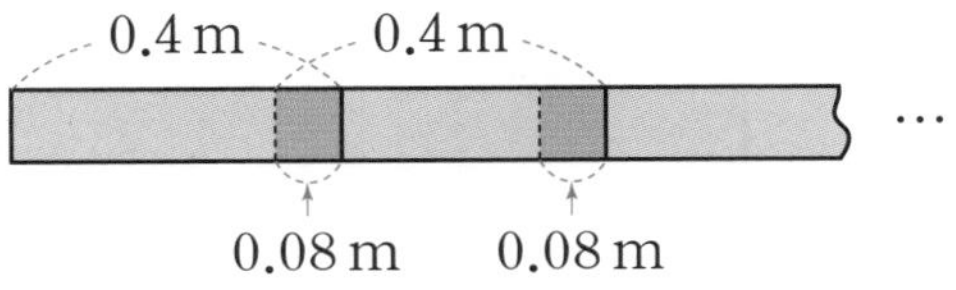

(　　　　　　　　)

4단원

+9 33쪽 수학적 독해력

다음은 로운이의 간식표입니다. 이번 주에 필요한 간식을 준비하려면 1 L짜리 주스를 최소 몇 개 사야 할지 구하세요.

월	화	수	목	금	토	일
우유 0.5 L	주스 0.6 L	우유 0.5 L	주스 0.6 L	주스 0.6 L	우유 0.5 L	주스 0.6 L

(　　　　　　　　)

+10 33쪽 수학적 표현력

계산 결과를 잘못 말한 사람의 이름을 쓰고, 잘못 말한 부분을 바르게 고쳐 보세요.

영민

0.22×5

22와 5의 곱은 약 100이니까 0.22와 5의 곱은 약 10 정도가 돼.

서연

0.58×5

0.6과 5의 곱으로 어림할 수 있으니까 결과는 3 정도가 돼.

[이름] ____________________

[바르게 고치기] ____________________

____

오늘 공부 어땠나요? 10개 중 맞힌 문제 □ 개 > 틀린 문제는 힌트를 보고 다시 도전해 보세요. > 맞힌 문제는 힌트를 보고 자신의 생각과 비교해 보세요.

17일 (소수)×(자연수) (2)

❶ (1보다 큰 소수)×(자연수)

예 1.2×3의 계산

방법 1 그림으로 계산하기

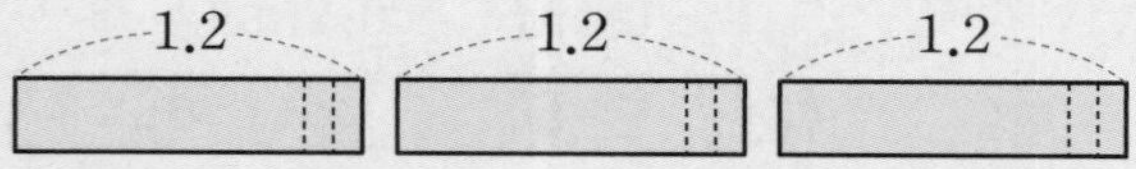

➔ 1이 3개이면 3, 0.1이 6개이면 0.6이므로 3.6입니다.

방법 2 덧셈식으로 계산하기

$1.2 \times 3 = \underline{1.2 + 1.2 + 1.2} = 3.6$ ← 1.2가 3개

방법 3 분수의 곱셈으로 계산하기

$1.2 \times 3 = \dfrac{12}{10} \times 3 = \dfrac{12 \times 3}{10} = \dfrac{36}{10} = 3.6$

소수 → 분수, 분수 → 소수

방법 4 0.1의 개수로 계산하기

1.2는 0.1이 12개입니다.

1.2×3은 0.1이 12개씩 3묶음입니다. ← 12×3=36

➔ 0.1이 모두 36개이므로 1.2×3=3.6입니다.

◑ **1.2×3의 값 어림하기**
1.2는 약 1이고 1씩 3묶음이면 3이므로 1.2×3은 3보다 조금 크다고 어림할 수 있습니다.

◑ 1.2×3에서 1.2를 1과 0.2로 나누어 계산할 수도 있습니다.
➔ 1.2×3
=(1+0.2)×3
=(1×3)+(0.2×3)
=3+0.6
=3.6

개념+ 자연수의 곱셈으로 계산하기

12 × 3 = 36
$\frac{1}{10}$배 ↓ $\frac{1}{10}$배 ↓
1.2 × 3 = 3.6

곱해지는 수가 $\frac{1}{10}$배가 되면 계산 결과도 $\frac{1}{10}$배가 됩니다.

확인 1 1.4×2를 여러 가지 방법으로 계산하려고 합니다. □ 안에 알맞은 수를 써넣으세요.

(1) 그림으로 계산하기

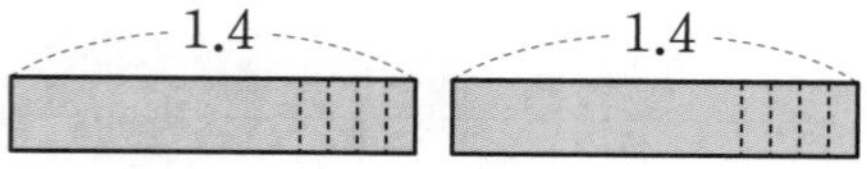

1.4×2=□

(2) 덧셈식으로 계산하기

1.4×2=1.4+1.4=□

(3) 분수의 곱셈으로 계산하기

$1.4 \times 2 = \dfrac{14}{10} \times 2 = \dfrac{14 \times 2}{10} = \dfrac{\square}{10}$

=□

기본기 다지는 교과서 문제

1 1.8×4를 여러 가지 방법으로 계산하려고 합니다. □ 안에 알맞은 수를 써넣으세요.

(1) 덧셈식으로 계산하기

$1.8\times4=1.8+\square+\square+\square=\square$

(2) 분수의 곱셈으로 계산하기

$1.8\times4=\frac{\square}{10}\times4=\frac{\square\times4}{10}=\frac{\square}{10}=\square$

(3) 0.1의 개수로 계산하기

1.8은 0.1이 □개입니다.

1.8×4는 0.1이 □개씩 4묶음입니다.

➜ 0.1이 모두 □개이므로 1.8×4=□입니다.

2 〈보기〉와 같이 계산해 보세요.

〈보기〉
1.4×3=1.4+1.4+1.4=4.2

4.7×2=________________

3 계산해 보세요.

(1) 3.5×3

(2) 2.11×4

개념 따라쓰기

덧셈식으로 계산하기

1.6×3

↓

1.6+1.6+1.6=4.8

1.6이 3개

(소수)×(자연수)를 덧셈식으로 나타내어 계산할 수 있습니다.

분수의 곱셈으로 계산하기

소수 → 분수

$1.6\times3=\frac{16}{10}\times3$

(소수)×(자연수)를 분수의 곱셈으로 바꾸어 계산할 수 있습니다.

4단원

스스로 풀어내는 도전 10 문제

막힐 땐 힌트북

1

이해

그림을 보고 □ 안에 알맞은 수를 써넣으세요.

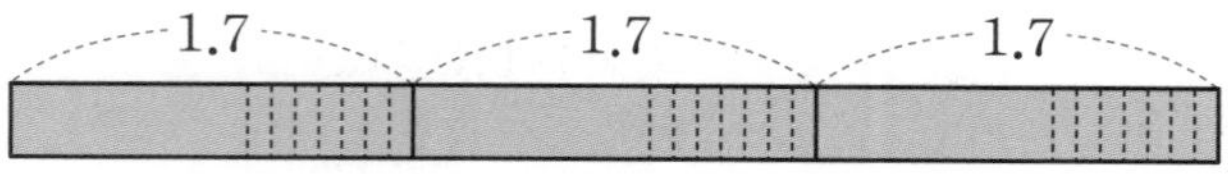

$1.7\times 3=$ □

2

계산

빈 곳에 알맞은 수를 써넣으세요.

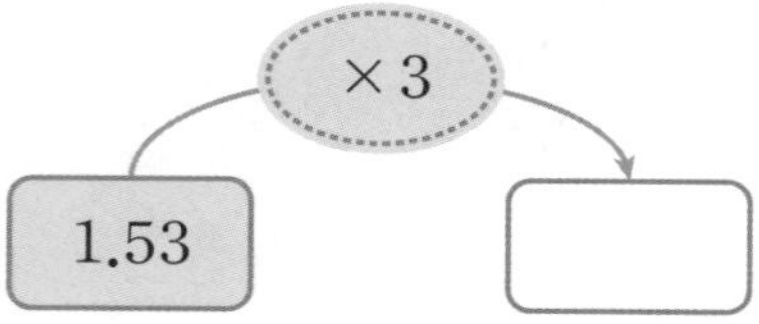

3 34쪽

적용

계산 결과가 다른 것을 찾아 ○표 하세요.

$8.9+8.9+8.9$	8.9×4	$\frac{89}{10}\times 4$
(　　)	(　　)	(　　)

4 34쪽

적용

어림하여 계산 결과가 8보다 작은 것을 찾아 기호를 쓰세요.

㉠ 1.1×8　　㉡ 1.7×4　　㉢ 4.2×2

(　　　　　)

5 34쪽

문제 해결

계산 결과를 비교하여 ○ 안에 >, =, <를 알맞게 써넣으세요.

9.2×3 ○ 7.29×4

6 34쪽

문제 해결

귤이 한 봉지에 5.2 kg씩 8봉지 있습니다. 귤은 모두 몇 kg일까요?

(　　　　　)

조금 더 어려운 문제에 도전해 볼까요?

» 정답 · 풀이 21쪽

7 35쪽 추론

1부터 9까지의 수 중에서 □ 안에 들어갈 수 있는 수를 모두 구하세요.

$6.23 \times 2 < 12.4\square$

(   )

8 35쪽 창의 융합

직사각형의 둘레는 몇 cm일까요?

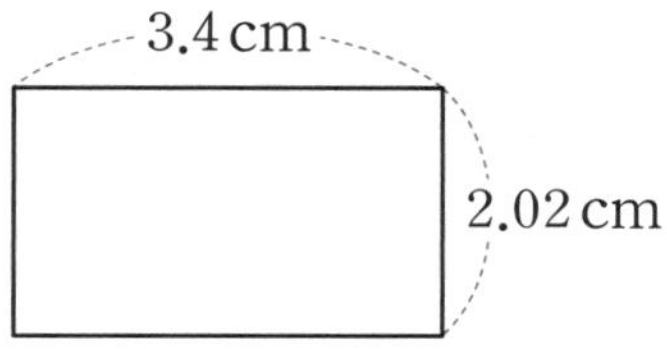

(   )

+9 35쪽 수학적 독해력

슬기와 민호가 독서를 한 시간의 합은 몇 시간인지 구하세요.

(   )

+10 35쪽 수학적 표현력

어느 날 중국의 환율이 다음과 같을 때 우리나라 돈 6000원을 중국 돈으로 바꾸면 얼마가 되는지 풀이 과정을 쓰고, 답을 구하세요.

우리나라 돈 1000원이 중국 돈 5.24위안입니다.

[풀이] ______________________

____

____

[답] ______________________

오늘 공부 어땠나요? 10개 중 맞힌 문제 □ 개 > 틀린 문제는 힌트를 보고 다시 도전해 보세요. > 맞힌 문제는 힌트를 보고 자신의 생각과 비교해 보세요.

4단원

18일 (자연수) × (소수) (1)

❶ (자연수) × (1보다 작은 소수)

예 2×0.7의 계산

방법 1 그림으로 계산하기

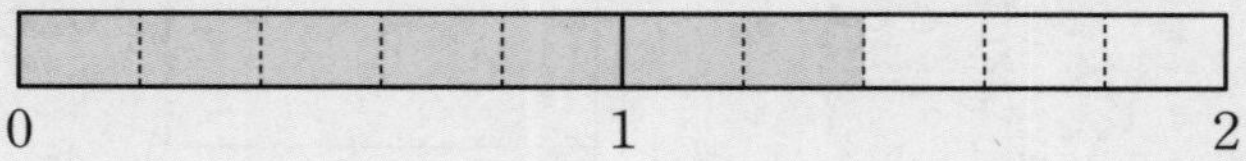

한 칸의 크기는 2의 0.1, 2의 $\frac{1}{10}$이고, 두 칸의 크기는 2의 0.2, 2의 $\frac{2}{10}$입니다.

일곱 칸의 크기는 2의 0.7, 2의 $\frac{7}{10}$이므로 $\frac{14}{10}$가 되어 1.4입니다.

➜ $2 \times 0.7 = 1.4$

방법 2 분수의 곱셈으로 계산하기

$$2 \times 0.7 = 2 \times \frac{7}{10} = \frac{2 \times 7}{10} = \frac{14}{10} = 1.4$$

(0.7: 소수 → 분수, $\frac{14}{10}$: 분수 → 소수)

방법 3 자연수의 곱셈으로 계산하기

$2 \times 7 = 14$

($\frac{1}{10}$배, $\frac{1}{10}$배)

$2 \times 0.7 = 1.4$

곱하는 수가 $\frac{1}{10}$배가 되면 계산 결과도 $\frac{1}{10}$배가 됩니다.

◐ **2×0.7의 값을 어림하기**
2의 0.5배는 1이므로 2×0.7은 1보다 조금 크다고 어림할 수 있습니다.

◐ **자연수의 곱셈으로 계산하기**
예 7×0.12의 계산

$7 \times 12 = 84$

($\frac{1}{100}$배, $\frac{1}{100}$배)

$7 \times 0.12 = 0.84$

➜ 곱하는 수가 $\frac{1}{100}$배가 되면 계산 결과도 $\frac{1}{100}$배가 됩니다.

확인 1 그림을 보고 5×0.9를 계산하려고 합니다. □ 안에 알맞은 수를 써넣으세요.

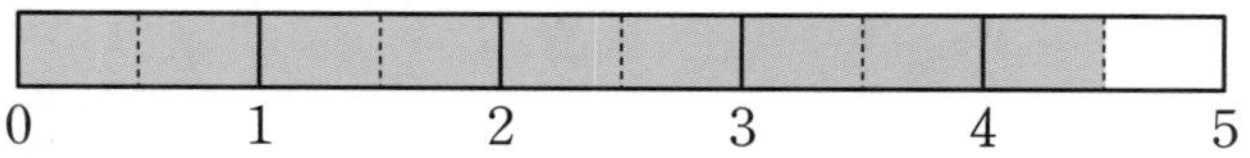

아홉 칸의 크기는 5의 0.9, 5의 $\frac{\square}{10}$이므로 $\frac{\square}{10}$가 되어 □입니다.

➜ $5 \times 0.9 = \square$

기본기 다지는 교과서 문제

» 정답 · 풀이 22쪽

1 8×0.7을 여러 가지 방법으로 계산하려고 합니다. □ 안에 알맞은 수를 써넣으세요.

(1) 분수의 곱셈으로 계산하기

$$8 \times 0.7 = 8 \times \frac{\square}{10} = \frac{8 \times \square}{10} = \frac{\square}{10} = \square$$

(2) 자연수의 곱셈으로 계산하기

$8 \times 7 = \square$

($\frac{1}{10}$배) ($\square$배)

$8 \times 0.7 = \square$

2 〈보기〉와 같이 4×0.13을 계산해 보세요.

〈보기〉

$9 \times 3 = 27$

($\frac{1}{100}$배) ($\frac{1}{100}$배)

$9 \times 0.03 = 0.27$

3 바르게 계산한 것에 ○표, 잘못 계산한 것에 ×표 하세요.

$23 \times 0.3 = 0.69$	$9 \times 0.44 = 3.96$
(　　　)	(　　　)

개념 따라쓰기

분수의 곱셈으로 계산하기

소수 → 분수

$$14 \times 0.2 = 14 \times \frac{2}{10}$$

(자연수) × (소수)를 분수의 곱셈으로 바꾸어 계산할 수 있습니다.

자연수의 곱셈으로 계산하기

$14 \times 2 = 28$

($\frac{1}{10}$배) ($\frac{1}{10}$배)

$14 \times 0.2 = 2.8$

곱하는 수가 $\frac{1}{10}$배가 되면 계산 결과도 $\frac{1}{10}$배가 됩니다.

4단원

스스로 풀어내는 도전 10 문제

막힐 때 힌트북

1 36쪽 이해

7×0.3을 분수의 곱셈으로 바르게 계산한 것을 찾아 기호를 쓰세요.

㉠ $7\times0.3=7\times\frac{3}{10}=\frac{3}{7\times10}=\frac{3}{70}$

㉡ $7\times0.3=7\times\frac{3}{10}=\frac{7\times3}{10}=\frac{21}{10}=2.1$

(　　　　　　　)

2 36쪽 이해

자연수의 곱셈을 이용하여 □ 안에 알맞은 수를 써넣으세요.

(1) $49\times7=343$

$49\times0.7=$ □

$49\times0.07=$ □

(2) $56\times8=448$

$56\times0.8=$ □

$56\times0.08=$ □

3 계산

계산해 보세요.

(1) 6×0.13

(2) 11×0.8

(3) 29×0.6

(4) 34×0.21

4 36쪽 적용

어림하여 계산 결과가 3보다 큰 것을 찾아 기호를 쓰세요.

㉠ 6의 0.45　㉡ 3×0.98　㉢ 5×0.61

(　　　　　　　)

5 적용

계산 결과가 다른 사람을 찾아 이름을 쓰세요.

(　　　　　　　)

6 36쪽 문제 해결

선우네 가족은 하루에 물 280 L를 사용합니다. 수압 밸브를 약하게 조절하면 평소 사용량의 0.26배만큼 아낄 수 있습니다. 수압 밸브를 약하게 조절했을 때 선우네 가족이 하루 동안 아낄 수 있는 물의 양은 몇 L일까요?

(　　　　　　　)

7 (37쪽)

창의 융합

평행사변형의 넓이는 몇 cm^2일까요?

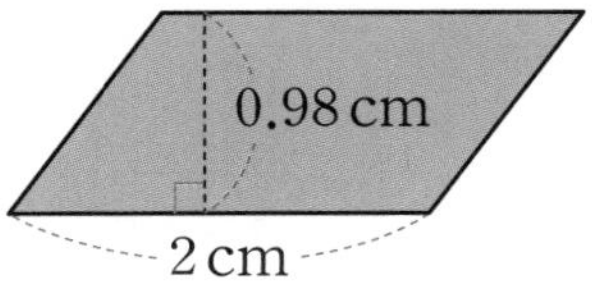

(　　　　　　　　)

8 (37쪽)

추론

다음과 같이 약속할 때 20★0.73을 계산해 보세요.

㉠★㉡=㉠×㉡+㉠

(　　　　　　　　)

+9 (37쪽)

수학적 독해력

□ 안에 알맞은 행성의 이름을 쓰세요.

- 금성에서 잰 몸무게는 지구에서 잰 몸무게의 약 0.91배입니다.
- 수성에서 잰 몸무게는 지구에서 잰 몸무게의 약 0.38배입니다.

지구에서 내 몸무게가 40 kg이니까 □에서 몸무게를 재면 약 16 kg일 거야.

(　　　　　　　　)

+10 (37쪽)

수학적 표현력

지점토를 진성이는 5 kg의 0.75만큼 사용하였고, 민경이는 12 kg의 0.3만큼 사용하였습니다. 지점토를 누가 더 많이 사용했는지 풀이 과정을 쓰고, 답을 구하세요.

〔풀이〕 ______________________

____

____

〔답〕 ______________________

오늘 공부 어땠나요? 10개 중 맞힌 문제 □개 › **틀린 문제**는 힌트를 보고 다시 도전해 보세요. › **맞힌 문제**는 힌트를 보고 자신의 생각과 비교해 보세요.

공부한 날 월 일

19일 (자연수) × (소수) (2)

① (자연수) × (1보다 큰 소수)

예 4×1.4의 계산

방법 1 그림으로 계산하기

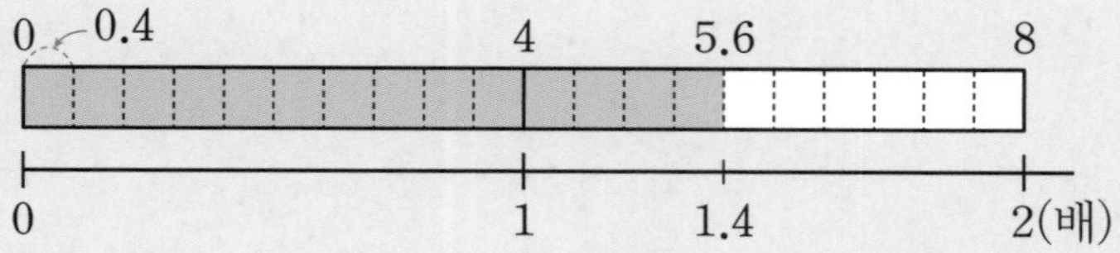

4의 1배는 4이고, 4의 0.4배는 1.6이므로 4의 1.4배는 5.6입니다.

→ $4 \times 1.4 = 4 + 1.6 = 5.6$

방법 2 분수의 곱셈으로 계산하기

$$4 \times 1.4 = 4 \times \frac{14}{10} = \frac{4 \times 14}{10} = \frac{56}{10} = 5.6$$

소수 → 분수, 분수 → 소수

방법 3 자연수의 곱셈으로 계산하기

$4 \times 14 = 56$

$\frac{1}{10}$배, $\frac{1}{10}$배

$4 \times 1.4 = 5.6$

곱하는 수가 $\frac{1}{10}$배가 되면 계산 결과도 $\frac{1}{10}$배가 됩니다.

개념+ (자연수) × (소수)의 크기 비교

소수의 곱셈에서 곱하는 소수가 1보다 작으면 계산 결과는 곱해지는 수보다 작고, 곱하는 소수가 1보다 크면 계산 결과는 곱해지는 수보다 큽니다.

예 $3 \times 0.9 = 2.7 < 3$ (0.9: 1보다 작은 소수) $3 \times 1.2 = 3.6 > 3$ (1.2: 1보다 큰 소수)

◐ **4 × 1.4의 값 어림하기**

4의 1배는 4이고, 4의 2배는 8이므로 4×1.4는 4보다 크고 8보다 작다고 어림할 수 있습니다.

◐ 두 수의 순서를 바꾸어 곱해도 계산 결과는 같습니다.

예 $4 \times 1.4 = 5.6$, $1.4 \times 4 = 5.6$ → 같습니다.

◐ **자연수의 곱셈으로 계산하기**

예 2×2.13의 계산

$2 \times 213 = 426$

$\frac{1}{100}$배, $\frac{1}{100}$배

$2 \times 2.13 = 4.26$

→ 곱하는 수가 $\frac{1}{100}$배가 되면 계산 결과도 $\frac{1}{100}$배가 됩니다.

확인 1 그림을 보고 3×1.6을 계산하려고 합니다. □ 안에 알맞은 수를 써넣으세요.

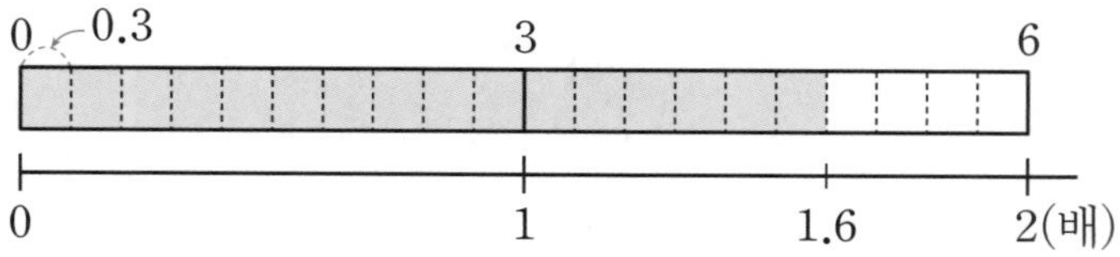

3의 1배는 □이고, 3의 0.6배는 □이므로 3의 1.6배는 □입니다.

→ $3 \times 1.6 =$ □

기본기 다지는 교과서 문제

» 정답 · 풀이 23쪽

1 5×4.3을 여러 가지 방법으로 계산하려고 합니다. □ 안에 알맞은 수를 써넣으세요.

(1) 분수의 곱셈으로 계산하기

$$5\times4.3=5\times\frac{\square}{10}=\frac{5\times\square}{10}=\frac{\square}{10}=\square$$

(2) 자연수의 곱셈으로 계산하기

$5\times43=\square$

$\frac{1}{10}$배, $\square$배

$5\times4.3=\square$

2 다음 식에서 잘못 계산한 곳을 찾아 바르게 계산해 보세요.

$$3\times1.08=3\times\frac{18}{10}=\frac{3\times18}{10}$$
$$=\frac{54}{10}=5.4$$

↓

$3\times1.08=$

3 계산 결과를 찾아 선으로 이어 보세요.

8×5.15 •	• 44.4
37×1.2 •	• 41.2

개념 따라쓰기

분수의 곱셈으로 계산하기

소수 → 분수

$$16\times1.9=16\times\frac{19}{10}$$

(자연수)×(소수)를 분수의 곱셈으로 바꾸어 계산할 수 있습니다.

자연수의 곱셈으로 계산하기

$16\times19=304$

$\frac{1}{10}$배, $\frac{1}{10}$배

$16\times1.9=30.4$

곱하는 수가 $\frac{1}{10}$배가 되면 계산 결과도 $\frac{1}{10}$배가 됩니다.

4단원

1
이해

$7 \times 128 = 896$을 이용하여 바르게 계산한 사람의 이름을 쓰세요.

(　　　　　　　)

2
38쪽 · 이해

□ 안에 알맞은 수를 써넣으세요.

(1) $28 \times 26 = \square$ ➔ $28 \times 2.6 = \square$

(2) $7 \times 305 = \square$ ➔ $7 \times 3.05 = \square$

3
계산

계산해 보세요.

(1) 14×2.03　　　(2) 9×6.34

4
38쪽 · 적용

어림하여 계산 결과가 8보다 큰 것을 찾아 기호를 쓰세요.

㉠ 4의 1.83　㉡ 2의 4.05배　㉢ 8×0.9

(　　　　　　　)

5
38쪽 · 적용

계산 결과가 40보다 큰 곱셈식에 ○표 하세요.

40×0.7	40×1.06	40×0.98
(　　)	(　　)	(　　)

6
38쪽 · 문제 해결

지우가 한 바퀴가 300 m인 운동장을 4바퀴 반 달렸습니다. 지우가 달린 거리는 몇 m일까요?

(　　　　　　　)

7 39쪽 적용

계산 결과가 자연수가 아닌 것을 찾아 기호를 쓰세요.

㉠ 18×3.5 ㉡ 45×2.2 ㉢ 6×4.25

( )

8 39쪽 문제 해결

1 L의 페인트로 5 m^2의 벽을 칠할 수 있습니다. 6.49 L의 페인트로 칠할 수 있는 벽의 넓이는 몇 m^2일까요?

( )

+9 39쪽 수학적 독해력

집에서 서점까지의 거리는 2 km입니다. 서점에서 공원까지의 거리는 집에서 서점까지의 거리의 3.2배일 때 집에서 공원까지의 거리는 몇 km일까요?

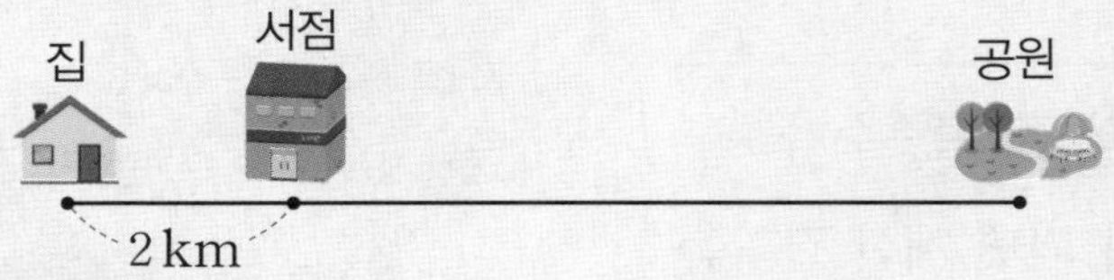

( )

+10 39쪽 수학적 표현력

지혜가 4000원으로 사탕을 사려고 합니다. 사려는 사탕의 가격표가 찢어져 있을 때 가진 돈으로 사탕을 살 수 있을지 알아보고, 그 이유를 쓰세요.

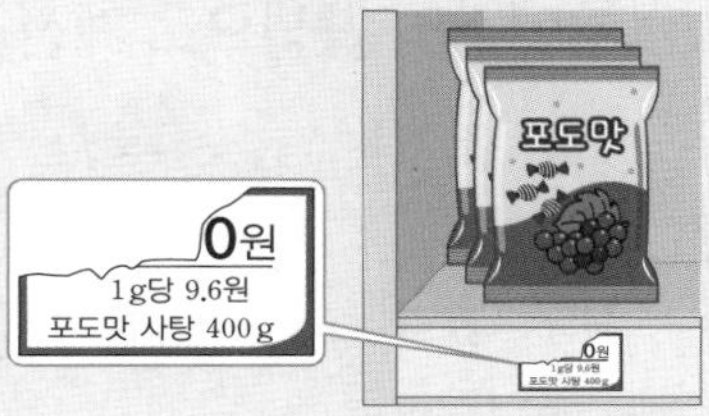

사탕을 살 수 (있습니다 , 없습니다).

[이유]

오늘 공부 어땠나요? 10개 중 맞힌 문제 [ ]개 > **틀린 문제**는 힌트를 보고 다시 도전해 보세요. > **맞힌 문제**는 힌트를 보고 자신의 생각과 비교해 보세요.

20일 (소수) × (소수) (1)

❶ (1보다 작은 소수) × (1보다 작은 소수)

예 0.7 × 0.6의 계산

방법 1 그림으로 계산하기

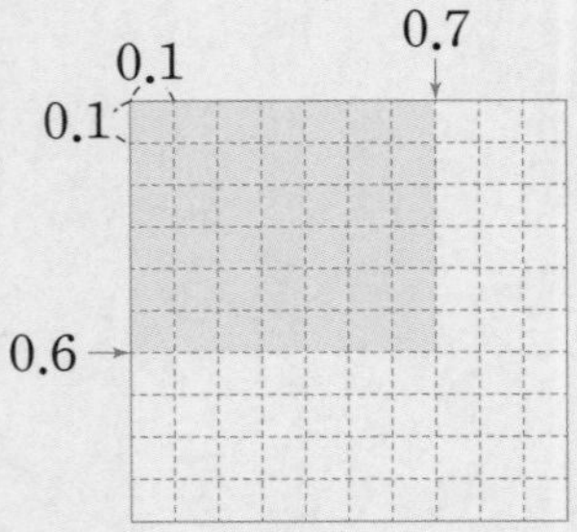

모눈종이의 가로를 0.7만큼, 세로를 0.6만큼 색칠하면 42칸이 색칠됩니다. 모눈 한 칸의 넓이가 0.01이므로 색칠된 부분의 넓이는 0.42입니다.

➜ $0.7 \times 0.6 = 0.42$

방법 2 분수의 곱셈으로 계산하기

$$0.7 \times 0.6 = \frac{7}{10} \times \frac{6}{10} = \frac{42}{100} = 0.42$$

소수 → 분수, 분수 → 소수

방법 3 자연수의 곱셈으로 계산하기

$7 \times 6 = 42$

$\frac{1}{10}$배, $\frac{1}{10}$배, $\frac{1}{100}$배

$0.7 \times 0.6 = 0.42$

곱해지는 수와 곱하는 수가 각각 $\frac{1}{10}$배가 되면 계산 결과는 $\frac{1}{100}$배가 됩니다.

◐ **0.7 × 0.6의 값 어림하기**
0.7은 1보다 작고, 0.6도 1보다 작으므로 계산 결과도 1보다 작다고 어림할 수 있습니다.

◐ **세로로 계산하기**
자연수처럼 생각하고 계산한 다음 소수의 크기를 생각하여 소수점을 찍습니다.

예 0.23 × 0.4의 계산

$$\begin{array}{r} 23 \\ \times\ 4 \\ \hline 92 \end{array} \rightarrow \begin{array}{r} 0.23 \\ \times\ 0.4 \\ \hline 0.092 \end{array}$$

◐ **자연수의 곱셈으로 계산하기**

예 0.07 × 0.6의 계산

$7 \times 6 = 42$

$\frac{1}{100}$배, $\frac{1}{10}$배, $\frac{1}{1000}$배

$0.07 \times 0.6 = 0.042$

➜ 곱해지는 수가 $\frac{1}{100}$배가 되고, 곱하는 수가 $\frac{1}{10}$배가 되면 계산 결과는 $\frac{1}{1000}$배가 됩니다.

확인 1 그림을 보고 □ 안에 알맞은 수를 써넣으세요.

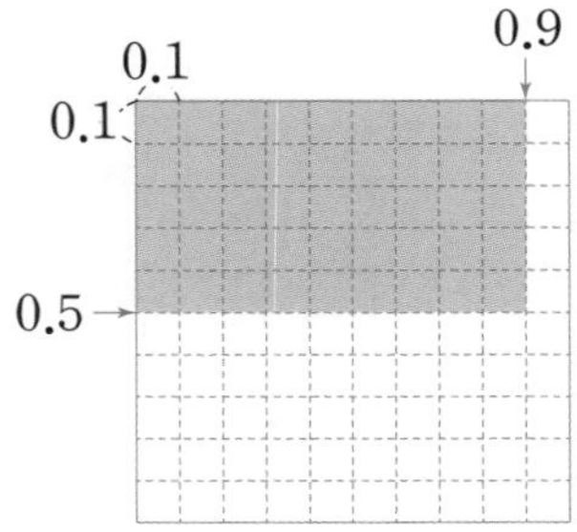

(1) 모눈종이의 가로를 0.9만큼, 세로를 0.5만큼 색칠하면 □ 칸이 색칠됩니다.

(2) 모눈 한 칸의 넓이가 0.01이므로 색칠된 부분의 넓이는 □ 입니다.

(3) $0.9 \times 0.5 =$ □

기본기 다지는 교과서 문제

» 정답 · 풀이 24쪽

1 0.8×0.2를 여러 가지 방법으로 계산하려고 합니다. □ 안에 알맞은 수를 써넣으세요.

(1) 분수의 곱셈으로 계산하기

$$0.8 \times 0.2 = \frac{\square}{10} \times \frac{\square}{10} = \frac{\square}{100} = \square$$

(2) 자연수의 곱셈으로 계산하기

$8 \times 2 = \square$

$\frac{1}{10}$배, $\frac{1}{10}$배, $\square$배

$0.8 \times 0.2 = \square$

2 계산해 보세요.

(1)
```
   0.6 1
×    0.4
```

(2)
```
   0.4 3
× 0.1 1
```

3 소수의 크기를 생각하여 0.4×0.3을 계산하려고 합니다. □ 안에 알맞은 수를 써넣고, 알맞은 말에 ○표 하세요.

> $4 \times 3 = \square$인데 0.4에 0.3을 곱하면 0.4보다 (큰 , 작은) 값이 나와야 하므로 계산 결과는 $\square$입니다.

개념 따라쓰기

분수의 곱셈으로 계산하기

소수 → 분수

$$0.26 \times 0.3 = \frac{26}{100} \times \frac{3}{10}$$

(소수)×(소수)를 분수의 곱셈으로 바꾸어 계산할 수 있습니다.

자연수의 곱셈으로 계산하기

$26 \times 3 = 78$

$\frac{1}{100}$배, $\frac{1}{10}$배, $\frac{1}{1000}$배

$0.26 \times 0.3 = 0.078$

곱해지는 수가 $\frac{1}{100}$배가 되고, 곱하는 수가 $\frac{1}{10}$배가 되면 계산 결과는 $\frac{1}{1000}$배가 됩니다.

4 단원

스스로 풀어내는 도전 10 문제

막힐 땐 힌트북

1 40쪽

이해

0.5×0.6을 계산하려고 합니다. ㉠, ㉡, ㉢에 알맞은 수를 각각 구하세요.

$$0.5 \times 0.6 = \frac{5}{10} \times \frac{㉠}{10} = \frac{5 \times ㉠}{100} = \frac{㉡}{100} = ㉢$$

㉠ (　　　　　　)
㉡ (　　　　　　)
㉢ (　　　　　　)

2 40쪽

이해

〈보기〉와 같이 0.5×0.13을 계산해 보세요.

〈보기〉

$3 \times 4 = 12$

$\frac{1}{10}$배　$\frac{1}{100}$배　$\frac{1}{1000}$배

$0.3 \times 0.04 = 0.012$

3 40쪽

적용

다음이 나타내는 수는 얼마인지 구하세요.

0.8의 0.13배인 수

(　　　　　　)

4

적용

빈 곳에 알맞은 수를 써넣으세요.

(→ ×, ↓ ×)

0.12	0.2	
0.4	0.05	

5

문제 해결

계산 결과를 비교하여 ◯ 안에 >, =, <를 알맞게 써넣으세요.

$$\begin{array}{r} 0.1\,5 \\ \times\ \ 0.3 \\ \hline \end{array} \quad ◯ \quad \begin{array}{r} 0.1\,8 \\ \times\, 0.2\,5 \\ \hline \end{array}$$

6 40쪽

문제 해결

준서의 책상은 가로가 0.9 m이고 세로가 0.46 m인 직사각형 모양입니다. 이 책상의 넓이는 몇 m^2일까요?

(　　　　　　)

7 41쪽 창의 융합

〈보기〉에서 두 수를 골라 곱이 가장 큰 곱셈식을 만들고 곱을 구하세요.

〈보기〉
0.3　　0.91　　0.08　　0.4

□ × □ = □

8 41쪽 추론

어떤 수에 0.6을 곱해야 할 것을 잘못하여 더했더니 0.75가 되었습니다. 바르게 계산하면 얼마인지 구하세요.

(　　　　　　)

+9 41쪽 수학적 독해력

슬기가 계산기로 0.8×0.65를 계산하려고 두 수를 눌렀는데 수 하나의 소수점 위치를 잘못 눌러서 5.2가 나왔습니다. 슬기가 계산기에 누른 두 수를 쓰세요.

□ × □

+10 41쪽 수학적 표현력

어떤 자동차는 1 km를 달리는 데 휘발유가 0.14 L 필요합니다. 이 자동차가 0.85 km를 달리는 데 몇 L의 휘발유가 필요한지 풀이 과정을 쓰고, 답을 구하세요.

〔풀이〕

〔답〕

오늘 공부 어땠나요? 10개 중 맞힌 문제 □ 개 › 틀린 문제는 힌트를 보고 다시 도전해 보세요. › 맞힌 문제는 힌트를 보고 자신의 생각과 비교해 보세요.

21일 (소수)×(소수) (2)

❶ (1보다 큰 소수)×(1보다 큰 소수)

예 1.5×1.3의 계산

방법 1 그림으로 계산하기

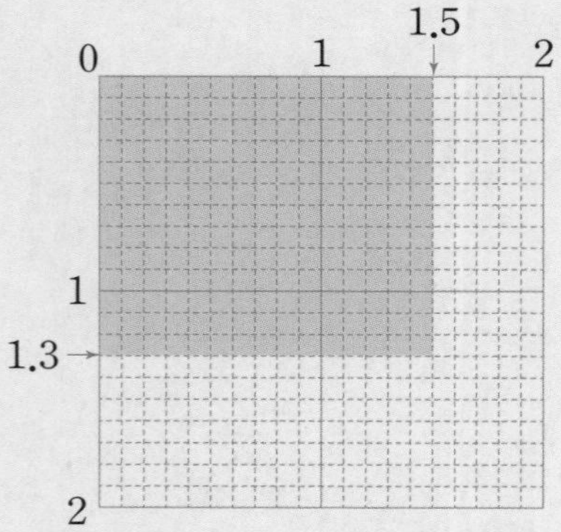

모눈종이의 가로를 1.5만큼, 세로를 1.3만큼 색칠하면 195칸이 색칠됩니다.
모눈 한 칸의 넓이가 0.01이므로 색칠된 부분의 넓이는 1.95입니다.
➜ $1.5\times1.3=1.95$

◐ **1.5×1.3의 값 어림하기**
1.5의 1배는 1.5이고 1.3은 1보다 조금 크므로 1.5×1.3은 1.5보다 조금 크다고 어림할 수 있습니다.

방법 2 분수의 곱셈으로 계산하기

$$1.5\times1.3=\frac{15}{10}\times\frac{13}{10}=\frac{195}{100}=1.95$$

소수 → 분수, 분수 → 소수

방법 3 자연수의 곱셈으로 계산하기

15 × 13 = 195
$\frac{1}{10}$배, $\frac{1}{10}$배, $\frac{1}{100}$배
1.5 × 1.3 = 1.95

곱해지는 수와 곱하는 수가 각각 $\frac{1}{10}$배가 되면 계산 결과는 $\frac{1}{100}$배가 됩니다.

확인 1 그림을 보고 □ 안에 알맞은 수를 써넣으세요.

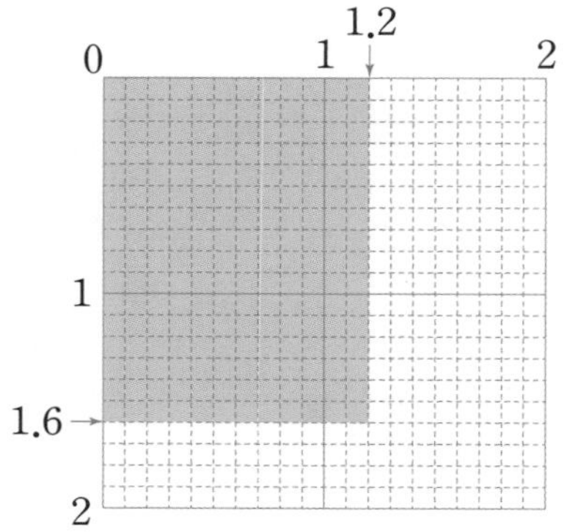

(1) 모눈종이의 가로를 1.2만큼, 세로를 1.6만큼 색칠하면 □칸이 색칠됩니다.

(2) 모눈 한 칸의 넓이가 0.01이므로 색칠된 부분의 넓이는 □입니다.

(3) $1.2\times1.6=$ □

기본기 다지는 교과서 문제

» 정답 · 풀이 25쪽

1 1.7×2.8을 여러 가지 방법으로 계산하려고 합니다. □ 안에 알맞은 수를 써넣으세요.

(1) 분수의 곱셈으로 계산하기

$$1.7 \times 2.8 = \frac{\square}{10} \times \frac{\square}{10} = \frac{\square}{100} = \square$$

(2) 자연수의 곱셈으로 계산하기

$$17 \times 28 = \square$$

$\frac{1}{10}$배, $\frac{1}{10}$배, □배

$$1.7 \times 2.8 = \square$$

2 계산해 보세요.

(1) 4.6×2.3

(2) 1.25×1.1

3 소수의 크기를 생각하여 2.6×1.4를 계산하려고 합니다. □ 안에 알맞은 수를 써넣고, 알맞은 말에 ○표 하세요.

$26 \times 14 =$ □ 인데 2.6에 1.4를 곱하면 2.6보다 조금 (큰 , 작은) 값이 나와야 하므로 계산 결과는 □ 입니다.

개념 따라쓰기

분수의 곱셈으로 계산하기

소수 → 분수

$$1.5 \times 1.3 = \frac{15}{10} \times \frac{13}{10}$$

(소수) × (소수)를 분수의 곱셈으로 바꾸어 계산할 수 있습니다.

자연수의 곱셈으로 계산하기

$$15 \times 13 = 195$$

$\frac{1}{10}$배, $\frac{1}{10}$배, $\frac{1}{100}$배

$$1.5 \times 1.3 = 1.95$$

곱해지는 수와 곱하는 수가 각각 $\frac{1}{10}$배가 되면 계산 결과는 $\frac{1}{100}$배가 됩니다.

4단원

1 42쪽 이해

<보기>와 같이 1.8×4.2를 계산해 보세요.

<보기>

$$13 \times 24 = 312$$

$\frac{1}{10}$배, $\frac{1}{10}$배, $\frac{1}{100}$배

$$1.3 \times 2.4 = 3.12$$

2 적용

빈 곳에 알맞은 수를 써넣으세요.

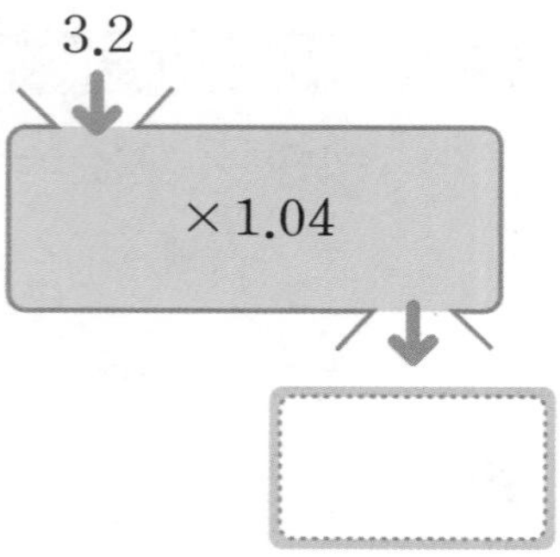

3 42쪽 창의 융합

직사각형의 넓이는 몇 cm^2일까요?

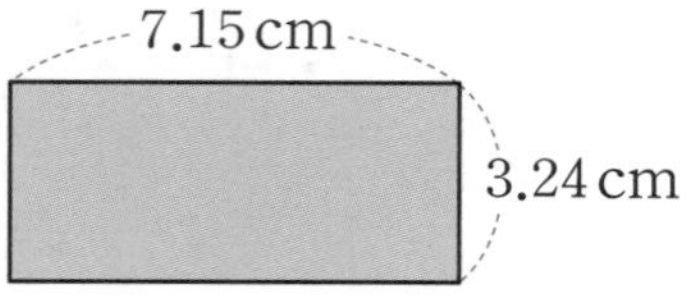

(   )

4 42쪽 적용

수현이와 종욱이가 말한 두 소수의 곱은 얼마일까요?

(   )

5 계산

어림하여 계산 결과가 6보다 작은 것을 찾아 기호를 쓰세요.

㉠ 3.2×2.1　㉡ 6.1×1.3　㉢ 2.7의 1.9배

(   )

6 42쪽 문제 해결

주하의 몸무게는 30.4 kg입니다. 아버지의 몸무게는 주하 몸무게의 2.6배일 때 아버지의 몸무게는 몇 kg일까요?

(   )

» 정답 · 풀이 25쪽

7 43쪽 추론

□ 안에 들어갈 수 있는 자연수는 모두 몇 개일까요?

$4.6 \times 1.9 < \square < 2.8 \times 5.11$

(　　　　　　　　)

8 43쪽 창의 융합

수 카드 4, 7, 2, 8을 □ 안에 한 번씩만 모두 넣어 곱이 가장 큰 곱셈식을 만들고, 만든 곱셈식의 곱은 얼마인지 구하세요.

$\square.\square \times \square.\square$

(　　　　　　　　)

+9 43쪽 수학적 독해력

진호네 마을에서 놀이터의 가로와 세로를 각각 1.5배씩 늘려 새로운 놀이터를 만들려고 합니다. 새로운 놀이터의 넓이는 몇 m^2일까요?

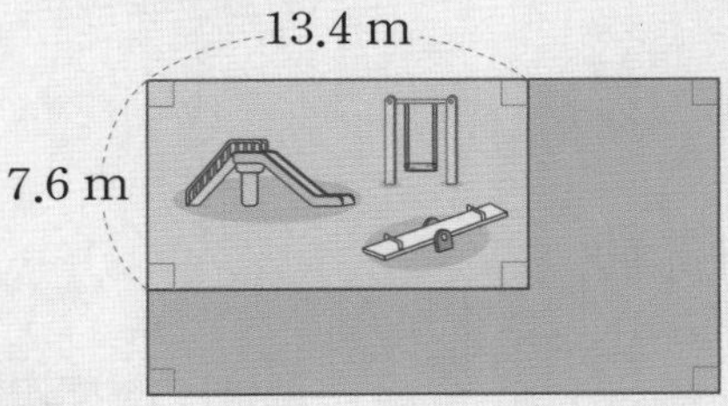

(　　　　　　　　)

+10 43쪽 수학적 표현력

슬기는 핸드폰에 한 변의 길이가 2.4 cm인 정사각형 모양의 스티커 3장 반을 겹치지 않게 붙였습니다. 스티커를 붙인 부분의 넓이는 몇 cm^2인지 풀이 과정을 쓰고, 답을 구하세요.

풀이 ____________________

____

____

답 ____________________

오늘 공부 어땠나요? 10개 중 맞힌 문제 □ 개 > 틀린 문제는 힌트를 보고 다시 도전해 보세요. > 맞힌 문제는 힌트를 보고 자신의 생각과 비교해 보세요.

22일 곱의 소수점 위치

① 자연수와 소수의 곱셈에서 곱의 소수점 위치

$5.76 \times 1 = 5.76$
$5.76 \times 10 = 57.6$
$5.76 \times 100 = 576$
$5.76 \times 1000 = 5760$

곱하는 수의 0이 하나씩 늘어날 때마다 곱의 소수점이 오른쪽으로 한 자리씩 옮겨집니다.

$5760 \times 1 = 5760$
$5760 \times 0.1 = 576$
$5760 \times 0.01 = 57.6$
$5760 \times 0.001 = 5.76$

곱하는 소수의 소수점 아래 자리 수가 하나씩 늘어날 때마다 곱의 소수점이 왼쪽으로 한 자리씩 옮겨집니다.

◐ 곱하는 수가 10, 100, 1000으로 변함에 따라 곱도 10배씩 변합니다.

◐ 곱하는 수가 0.1, 0.01, 0.001로 변함에 따라 곱도 0.1배씩 변합니다.

◐ 곱의 소수점을 옮길 자리가 없으면 빈 자리에 0을 채우면서 옮깁니다.
예 $5.76 \times 1000 = 5760$
$0.9 \times 0.08 = 0.072$

② 소수끼리의 곱셈에서 곱의 소수점 위치

$9 \times 8 = 72$
$0.9 \times 0.8 = 0.72$
$0.9 \times 0.08 = 0.072$
$0.09 \times 0.08 = 0.0072$

곱하는 두 수의 소수점 아래 자리 수를 더한 것과 결괏값의 소수점 아래 자리 수가 같습니다.

[참고] 곱의 자리 수

(소수 ■ 자리 수)×(소수 ▲ 자리 수) → 소수(■+▲) 자리 수

예 $0.9 \times 0.08 = 0.072$
0.9: 소수 한 자리 수, 0.08: 소수 두 자리 수, 0.072: 소수 세 자리 수

확인 1 곱의 소수점 위치를 알아보려고 합니다. □ 안에 알맞은 수를 써넣고, 알맞은 말에 ○표 하세요.

(1)
$8.54 \times 1 = 8.54$
$8.54 \times 10 = \square$
$8.54 \times 100 = \square$
$8.54 \times 1000 = \square$

→ 곱하는 수의 0이 하나씩 늘어날 때마다 곱의 소수점이 (왼쪽 , 오른쪽)으로 한 자리씩 옮겨집니다.

(2)
$8540 \times 1 = 8540$
$8540 \times 0.1 = \square$
$8540 \times 0.01 = \square$
$8540 \times 0.001 = \square$

→ 곱하는 소수의 소수점 아래 자리 수가 하나씩 늘어날 때마다 곱의 소수점이 (왼쪽 , 오른쪽)으로 한 자리씩 옮겨집니다.

기본기 다지는 교과서 문제

» 정답 · 풀이 26쪽

1 □ 안에 알맞은 수를 써넣으세요.

(1) $0.382 \times 1 = 0.382$

$0.382 \times 10 = \square$

$0.382 \times 100 = \square$

$0.382 \times 1000 = \square$

(2) $1 \times 9.6 = 9.6$

$10 \times 9.6 = \square$

$100 \times 9.6 = \square$

$1000 \times 9.6 = \square$

2 □ 안에 알맞은 수를 써넣으세요.

(1) $1140 \times 1 = 1140$

$1140 \times 0.1 = \square$

$1140 \times 0.01 = \square$

$1140 \times 0.001 = \square$

(2) $1 \times 87 = 87$

$0.1 \times 87 = \square$

$0.01 \times 87 = \square$

$0.001 \times 87 = \square$

3 〈보기〉를 이용하여 □ 안에 알맞은 수를 써넣으세요.

〈보기〉
$63 \times 18 = 1134$

(1) $6.3 \times 1.8 = \square$

(2) $0.63 \times 1.8 = \square$

(2) $6.3 \times 0.18 = \square$

(4) $0.63 \times 0.18 = \square$

개념 따라쓰기

곱의 소수점 위치 ①

$0.25 \times 1 = 0.25$
$0.25 \times 10 = 2.5$
$0.25 \times 100 = 25$

곱하는 수의 0이 하나씩 늘어날 때마다 곱의 소수점이 오른쪽으로 한 자리씩 옮겨집니다.

곱의 소수점 위치 ②

$492 \times 1 = 492$
$492 \times 0.1 = 49.2$
$492 \times 0.01 = 4.92$

곱하는 소수의 소수점 아래 자리 수가 하나씩 늘어날 때마다 곱의 소수점이 왼쪽으로 한 자리씩 옮겨집니다.

곱의 소수점 위치 ③

(소수 ■ 자리 수)
× (소수 ▲ 자리 수)
→ 소수(■+▲) 자리 수

곱하는 두 수의 소수점 아래 자리 수를 더한 것과 결괏값의 소수점 아래 자리 수가 같습니다.

스스로 풀어내는 도전 10 문제

막힐 땐 힌트북

1

계산

□ 안에 알맞은 수를 써넣으세요.

(1) $0.918 \times 100 = \dfrac{\square}{1000} \times 100 = \dfrac{\square}{1000} = \square$

(2) $329 \times 0.1 = 329 \times \dfrac{\square}{10} = \dfrac{\square}{10} = \square$

4

적용

빈 곳에 알맞은 수를 써넣으세요.

4	$\times 7$	□
	$\times 0.7$	□
	$\times 0.07$	□
	$\times 0.007$	□

2

44쪽

이해

계산이 맞도록 곱의 결과에 소수점을 찍어야 할 곳을 찾아 번호를 쓰세요.

$7560 \times 0.001 = $ ① 7 ② 5 ③ 6 ④ 0 ⑤

(   )

5

44쪽

계산

〈보기〉를 이용하여 계산해 보세요.

〈보기〉
$56 \times 4.7 = 263.2$

(1) 56×0.047

(2) 560×4.7

3

44쪽

적용

계산 결과를 찾아 이어 보세요.

4.02×10 •	• 4020
4.02×100 •	• 402
4.02×1000 •	• 40.2

6

44쪽

추론

$439 \times 22 = 9658$임을 이용하여 □ 안에 알맞은 수를 써넣으세요.

(1) $43.9 \times \square = 9.658$

(2) $\square \times 220 = 96.58$

» 정답 · 풀이 26쪽

조금 더 어려운 문제에 도전해 볼까요?

7 45쪽 문제 해결

□ 안에 알맞은 수가 다른 것을 찾아 기호를 쓰세요.

㉠ $27.48 \times \square = 274.8$
㉡ $2.748 \times \square = 27.48$
㉢ $274.8 \times \square = 27.48$
㉣ $0.2748 \times \square = 2.748$

(   )

8 45쪽 문제 해결

㉠과 ㉡에 알맞은 수의 곱을 구하세요.

$43.92 \times 10 =$ ㉠
$78260 \times$ ㉡ $= 782.6$

(   )

+9 45쪽 수학적 독해력

$146 \times 25 = 3650$입니다. ★은 ♥의 몇 배일까요?

$0.146 \times$ ★ $= 36.5$
$14.6 \times$ ♥ $= 3.65$

(   )

+10 45쪽 수학적 표현력

3508.62에 어떤 소수를 곱했더니 3.50862가 되었습니다. 어떤 소수를 곱했는지 풀이 과정을 쓰고, 답을 구하세요.

[풀이] ________________

____

____

[답] ________________

오늘 공부 어땠나요?

10개 중 맞힌 문제 □ 개 > **틀린 문제**는 힌트를 보고 다시 도전해 보세요. > **맞힌 문제**는 힌트를 보고 자신의 생각과 비교해 보세요.

01 0.7×4를 0.1의 개수로 계산하려고 합니다. □ 안에 알맞은 수를 써넣으세요.

0.7은 0.1이 □개입니다.
0.7×4는 0.1이 □개씩 4묶음입니다.
0.1이 모두 □개이므로
$0.7 \times 4 =$ □입니다.

02 0.6×0.8을 여러 가지 방법으로 계산하려고 합니다. □ 안에 알맞은 수를 써넣으세요.

(1) 분수의 곱셈으로 계산하기

$$0.6 \times 0.8 = \frac{\square}{10} \times \frac{\square}{10} = \frac{\square}{100}$$
$$= \square$$

(2) 자연수의 곱셈으로 계산하기

$6 \times 8 = \square$

$\frac{1}{10}$배 $\frac{1}{10}$배 □배

$0.6 \times 0.8 = \square$

03 가장 작은 수와 가장 큰 수의 곱을 구하세요.

2.7 4 1.1 0.9

( )

04 계산 결과를 비교하여 ○ 안에 >, =, <를 알맞게 써넣으세요.

2.1×4.5 ○ 3.05×3.2

05 색종이 1묶음의 무게는 0.584 kg입니다. 똑같은 색종이 10묶음, 100묶음, 1000묶음의 무게는 각각 몇 kg인지 구하세요.

색종이 10묶음 ( )
색종이 100묶음 ( )
색종이 1000묶음 ( )

» 정답 · 풀이 27쪽

06 지영이는 자전거를 타고 1분에 330 m씩 달렸습니다. 같은 빠르기로 지영이가 5분 30초 동안 달린 거리는 모두 몇 m일까요?

( )

07 빈 곳에 알맞은 수를 써넣으세요.

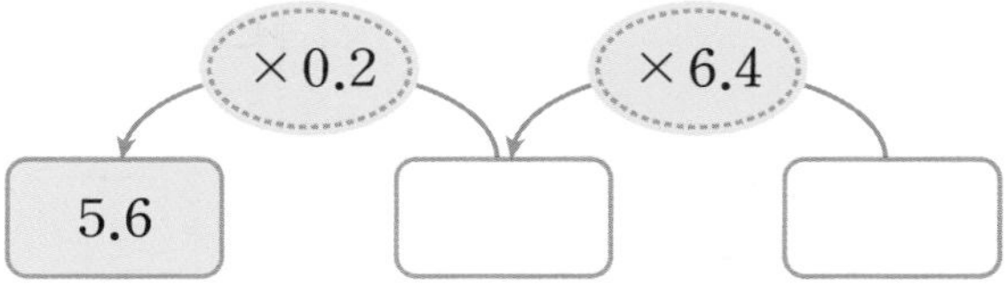

08 □ 안에 알맞은 수가 가장 큰 것부터 차례로 기호를 쓰세요.

㉠ 725×□=7.25
㉡ □×44=4.4
㉢ 5162×□=5.162

□ – □ – □

09 ㉮와 ㉯의 차를 구하세요.

㉮ 9×2.3　　㉯ 35×0.16

( )

서술형

10 카드를 한 번씩 모두 사용하여 가장 큰 소수 두 자리 수를 만들었습니다. 만든 수와 7의 곱은 얼마인지 풀이 과정을 쓰고, 답을 구하세요.

. 5 9 1

〔풀이〕

〔답〕

4단원

23일 직육면체

① 직육면체 알아보기

직사각형 6개로 둘러싸인 도형을 **직육면체**라고 합니다.

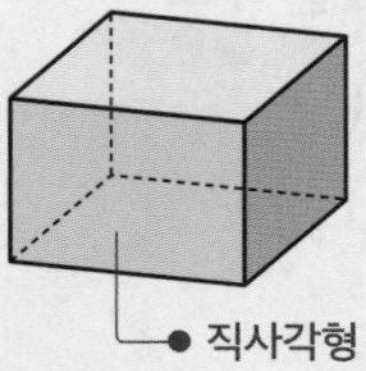

◐ 직육면체는 모든 면이 직사각형 모양입니다.

② 직육면체의 구성 요소

직육면체에서 선분으로 둘러싸인 부분을 **면**이라 하고, 면과 면이 만나는 선분을 **모서리**라고 합니다. 또, 모서리와 모서리가 만나는 점을 **꼭짓점**이라고 합니다.

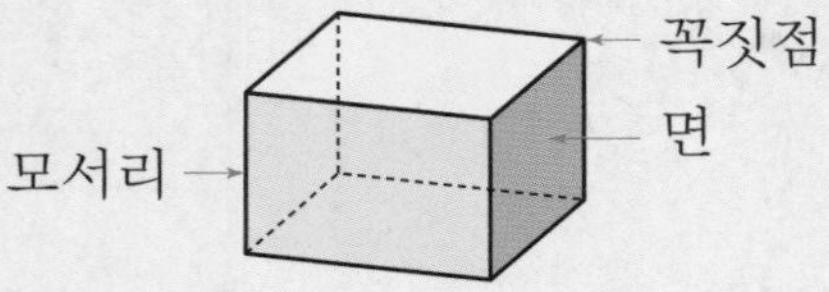

◐ 도형의 면을 읽을 때에는 면의 한 꼭짓점에서부터 한 방향으로 읽습니다.

예 색칠한 면 읽기

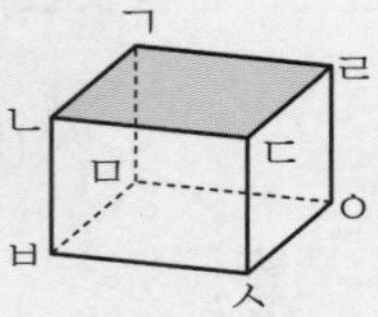

→ '면 ㄱㄴㄷㄹ' 또는 '면 ㄱㄹㄷㄴ'

③ 직육면체의 구성 요소의 수

면의 수(개)	모서리의 수(개)	꼭짓점의 수(개)
6	12	8

개념+ 직육면체에서 보이는 면, 모서리, 꼭짓점의 수

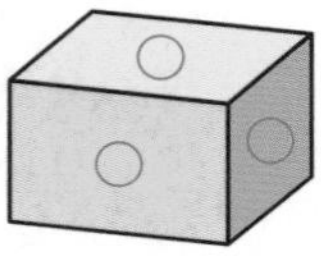	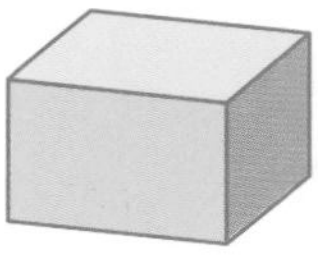	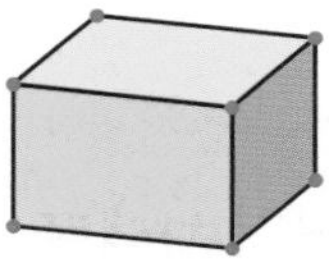
보이는 면: 3개	보이는 모서리: 9개	보이는 꼭짓점: 7개

확인 1 그림을 보고 □ 안에 알맞은 수나 말을 써넣으세요.

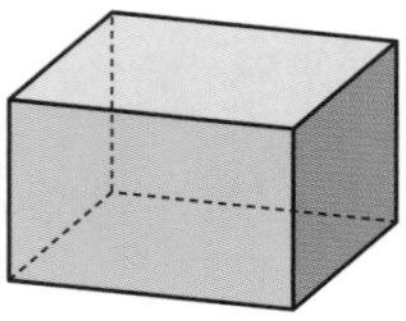

직사각형 □개로 둘러싸인 도형을

□(이)라고 합니다.

확인 2 직육면체의 각 부분의 이름을 □ 안에 알맞게 써넣으세요.

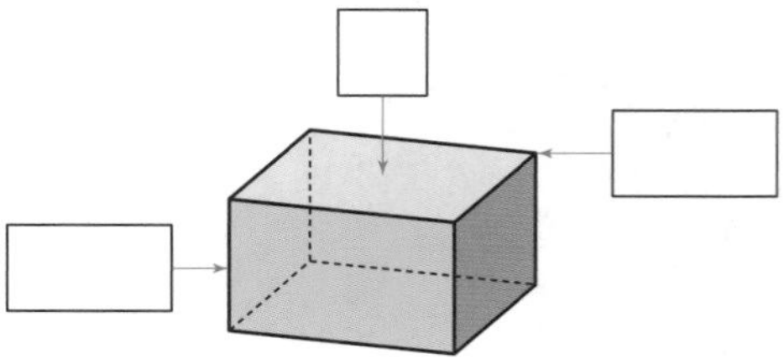

기본기 다지는 교과서 문제

1 직육면체를 찾아 ○표 하세요.

(1)

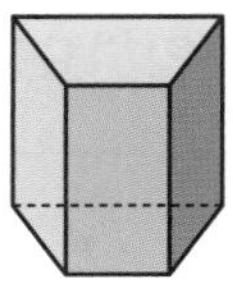 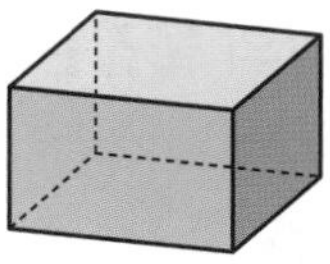 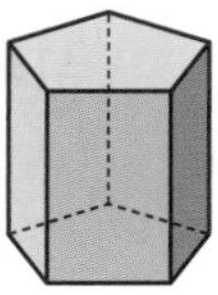

(　　　) (　　　) (　　　)

(2)

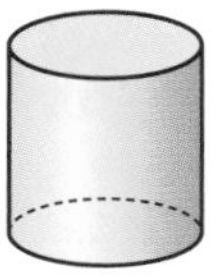 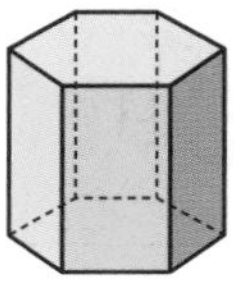 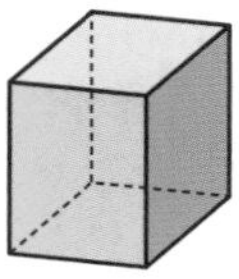

(　　　) (　　　) (　　　)

2 직육면체를 보고 □ 안에 알맞은 수를 써넣으세요.

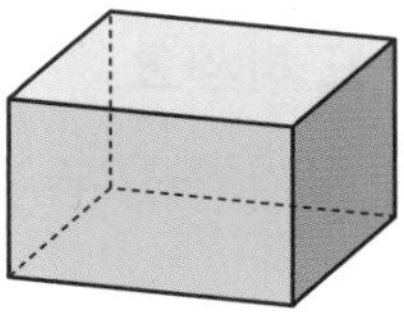

면은 □개, 모서리는 □개, 꼭짓점은 □개입니다.

3 직육면체에서 색칠한 부분을 본뜬 모양은 어떤 모양인지 알맞은 것에 ○표 하세요.

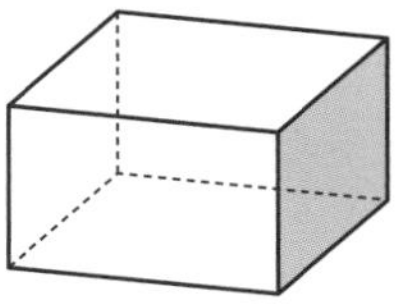

(삼각형 , 직사각형 , 원)

개념 따라쓰기

직육면체 알아보기

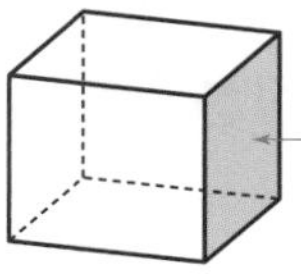

직육면체는 직사각형 6개로 둘러싸인 도형입니다.

직육면체의 구성 요소

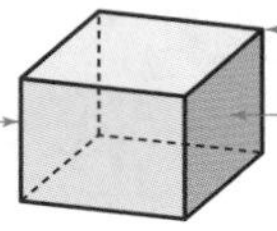

① 면: 선분으로 둘러싸인 부분

② 모서리: 면과 면이 만나는 선분

③ 꼭짓점: 모서리와 모서리가 만나는 점

5 단원

1

이해

□ 안에 알맞은 말을 써넣으세요.

직육면체에서 선분으로 둘러싸인 부분을 □, 면과 면이 만나는 선분을 □, 모서리와 모서리가 만나는 점을 □이라고 합니다.

2

46쪽

적용

직육면체가 아닌 것을 찾아 기호를 쓰세요.

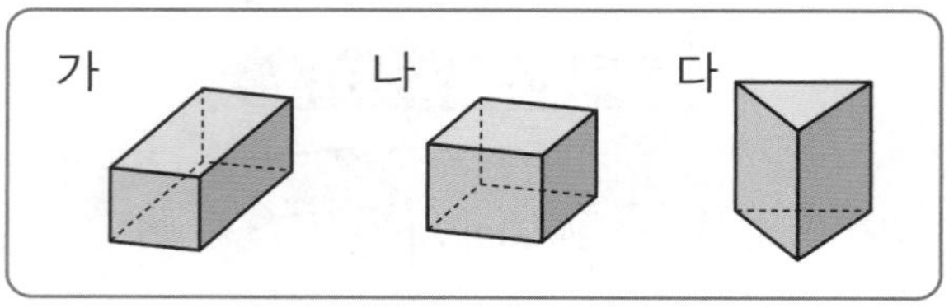

(　　　　　)

3

46쪽

적용

직육면체에서 모서리와 모서리가 만나는 점은 모두 몇 개일까요?

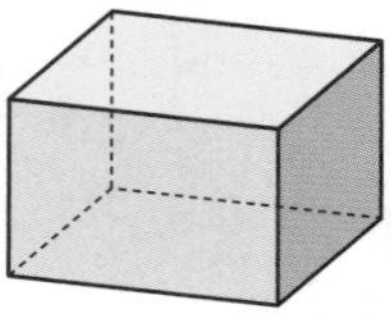

(　　　　　)

4

46쪽

의사 소통

직육면체 모양의 물건은 모두 몇 개일까요?

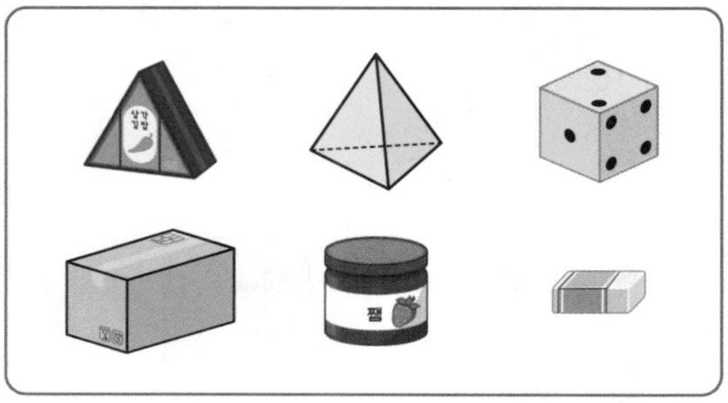

(　　　　　)

5

적용

직육면체를 바르게 설명한 것에 ○표, 그렇지 않은 것에 ×표 하세요.

(1) 면의 크기가 모두 같습니다. (　　)

(2) 면과 면이 만나는 선분은 모서리입니다. (　　)

6

46쪽

문제 해결

직육면체에서 보이는 면, 보이는 모서리, 보이는 꼭짓점의 수를 빈칸에 알맞게 써넣으세요.

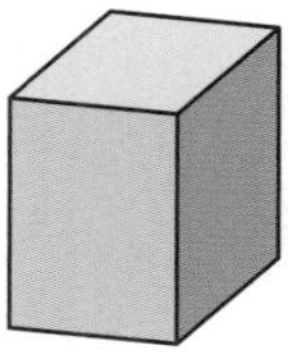

보이는 면의 수(개)	보이는 모서리의 수(개)	보이는 꼭짓점의 수(개)

» 정답 · 풀이 28쪽

7 47쪽 창의 융합

㉠+㉡−㉢은 얼마인지 구하세요.

직육면체의 면은 ㉠개, 꼭짓점은 ㉡개, 모서리는 ㉢개입니다.

(   )

8 47쪽 추론

□ 안에 알맞은 수를 써넣으세요.

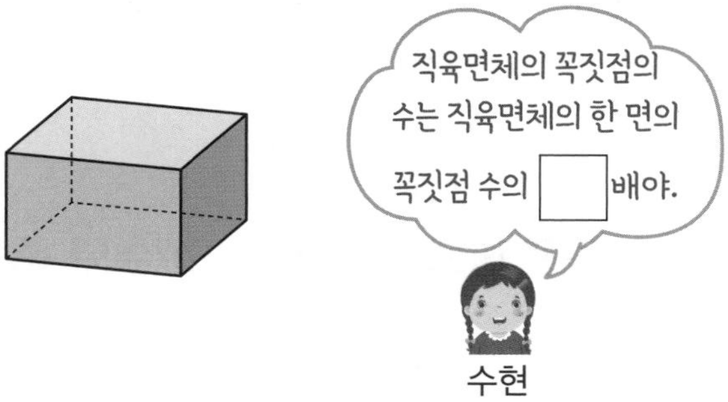

+9 47쪽 수학적 독해력

로운이는 다음 직육면체 모양의 나무토막을 물감으로 칠하려고 합니다. 한 면에 한 가지 색으로만 칠하고, 각 면을 서로 다른 색으로 칠한다면 필요한 물감의 색은 몇 가지일까요? (단, 서로 다른 색의 물감을 섞지 않습니다.)

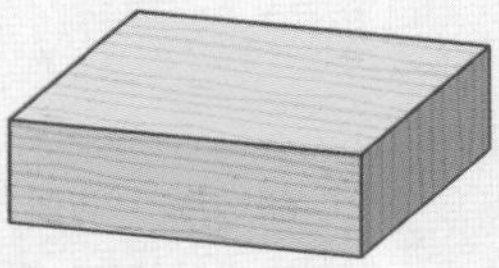

(   )

+10 47쪽 수학적 표현력

다음 도형이 직육면체가 아닌 이유를 쓰세요.

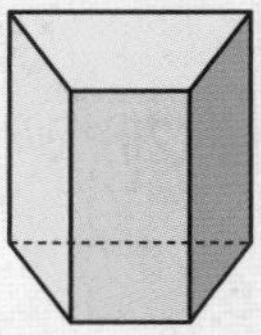

[이유] ______________________

____

____

오늘 공부 어땠나요? 10개 중 맞힌 문제 □개 > **틀린 문제**는 힌트를 보고 다시 도전해 보세요. > **맞힌 문제**는 힌트를 보고 자신의 생각과 비교해 보세요.

24일 정육면체

① 정육면체 알아보기

정사각형 6개로 둘러싸인 도형을 **정육면체**라고 합니다.

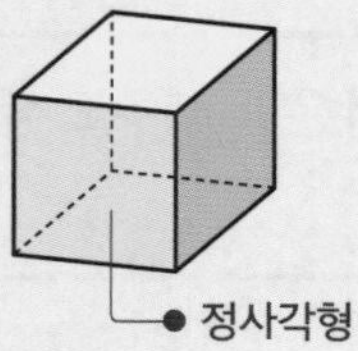

◐ 정육면체는 6개의 면이 정사각형 모양이고 모두 합동입니다.

② 정육면체의 구성 요소의 수와 특징

면의 수(개)	모서리의 수(개)	꼭짓점의 수(개)
6	12	8

① 6개의 면의 모양과 크기가 모두 같습니다.

② 12개의 모서리의 길이가 모두 같습니다.

◐ 정육면체의 구성 요소

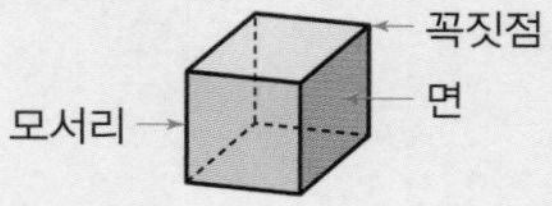

③ 직육면체와 정육면체의 비교

<table>
<tr><th rowspan="2"></th><th colspan="3">공통점</th><th colspan="2">차이점</th></tr>
<tr><th>면의 수(개)</th><th>모서리의 수(개)</th><th>꼭짓점의 수(개)</th><th>면의 모양</th><th>모서리의 길이</th></tr>
<tr><td>직육면체</td><td rowspan="2">6</td><td rowspan="2">12</td><td rowspan="2">8</td><td>직사각형</td><td>서로 다릅니다.</td></tr>
<tr><td>정육면체</td><td>정사각형</td><td>모두 같습니다.</td></tr>
</table>

◐ 직육면체와 정육면체의 면, 모서리, 꼭짓점의 수는 각각 서로 같습니다.

개념+ 직육면체와 정육면체의 관계

① 정육면체는 직육면체라고 할 수 있습니다.

② 직육면체는 정육면체라고 할 수 없습니다.

◐ 정육면체의 면의 모양은 정사각형이고 정사각형은 직사각형이라고 할 수 있으므로 정육면체는 직육면체라고 할 수 있습니다.

확인 1 도형을 보고 □ 안에 알맞게 써넣으세요.

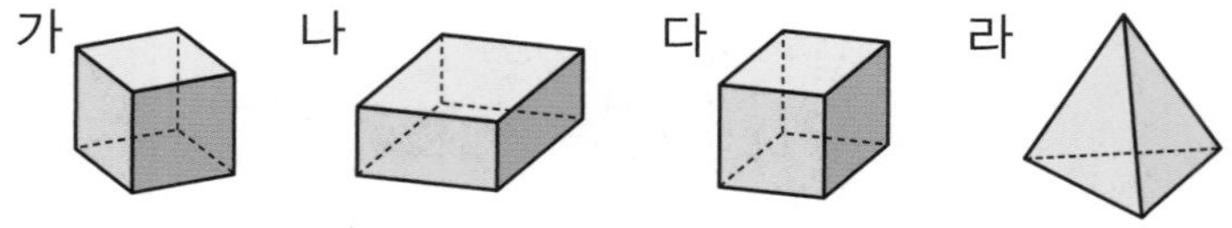

(1) 정사각형 6개로 둘러싸인 도형은 □, □입니다.

(2) (1)에서 찾은 도형을 □(이)라고 합니다.

기본기 다지는 교과서 문제

» 정답 · 풀이 29쪽

1 정육면체를 찾아 ○표 하세요.

(1)

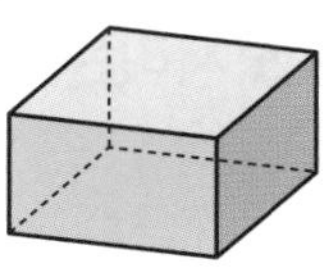
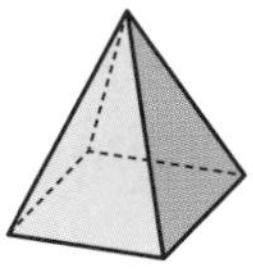
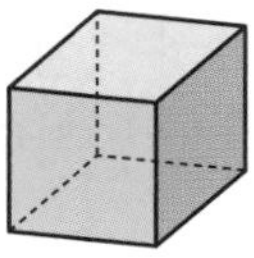

(　　　)　(　　　)　(　　　)

(2)

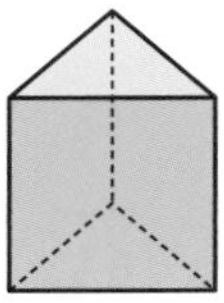
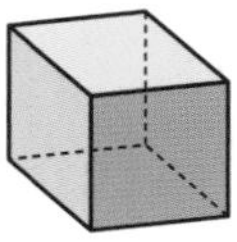
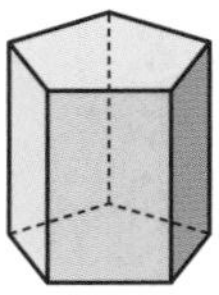

(　　　)　(　　　)　(　　　)

2 정육면체를 보고 □ 안에 알맞은 수를 써넣고, 알맞은 말에 ○표 하세요.

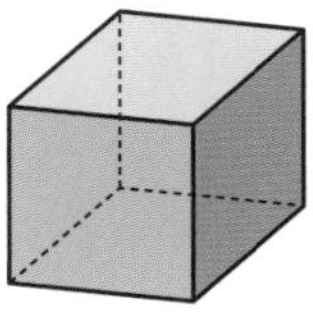

(1) 면은 □개, 모서리는 □개, 꼭짓점은 □개입니다.

(2) 면의 모양과 크기가 모두 (같습니다 , 다릅니다).

(3) 모서리의 길이가 모두 (같습니다 , 다릅니다).

3 직육면체와 정육면체에 대한 설명입니다. 알맞은 말에 ○표 하세요.

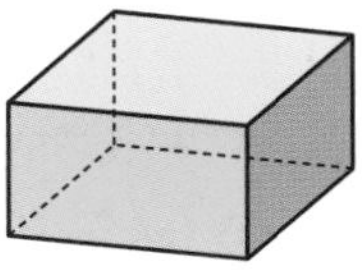
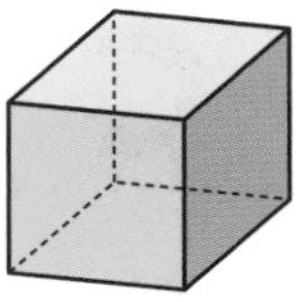

(1) 정육면체는 직육면체라고 할 수 (있습니다 , 없습니다).

(2) 직육면체는 정육면체라고 할 수 (있습니다 , 없습니다).

개념 따라쓰기

정육면체 알아보기

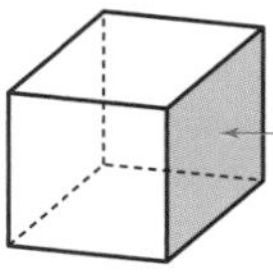

정육면체는 정사각형 6개로 둘러싸인 도형입니다.

정육면체의 특징

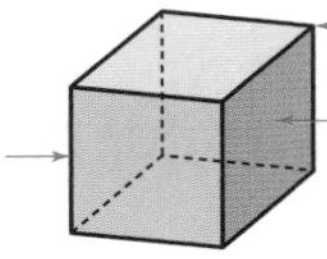

① 6개의 면의 모양과 크기가 모두 같습니다.

② 12개의 모서리의 길이가 모두 같습니다.

5 단원

1 48쪽 이해

정육면체의 면이 될 수 있는 모양에 ○표 하세요.

(　　　) (　　　) (　　　)

[2~3] 그림을 보고 물음에 답하세요.

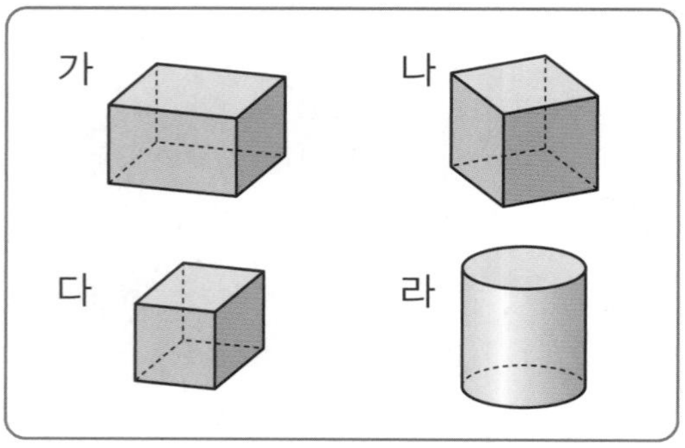

2 이해

정육면체를 모두 찾아 기호를 쓰세요.

(　　　　　　　)

3 이해

직육면체가 아닌 것을 찾아 기호를 쓰세요.

(　　　　　　　)

4 48쪽 적용

정육면체에서 ㉮와 길이가 같은 모서리는 ㉮를 포함하여 모두 몇 개일까요?

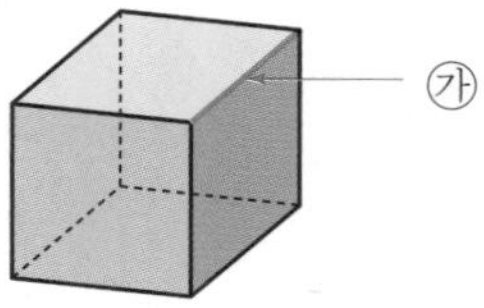

(　　　　　　　)

5 48쪽 적용

■와 ▲에 알맞은 수의 합을 구하세요.

- 정육면체의 면의 수: ■개
- 직육면체의 꼭짓점의 수: ▲개

(　　　　　　　)

6 48쪽 의사 소통

바르게 말한 사람의 이름을 쓰세요.

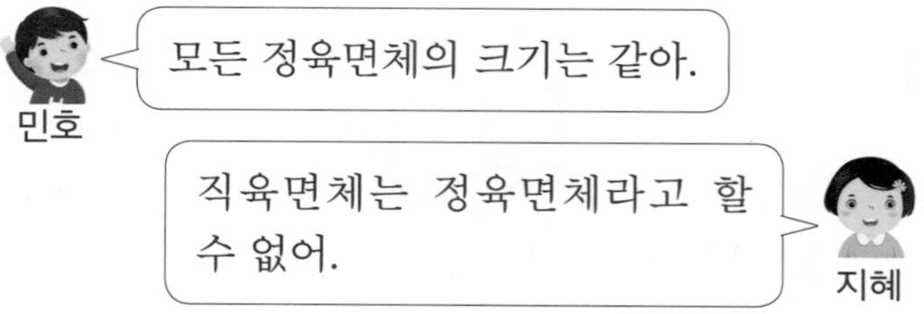

(　　　　　　　)

조금 더 어려운 문제에 도전해 볼까요?

7 49쪽 창의 융합

직육면체와 정육면체의 차이점을 모두 찾아 기호를 쓰세요.

㉠ 면의 모양	㉡ 모서리의 수
㉢ 꼭짓점의 수	㉣ 모서리의 길이

( )

8 49쪽 적용

한 면의 네 변의 길이의 합이 12 cm인 정육면체입니다. 이 정육면체의 모든 모서리의 길이의 합은 몇 cm일까요?

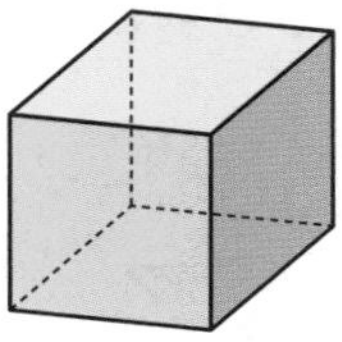

( )

5 단원

+9 49쪽 수학적 독해력

정육면체에서 보이지 않는 모서리와 보이지 않는 꼭짓점의 수의 차는 몇 개일까요?

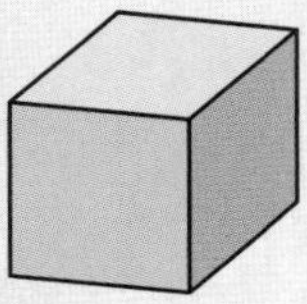

( )

+10 49쪽 수학적 표현력

틀린 것을 찾아 기호를 쓰고, 그 이유를 설명하세요.

㉠ 정육면체의 면의 모양은 모두 정사각형입니다.
㉡ 직육면체와 정육면체는 면, 모서리, 꼭짓점의 수가 각각 같습니다.
㉢ 정육면체의 모서리의 길이는 각각 다릅니다.

[틀린 것] ____________________

[이유] ____________________

오늘 공부 어땠나요?

10개 중 맞힌 문제 [ ] 개 > **틀린 문제**는 힌트를 보고 다시 도전해 보세요. > **맞힌 문제**는 힌트를 보고 자신의 생각과 비교해 보세요.

공부한 날 월 일

직육면체의 성질

① 직육면체에서 서로 마주 보고 있는 면의 관계

• 직육면체에서 색칠한 두 면처럼 계속 늘여도 만나지 않는 두 면을 서로 평행하다고 합니다. 이 두 면을 직육면체의 **밑면**이라고 합니다.

• 직육면체에는 평행한 면이 3쌍 있고 이 평행한 면은 각각 밑면이 될 수 있습니다.

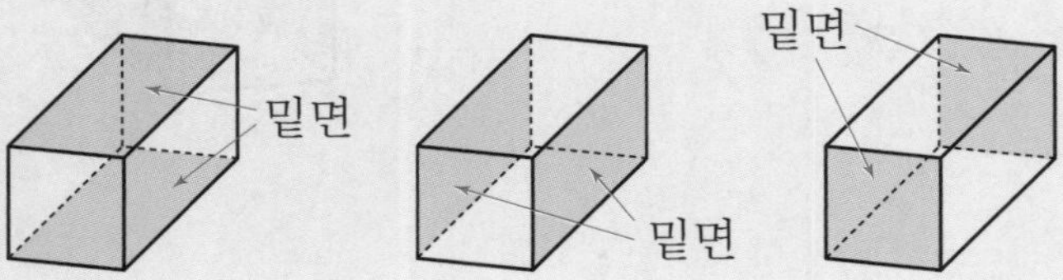

◐ 밑면은 밑에 있는 면이 아니라 기준이 되는 면입니다. 기준이 되는 면은 바뀔 수 있습니다.

◐ 직육면체에서 서로 마주 보고 있는 면은 평행합니다.

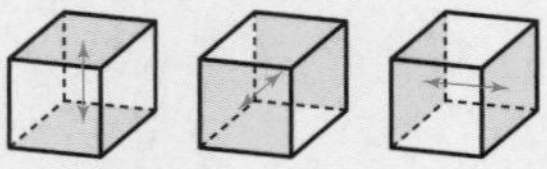

→ 서로 평행한 면은 모두 3쌍입니다.

② 직육면체에서 서로 만나는 두 면 사이의 관계

• 삼각자 3개를 그림과 같이 놓았을 때
면 ㄱㄴㄷㄹ과 면 ㄷㅅㅇㄹ,
면 ㄴㅂㅅㄷ과 면 ㄷㅅㅇㄹ,
면 ㄱㄴㄷㄹ과 면 ㄴㅂㅅㄷ은 각각 수직입니다.

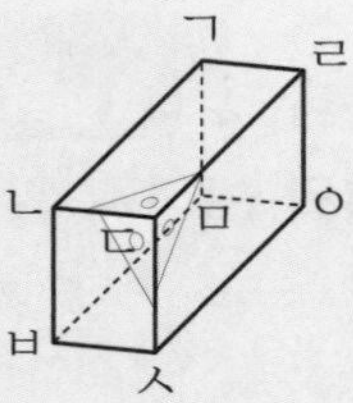

◐ 직육면체의 한 꼭짓점에서 만나는 세 면은 서로 수직입니다.

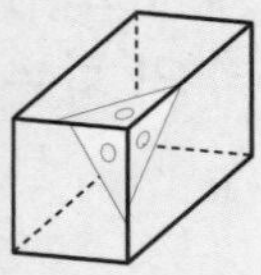

• 직육면체에서 밑면과 수직인 면을 직육면체의 **옆면**이라고 합니다.

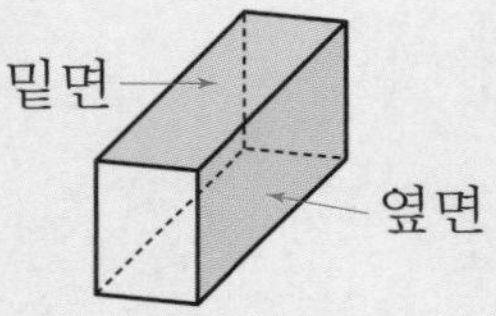

◐ 직육면체의 기준이 되는 면은 바뀔 수 있으므로 직육면체의 밑면이 변함에 따라 옆면도 바뀝니다.

개념 ⊕ 직육면체의 옆면

직육면체에서 한 면에 수직인 면은 4개이므로 옆면은 4개입니다.

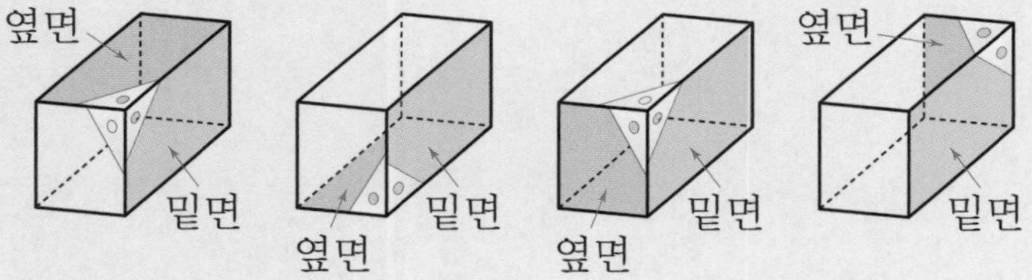

확인 1 직육면체를 보고 알맞은 말에 ○표 하고, □ 안에 알맞은 수를 써넣으세요.

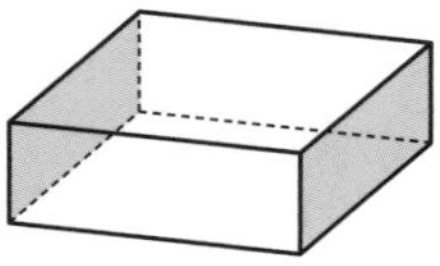

(1) 색칠한 두 면은 서로 (평행합니다 , 수직입니다).

(2) 서로 평행한 두 면을 직육면체의 □이라고 합니다.

(3) 직육면체에서 서로 평행한 면은 모두 □쌍입니다.

기본기 다지는 교과서 문제

1 직육면체에서 색칠한 면과 평행한 면을 찾아 색칠해 보세요.

(1)
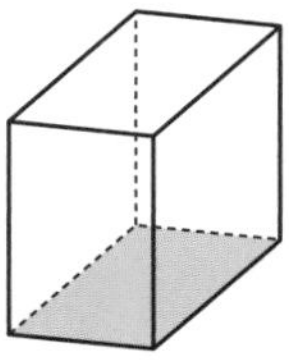

(2)
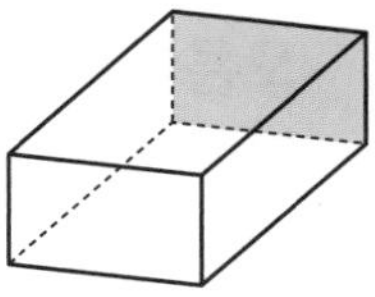

2 색칠한 두 면이 수직으로 만나는 것에 ○표 하세요.

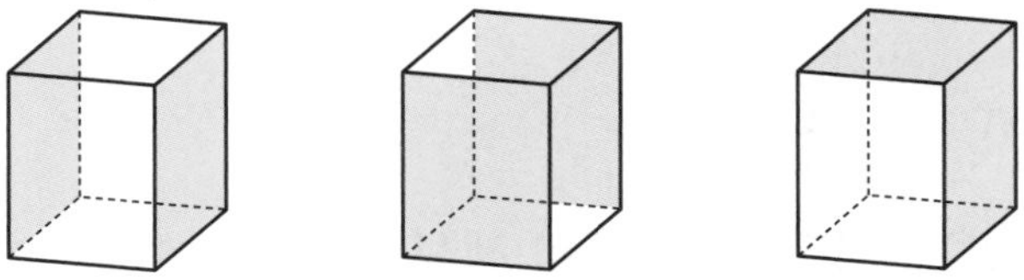

( ) ( ) ( )

3 직육면체를 보고 물음에 답하세요.

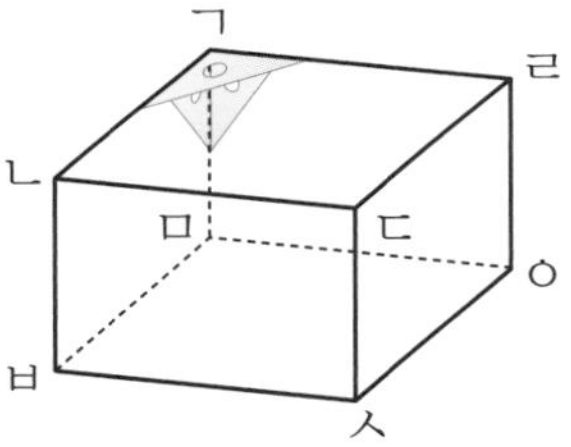

(1) 꼭짓점 ㄱ에서 만나는 면을 모두 써 보세요.

면 ㄱㄴㄷㄹ, 면 [ ], 면 [ ]

(2) 알맞은 것에 ○표 하세요.

꼭짓점 ㄱ에서 만나는 면들에 삼각자를 대어 보면, 꼭짓점 ㄱ을 중심으로 모두 (직각입니다 , 평행합니다).

개념 따라쓰기

직육면체에서 서로 평행한 면

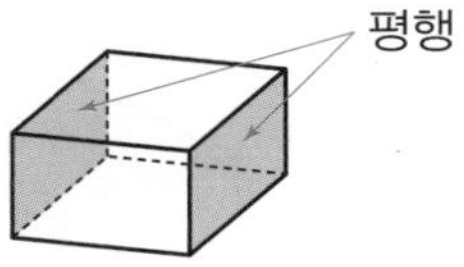

직육면체에서 서로 평행한 두 면을 직육면체의 밑면이라고 합니다.

직육면체에서 서로 수직인 면

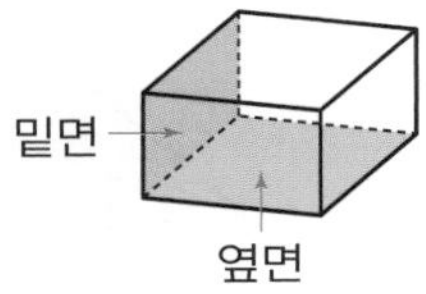

직육면체에서 밑면과 수직인 면을 직육면체의 옆면이라고 합니다.

직육면체의 한 꼭짓점에서 만나는 세 면

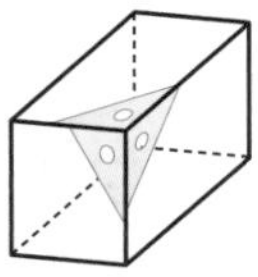

직육면체의 한 꼭짓점에서 만나는 세 면은 서로 수직입니다.

스스로 풀어내는 도전 10 문제

1 50쪽 이해

직육면체를 보고 □ 안에 알맞은 수를 써넣으세요.

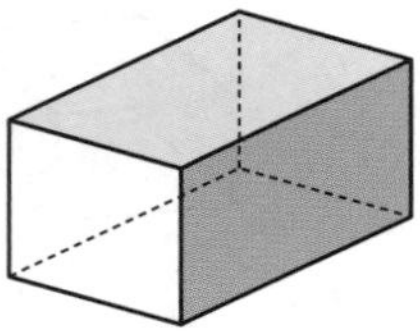

색칠한 두 면이 이루는 각의 크기는 □°입니다.

2 이해

직육면체를 보고 평행한 면을 각각 찾아 이어 보세요.

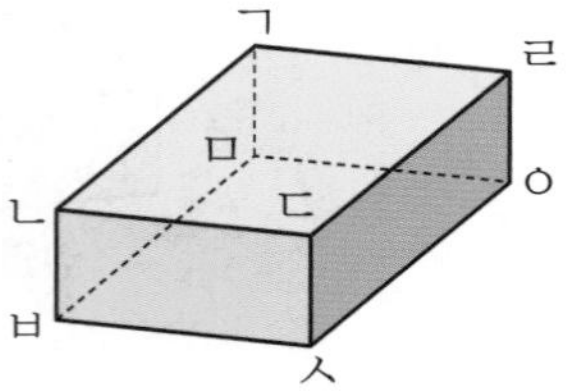

면 ㄱㄴㄷㄹ •	• 면 ㄴㅂㅁㄱ
면 ㄴㅂㅅㄷ •	• 면 ㅁㅂㅅㅇ
면 ㄷㅅㅇㄹ •	• 면 ㄱㅁㅇㄹ

3 50쪽 적용

직육면체에서 한 면에 수직인 면은 모두 몇 개일까요?

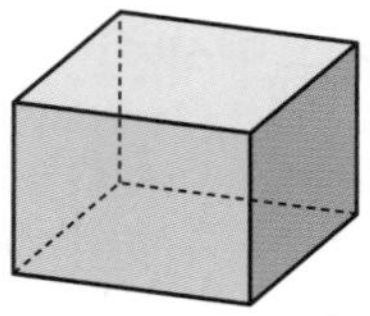

(　　　　　)

4 적용

오른쪽 직육면체에서 면 ㅁㅂㅅㅇ과 수직인 면이 아닌 것은 어느 것일까요? ………………… (　　　)

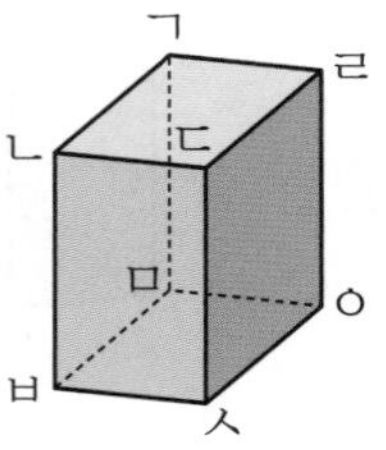

① 면 ㄱㅁㅇㄹ ② 면 ㄷㅅㅇㄹ
③ 면 ㄱㄴㄷㄹ ④ 면 ㄱㄴㅂㅁ
⑤ 면 ㄴㅂㅅㄷ

5 50쪽 문제 해결

직육면체에서 색칠한 면과 평행한 면, 수직인 면을 각각 모두 찾아 쓰세요.

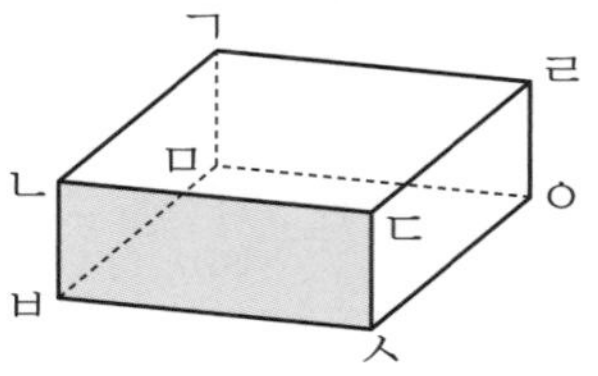

[평행한 면] ______________________

[수직인 면] ______________________

____

6 50쪽 문제 해결

직육면체에서 색칠한 면과 평행한 면의 모서리의 길이의 합은 몇 cm일까요?

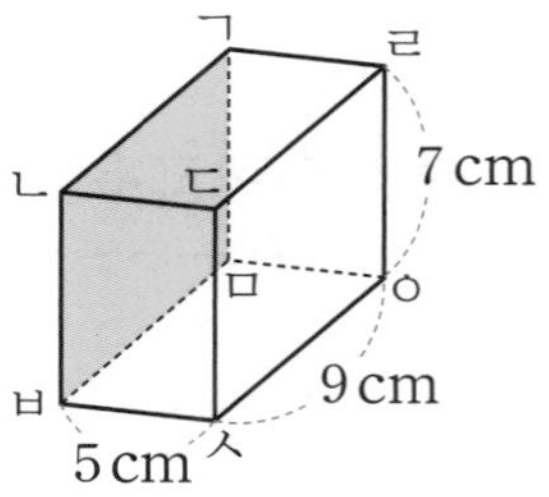

(　　　　　)

» 정답 · 풀이 30쪽

조금 더 어려운 문제에 도전해 볼까요?

7 51쪽 문제 해결

두 면 사이의 관계가 다른 하나를 찾아 기호를 쓰세요.

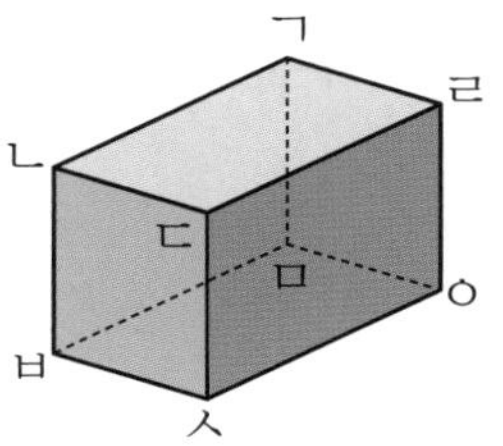

㉠ 면 ㄱㄴㄷㄹ과 면 ㅁㅂㅅㅇ
㉡ 면 ㄱㄴㅂㅁ과 면 ㄹㄷㅅㅇ
㉢ 면 ㄴㅂㅅㄷ과 면 ㄷㅅㅇㄹ

( )

8 51쪽 추론

직육면체에서 색칠한 두 면에 공통으로 수직인 면을 모두 찾아 쓰세요.

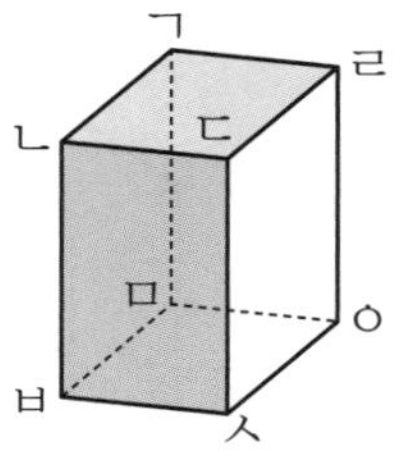

( )

+9 51쪽 수학적 독해력

주사위에서 서로 평행한 두 면의 눈의 수의 합은 7입니다. 눈의 수가 1인 면과 수직인 면들의 눈의 수를 모두 쓰세요.

( )

+10 51쪽 수학적 표현력

직육면체의 성질을 잘못 설명한 사람의 이름을 쓰고, 바르게 고쳐 보세요.

잘못 설명한 사람 ______

바르게 고치기 ______

26일 직육면체의 겨냥도

① 직육면체의 겨냥도 알아보기

직육면체 모양을 잘 알 수 있도록 나타낸 그림을 직육면체의 **겨냥도**라고 합니다.

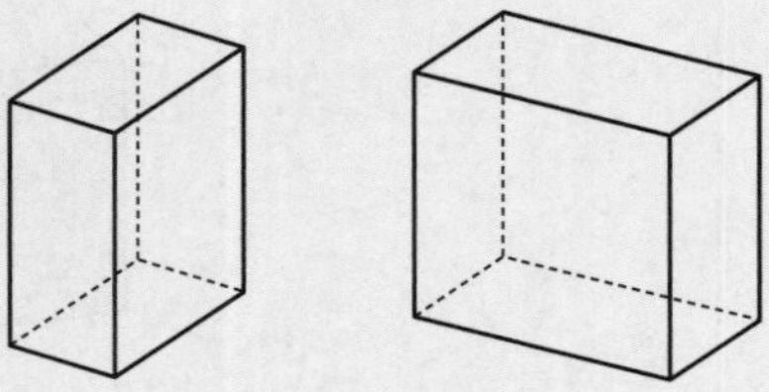

◐ 직육면체의 겨냥도는 보이지 않는 면, 모서리, 꼭짓점까지 모두 나타낸 것입니다.

② 직육면체의 겨냥도 그리는 방법

① 보이는 모서리는 실선으로 그립니다.

② 보이지 않는 모서리는 점선으로 그립니다.

◐ 겨냥도에서 볼 때는 면이 평행사변형으로 보이지만 실제로는 직사각형입니다.

③ 직육면체의 겨냥도에서 면, 모서리, 꼭짓점의 수

	보이는 부분	보이지 않는 부분	전체
면의 수(개)	3	3	6
모서리의 수(개)	9	3	12
꼭짓점의 수(개)	7	1	8

◐ 직육면체의 겨냥도

〈보이는 부분〉

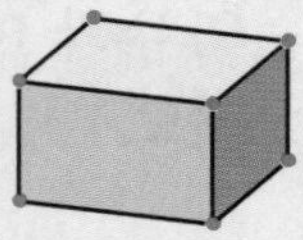

〈보이지 않는 부분〉

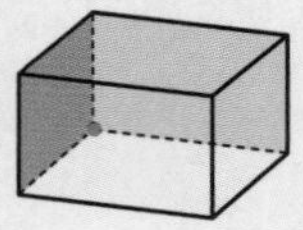

개념+ 직육면체의 모서리의 길이

직육면체에서 서로 평행한 모서리의 길이는 같고, 길이가 같은 모서리는 4개씩 3쌍 있습니다.

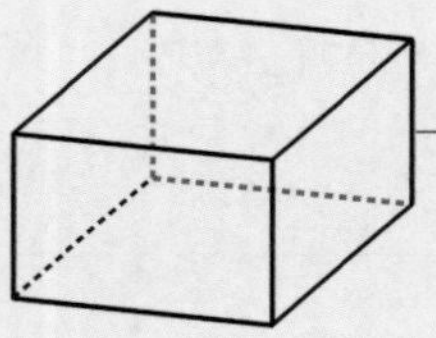

같은 색 모서리끼리 길이가 같습니다.

확인 1 그림을 보고 □ 안에 알맞은 말을 써넣으세요.

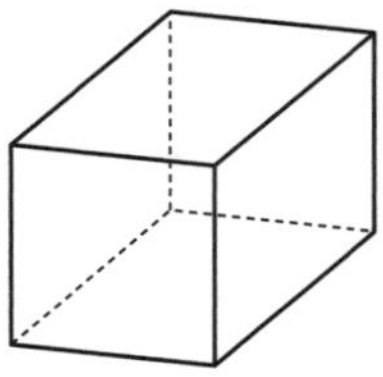

직육면체 모양을 잘 알 수 있도록 나타낸 그림을 직육면체의 □라고 합니다.

확인 2 직육면체의 겨냥도를 바르게 그린 것에 ○표 하세요.

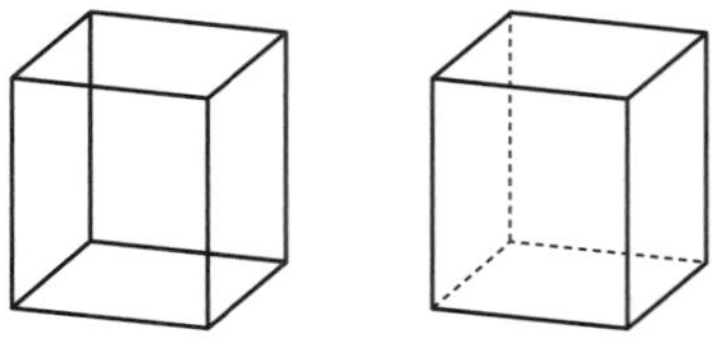

(　　　)　(　　　)

기본기 다지는 교과서 문제

1 직육면체에서 보이지 않는 모서리를 점선으로 그려 넣어 겨냥도를 완성해 보세요.

(1) 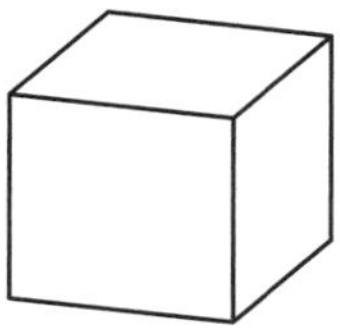

(2) 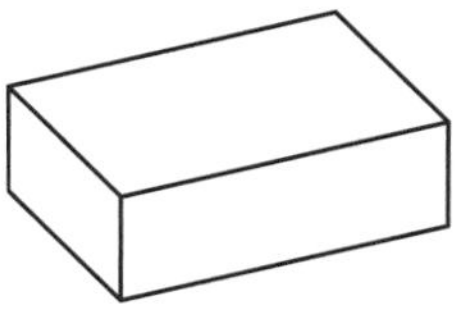

2 직육면체의 겨냥도를 보고 □ 안에 알맞은 수를 써넣으세요.

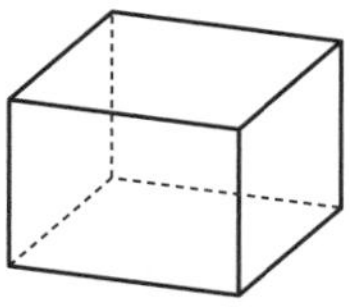

(1) 보이는 면은 □개입니다.

(2) 보이지 않는 모서리는 □개입니다.

(3) 보이지 않는 꼭짓점은 □개입니다.

3 그림에서 빠진 부분을 그려 넣어 직육면체의 겨냥도를 완성해 보세요.

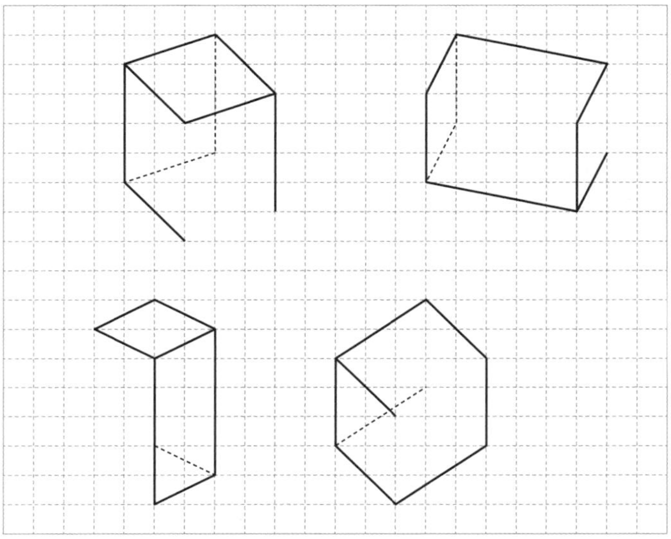

개념 따라쓰기

직육면체의 겨냥도 알아보기

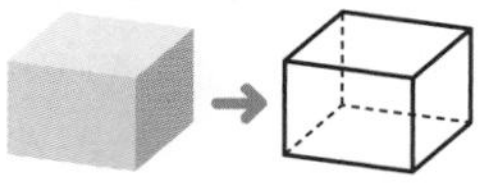

직육면체의 겨냥도는 직육면체 모양을 잘 알 수 있도록 나타낸 그림입니다.

직육면체의 겨냥도 그리는 방법

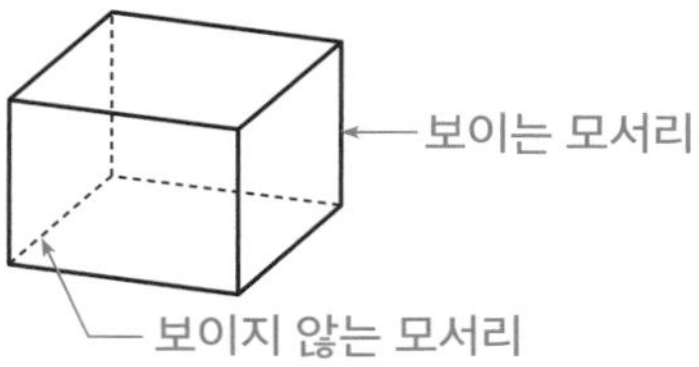

직육면체의 겨냥도를 그릴 때 보이는 모서리는 실선으로, 보이지 않는 모서리는 점선으로 그립니다.

5 단원

막힐 땐 힌트북

1 이해

알맞은 말에 ○표 하세요.

직육면체의 겨냥도를 그릴 때 보이는 모서리는 (점선 , 실선)으로, 보이지 않는 모서리는 (점선 , 실선)으로 그립니다.

2 이해

직육면체의 겨냥도를 바르게 그린 것을 찾아 기호를 쓰세요.

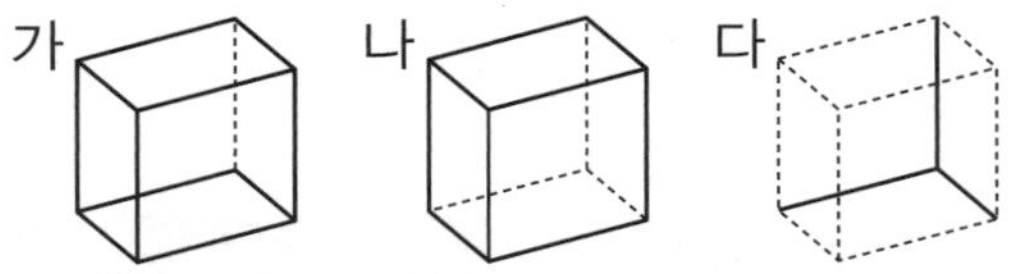

(　　　　　　　　)

3 52쪽 적용

그림에서 빠진 부분을 그려 넣어 직육면체의 겨냥도를 완성하세요.

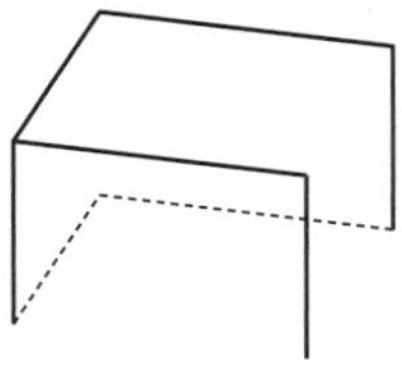

4 52쪽 적용

직육면체를 보고 □ 안에 알맞은 수를 써넣으세요.

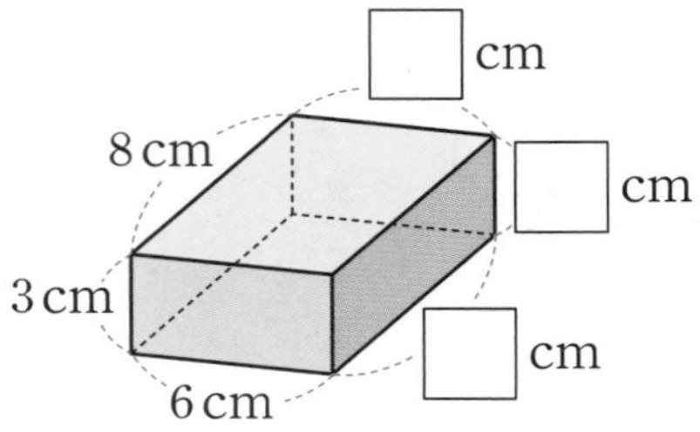

5 52쪽 문제 해결

직육면체의 겨냥도를 보고 빈칸에 알맞은 수를 써넣으세요.

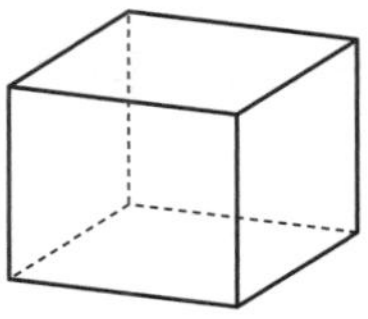

보이지 않는 면의 수(개)	보이는 모서리의 수(개)	보이는 꼭짓점의 수(개)

6 52쪽 문제 해결

직육면체의 모든 모서리의 길이의 합은 몇 cm일까요?

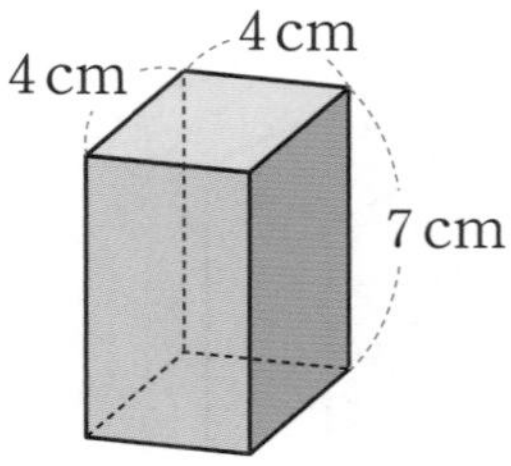

(　　　　　　　　)

7 53쪽 창의 융합

직육면체의 겨냥도를 보고 수가 다른 것을 찾아 기호를 쓰세요.

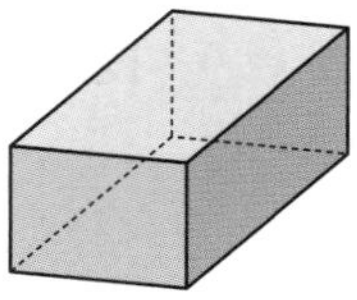

㉠ (보이는 면의 수)+(보이는 꼭짓점의 수)
㉡ (보이지 않는 모서리의 수)
+(보이지 않는 면의 수)
㉢ (보이지 않는 꼭짓점의 수)
+(보이는 모서리의 수)

(　　　　　　)

8 53쪽 추론

직육면체에서 보이지 않는 모서리의 길이의 합은 몇 cm일까요?

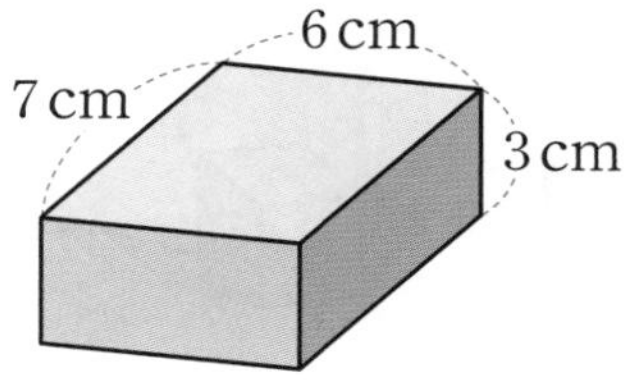

(　　　　　　)

5단원

+9 53쪽 수학적 독해력

그림과 같이 직육면체 모양의 상자를 끈으로 묶었습니다. 매듭으로 묶는 데 사용한 끈의 길이가 16 cm일 때 상자를 묶는 데 사용한 끈의 길이는 몇 cm일까요?

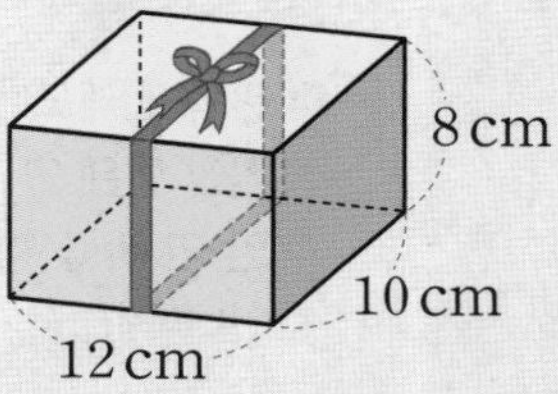

(　　　　　　)

+10 53쪽 수학적 표현력

직육면체의 겨냥도를 잘못 그린 것입니다. 그 이유를 설명해 보세요.

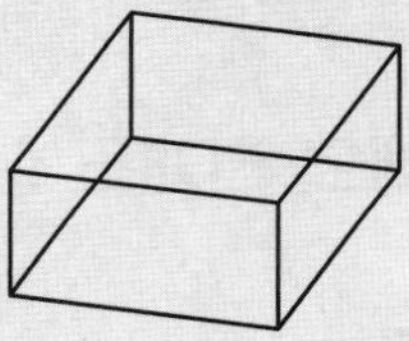

[이유] ______________________

____

____

오늘 공부 어땠나요?

10개 중 맞힌 문제 [　] 개 > 틀린 문제는 힌트를 보고 다시 도전해 보세요. > 맞힌 문제는 힌트를 보고 자신의 생각과 비교해 보세요.

27일 정육면체의 전개도

① 정육면체의 전개도 알아보기

정육면체의 모서리를 잘라서 펼친 그림을 정육면체의 **전개도**라고 합니다.

◐ 정육면체의 모서리를 자르는 방법에 따라 전개도의 모양은 다양하게 그려집니다.

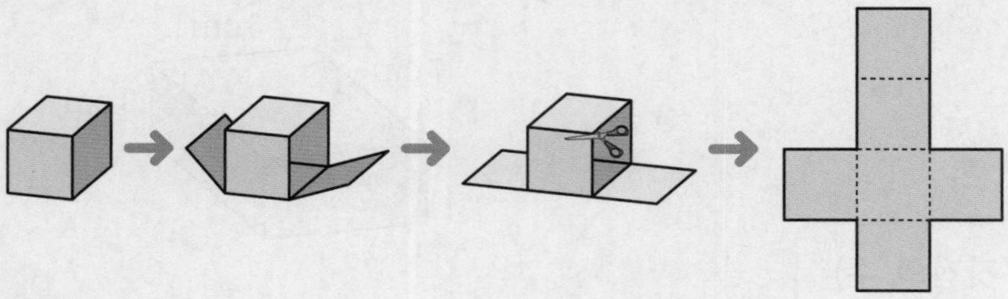

② 정육면체의 전개도 그리는 방법

① 잘린 모서리는 실선으로, 잘리지 않는 모서리는 점선으로 그립니다.
② 정사각형 모양의 면 6개를 그립니다.
③ 모든 모서리의 길이를 같게 그립니다.

◐ 정육면체의 전개도를 그린 후 6개의 면의 모양과 크기가 서로 같은지, 접었을 때 서로 겹치는 면이 없는지 확인합니다.

예

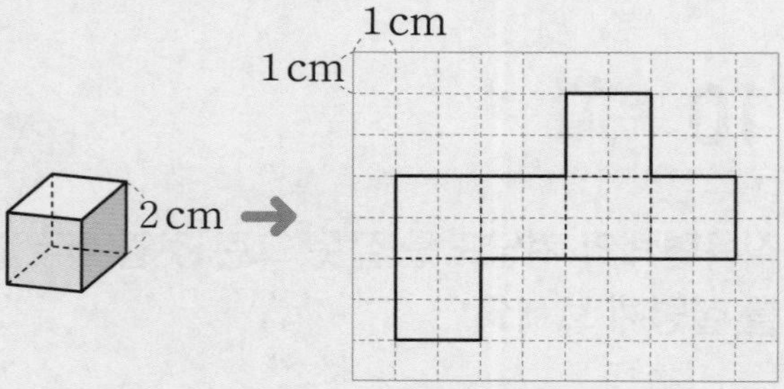

③ 정육면체의 전개도 살펴보기

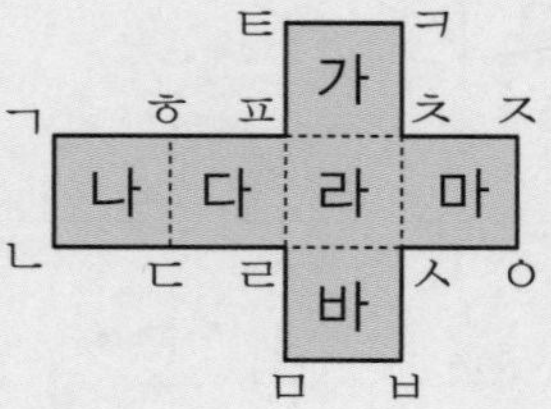

전개도를 접었을 때

- 점 ㄷ과 만나는 점: 점 ㅁ
- 선분 ㄱㄴ과 겹치는 선분: 선분 ㅈㅇ
- 면 가와 평행한 면: 면 바
- 면 가와 수직인 면: 면 나, 면 다, 면 라, 면 마

◐ 왼쪽 전개도에서 면 가와 수직인 면은 면 가와 평행한 면인 면 바를 제외한 4개의 면입니다.

확인 1 그림을 보고 □ 안에 알맞은 말을 써넣고, 알맞은 말에 ○표 하세요.

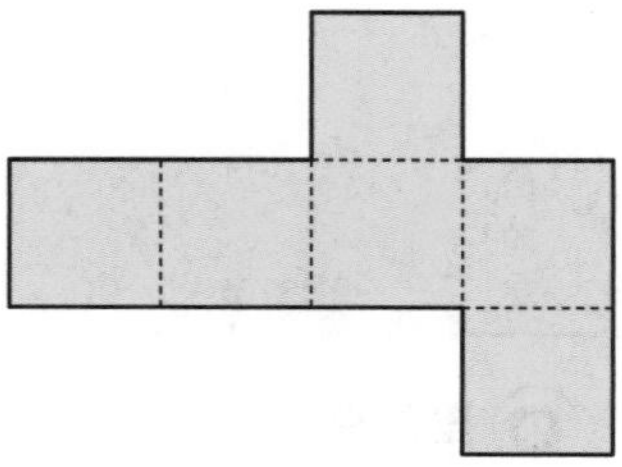

(1) 정육면체의 모서리를 잘라서 펼친 그림을 정육면체의 □(이)라고 합니다.

(2) 정육면체의 전개도에서 잘린 모서리는 (점선 , 실선)으로, 잘리지 않는 모서리는 (점선 , 실선)으로 그립니다.

기본기 다지는 교과서 문제

1 정육면체의 전개도에 ○표 하세요.

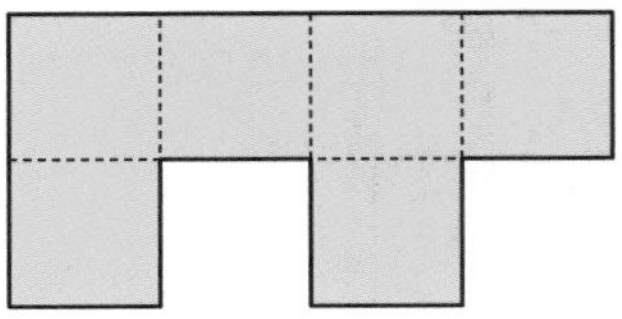

(　　　)

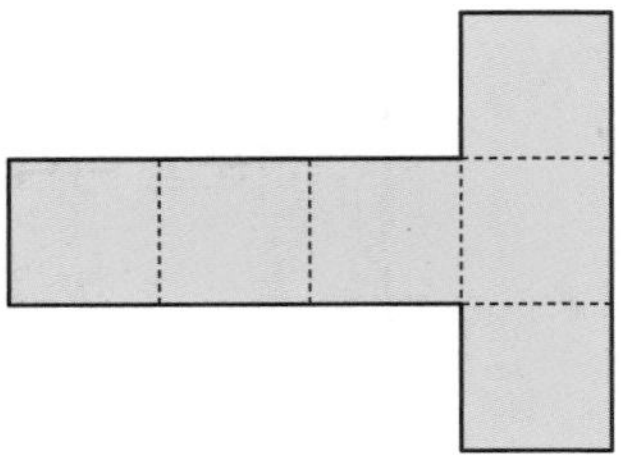

(　　　)

2 전개도를 접어서 정육면체를 만들었습니다. 물음에 답하세요.

(1) 색칠한 면과 평행한 면에 색칠하세요.

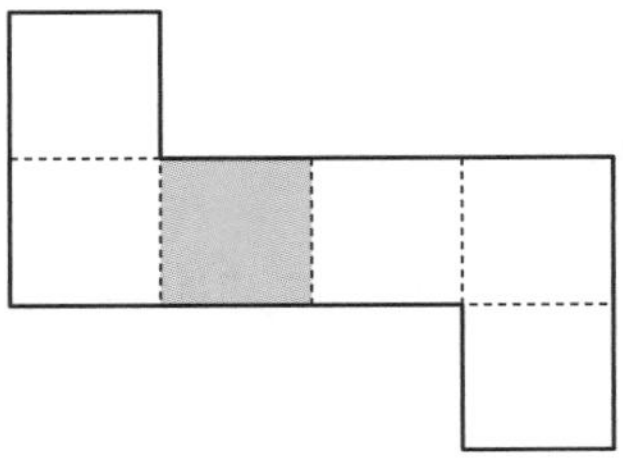

(2) 색칠한 면과 수직인 면에 모두 색칠하세요.

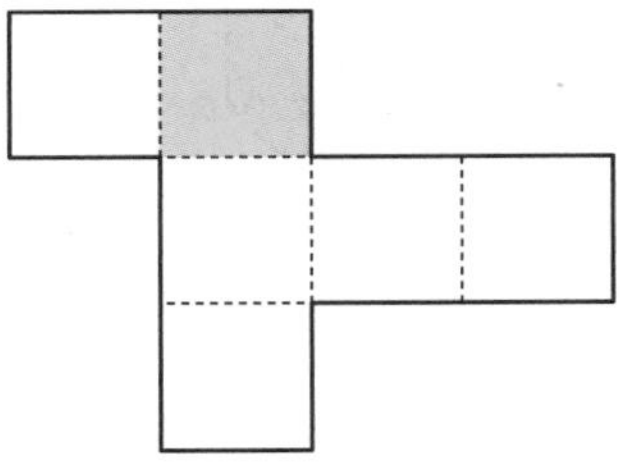

3 정육면체의 전개도에서 빠진 부분을 그려 넣으세요.

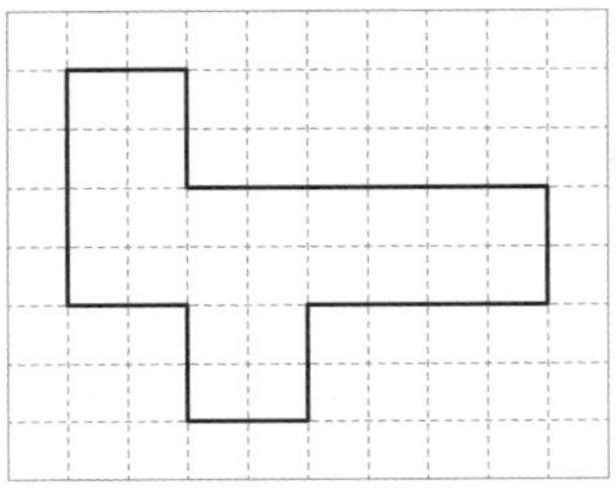

개념 따라쓰기

정육면체의 전개도

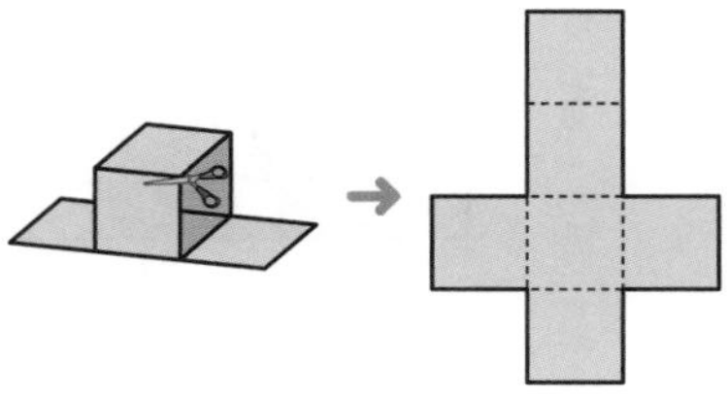

정육면체의 모서리를 잘라서 펼친 그림을 정육면체의 전개도라고 합니다.

정육면체의 전개도 그리는 방법

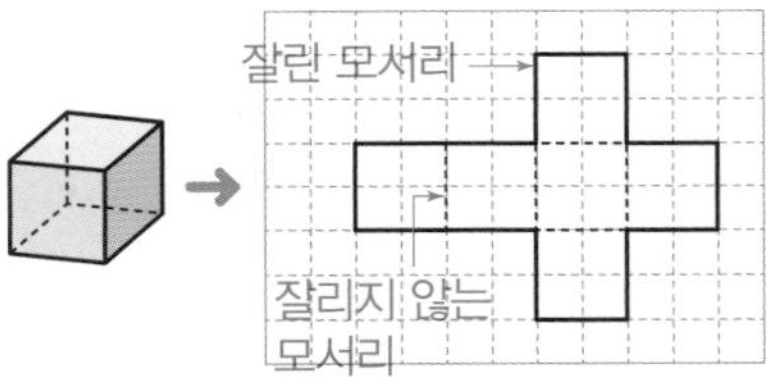

정육면체의 전개도를 그릴 때 잘린 모서리는 실선으로, 잘리지 않는 모서리는 점선으로 그립니다.

5 단원

[1~2] 전개도를 접어서 정육면체를 만들었습니다. 물음에 답하세요.

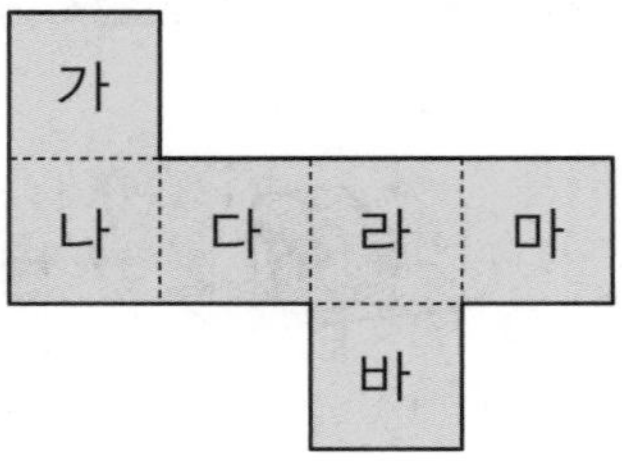

1

이해

면 가와 평행한 면을 찾아 쓰세요.

( )

2

54쪽

이해

면 나와 수직인 면을 모두 찾아 쓰세요.

( )

3

적용

정육면체의 전개도를 잘못 그린 것에 ○표 하세요.

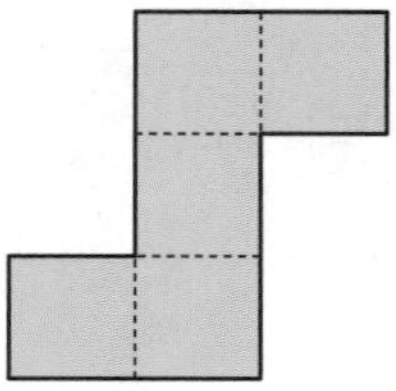

( )

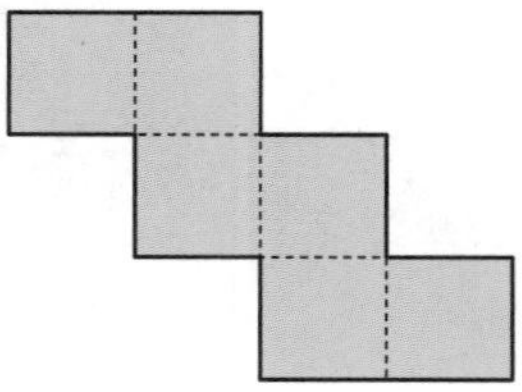

( )

4

54쪽

적용

전개도를 접어서 정육면체를 만들었을 때, 겹쳐지는 선분을 각각 찾아 쓰세요.

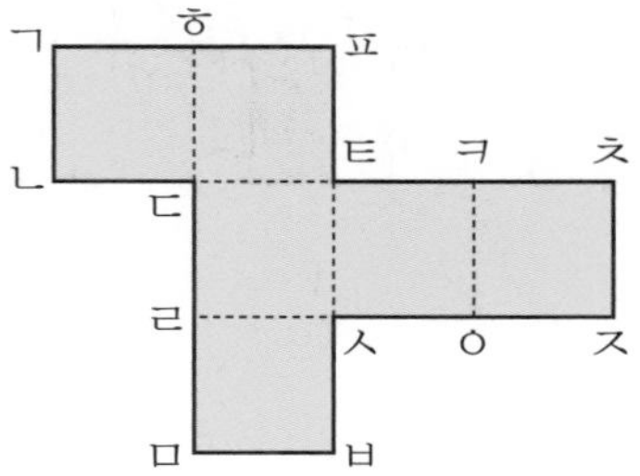

선분 ㄴㄷ과 ( )

선분 ㅁㅂ과 ( )

5

54쪽

적용

정육면체의 모서리를 잘라서 정육면체의 전개도를 만들었습니다. □ 안에 알맞은 기호를 써넣으세요.

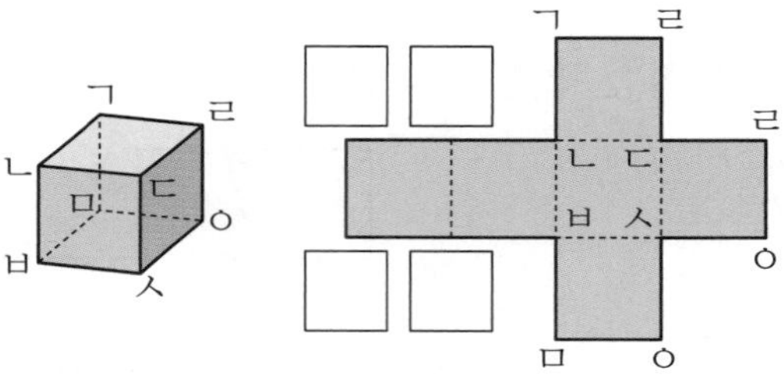

6

54쪽

문제 해결

정육면체의 전개도에서 두 면 사이의 관계가 다른 하나를 찾아 기호를 쓰세요.

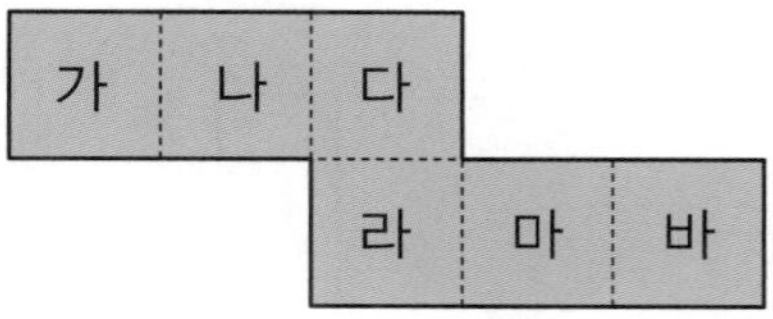

㉠ 면 다와 면 가   ㉡ 면 나와 면 마
㉢ 면 바와 면 라   ㉣ 면 다와 면 라

( )

» 정답 · 풀이 32쪽

7 55쪽 문제 해결

정육면체의 전개도에서 나머지 한 면의 위치로 알맞은 곳을 모두 찾아 기호를 쓰세요.

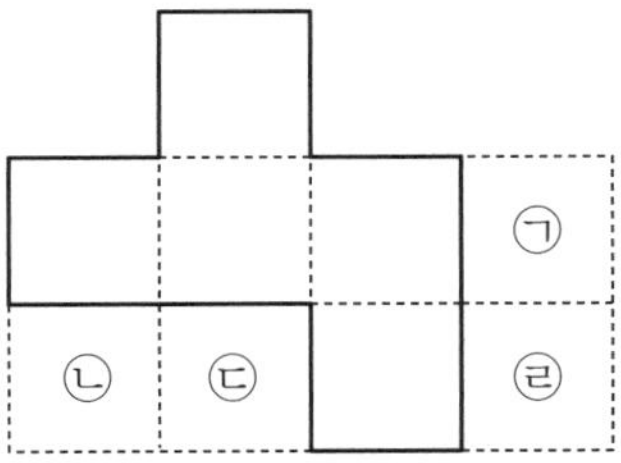

(   )

8 55쪽 추론

다음 전개도를 접어서 만든 정육면체의 모서리의 길이의 합은 몇 cm일까요?

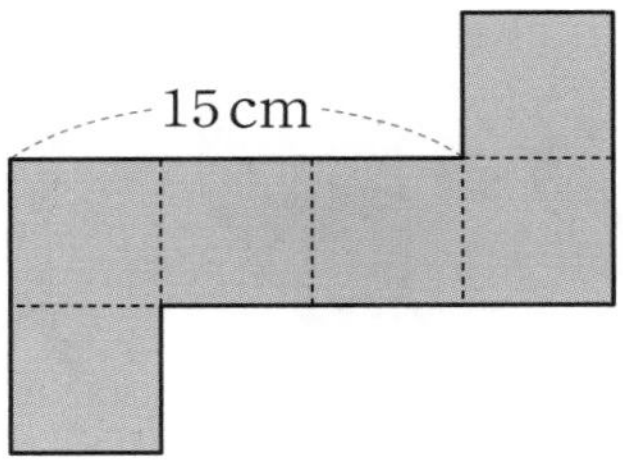

(   )

+9 55쪽 수학적 독해력

〈보기〉와 같이 무늬(◆) 3개가 그려져 있는 정육면체를 만들 수 있도록 전개도에 무늬(◆) 1개를 그려 넣으세요.

〈보기〉

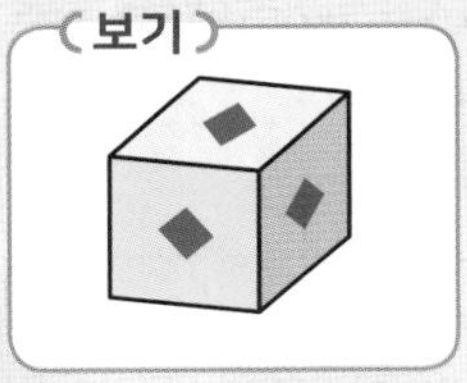

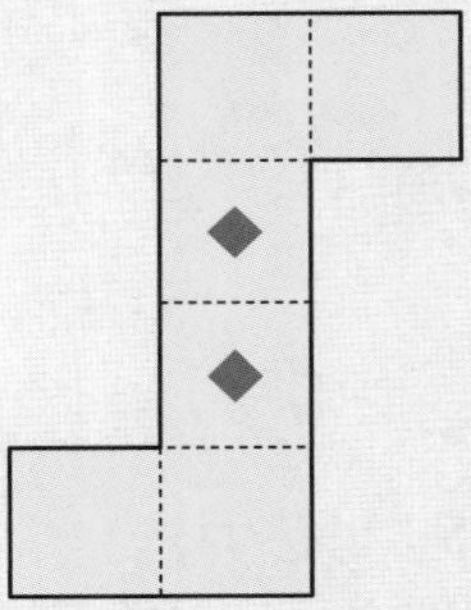

+10 55쪽 수학적 표현력

다음은 잘못 그려진 정육면체의 전개도입니다. 잘못된 이유를 쓰고, 면을 1개만 옮겨서 정육면체의 전개도가 될 수 있도록 그려 보세요.

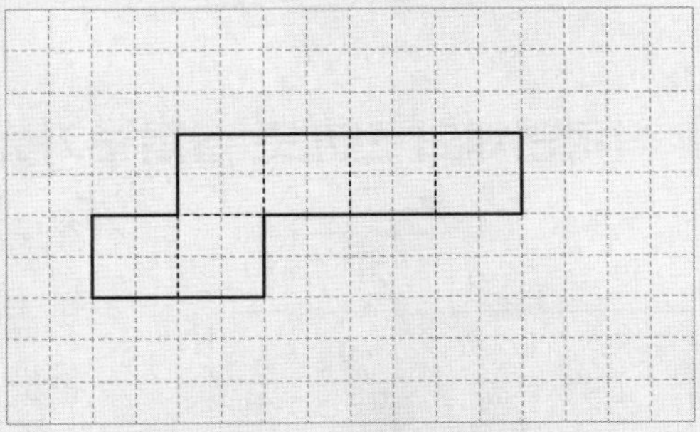

〔잘못된 이유〕 ____________________

____

오늘 공부 어땠나요? 10개 중 맞힌 문제 [ ] 개 > 틀린 문제는 힌트를 보고 다시 도전해 보세요. > 맞힌 문제는 힌트를 보고 자신의 생각과 비교해 보세요.

28일 직육면체의 전개도

① 직육면체의 전개도 알아보기

직육면체의 모서리를 잘라서 펼친 그림을 직육면체의 **전개도**라고 합니다.

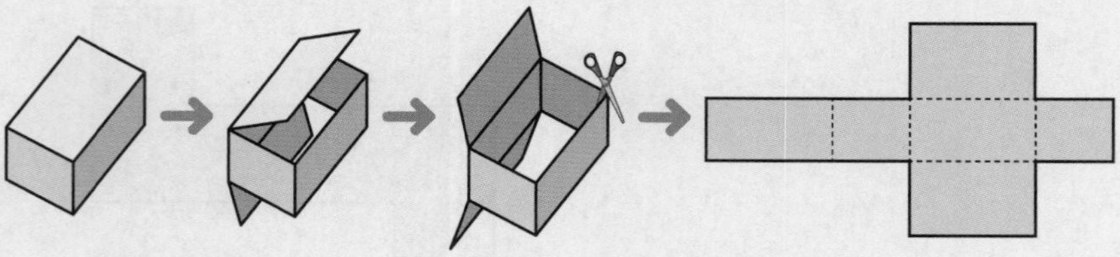

② 직육면체의 전개도 그리는 방법

① 잘린 모서리는 실선으로, 잘리지 않는 모서리는 점선으로 그립니다.
② 서로 마주 보는 면은 모양과 크기를 같게 그립니다.
③ 서로 만나는 모서리의 길이를 같게 그립니다.

◐ 직육면체의 전개도를 그린 후 모양과 크기가 같은 면이 3쌍 있는지, 접었을 때 서로 겹치는 면이 없는지 확인합니다.

예

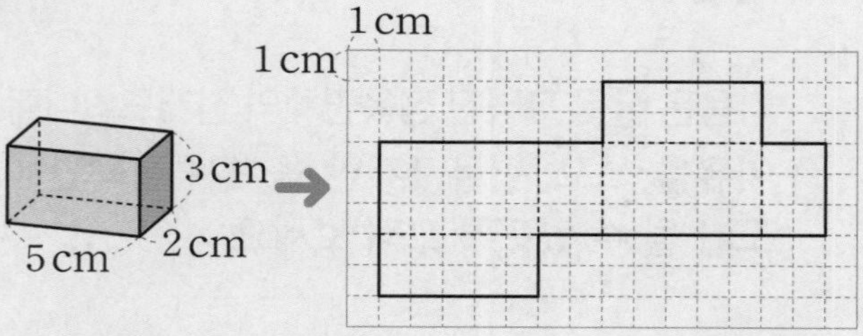

◐ 전개도를 접었을 때
• 같은 색의 점끼리 만납니다.
• 같은 색의 선분끼리 만납니다.
• 같은 색의 면끼리 서로 평행합니다.

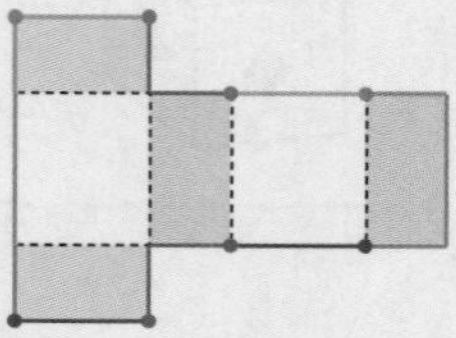

③ 직육면체의 전개도 살펴보기

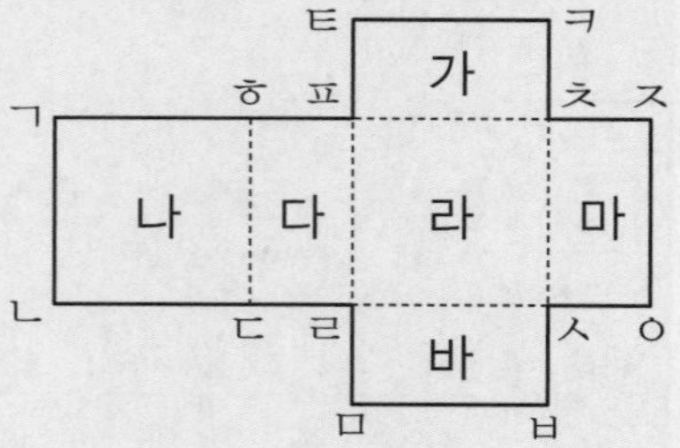

전개도를 접었을 때
• 점 ㅌ과 만나는 점: 점 ㅎ
• 선분 ㄷㄹ과 겹치는 선분: 선분 ㅁㄹ
• 면 나와 평행한 면: 면 라
• 면 나와 수직인 면: 면 가, 면 다, 면 마, 면 바

◐ 직육면체의 전개도에서 한 면과 수직인 면은 4개입니다.

확인 1 그림을 보고 □ 안에 알맞은 말을 써넣으세요.

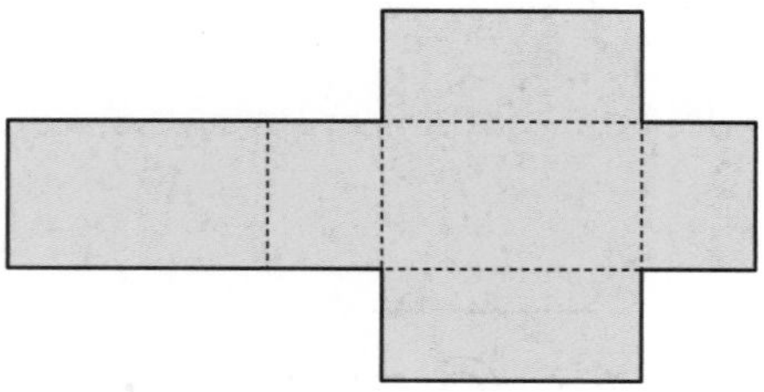

(1) 직육면체의 모서리를 잘라서 펼친 그림을 직육면체의 □(이)라고 합니다.

(2) 직육면체의 전개도에서 잘린 모서리는 □(으)로, 잘리지 않는 모서리는 □(으)로 그립니다.

» 정답 · 풀이 33쪽

1 직육면체의 전개도에 ○표 하세요.

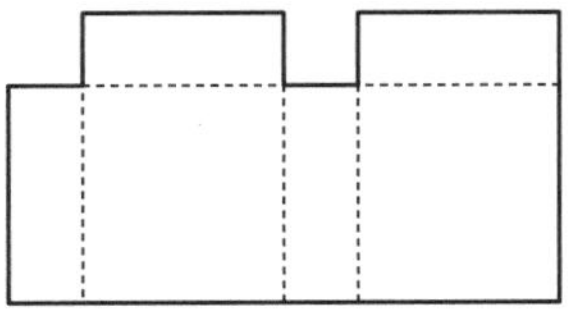

(　　　　)

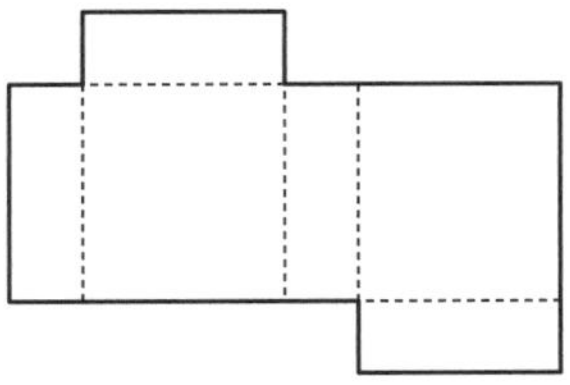

(　　　　)

2 직육면체의 전개도입니다. 물음에 답하세요.

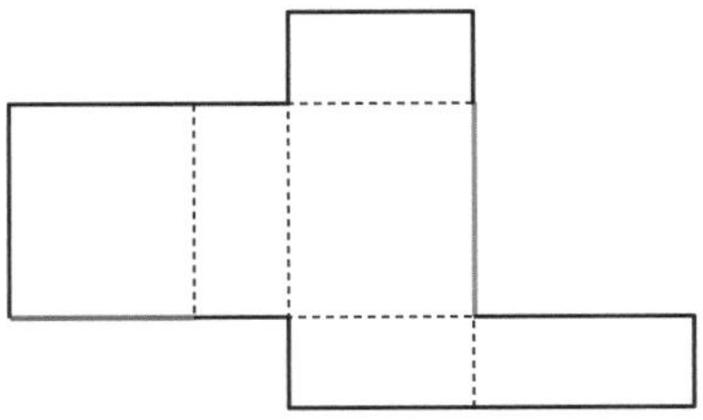

(1) 전개도를 접었을 때 초록색 선분과 겹치는 선분에 ○표 하세요.

(2) 전개도를 접었을 때 빨간색 선분과 겹치는 선분에 △표 하세요.

3 직육면체의 전개도를 정확하게 그렸는지 확인하려고 합니다. □ 안에 알맞은 수를 써넣고, 알맞은 말에 ○표 하세요.

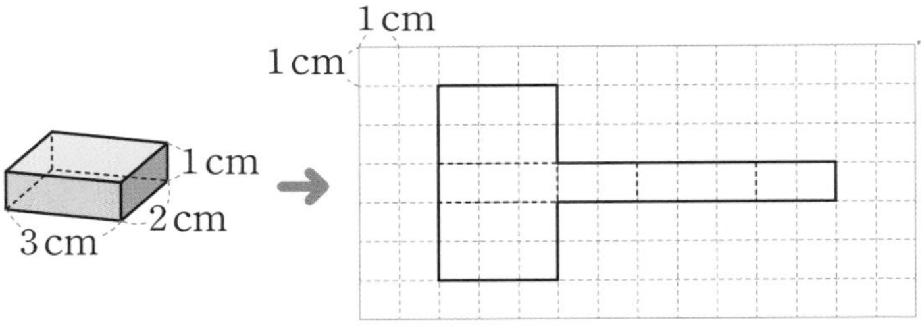

바르게 그린 직육면체의 전개도에는

(1) 모양과 크기가 같은 면이 □쌍 있습니다.

(2) 접었을 때 겹치는 면이 (있습니다 , 없습니다).

(3) 만나는 모서리의 길이가 (같습니다 , 다릅니다).

개념 따라쓰기

직육면체의 전개도

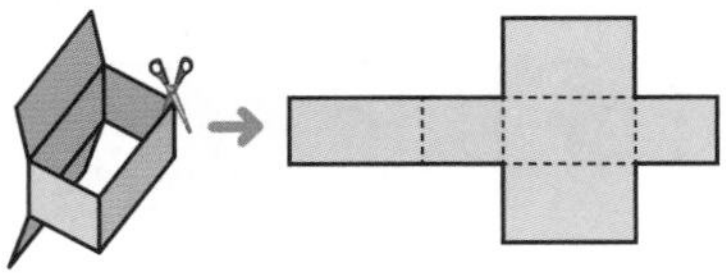

직육면체의 모서리를 잘라서 펼친 그림을 직육면체의 전개도라고 합니다.

정육면체의 전개도 그리는 방법

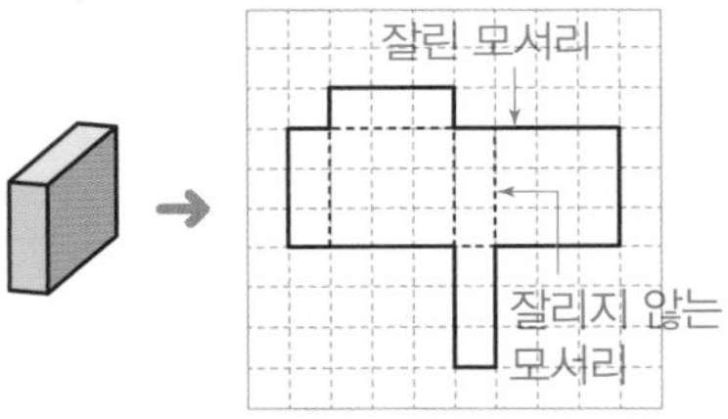

직육면체의 전개도를 그릴 때 잘린 모서리는 실선으로, 잘리지 않는 모서리는 점선으로 그립니다.

5 단원

스스로 풀어내는 도전 10 문제

[1~2] 전개도를 접어서 직육면체를 만들었습니다. 물음에 답하세요.

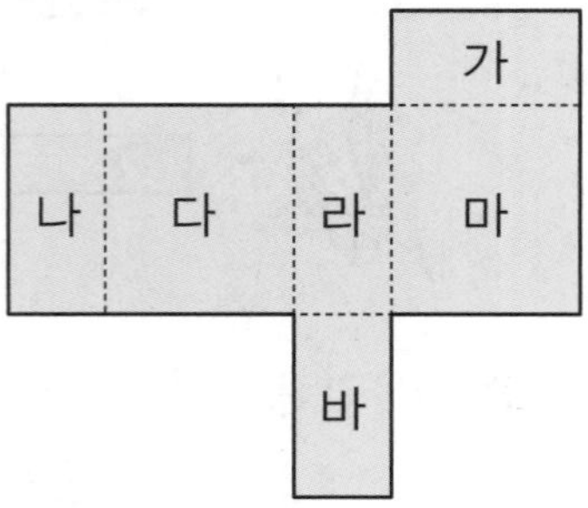

1

이해

면 마와 평행한 면을 찾아 쓰세요.

(　　　　　　　　　)

2

56쪽

이해

면 바와 수직인 면을 모두 찾아 쓰세요.

(　　　　　　　　　)

3

적용

직육면체의 전개도에서 빠진 부분을 그려 넣으세요.

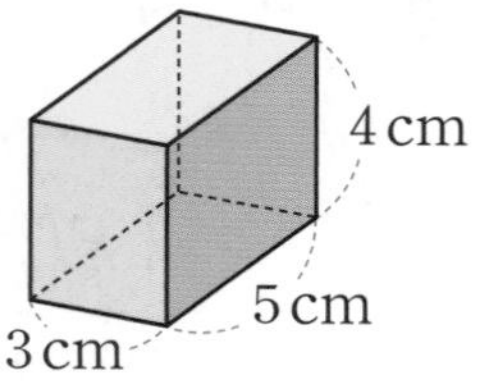

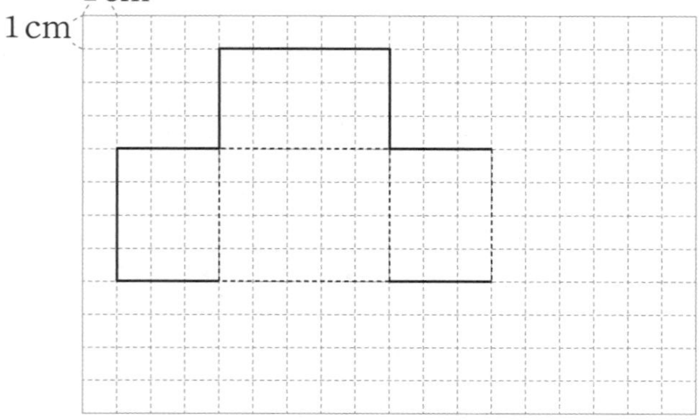

4

56쪽

적용

직육면체의 모서리를 잘라서 직육면체의 전개도를 만들었습니다. □ 안에 알맞은 기호를 써넣으세요.

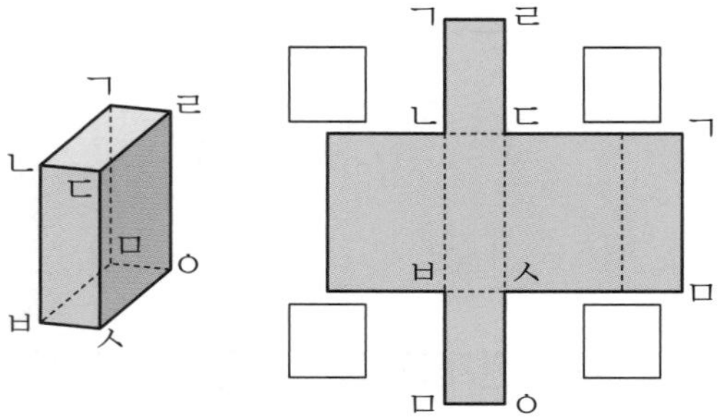

5

56쪽

문제 해결

전개도를 접어서 직육면체를 만들었을 때 면 ㉯와 만나는 모서리가 없는 면을 찾아 쓰세요.

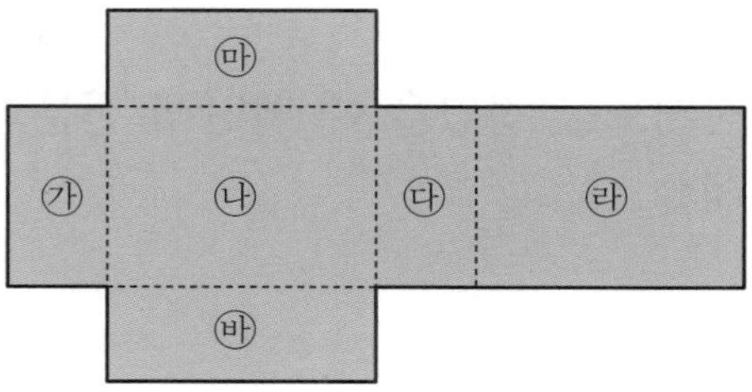

(　　　　　　　　　)

6

56쪽

문제 해결

직육면체의 전개도에서 선분 ㅎㅍ의 길이는 몇 cm일까요?

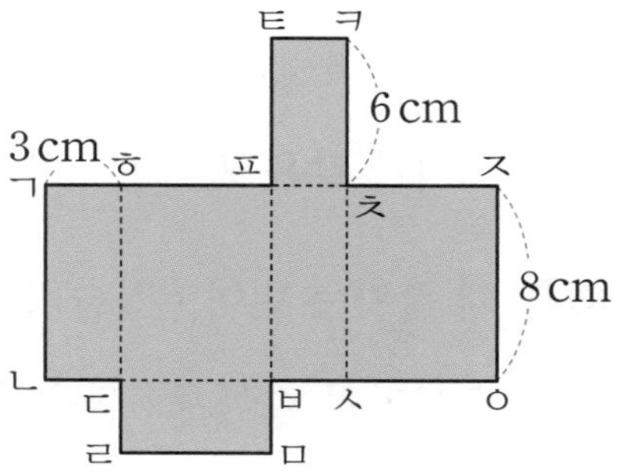

(　　　　　　　　　)

» 정답 · 풀이 33쪽

조금 더 어려운 문제에 도전해 볼까요?

7 57쪽 창의 융합

전개도를 접어서 직육면체를 만들었을 때 면 가와 면 다에 공통으로 수직인 면을 모두 찾아 쓰세요.

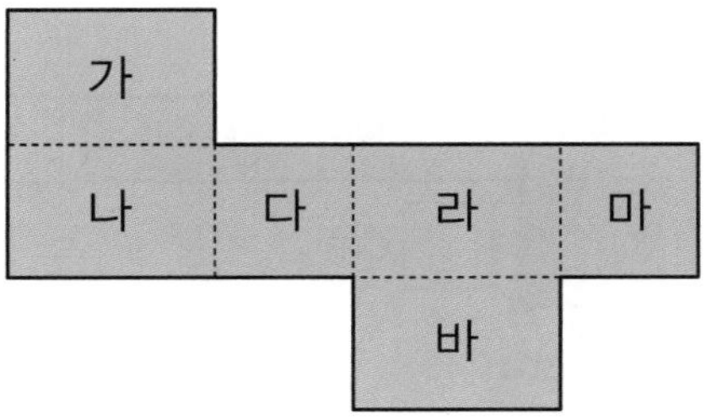

(　　　　　　　　)

8 57쪽 추론

직육면체의 전개도입니다. 선분 ㄷㅊ의 길이는 몇 cm일까요?

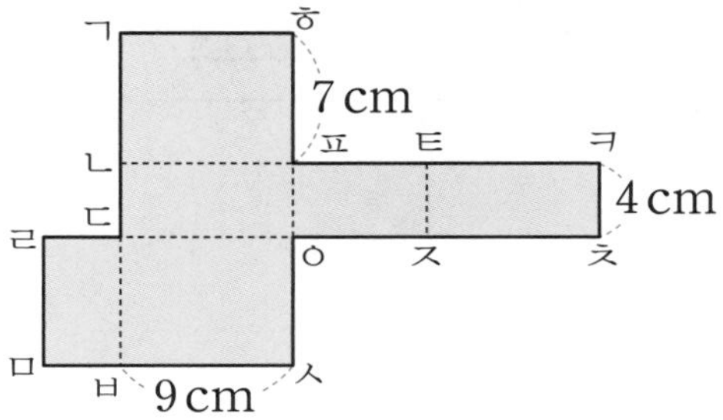

(　　　　　　　　)

+9 57쪽 수학적 독해력

직육면체 모양의 선물 상자를 그림과 같이 끈으로 묶었습니다. 직육면체의 전개도가 다음과 같을 때 끈이 지나가는 자리를 그려 넣으세요.

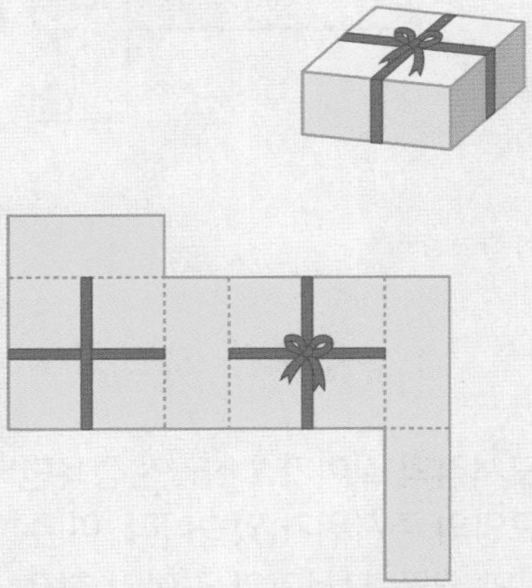

+10 57쪽 수학적 표현력

직육면체의 전개도가 아닌 것을 찾아 기호를 쓰고, 그 이유를 설명해 보세요.

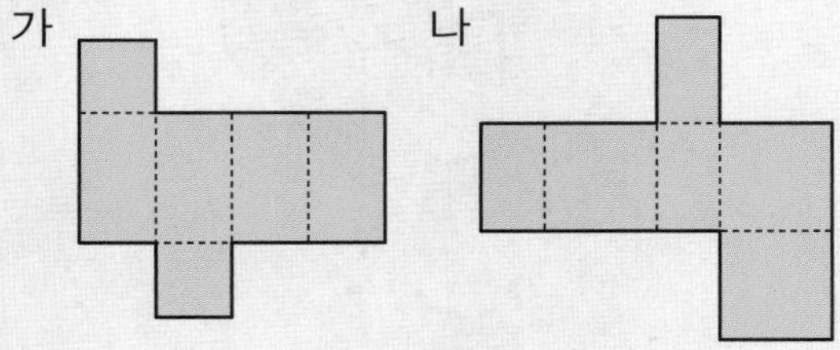

답 ______________________

이유 ______________________

오늘 공부 어땠나요? 10개 중 맞힌 문제 □ 개 › 틀린 문제는 힌트를 보고 다시 도전해 보세요. › 맞힌 문제는 힌트를 보고 자신의 생각과 비교해 보세요.

23~28일 단원평가

5. 직육면체
시험 시간 20분 | 문제 수 10개

01 직육면체를 찾아 기호를 쓰세요.

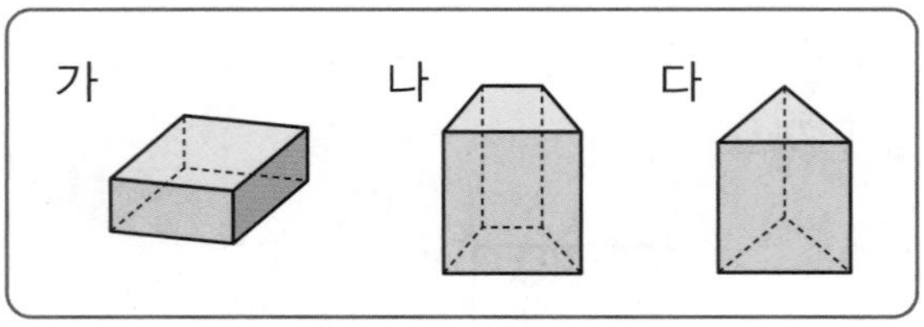

(　　　　　　　　　)

02 직육면체에서 색칠한 면과 평행한 면을 찾아 색칠해 보세요.

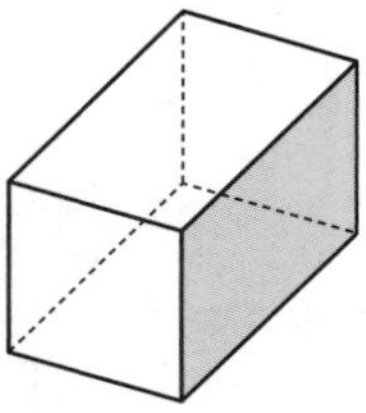

03 그림에서 빠진 부분을 그려 넣어 직육면체의 겨냥도를 완성해 보세요.

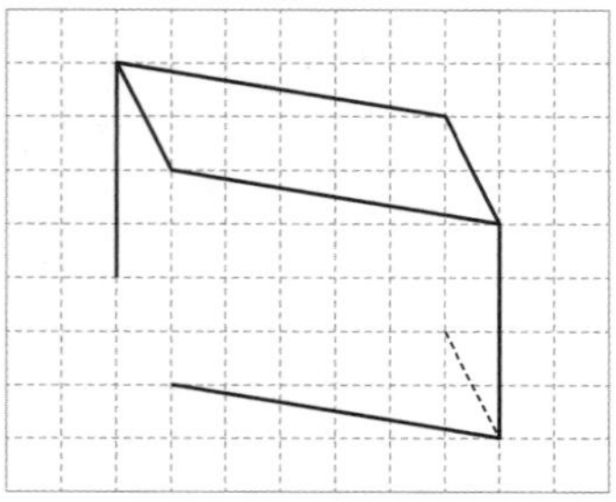

04 오른쪽 직육면체의 전개도를 그린 것입니다. □ 안에 알맞은 수를 써넣으세요.

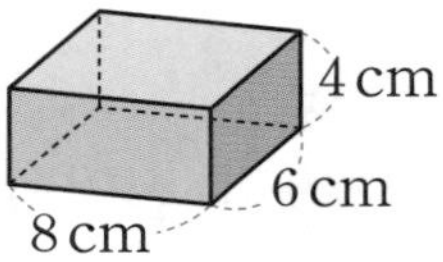

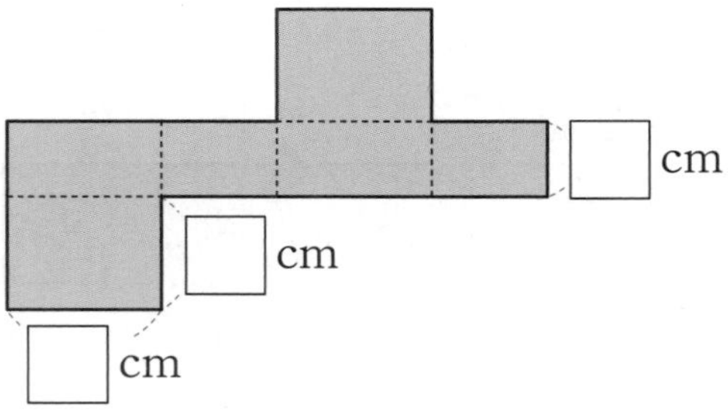

05 전개도를 접어서 정육면체를 만들었을 때 면 다와 수직인 면을 모두 찾아 쓰세요.

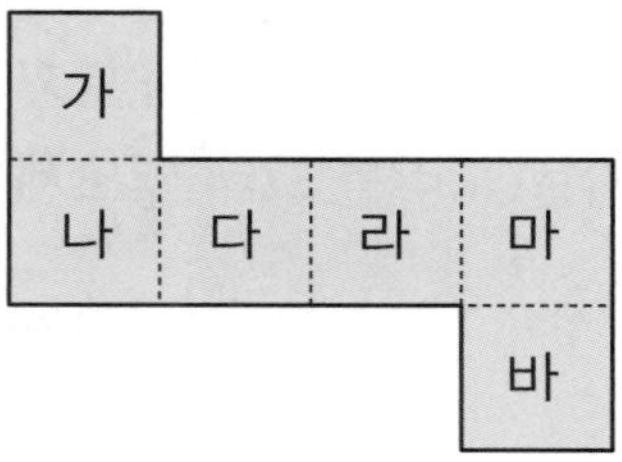

(　　　　　　　　　)

06 한 모서리의 길이가 7 cm인 정육면체 모양의 주사위가 있습니다. 이 주사위의 모든 모서리의 길이의 합은 몇 cm일까요?

(　　　　　　　　　)

07 직육면체의 전개도를 그려 보세요.

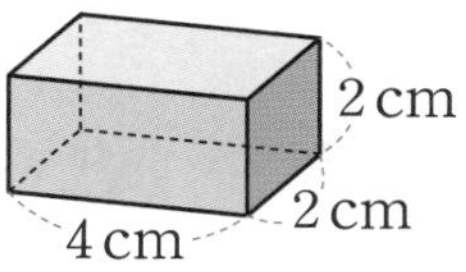

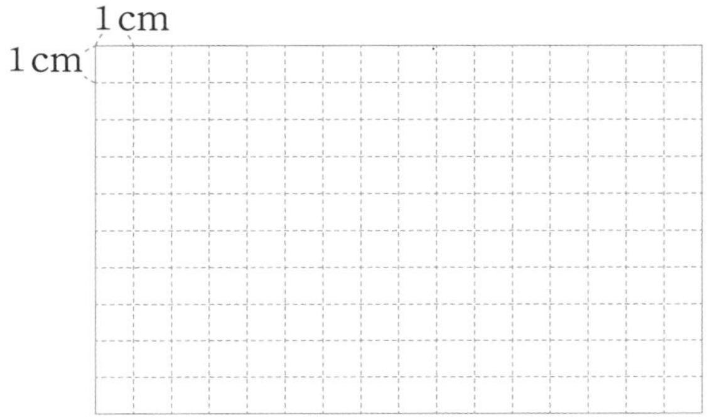

08 직육면체의 모든 모서리의 길이의 합은 104 cm입니다. □ 안에 알맞은 수를 써넣으세요.

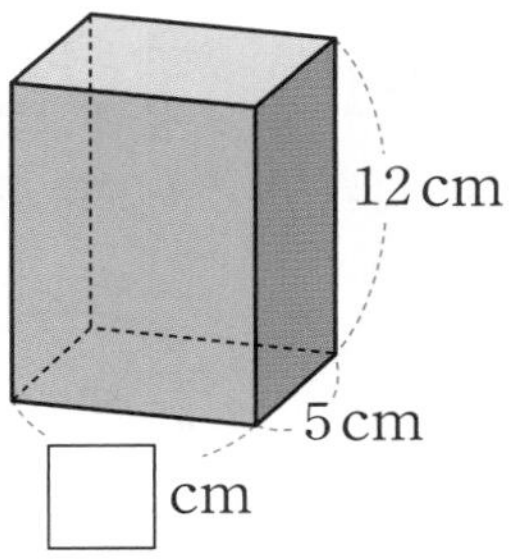

09 틀린 것을 모두 찾아 기호를 쓰세요.

㉠ 직사각형 6개로 둘러싸인 도형을 직육면체라고 합니다.
㉡ 직육면체는 정육면체라고 할 수 있습니다.
㉢ 직육면체의 모서리는 12개입니다.
㉣ 정육면체의 꼭짓점은 6개입니다.

(　　　　　　　　)

서술형

10 직육면체의 겨냥도에서 보이지 않는 면과 보이지 않는 꼭짓점의 수의 합은 몇 개인지 풀이 과정을 쓰고, 답을 구하세요.

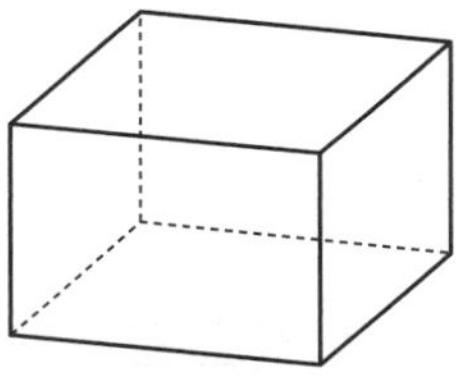

풀이 ______________________________

____

____

답 ______________________________

29일 평균

① 평균 알아보기

자료의 값을 모두 더해 자료의 수로 나눈 값을 대표하는 값으로 정할 수 있습니다. 이 값을 **평균**이라고 합니다.

(평균)=(자료의 값을 모두 더한 수)÷(자료의 수)

◐ 평균은 각 자료의 값이 크고 작음의 차이가 나지 않도록 고르게 한 값입니다.

② 평균 구하기

예 승호네 모둠이 넣은 화살 수의 평균 구하기

승호네 모둠이 넣은 화살 수

이름	승호	연아	재우	은혜
넣은 화살 수(개)	6	2	3	5

방법 1 각 자료의 값을 고르게 하여 평균 구하기

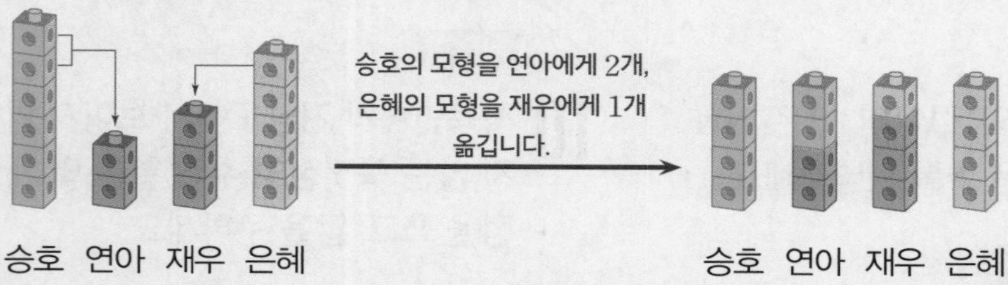

➜ 평균을 4개로 예상한 후 (6, 2), (3, 5)로 수를 짝 지어 자료의 값을 고르게 하여 구한 화살 수의 평균은 4개입니다.

◐ **평균을 예상하여 ○표를 옮겨 평균 구하기**

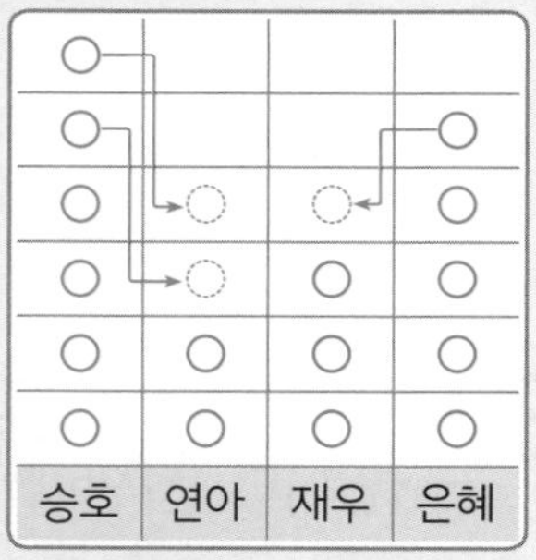

예상한 평균에 맞춰 ○표를 옮겨 고르게 하면 각각 4개가 되므로 평균은 4개입니다.

방법 2 자료의 값을 모두 더해 자료의 수로 나누어 평균 구하기

(화살 수의 합)=6+2+3+5=16(개)이므로

(화살 수의 평균)=16÷4=4(개)입니다.

개념+ 종이띠를 이용하여 평균 구하기

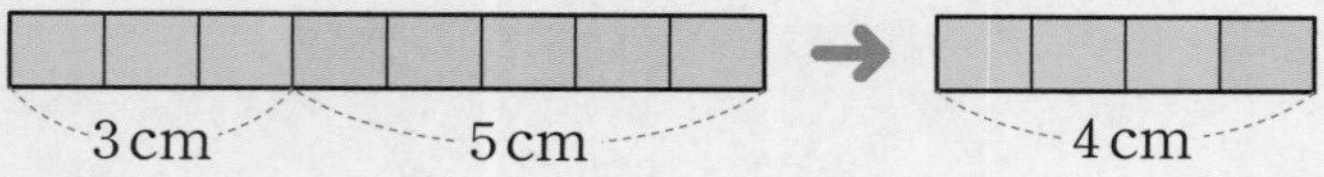

보라색 종이띠 3 cm와 연두색 종이띠 5 cm를 겹치지 않게 이어붙인 후 반으로 접으면 4 cm입니다.

➜ (두 종이띠 길이의 평균)=(3+5)÷2=4 (cm)

» 정답 · 풀이 36쪽

기본기 다지는 교과서 문제

1 주희네 학교 5학년 학급별 학생 수를 나타낸 표입니다. 한 학급당 학생 수를 정하는 올바른 방법에 ○표 하세요.

학급별 학생 수

학급	1반	2반	3반	4반	5반
학생 수(명)	24	25	24	25	22

방법	○표
각 학급의 학생 수 24, 25, 24, 25, 22 중 가장 큰 수인 25로 정합니다.	
각 학급의 학생 수 24, 25, 24, 25, 22 중 가장 작은 수인 22로 정합니다.	
각 학급의 학생 수 24, 25, 24, 25, 22를 고르게 하면 24, 24, 24, 24, 24이므로 24로 정합니다.	

2 서희네 모둠이 가지고 있는 연필 수의 평균을 구하려고 합니다. □ 안에 알맞은 수를 써넣으세요.

서희네 모둠이 가지고 있는 연필 수

이름	서희	주현	소민	현수
연필 수(자루)	4	8	9	7

(연필 수의 합)$=4+8+9+7=$□(자루)

(연필 수의 평균)$=$□$\div 4=$□(자루)

3 지훈이의 요일별 턱걸이 기록을 나타낸 표입니다. 물음에 답하세요.

지훈이의 요일별 턱걸이 기록

요일	월	화	수	목
기록(개)	6	8	9	9

(1) 지훈이의 턱걸이 기록의 합계는 몇 개일까요?

(　　　　　)

(2) 지훈이의 턱걸이 기록의 평균은 몇 개일까요?

(　　　　　)

개념 따라쓰기

평균 알아보기

자료의 값을 모두 더해 자료의 수로 나눈 값을 대표하는 값으로 정할 수 있습니다. 이 값을 평균이라고 합니다.

평균 구하기

〈자료의 값〉

(평균)=(■+▲+●)÷3

자료의 값을 모두 더한 수 / 자료의 수

(평균)＝(자료의 값을 모두 더한 수)÷(자료의 수)

6단원

1 58쪽 이해

민재네 모둠의 제기차기 기록을 모형으로 나타낸 것입니다. □ 안에 알맞은 수를 써넣으세요.

모형을 옮겨 연결된 모형의 수를 고르게 하면 모형은 각각 □개씩 연결되므로 평균은 □개입니다.

[2~3] 하루네 학교 5학년 학생들 중 태블릿이 있는 학생 수를 나타낸 표입니다. 물음에 답하세요.

학급별 태블릿이 있는 학생 수

학급(반)	인	의	예	지	신
학생 수(명)	3	6	9	8	4

2 적용

학급별 태블릿이 있는 학생 수를 막대그래프로 나타내고, 막대의 높이를 고르게 하세요.

학급별 태블릿이 있는 학생 수

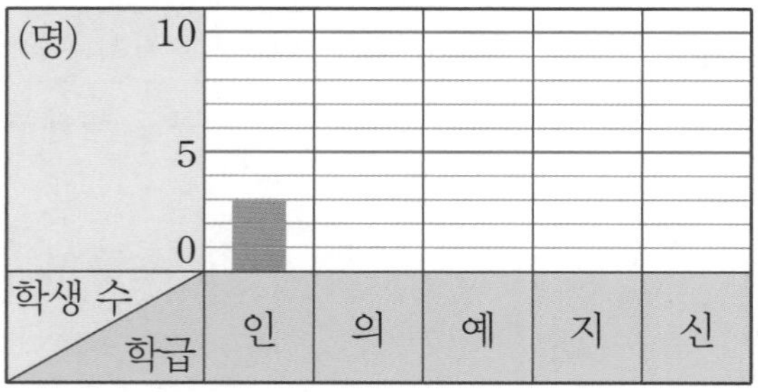

3 적용

학급별 태블릿이 있는 학생 수의 평균은 몇 명일까요?

(　　　　　　)

4 58쪽 적용

다음 수들의 평균을 구하세요.

54　38　63　49

(　　　　　　)

5 58쪽 적용

지난주 지은이네 교실의 실내 온도를 나타낸 표입니다. 실내 온도의 평균은 몇 ℃일까요?

지은이네 교실의 실내 온도

요일	월	화	수	목	금
실내 온도(℃)	22	24	23	19	22

(　　　　　　)

6 58쪽 적용

서준이네 학교 5학년 학급별 학급 문고의 수를 나타낸 표입니다. 학급별 학급 문고 수의 평균을 구하세요.

학급별 학급 문고 수

학급	1반	2반	3반	4반	5반
책 수(권)	142	135	205	158	170

(　　　　　　)

» 정답 · 풀이 36쪽

7 59쪽 창의 융합

슬기네 모둠과 지혜네 모둠의 공 던지기 기록을 나타낸 표입니다. 어느 모둠이 더 잘했다고 볼 수 있을까요?

슬기네 모둠의 공 던지기 기록

이름	슬기	준영	지우	승연
기록(m)	9	15	18	14

지혜네 모둠의 공 던지기 기록

이름	지혜	유라	선우	미주	재현
기록(m)	16	10	17	9	13

( )

8 59쪽 문제 해결

주영이네 모둠 학생들의 몸무게를 조사하여 나타낸 표입니다. 몸무게가 평균보다 무거운 학생의 이름을 모두 쓰세요.

주영이네 모둠 학생들의 몸무게

이름	주영	선혜	우현	진우
몸무게(kg)	44	39	43	38

( )

6 단원

+9 59쪽 수학적 독해력

어느 농구 팀이 경기를 4번 했을 때 얻은 점수를 나타낸 표입니다. 이 농구 팀이 다섯 번째 경기에서 98점을 얻었다면 네 경기 동안 얻은 점수의 평균보다 평균이 몇 점 늘어나는지 구하세요.

경기별 얻은 점수

경기	첫 번째	두 번째	세 번째	네 번째
얻은 점수(점)	86	92	84	90

( )

+10 59쪽 수학적 표현력

봉사 동아리 회원들의 나이를 나타낸 표입니다. 봉사 동아리 회원들의 나이의 평균은 몇 살인지 풀이 과정을 쓰고, 답을 구하세요.

봉사 동아리 회원들의 나이

이름	은혜	민호	재정	윤서	서연
나이(살)	14	13	12	16	15

[풀이] ______

[답] ______

오늘 공부 어땠나요? 10개 중 맞힌 문제 ☐ 개 > 틀린 문제는 힌트를 보고 다시 도전해 보세요. > 맞힌 문제는 힌트를 보고 자신의 생각과 비교해 보세요.

공부한 날 월 일

30일 평균을 이용하여 문제 해결하기

❶ 평균 비교하기

예 모둠별 한 학생당 대출한 도서 수 비교하기

모둠 친구 수와 대출한 도서 수

	모둠 1	모둠 2	모둠 3
모둠 친구 수(명)	4	5	5
대출한 도서 수(권)	36	40	35

(모둠 1이 대출한 도서 수의 평균)$=36\div4=9$(권)

(모둠 2가 대출한 도서 수의 평균)$=40\div5=8$(권)

(모둠 3이 대출한 도서 수의 평균)$=35\div5=7$(권)

➔ 한 학생당 대출한 도서 수가 가장 많은 모둠은 모둠 1입니다.

◐ 자료의 수가 다른 두 집단을 비교할 때에는 평균을 비교해야 합니다.

◐ 대출한 도서 수가 가장 많다고 해서 평균이 가장 큰 것은 아닙니다.

❷ 평균을 이용하여 자료의 값 구하기

예 로운이의 과목별 단원평가 점수의 평균이 92점일 때 수학 점수 구하기

로운이의 과목별 단원평가 점수

과목	국어	수학	사회	과학
점수(점)	94		88	90

① (네 과목 점수의 합)$=$(평균)$\times$(과목 수)$=92\times4=368$(점)

② (수학 점수)$=368-(94+88+90)=368-272=96$(점)

◐ (자료의 값을 모두 더한 수)$=$(평균)$\times$(자료의 수)

확인 1 모둠별 모둠 친구 수와 딴 사과 수를 나타낸 표입니다. □ 안에 알맞은 수를 써넣으세요.

모둠 친구 수와 딴 사과 수

	모둠 1	모둠 2
모둠 친구 수(명)	6	5
딴 사과 수(개)	60	55

(모둠 1의 평균)$=$□$\div$□$=$□(개)

(모둠 2의 평균)$=$□$\div$□$=$□(개)

➔ 한 학생당 딴 사과 수가 더 많은 모둠은 모둠 □입니다.

확인 2 진영이네 모둠이 읽은 책 수를 나타낸 표입니다. 읽은 책 수의 평균이 23권일 때 물음에 답하세요.

진영이네 모둠이 읽은 책 수

이름	진영	소희	준영	재석
책 수(권)	14	26	20	

(1) 진영이네 모둠이 읽은 책은 모두 몇 권일까요?

□$\times4=$□(권)

(2) 재석이가 읽은 책은 몇 권일까요?

□$-(14+26+20)=$□(권)

기본기 다지는 교과서 문제

» 정답 · 풀이 37쪽

1 윤재네 반의 모둠별 친구 수와 먹은 떡 수를 나타낸 표입니다. 물음에 답하세요.

모둠 친구 수와 먹은 떡 수

	모둠 1	모둠 2	모둠 3
모둠 친구 수(명)	4	6	5
먹은 떡 수(개)	52	66	60

(1) 각 모둠별 먹은 떡 수의 평균을 구하여 표를 완성하세요.

먹은 떡 수의 평균

	모둠 1	모둠 2	모둠 3
먹은 떡 수의 평균(개)			

(2) 한 학생당 먹은 떡 수가 가장 많은 모둠은 어느 모둠일까요?

( )

2 서준이네 모둠의 몸무게를 나타낸 표입니다. 서준이네 모둠의 몸무게의 평균이 47 kg일 때 물음에 답하세요.

서준이네 모둠의 몸무게

이름	서준	슬기	영준	서연
몸무게(kg)	52	40	46	

(1) 서준이네 모둠의 몸무게의 합은 모두 몇 kg일까요?

( )

(2) 서연이의 몸무게는 몇 kg일까요?

( )

개념 따라쓰기

평균 비교하기

자료의 수가 다른 두 집단을 비교할 때에는 평균을 비교해야 합니다.

평균을 이용하여 자료의 값 구하기

(평균)=(자료의 값을 모두 더한 수)÷(자료의 수)

→ (자료의 값을 모두 더한 수)=(평균)×(자료의 수)

6 단원

스스로 풀어내는 도전 10 문제

막힐 때 힌트북

[1~2] 수영이네 모둠의 윗몸 일으키기 기록을 나타낸 표입니다. 수영이네 모둠의 윗몸 일으키기의 평균이 38번일 때 물음에 답하세요.

수영이네 모둠의 윗몸 일으키기 기록

이름	수영	승혜	로운	진아
윗몸 일으키기(번)	34	41	39	

1 적용

수영이네 모둠의 윗몸 일으키기 기록의 합은 몇 번일까요?

(　　　　　)

2 적용

진아의 윗몸 일으키기 기록은 몇 번일까요?

(　　　　　)

3 60쪽 적용

사과나무 한 그루당 수확한 사과 수가 더 많다고 할 수 있는 과수원은 어느 과수원일까요?

과수원별 사과나무 수와 수확한 사과 수

과수원	으뜸	싱싱
사과나무 수(그루)	50	70
수확한 사과 수(개)	12000	17500

(　　　　　)

[4~5] 신우네 학교 5학년 학생들은 환경의 날 행사로 헌 종이를 500 kg 모으려고 합니다. 물음에 답하세요.

신우네 학교 5학년 학급별 학생 수

학급	1반	2반	3반	4반
학생 수(명)	24	25	28	23

4 60쪽 적용

한 학급당 헌 종이를 평균 몇 kg 모아야 할까요?

(　　　　　)

5 60쪽 적용

한 학급당 학생 수는 평균 몇 명이고, 한 학생당 모아야 하는 헌 종이는 평균 몇 kg일까요?

(　　　　　,　　　　　)

6 60쪽 문제 해결

민재가 5일 동안 컴퓨터 게임을 한 시간을 나타낸 표입니다. 하루에 컴퓨터 게임을 한 시간의 평균은 45분일 때 수요일에 컴퓨터 게임을 한 시간을 구하세요.

민재가 컴퓨터 게임을 한 시간

요일	월	화	수	목	금
게임을 한 시간(분)	40	45		50	42

(　　　　　)

» 정답 · 풀이 37쪽

7 61쪽 적용

슬기, 영민, 수현이의 수학 점수의 평균은 82점입니다. 서연이의 수학 점수는 90점일 때 4명의 수학 점수의 평균은 몇 점일까요?

( )

8 61쪽 문제 해결

단체 줄넘기 기록이 평균 26번 이상이 되어야 준결승에 올라갈 수 있습니다. 로운이네 반 기록을 나타낸 표가 다음과 같을 때 준결승에 올라가려면 5회에 적어도 몇 번을 넘어야 할까요?

로운이네 반의 단체 줄넘기 기록

회	1회	2회	3회	4회	5회
줄넘기 기록(번)	24	19	32	27	

( )

+9 61쪽 수학적 독해력

지우가 매달 저금한 금액을 나타낸 표입니다. 1월에 저금한 금액이 4월에 저금한 금액보다 500원 더 많다면 1월에 저금한 금액은 얼마일까요?

지우가 매달 저금한 금액

월	1	2	3	4	평균
금액(원)		2500	3000		2800

( )

+10 61쪽 수학적 표현력

지혜네 모둠 남학생과 여학생의 몸무게의 평균을 나타낸 표입니다. 지혜네 모둠 학생들의 몸무게의 평균은 몇 kg인지 풀이 과정을 쓰고, 답을 구하세요.

남학생 4명	42 kg
여학생 3명	35 kg

풀이

답

오늘 공부 어땠나요? 10개 중 맞힌 문제 [ ] 개 > 틀린 문제는 힌트를 보고 다시 도전해 보세요. > 맞힌 문제는 힌트를 보고 자신의 생각과 비교해 보세요.

31일 일이 일어날 가능성을 말로 표현하기/ 일이 일어날 가능성을 비교하기

① 일이 일어날 가능성을 말로 표현하기

가능성은 어떠한 상황에서 특정한 일이 일어나길 기대할 수 있는 정도를 말합니다. 가능성의 정도는 **불가능하다, ~아닐 것 같다, 반반이다, ~일 것 같다, 확실하다** 등으로 표현할 수 있습니다.

예

일 \ 가능성	불가능하다	~아닐 것 같다	반반이다	~일 것 같다	확실하다
12월에 눈이 내릴 것입니다.				○	
동전을 던지면 그림 면이 나올 것입니다.			○		
주사위를 굴리면 주사위 눈의 수가 7이 나올 것입니다.	○				

◐ 일이 일어날 가능성의 정도

← 일이 일어날 가능성이 낮습니다. | 일이 일어날 가능성이 높습니다. →

~아닐 것 같다	~일 것 같다

불가능하다 반반이다 확실하다

② 일이 일어날 가능성을 비교하기

• 회전판을 돌릴 때 화살이 빨간색에 멈출 가능성 알아보기

가	나	다	라	마
	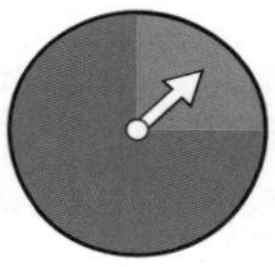	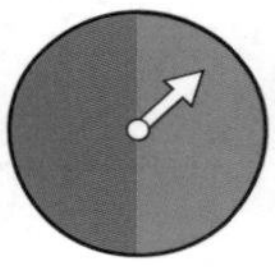	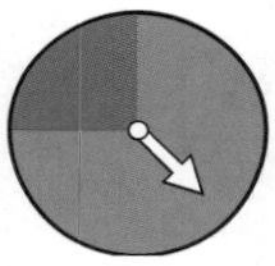	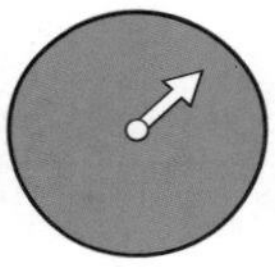
불가능하다	~ 아닐 것 같다	반반이다	~일 것 같다	확실하다

◐ 회전판에서 빨간색 부분이 넓을수록 화살이 빨간색에 멈출 가능성이 높습니다.

→ 화살이 빨간색에 멈출 가능성이 높은 회전판부터 차례로 쓰면 마, 라, 다, 나, 가입니다.

확인 1 일이 일어날 가능성을 생각해 보고, 알맞게 표현한 곳에 ○표 하세요.

수요일 다음에 목요일이 올 것입니다.

불가능하다	~아닐 것 같다	반반이다	~일 것 같다	확실하다

확인 2 □ 안에 일이 일어날 가능성을 알맞게 써넣으세요.

← 일이 일어날 가능성이 낮습니다. | 일이 일어날 가능성이 높습니다. →

~아닐 것 같다	~일 것 같다

□ 반반이다 확실하다

» 정답 · 풀이 38쪽

1 일이 일어날 가능성을 생각해 보고, 알맞게 표현한 곳에 ○표 하세요.

일 \ 가능성	불가능하다	~아닐 것 같다	반반이다	~일 것 같다	확실하다
은행에서 뽑은 대기 번호표의 번호가 홀수일 것입니다.					
우리 반에 생일이 같은 친구가 있을 것입니다.					
3월 1일 다음 날은 3월 2일일 것입니다.					
내일 아침에 서쪽에서 해가 뜰 것입니다.					

2 지혜네 반 친구들이 말하는 일이 일어날 가능성을 판단하여 해당하는 칸에 친구들의 이름을 써넣으세요.

지혜: 우리 반에 혈액형이 같은 친구가 있을 거야.
슬기: 내일 해가 동쪽으로 질 거야.
영민: 태어날 동생은 여자 아이일 거야.
로운: 주사위를 굴리면 눈의 수가 5일 거야.
서연: 내년 6월에는 11월보다 비가 자주 올 거야.

← 일이 일어날 가능성이 낮습니다. | 일이 일어날 가능성이 높습니다. →

~아닐 것 같다	~일 것 같다

불가능하다	반반이다	확실하다

개념 따라쓰기

일이 일어날 가능성 알아보기

예 동전을 던지면 그림 면이 나올 가능성은?

→ '반반이다'입니다.

가능성은 어떠한 상황에서 특정한 일이 일어나길 기대할 수 있는 정도를 말합니다.

일이 일어날 가능성의 정도

← 일이 일어날 가능성이 낮습니다. | 일이 일어날 가능성이 높습니다. →

~아닐 것 같다	~일 것 같다

불가능하다 | 반반이다 | 확실하다

가능성의 정도는 불가능하다, ~아닐 것 같다, 반반이다, ~일 것 같다, 확실하다 등으로 표현할 수 있습니다.

6 단원

1

이해

일이 일어날 가능성을 생각해 보고, 알맞게 표현한 곳에 ○표 하세요.

1번부터 10번까지의 번호표 중 한 개를 뽑을 때 6번 번호표를 뽑을 가능성

불가능하다	~아닐 것 같다	반반이다	~일 것 같다	확실하다

2

62쪽 적용

일이 일어날 가능성을 생각하여 〈보기〉에서 알맞은 말을 골라 쓰세요.

〈보기〉
불가능하다 ~아닐 것 같다 반반이다
~일 것 같다 확실하다

새로 전학 온 학생은 여학생일 것입니다.

( )

3

적용

일이 일어날 가능성으로 옳은 것은 어느 것일까요? ( )

계산기로 2 + 5 = 을 누르면 7이 나올 것입니다.

① 불가능하다 ② ~아닐 것 같다
③ 반반이다 ④ ~일 것 같다
⑤ 확실하다

4

62쪽 적용

일이 일어날 가능성을 생각하여 알맞게 선으로 이어 보세요.

주사위를 굴렸을 때 0이 나올 가능성 •	• 확실하다.
동전을 던져 숫자 면이 나올 가능성 •	• 불가능하다.
흰색 바둑돌 2개 중에서 1개를 꺼낼 때 흰색일 가능성 •	• 반반이다.

[5~6] 회전판을 보고 물음에 답하세요.

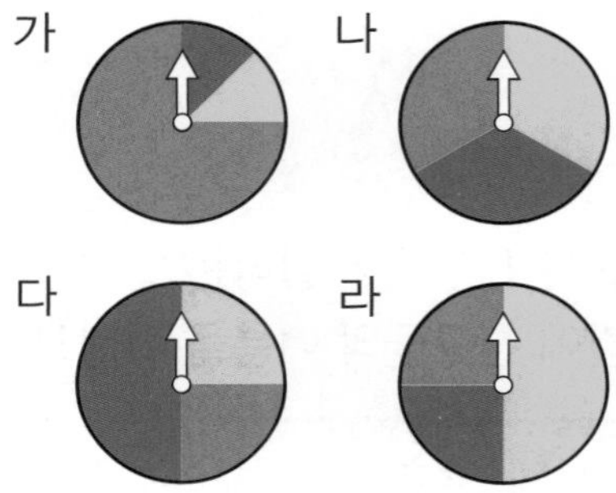

5

62쪽 적용

회전판에서 화살이 노란색에 멈출 가능성이 높은 순서대로 기호를 쓰세요.

□-□-□-□

6

62쪽 적용

회전판을 80번 돌려 화살이 멈춘 횟수를 나타낸 표입니다. 일이 일어날 가능성이 다음 표와 가장 비슷한 회전판을 찾아 기호를 쓰세요.

색깔	빨강	파랑	노랑
횟수(회)	18	21	41

( )

» 정답 · 풀이 39쪽

조금 더 어려운 문제에 도전해 볼까요?

7 63쪽 문제 해결

일이 일어날 가능성이 높은 순서대로 기호를 쓰세요.

㉠ 주사위를 던져 4의 눈이 나올 가능성
㉡ 내 생일과 친구의 생일이 다를 가능성
㉢ 우리나라에서 1월에 밤이 낮보다 길 가능성
㉣ 포도 맛 사탕만 있는 봉지에서 딸기 맛 사탕을 꺼낼 가능성
㉤ 한 명의 아이가 태어날 때 남자 아이일 가능성

☐ - ☐ - ☐ - ☐ - ☐

8 63쪽 창의 융합

주사위를 10번 굴렸을 때 눈의 수가 짝수가 나올 가능성과 회전판을 돌릴 때 화살이 파란색에 멈출 가능성이 같도록 다음 회전판을 색칠하세요.

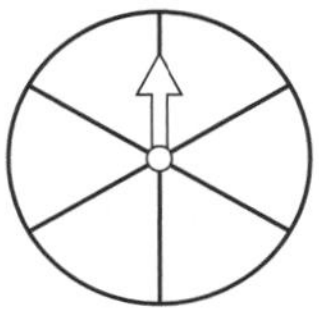

+9 63쪽 수학적 독해력

〈조건〉에 알맞은 회전판이 되도록 색칠하세요.

〈조건〉
- 화살이 빨간색에 멈출 가능성이 가장 높습니다.
- 화살이 파란색에 멈출 가능성은 노란색에 멈출 가능성의 3배입니다.

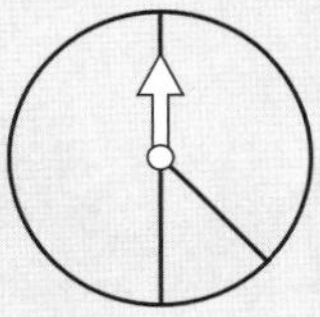

+10 63쪽 수학적 표현력

일이 일어날 가능성이 더 높은 것을 이야기한 사람의 이름을 쓰고, 그 이유를 말해 보세요.

〔이름〕 ____________________

〔이유〕 ____________________

____

____

오늘 공부 어땠나요?

10개 중 맞힌 문제 ☐ 개 > 틀린 문제는 힌트를 보고 다시 도전해 보세요. > 맞힌 문제는 힌트를 보고 자신의 생각과 비교해 보세요.

32일 일이 일어날 가능성을 수로 표현하기

❶ 일이 일어날 가능성을 수로 표현하기

일이 일어날 가능성이 '불가능하다'이면 0, '반반이다'이면 $\frac{1}{2}$, '확실하다' 이면 1로 표현할 수 있습니다.

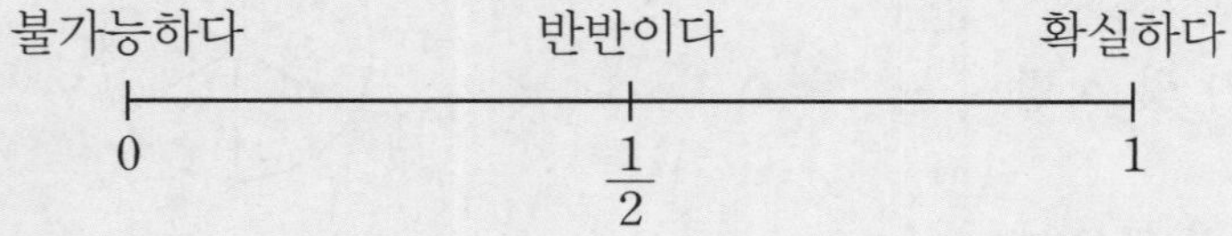

◐ 일이 일어날 가능성이 '~아닐 것 같다'는 0보다 크고 $\frac{1}{2}$보다 작은 수로, '~일 것 같다'는 $\frac{1}{2}$보다 크고 1보다 작은 수로 표현할 수 있습니다.

예 회전판을 돌렸을 때 화살이 빨간색에 멈출 가능성을 수로 표현하기

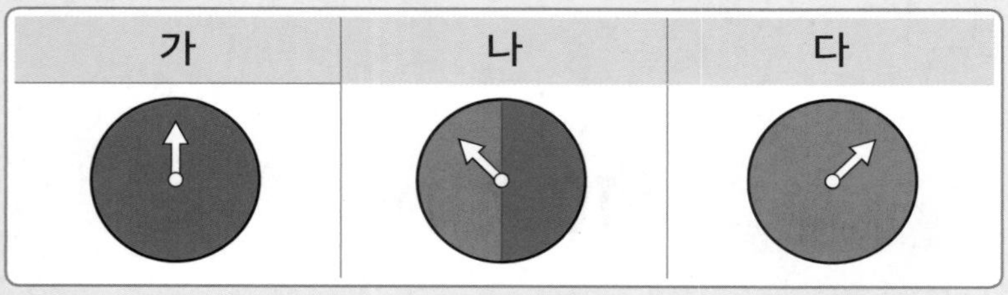

가: 화살이 빨간색에 멈출 가능성은 '불가능하다'이므로 수로 표현하면 0입니다.

나: 화살이 빨간색에 멈출 가능성은 '반반이다'이므로 수로 표현하면 $\frac{1}{2}$입니다.

다: 화살이 빨간색에 멈출 가능성은 '확실하다'이므로 수로 표현하면 1입니다.

◐ 일이 일어날 가능성을 말과 수로 표현하기

말	수
불가능하다	0
반반이다	$\frac{1}{2}$
확실하다	1

확인 1 일이 일어날 가능성을 수로 표현하려고 합니다. □ 안에 알맞은 수를 써넣으세요.

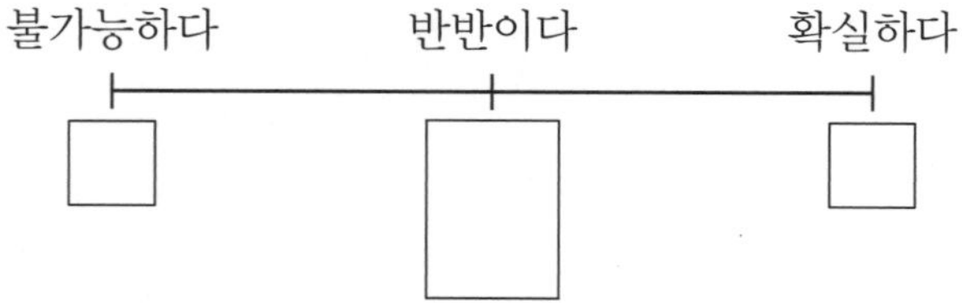

확인 2 주머니에 흰색 바둑돌 2개가 들어 있습니다. 주머니에서 바둑돌 한 개를 꺼낼 때 알맞은 말이나 수에 ○표 하세요.

(1) 꺼낸 바둑돌이 검은색일 가능성은 '(불가능하다 , 반반이다 , 확실하다)'이므로 수로 표현하면 $\left(0, \frac{1}{2}, 1\right)$입니다.

(2) 꺼낸 바둑돌이 흰색일 가능성은 '(불가능하다 , 반반이다 , 확실하다)'이므로 수로 표현하면 $\left(0, \frac{1}{2}, 1\right)$입니다.

기본기 다지는 교과서 문제

» 정답 · 풀이 40쪽

[1~3] 영준이네 모둠이 회전판 돌리기를 하고 있습니다. 일이 일어날 가능성이 '불가능하다'이면 0, '반반이다'이면 $\frac{1}{2}$, '확실하다'이면 1로 표현할 때, 물음에 답하세요.

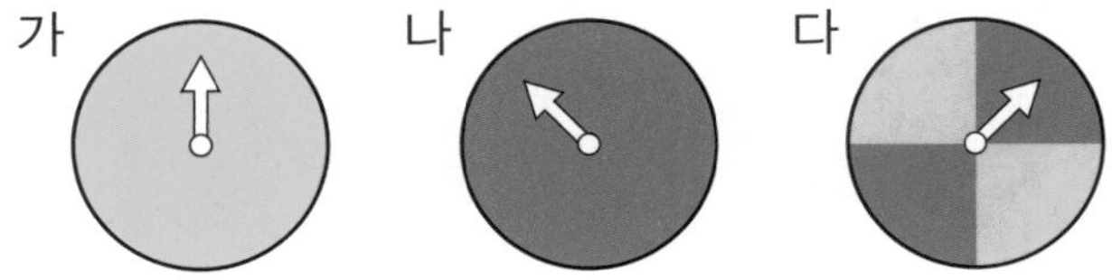

1 회전판 가에서 화살이 초록색에 멈출 가능성에 ↓로 나타내세요.

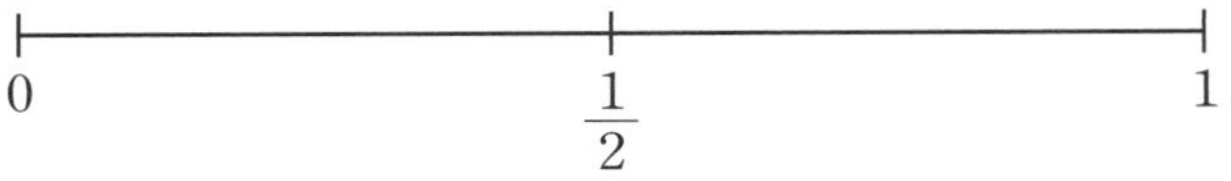

2 회전판 나에서 화살이 초록색에 멈출 가능성에 ↓로 나타내세요.

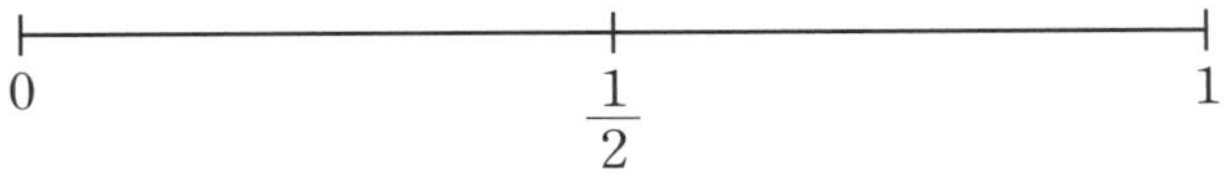

3 회전판 다에서 화살이 초록색에 멈출 가능성에 ↓로 나타내세요.

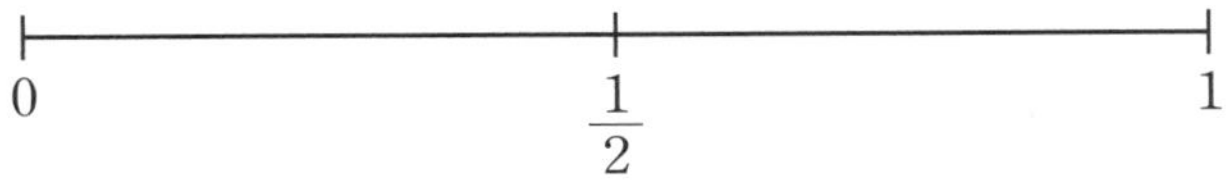

4 주머니에 흰색 바둑돌 1개와 검은색 바둑돌 1개가 들어 있습니다. 주머니에서 바둑돌 한 개를 꺼낼 때 꺼낸 바둑돌이 흰색일 가능성을 수로 표현하세요.

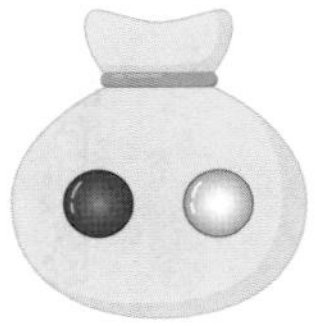

(　　　　　　　　)

개념 따라쓰기

일이 일어날 가능성을 수로 표현하기

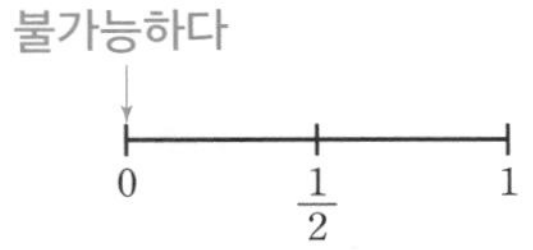

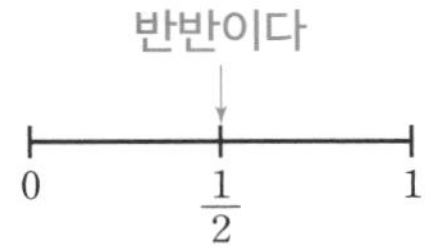

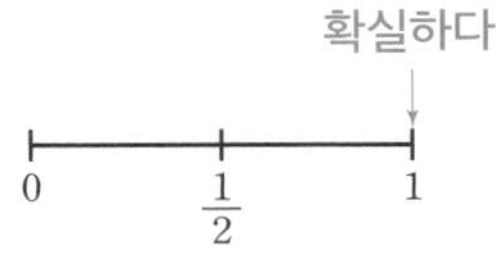

일이 일어날 가능성이 '불가능하다'이면 0, '반반이다'이면 $\frac{1}{2}$, '확실하다'이면 1로 표현할 수 있습니다.

일이 일어날 가능성을 말과 수로 표현하기

말	수
불가능하다	0
반반이다	$\frac{1}{2}$
확실하다	1

6 단원

스스로 풀어내는 도전 10 문제

막힐 때 힌트북

1

64쪽

이해

회전판을 돌려 화살이 보라색에 멈출 가능성에 ↓로 나타내세요.

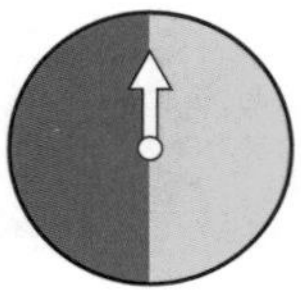

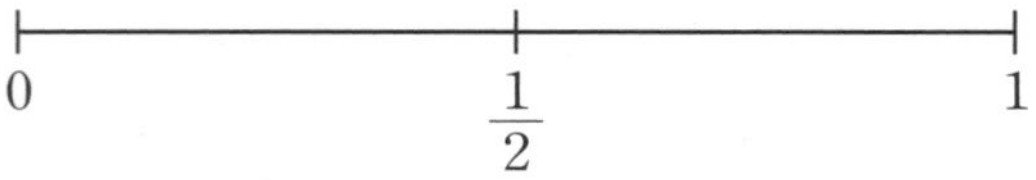

2

이해

검은색 바둑돌이 들어 있는 통에서 바둑돌 1개를 꺼낼 때, 꺼낸 바둑돌이 검은색일 가능성에 ↓로 나타내세요.

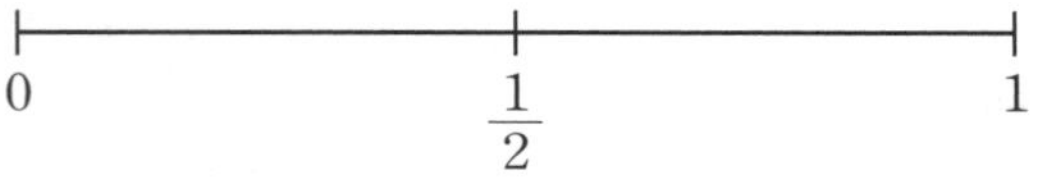

3

64쪽

적용

준수가 ○× 문제를 풀고 있습니다. ×라고 답했을 때, 정답을 맞혔을 가능성을 말과 수로 표현하세요.

[말] ______________

[수] ______________

4

적용

당첨 제비만 2개 들어 있는 제비뽑기 상자에서 제비 1개를 뽑았습니다. 뽑은 제비가 당첨 제비일 가능성을 말과 수로 표현하세요.

[말] ______________

[수] ______________

5

64쪽

적용

우산꽂이에 다음과 같이 우산 4개가 꽂혀 있습니다. 그중에서 1개를 꺼낼 때 꺼낸 우산이 빨간색일 가능성을 말과 수로 표현하세요.

[말] ______________

[수] ______________

6

64쪽

문제 해결

상자 속에 1, 2, 3, 4가 각각 쓰여 있는 공이 한 개씩 있습니다. 그중에서 1개를 꺼낼 때 꺼낸 공의 수가 홀수일 가능성을 수로 표현하세요.

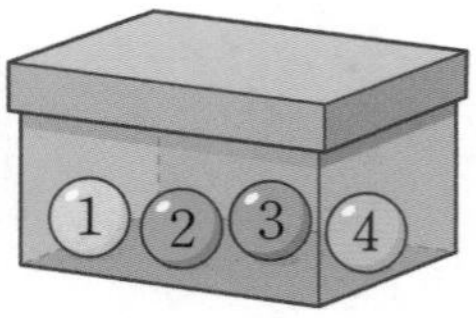

(   )

조금 더 어려운 문제에 도전해 볼까요?

7 65쪽 적용

일이 일어날 가능성을 수로 표현했을 때, 가능성이 가장 높은 것과 가장 낮은 것의 기호를 차례로 쓰세요.

㉠ 빨간색 공 1개와 파란색 공 1개가 있는 주머니에서 흰색 공을 꺼낼 가능성
㉡ 빨간색 공 2개와 파란색 공 2개가 있는 주머니에서 파란색 공을 꺼낼 가능성
㉢ 빨간색 공 4개가 있는 주머니에서 빨간색 공을 꺼낼 가능성

(,)

8 65쪽 적용

주머니 속에 파란색 공 2개, 초록색 공 1개, 빨간색 공 1개가 있습니다. 그중에서 1개를 꺼낼 때 꺼낸 공이 파란색일 가능성을 수로 표현하세요.

( )

+9 65쪽 수학적 독해력

주사위 1개를 굴렸을 때 일이 일어날 가능성이 높은 것부터 차례로 기호를 쓰세요.

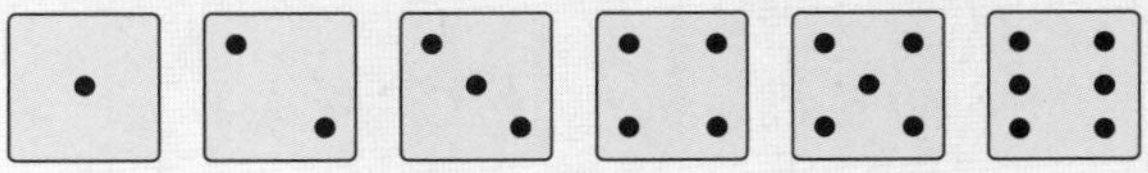

㉠ 주사위 눈의 수가 6보다 큰 수로 나올 가능성
㉡ 주사위 눈의 수가 0 초과 7 미만으로 나올 가능성
㉢ 주사위 눈의 수가 4 미만으로 나올 가능성

□—□—□

+10 65쪽 수학적 표현력

카드 중 한 장을 뽑을 때 ♥의 카드를 뽑을 가능성을 수로 표현하면 얼마인지 풀이 과정을 쓰고, 답을 구하세요.

풀이 ______

답 ______

6단원

오늘 공부 어땠나요? 10개 중 맞힌 문제 □개 > 틀린 문제는 힌트를 보고 다시 도전해 보세요. > 맞힌 문제는 힌트를 보고 자신의 생각과 비교해 보세요.

01 준하네 모둠의 수학 성적을 나타낸 표입니다. 준하네 모둠의 수학 점수의 평균은 몇 점일까요?

준하네 모둠의 수학 성적

이름	준하	예은	준형	지은
점수(점)	88	92	80	92

( )

[02~03] 세진이네 모둠 학생들의 키를 조사하여 나타낸 표입니다. 물음에 답하세요.

세진이네 모둠 학생들의 키

이름	세진	주호	나은	정현	은미
키(cm)	142	130	138	150	145

02 세진이네 모둠 학생들의 키의 평균은 몇 cm일까요?

( )

03 세진이네 모둠에서 모둠 학생들의 키의 평균보다 큰 학생은 몇 명일까요?

( )

04 일이 일어날 가능성이 가장 높은 것을 찾아 기호를 쓰세요.

㉠ ○×문제에서 정답이 ○일 가능성
㉡ 12월 다음 달 13월일 가능성
㉢ 주사위를 굴려서 눈의 수가 6 이하로 나올 가능성

( )

05 주사위를 던졌을 때 7의 눈이 나올 가능성에 대하여 〈보기〉에서 알맞은 말을 찾아 쓰세요.

〈보기〉
불가능하다　반반이다　확실하다

( )

06 일이 일어날 가능성이 '확실하다'인 것은 어느 것일까요? ( )

① 내일 해가 서쪽에서 뜰 것입니다.
② 동전을 던질 때 숫자 면이 나올 것입니다.
③ 파란색 공만 들어 있는 상자에서 공을 1개 꺼낼 때 꺼낸 공은 파란색일 것입니다.
④ 주사위를 던졌을 때 나온 눈의 수가 6일 것입니다.
⑤ 짝을 바꿀 때 남자 짝이 될 것입니다.

07 빨간색, 파란색, 노란색으로 이루어진 회전판을 60번 돌려 화살이 멈춘 횟수를 나타낸 표입니다. 일이 일어날 가능성이 가장 비슷한 회전판을 찾아 기호를 쓰세요.

색깔	빨강	파랑	노랑
횟수(회)	15	29	16

㉠ 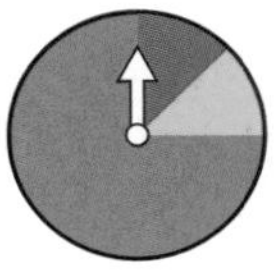 ㉡ 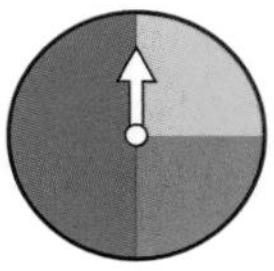 ㉢ 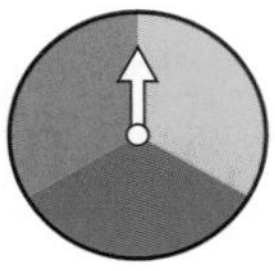

(　　　　　　)

08 주머니 속에 검은색 바둑돌이 2개 있습니다. 그중에서 1개를 꺼냈습니다. 꺼낸 바둑돌이 검은색일 가능성을 말과 수로 표현하세요.

[말] ____________

[수] ____________

09 회전판에서 화살이 빨간색에 멈출 가능성을 수로 표현하세요.

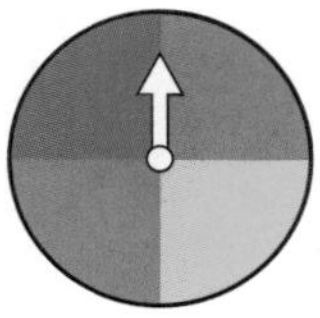

(　　　　　　)

서술형

10 서연이가 4일 동안 한 줄넘기 기록을 나타낸 표입니다. 요일별 줄넘기 기록의 평균이 91번일 때, 월요일에는 줄넘기를 몇 번 했는지 풀이 과정을 쓰고, 답을 구하세요.

요일별 줄넘기 기록

요일	월	화	수	목
기록(번)		88	94	92

[풀이] ____________

[답] ____________

memo

memo

memo

memo

memo

모든 문제의 첫 번째 힌트는
문제를 다시 읽는 것입니다.

새 교과서 분석 반영
초등 1등 공부 비법

막힐 땐

힌트북

초등수학 5-2

막힐 때 찾아보는 힌트북

슬기로운공부

힌트 = 개념

막힐 땐

힌트북

초등수학 5-2

막힐 때 찾아보는 힌트북

01 일 이상과 이하

■ 이상인 수 → ■와 같거나 큰 수

■ 이상인 수

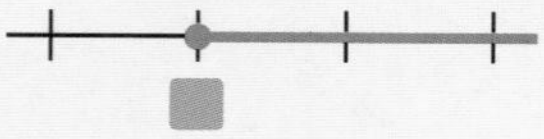

■ 이하인 수

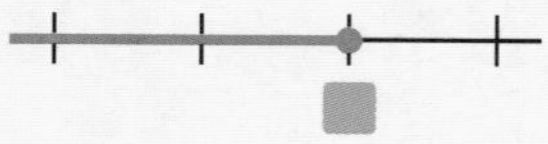

■ 이하인 수 → ■와 같거나 작은 수

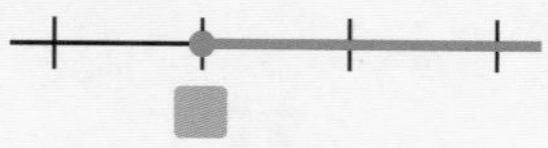

↓

■와 같거나 큰 수

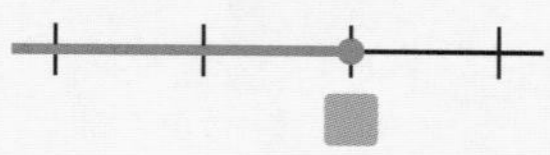

↓

■와 같거나 작은 수

2 25 이상인 수는 모두 몇 개일까요?

36	25	15	30	21	31

4 수의 범위를 수직선에 나타내세요.

(1) 14 이상인 수

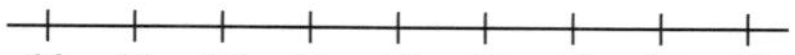

(2) 30 이하인 수

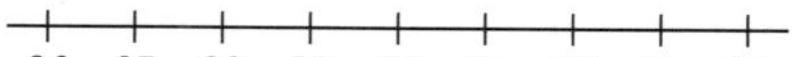

5 29 이하인 수는 모두 몇 개일까요?

21.0	38.2	29.0	17.2	29.1	27.9

6 수직선에 나타낸 수의 범위를 쓰세요.

(1)

(2)

7 다음은 ★ 이상인 자연수를 나타낸 것입니다. ★에 들어갈 수 있는 자연수 중에서 가장 큰 수를 구하세요.

49	50	46	58

★ 이상인 자연수 → ★와 같거나 큰 자연수

8 두 수직선에 나타낸 수의 범위에 공통으로 속하는 자연수는 모두 몇 개일까요?

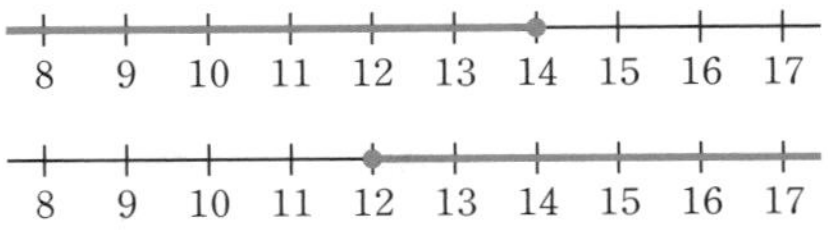

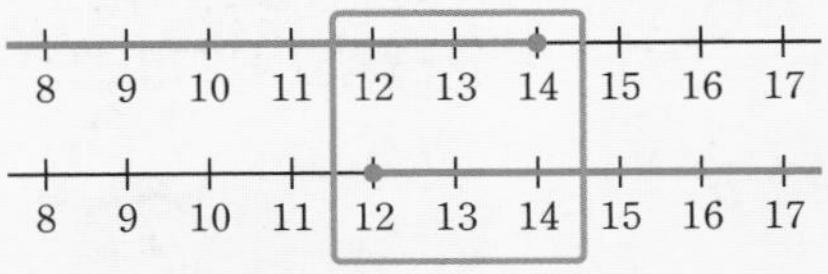

수학적 독해력

+9 두 자리 자연수 중에서 70 이상인 수는 모두 몇 개일까요?

■ 이상인 수 → ■와 같거나 큰 수

수학적 표현력

+10 52 이하인 수를 잘못 나타낸 사람의 이름을 쓰고, 그 이유를 설명해 보세요.

서연	영민
41 52 50	48 52 54

■ 이하인 수 → ■와 같거나 작은 수

02일 초과와 미만

■ 초과인 수 ■ 미만인 수

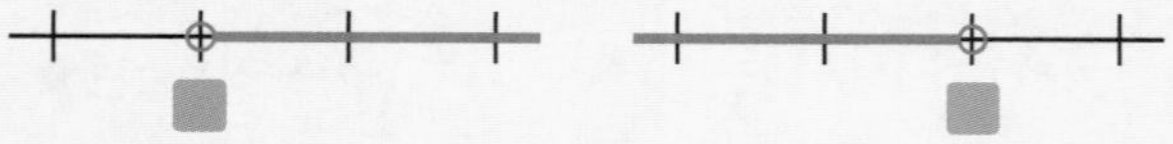

■ 초과인 수 → ■보다 큰 수

■ 미만인 수 → ■보다 작은 수

■ 미만인 수 → ■보다 작은 수

■보다 큰 수 | ■보다 작은 수

3 수의 범위를 수직선에 나타내세요.

(1) 12 초과인 수

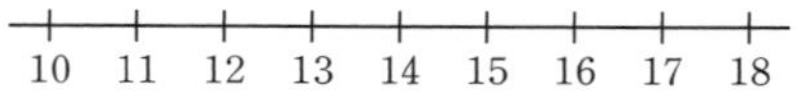

(2) 30 미만인 수

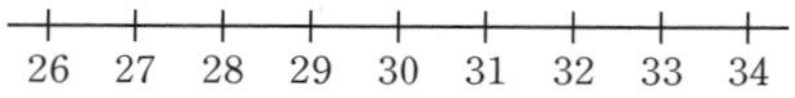

4 18을 포함하는 수의 범위를 말한 친구의 이름을 쓰세요.

5 36 미만인 수를 바르게 나타낸 것을 찾아 기호를 쓰세요.

㉠ 27, 30, 36, 11
㉡ 38, 60, 44, 25
㉢ 34, 27, 30, 19

6 수직선에 나타낸 수의 범위를 쓰세요.

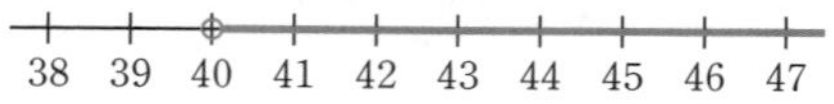

7 수직선에 나타낸 수의 범위에 속하는 자연수 중에서 가장 큰 수를 구하세요.

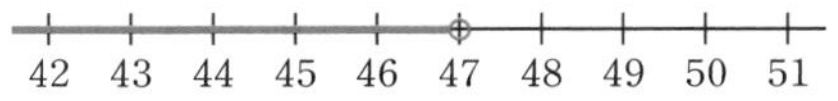

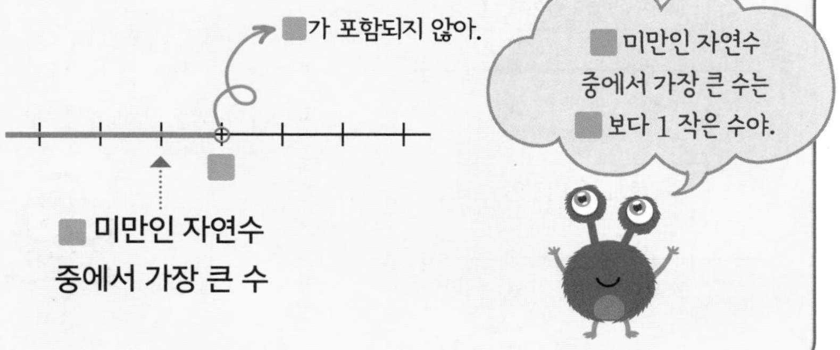

8 다음 〈조건〉을 만족하는 자연수는 모두 몇 개일까요?

〈조건〉
- 두 자리 수입니다.
- 15 미만인 수입니다.

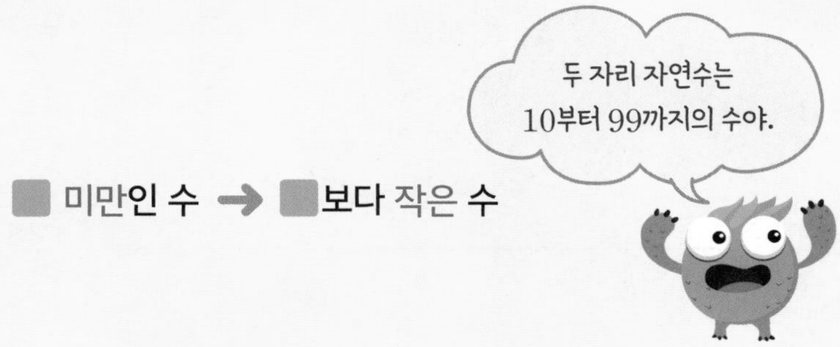

수학적 독해력

+9 ㉠과 ㉡의 합을 구하세요.

㉠: 8 초과인 자연수 중에서 가장 작은 수
㉡: 10 미만인 자연수 중에서 가장 큰 수

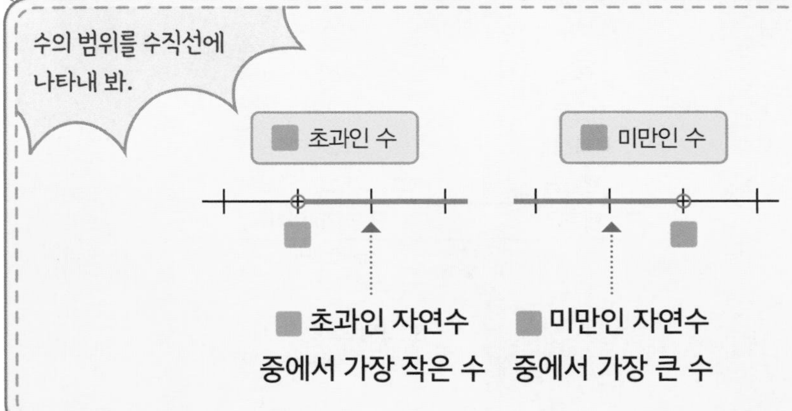

수학적 표현력

+10 윤하와 영민이 중에서 잘못 말한 사람의 이름을 쓰고, 그 이유를 설명해 보세요.

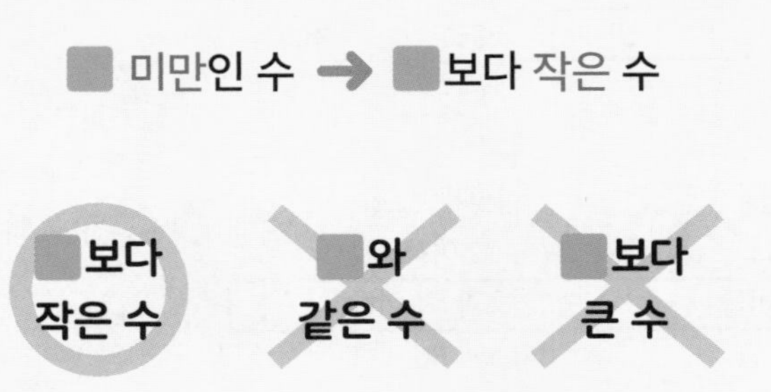

수의 범위를 활용하여 문제 해결하기

■ 이상 ▲ 이하인 수

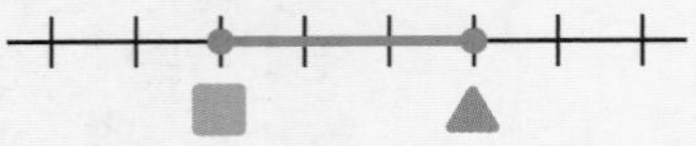

이상과 이하는 점 ●을, 초과와 미만은 점 ○을 이용하여 나타낸 후 두 점을 선으로 연결해!

■ 초과 ▲ 미만인 수

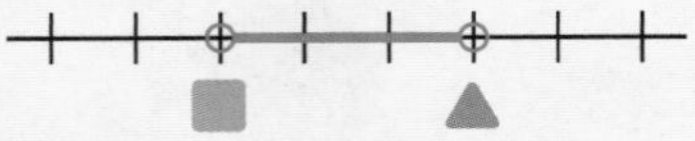

8보다 크거나 같고 12보다 작은 수

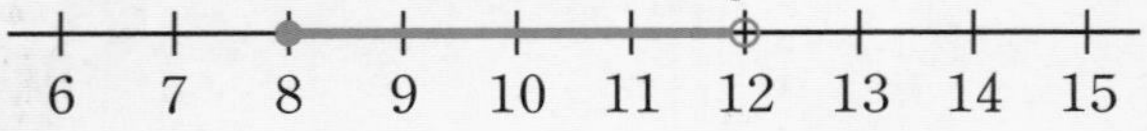

체급	몸무게(kg)
핀급	32 이하
플라이급	32 초과 34 이하
밴텀급	34 초과 36 이하
페더급	36 초과 39 이하
라이트급	39 초과

→ 36보다 크고 39와 같거나 작은 수

이름	몸무게(kg)	이름	몸무게(kg)
현승	32.1	경은	38.6

체급	몸무게(kg)
핀급	32 이하
플라이급	32 초과 34 이하
밴텀급	34 초과 36 이하

초과는 점 ○을, 이하는 점 ●을 이용하여 나타낸 후 두 점을 선으로 연결해.

3 수의 범위를 수직선에 나타내세요.

(1) 10 이상 15 이하인 수

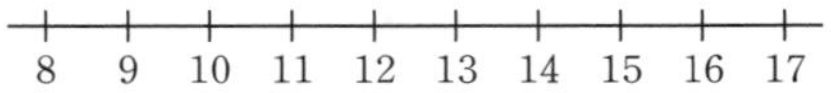

(2) 24 초과 29 미만인 수

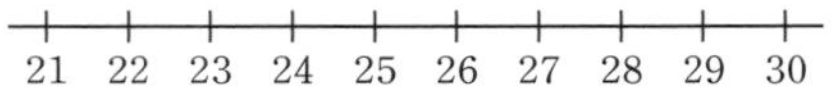

4 수직선에 나타낸 수의 범위에 포함되는 수를 모두 찾아 ○표 하세요.

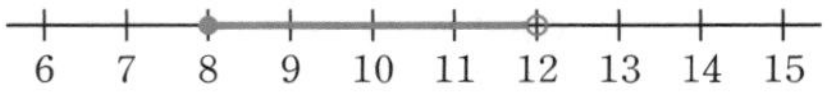

9.6 5.8 8.0 12.6 11.3 7.2

5 페더급에 속하는 학생을 모두 찾아 이름을 쓰세요.

이름	몸무게(kg)	이름	몸무게(kg)
현승	32.1	경은	38.6
은하	36.0	지우	39.0
윤수	37.3	태수	42.3

체급	몸무게(kg)
핀급	32 이하
플라이급	32 초과 34 이하
밴텀급	34 초과 36 이하
페더급	36 초과 39 이하
라이트급	39 초과

6 현승이가 속한 체급의 몸무게의 범위를 수직선에 나타내세요.

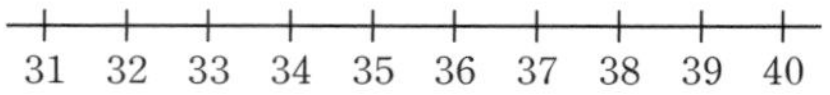

7 88을 포함하는 수의 범위를 모두 찾아 기호를 쓰세요.

㉠ 85 초과 88 이하인 수
㉡ 84 이상 88 미만인 수
㉢ 88 이상 93 이하인 수
㉣ 88 초과 95 미만인 수

8 수의 범위에 속하는 자연수가 더 많은 사람의 이름을 쓰세요.

수학적 독해력

+9 다음 수직선에 나타낸 수의 범위에 속하는 자연수는 8개입니다. ★에 알맞은 자연수는 얼마일까요?

수학적 표현력

+10 다음 수의 범위에 포함되는 자연수는 모두 몇 개인지 풀이 과정을 쓰고, 답을 구하세요.

61 이상 70 미만인 수

㉠ 85 초과 88 이하인 수
㉡ 84 이상 88 미만인 수
㉢ 88 이상 93 이하인 수
㉣ 88 초과 95 미만인 수

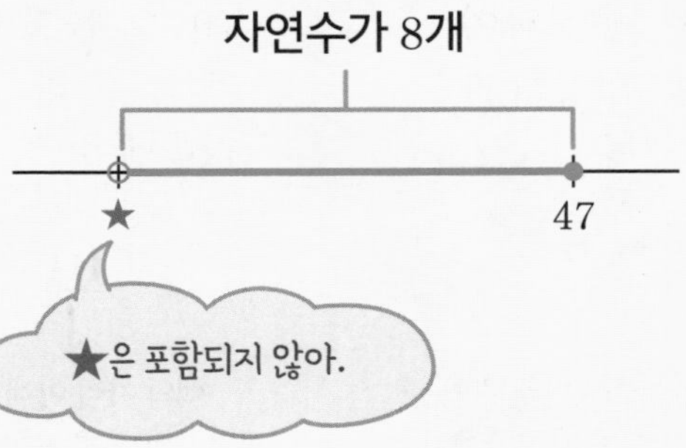

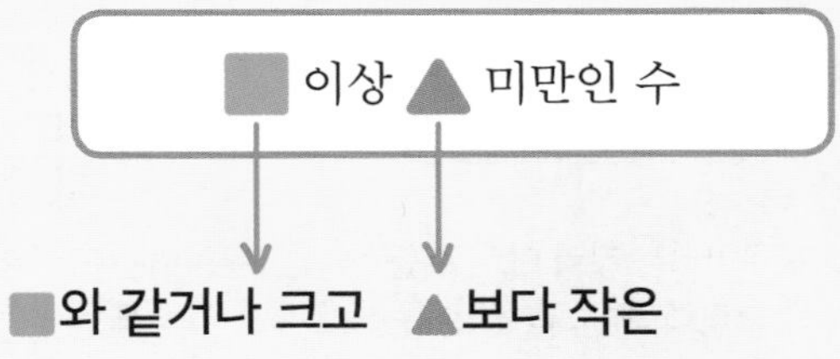

04일 올림

올림하여 소수 첫째 자리까지 나타내려면

1.48

↓

구하려는 자리 아래 수인
0.08을 0.1로 보고 올림해.

올림은 구하려는 자리
아래 수를 올려서 나타내는
방법이야.

올림하여 천의 자리까지 나타내려면

㉠ **7000** ㉡ **7010** ㉢ **8001**

㉠ → 구하려는 자리 아래 수가
모두 0이면
원래 수를 그대로 써!

㉡, ㉢ → 구하려는 자리 아래 수를
1000으로 보고 올림해.

782를 올림하여 십의 자리까지 나타낸 수	◯	701을 올림하여 백의 자리까지 나타낸 수

782
↓
십의 자리 아래 수인
2를 10으로 보고 올림해.

701
↓
백의 자리 아래 수인
1을 100으로 보고 올림해.

올림하여 백의 자리까지 나타내려면

4810 **4801** **4800**

4810, 4801 → 구하려는 자리 아래 수를
100으로 보고 올림해.

4800 → 구하려는 자리 아래 수가
모두 0이면
원래 수를 그대로 써!

3 소수를 올림하려고 합니다. □ 안에 알맞은 수를 써넣으세요.

> 1.48을 올림하여 소수 첫째 자리까지 나타내면
> □입니다.

4 올림하여 천의 자리까지 나타내면 8000이 되는 수를 찾아 기호를 쓰세요.

> ㉠ 7000 ㉡ 7010 ㉢ 8001

5 어림한 수의 크기를 비교하여 ◯ 안에 >, =, <를 알맞게 써넣으세요.

782를 올림하여 십의 자리까지 나타낸 수	◯	701을 올림하여 백의 자리까지 나타낸 수

6 올림하여 백의 자리까지 나타낸 수가 다른 사람의 이름을 쓰세요.

7 어떤 수를 올림하여 십의 자리까지 나타냈더니 60이 되었습니다. 어떤 수가 될 수 있는 자연수는 모두 몇 개인지 구하세요.

어떤 수를 올림하여 십의 자리까지 나타냈더니 60이 되었습니다.

5□ → 60

6□ → 60

□에 들어갈 수 있는 수를 생각해 봐!

8 수 카드 4장을 한 번씩만 사용하여 가장 큰 네 자리 수를 만들고, 만든 네 자리 수를 올림하여 백의 자리까지 나타내세요.

3 5 7 1

3 5 7 1

큰 수부터 차례로

□□□□

구하려는 자리 아래 수를 100으로 보고 올림해.

만든 네 자리 수를 올림하여 백의 자리까지 나타내!

수학적 독해력

+9 지훈이의 사물함 비밀번호를 올림하여 백의 자리까지 나타내면 7300입니다. 지훈이의 사물함 비밀번호를 구하세요.

□□85

올림하여 백의 자리까지 나타내면 7300

□□85 → 7300

백의 자리 아래 수인 85를 100으로 보고 올림한 수가 7300이야.

수학적 표현력

+10 올림하여 백의 자리까지 나타낸 수가 가장 작은 수를 찾아 쓰려고 합니다. 풀이 과정을 쓰고, 답을 구하세요.

1306　　1172　　1045

올림하여 백의 자리까지 나타낸 수가 가장 작은 수는?

1306　　**1172**　　**1045**

구하려는 자리 아래 수를 100으로 보고 올림한 다음 크기를 비교해.

05일 버림

버림은 구하려는 자리 아래 수를 버려서 나타내는 방법이야.

소수	소수 첫째 자리	소수 둘째 자리
8.724		

소수 첫째 자리 아래 수인 24를 0으로 보고 버림해.

소수 둘째 자리 아래 수인 4를 0으로 보고 버림해.

버림하여 백의 자리까지 나타내려면

㉠ **5220** ㉡ **5408** ㉢ **5392**

구하려는 자리 아래 수를 모두 0으로 나타내.

버림하여 십의 자리까지 나타내려면

세 자리 수 → □□□

네 자리 수 → □□□□

구하려는 자리 아래 수를 모두 0으로 나타내.

573을 버림하여 백의 자리까지 나타낸 수 ◯ 524를 버림하여 십의 자리까지 나타낸 수

573 **524**

구하려는 자리 아래 수를 모두 0으로 나타낸 다음 크기를 비교해.

3 소수를 버림하여 주어진 자리까지 나타내세요.

소수	소수 첫째 자리	소수 둘째 자리
8.724		

4 버림하여 백의 자리까지 나타내면 5400이 되는 수를 찾아 기호를 쓰세요.

㉠ 5220 ㉡ 5408 ㉢ 5392

5 버림하여 십의 자리까지 나타낸 것입니다. 잘못 나타낸 것을 고르세요. ·························· (　　　)

① 332 → 330　② 741 → 740

③ 1934 → 1930　④ 5892 → 5900

⑤ 4300 → 4300

6 어림한 수의 크기를 비교하여 ◯ 안에 >, =, <를 알맞게 써넣으세요.

573을 버림하여 백의 자리까지 나타낸 수 ◯ 524를 버림하여 십의 자리까지 나타낸 수

7 8512를 버림하여 천의 자리까지 나타낸 수와 버림하여 백의 자리까지 나타낸 수의 차를 구하세요.

8512를 버림하여 천의 자리까지 나타낸 수와
버림하여 백의 자리까지 나타낸 수의 차

8512　　**8512**

구하려는 자리 아래 수를
모두 0으로 나타낸 다음 차를 구해.

8 수 카드 4장을 한 번씩만 사용하여 가장 작은 네 자리 수를 만들고, 만든 네 자리 수를 버림하여 십의 자리까지 나타내세요.

8　0　2　5

8　0　2　5

0이 아닌 작은 수부터 차례로

□□□□

구하려는 자리 아래 수를
모두 0으로 나타내.

만든 네 자리 수를
버림하여
십의 자리까지 나타내!

수학적 독해력

+9 버림하여 백의 자리까지 나타냈을 때 5400이 되는 자연수는 모두 몇 개인지 구하세요.

버림하여 백의 자리까지 나타냈을 때 5400이 되는 자연수

54□□ → **5400**

백의 자리 아래 수를
모두 0으로 나타낸 수가 5400이야.

수학적 표현력

+10 버림하여 천의 자리까지 나타낸 수가 다른 하나를 찾아 쓰려고 합니다. 풀이 과정을 쓰고, 답을 구하세요.

5846	6027	5000

버림하여 천의 자리까지 나타낸 수가 다른 하나는?

5846　　**6027**　　**5000**

구하려는 자리 아래 수를
모두 0으로 나타낸 다음 다른 하나를 찾아.

06일 반올림

반올림은 구하려는 자리 바로 아래 자리의 숫자가 0, 1, 2, 3, 4이면 버리고, 5, 6, 7, 8, 9이면 올려서 나타내는 방법

수	백의 자리	천의 자리
7260		

백의 자리: 십의 자리 숫자가 6이므로 올려.
천의 자리: 백의 자리 숫자가 2이므로 버려.

반올림하여 십의 자리까지 나타내려면

세 자리 수 →
네 자리 수 →

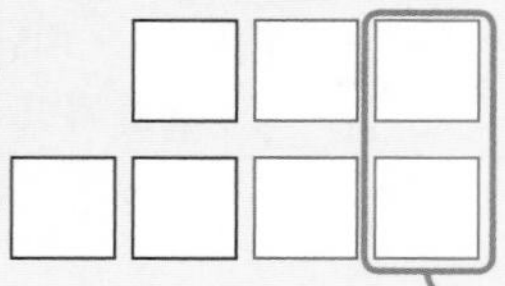

구하려는 자리 바로 아래 숫자가 0, 1, 2, 3, 4이면 버리고, 5, 6, 7, 8, 9이면 올려.

반올림하여 천의 자리까지 나타낸 수가 다른 하나는?

22740 **23058** **22491**

구하려는 자리 바로 아래 숫자가 0, 1, 2, 3, 4이면 버리고, 5, 6, 7, 8, 9이면 올려서 나타낸 다음 다른 하나를 찾아.

246을 반올림하여 백의 자리까지 나타낸 수 ◯ 246을 반올림하여 십의 자리까지 나타낸 수

246 **246**

구하려는 자리 바로 아래 숫자가 0, 1, 2, 3, 4이면 버리고, 5, 6, 7, 8, 9이면 올려서 나타낸 다음 크기를 비교해.

2 반올림하여 주어진 자리까지 나타내세요.

수	백의 자리	천의 자리
7260		

4 반올림하여 십의 자리까지 나타낸 것입니다. 잘못 나타낸 것을 고르세요. ························ (　　　)

① 352 → 350　② 2746 → 2750
③ 1830 → 1830　④ 8895 → 8900
⑤ 5375 → 5370

5 반올림하여 천의 자리까지 나타낸 수가 다른 하나를 찾아 기호를 쓰세요.

㉠ 22740　㉡ 23058　㉢ 22491

6 어림한 수의 크기를 비교하여 ◯ 안에 >, =, <를 알맞게 써넣으세요.

246을 반올림하여 백의 자리까지 나타낸 수 ◯ 246을 반올림하여 십의 자리까지 나타낸 수

7 다음 수를 반올림하여 백의 자리까지 나타내면 1700 입니다. □ 안에 들어갈 수 있는 수를 모두 구하세요.

16□8

반올림하여 백의 자리까지 나타냈더니 1700

16□8 → 1700

반올림하여
백의 자리 숫자가 1 커졌어.

8 수 카드 3장을 한 번씩만 사용하여 가장 큰 세 자리 수를 만들고, 만든 세 자리 수를 반올림하여 백의 자리까지 나타내세요.

6 3 7

6 3 7

큰 수부터 차례로

□□□

구하려는 자리 바로 아래 숫자가
0, 1, 2, 3, 4이면 버리고, 5, 6, 7, 8, 9이면 올려.

수학적 독해력

9 반올림하여 백의 자리까지 나타낸 수가 600이 되는 자연수 중에서 가장 큰 수와 가장 작은 수의 차는 얼마인지 구하세요.

반올림하여 백의 자리까지 나타낸 수가 600인 자연수

가장 작은 수	가장 큰 수
5□□	6□□
5, 6, 7, 8, 9이면 올려.	0, 1, 2, 3, 4이면 버려.

수학적 표현력

10 연필의 길이는 몇 cm인지 반올림하여 일의 자리까지 나타내려고 합니다. 풀이 과정을 쓰고, 답을 구하세요.

5.□ cm

0, 1, 2, 3, 4이면 버리고,
5, 6, 7, 8, 9이면 올려.

먼저 연필의 길이를 구한 다음 반올림하여 일의 자리까지 나타내.

07일 올림, 버림, 반올림을 활용하여 문제 해결하기

공책을 10권, 20권, 30권 ……으로 살 수 있어.

공책을 10권씩 묶음으로 산다면 학생 3명을 □명으로 생각하고 사야 합니다.

따라서 공책을 최소 □권 사야 합니다.

올림을 이용하여 3명을 10명으로 생각하고 사야겠군.

2 연우네 학교 5학년 학생은 143명입니다. 공책을 10권 또는 100권씩 묶어서 파는 문구점에서 공책을 구입하여 5학년 학생들에게 모두 한 권씩 나눠 주려고 합니다. 공책을 10권씩 묶음으로 살 때 □ 안에 알맞은 수를 써넣으세요.

공책을 10권씩 묶음으로 산다면 학생 3명을 □명으로 생각하고 사야 합니다.

따라서 공책을 최소 □권 사야 합니다.

공책을 100권, 200권, 300권 ……으로 살 수 있어.

공책을 100권씩 묶음으로 산다면 학생 43명을 □명으로 생각하고 사야 합니다.

따라서 공책을 최소 □권 사야 합니다.

올림을 이용하여 3명을 10명으로 생각하고 사야겠군.

3 공책을 100권씩 묶음으로 살 때 □ 안에 알맞은 수를 써넣으세요.

공책을 100권씩 묶음으로 산다면 학생 43명을 □명으로 생각하고 사야 합니다.

따라서 공책을 최소 □권 사야 합니다.

인형을 10개, 20개, 30개 ……로 팔 수 있어.

인형을 한 상자에 10개씩 담아서 판다면

10개가 안 되는 인형은 한 상자가 안 되어 팔 수 없으므로 버림을 이용해야 겠군.

알아둬!

일정한 묶음으로 물건을 포장하는 경우에 버림을 이용해.

4 어느 공장에서 인형을 538개 만들었습니다. 이 인형을 한 상자에 10개씩 담아서 판다면 팔 수 있는 인형은 최대 몇 개인지 구하세요.

오늘 축구장에 입장한 관람객은 51832명입니다. 관람객 수를 반올림하여 천의 자리까지 나타내세요.

51832

구하려는 자리 바로 아래 숫자가 0, 1, 2, 3, 4이면 버리고, 5, 6, 7, 8, 9이면 올려서 나타내.

5 오늘 축구장에 입장한 관람객은 51832명입니다. 관람객 수를 반올림하여 천의 자리까지 나타내세요.

7 윤아네 아파트는 세 동입니다. 동별 주민 수가 다음과 같을 때 윤아네 아파트 전체 주민 수는 몇 명인지 반올림하여 백의 자리까지 나타내세요.

동별 주민 수

동	1	2	3
주민 수(명)	563	715	634

전체 주민 수를 구한 다음 반올림하여 백의 자리까지 나타내.

동	1		2		3
주민 수(명)	563	+	715	+	634

8 지혜네 학교 5학년 학생 수를 반올림하여 십의 자리까지 나타내면 270명입니다. 5학년 학생들에게 공책을 한 권씩 모두 나누어 주려면 공책을 적어도 몇 권 준비해야 할까요?

반올림하여 십의 자리까지 나타내면 270입니다.

265, 266, 267, 268, 269
270, 271, 272, 273, 274 → 270

수학적 독해력

+9 어림하는 방법이 다른 한 친구를 찾아 이름을 쓰세요.

수현: 동전 3700원을 1000원짜리 지폐로 바꾼다면 최대 3000원까지 바꿀 수 있어.

민호: 145.2 cm 내 키를 1 cm 단위 가까운 쪽의 눈금을 읽으면 145 cm야.

윤하: 감자 6839개를 한 상자에 100개씩 담아서 판다면 팔 수 있는 감자는 최대 68상자야.

수현: 동전 3700원을 1000원짜리 지폐로 바꾼다면 최대 3000원까지 바꿀 수 있어.

민호: 145.2 cm인 내 키를 1 cm 단위 가까운 쪽의 눈금을 읽으면 145 cm야.

윤하: 감자 6839개를 한 상자에 100개씩 담아서 판다면 팔 수 있는 감자는 최대 68상자야.

수가 어떻게 바뀌었는지 보고 올림, 버림, 반올림 중 무엇을 이용했는지 생각해.

수학적 표현력

+10 슬기네 학교에서 재활용 센터로 보낼 헌 종이를 558 kg 모았습니다. 한 자루에 10 kg씩 담는다면 헌 종이를 몇 자루까지 담을 수 있고, 남는 헌 종이는 몇 kg인지 풀이 과정을 쓰고, 답을 구하세요.

재활용 센터로 보낼 헌 종이를 558 kg 모았습니다. 한 자루에 10 kg씩 담는다면

헌 종이를 10 kg, 20 kg, 30 kg ……으로 담을 수 있어.

10 kg이 안 되는 헌 종이는 담을 수 없으므로 버림을 이용해야 겠군.

08일 (분수) × (자연수)

진분수 자연수

$\dfrac{●}{■} \times ▲ = \dfrac{● \times ▲}{■}$

분수의 분모는 그대로 두고
분자와 자연수를 곱해!

분자와 자연수를 곱하는
과정에서 약분하여 계산하는
방법이야.

〈보기〉

$\dfrac{7}{12} \times 9 = \dfrac{7 \times \cancel{9}^{3}}{\cancel{12}_{4}}$

$3\dfrac{1}{9}$을 3배 한 수

→ $3\dfrac{1}{9} \times 3$

대분수를 가분수로 바꾸어
계산하거나 대분수를 자연수와
진분수의 합으로 바꾸어 계산해.

대분수를 가분수로 바꾸어
계산하거나

대분수를 자연수와 진분수의
합으로 바꾸어 계산해.

$2\dfrac{3}{10} \times 6 = \dfrac{23}{10} \times 6$

$2\dfrac{3}{10} \times 6 = (2 \times 6) + \left(\dfrac{3}{10} \times 6\right)$

1 □ 안에 알맞은 수를 써넣으세요.

(1) $\dfrac{3}{5} \times 6 = \dfrac{3 \times \square}{5} = \dfrac{\square}{5} = \square\dfrac{\square}{\square}$

(2) $\dfrac{2}{9} \times 15 = \dfrac{2 \times \square}{9} = \dfrac{\square}{9} = \dfrac{\square}{3}$

$= \square\dfrac{\square}{\square}$

2 〈보기〉와 같이 계산해 보세요.

〈보기〉

$\dfrac{7}{12} \times 9 = \dfrac{7 \times \cancel{9}^{3}}{\cancel{12}_{4}} = \dfrac{21}{4} = 5\dfrac{1}{4}$

$\dfrac{5}{18} \times 10 =$ ______________________

____

4 다음이 나타내는 수를 구하세요.

$3\dfrac{1}{9}$을 3배 한 수

5 빈 곳에 알맞은 수를 써넣으세요.

$2\dfrac{3}{10}$ → $\times 6$ → □

7 계산 결과를 비교하여 ◯ 안에 >, =, <를 알맞게 써넣으세요.

$$\frac{5}{18}\times 16 \bigcirc 2\frac{7}{18}\times 2$$

(진분수)×(자연수), (대분수)×(자연수)를 각각 계산한 다음 대분수의 크기를 비교해.

$$\frac{5}{18}\times 16 \bigcirc 2\frac{7}{18}\times 2$$

알아둬!

자연수의 크기가 같은 대분수는 분수의 크기를 비교해.

8 물이 $\frac{3}{4}$ L씩 들어 있는 병이 9개 있습니다. 물은 모두 몇 L일까요?

분수의 분모는 그대로 두고 분자와 자연수를 곱해.

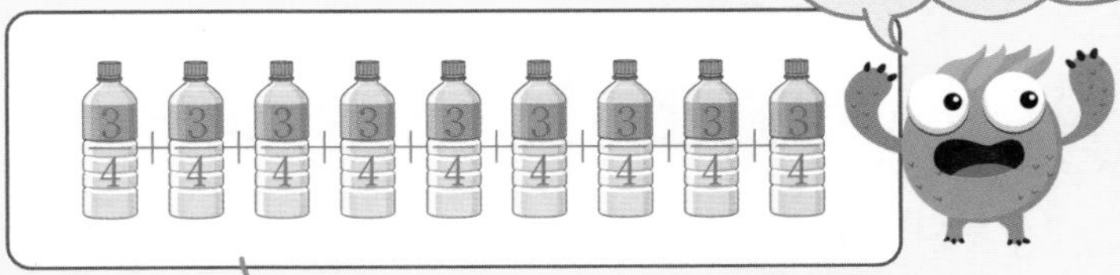

$\frac{3}{4}\times 9$

수학적 독해력

9 선물 상자 한 개를 포장하는 데 리본 $1\frac{7}{10}$ m가 필요합니다. 선물 상자 18개를 포장하려면 리본은 적어도 몇 m 필요할까요?

선물 상자 1개를 포장하는 데 필요한 리본 → $1\frac{7}{10}\times 1$

선물 상자 ■개를 포장하는 데 필요한 리본 → $1\frac{7}{10}\times$ ■

수학적 표현력

10 한 변의 길이가 $5\frac{1}{6}$ cm인 정삼각형의 둘레는 몇 cm인지 풀이 과정을 쓰고, 답을 구하세요.

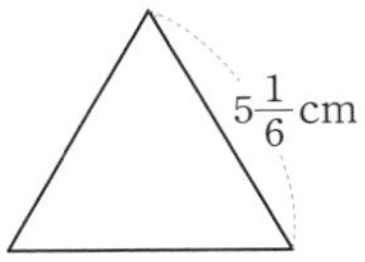

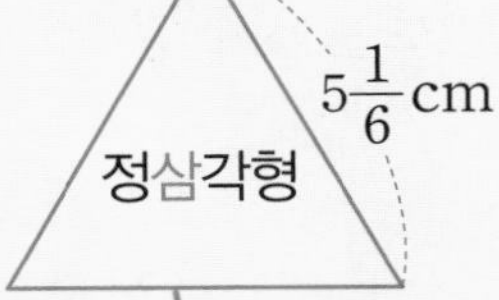

정삼각형은 세 변의 길이가 모두 같아.

09일 (자연수) × (분수)

자연수와 진분수를 곱한 값은 처음 자연수보다 작아져.

자연수와 대분수를 곱한 값은 처음 자연수보다 커져.

$7\times\frac{8}{9}$

$7\times1\frac{2}{3}$

(가로)

▲(세로)

액자의 가로는 세로의 $\frac{3}{4}$ → ■ = ▲ × $\frac{3}{4}$

대분수를 가분수로 바꾸어 계산하거나

$12\times2\frac{2}{9}=12\times\frac{20}{9}$

대분수를 자연수와 진분수의 합으로 바꾸어 계산해.

$12\times2\frac{2}{9}=(12\times2)+\left(12\times\frac{2}{9}\right)$

페인트가 12 L **있습니다.** 그중의 $\frac{7}{9}$을 벽을 칠하는데 사용 **했습니다.** 남은 페인트는 몇 L**일까요?**

남은 페인트는 전체의 $\frac{2}{9}$야.

남은 페인트의 양 = **전체 페인트의 양** × $\frac{2}{9}$

2 계산 결과가 7보다 큰 식에 ○표, 7보다 작은 식에 △표 하세요.

$7\times\frac{8}{9}$	$7\times1\frac{2}{3}$

4 액자의 가로는 세로의 $\frac{3}{4}$입니다. 액자의 세로가 32 cm이면 가로는 몇 cm일까요?

32 cm

5 빈 곳에 알맞은 수를 써넣으세요.

12 —($\times2\frac{2}{9}$)→ □

6 페인트가 12 L 있습니다. 그중의 $\frac{7}{9}$을 벽을 칠하는 데 사용했습니다. 남은 페인트는 몇 L일까요?

7 평행사변형의 넓이는 몇 cm^2일까요?

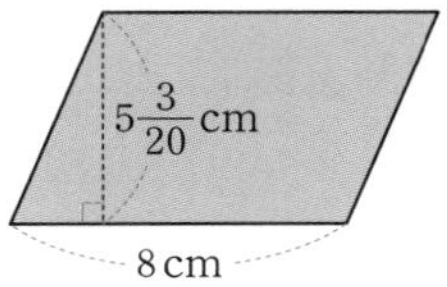

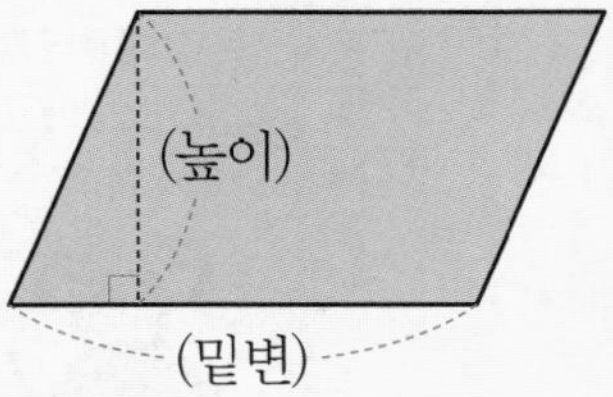

평행사변형의 넓이는 (밑변의 길이) × (높이)임을 이용해서 구해!

8 □ 안에 들어갈 수 있는 자연수는 모두 몇 개일까요?

$$\square\frac{1}{9} < 8 \times \frac{7}{18}$$

$$\square\frac{1}{9} < \boxed{8 \times \frac{7}{18}}$$

(자연수)×(진분수)를 먼저 계산한 다음 생각해!

수학적 독해력

+9 두 직사각형 가와 나가 있습니다. 가의 넓이는 나의 넓이보다 몇 cm^2 더 넓은지 구하세요.

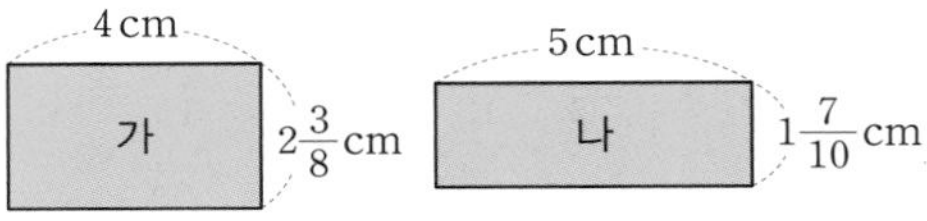

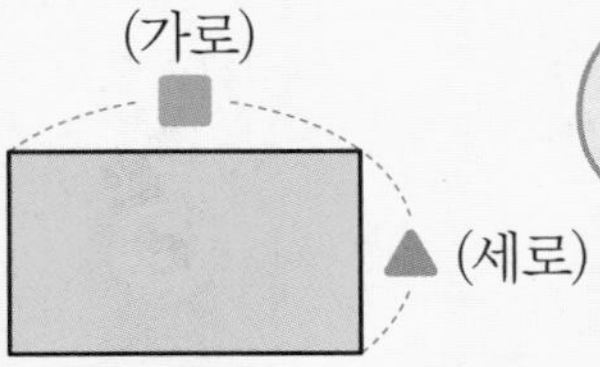

직사각형의 넓이 → ■ × ▲

각각 직사각형의 넓이를 구한 다음 큰 수에서 작은 수를 빼야 해.

수학적 표현력

+10 미주의 몸무게는 42 kg입니다. 삼촌의 몸무게는 미주의 몸무게의 $1\frac{4}{7}$배입니다. 삼촌의 몸무게는 몇 kg인지 풀이 과정을 쓰고, 답을 구하세요.

미주의 몸무게는 42 kg입니다. 삼촌의 몸무게는 미주의 몸무게의 $1\frac{4}{7}$ 배입니다. 삼촌의 몸무게는 몇 kg인지 구하세요.

(삼촌의 몸무게) = (미주의 몸무게) × $1\frac{4}{7}$

10일 진분수의 곱셈

단위분수 단위분수

$\frac{1}{■} \times \frac{1}{●} = \frac{1}{■ \times ●}$

분모끼리 곱해.

단위분수끼리의 곱셈은
분자 1은 그대로 두고,
분모끼리 곱해!

진분수 진분수

$\frac{●}{■} \times \frac{▲}{★} = \frac{● \times ▲}{■ \times ★}$

진분수의 곱셈은
분자는 분자끼리,
분모는 분모끼리 곱해.

분수의 곱셈을 하는
과정에서 약분하여
계산하는 방법이야.

보기

$\frac{4}{5} \times \frac{10}{13} = \frac{4 \times \overset{2}{\cancel{10}}}{\underset{1}{\cancel{5}} \times 13}$

$\frac{●}{■}$를 $\frac{▲}{★}$배 한 수

$\frac{●}{■} \times \frac{▲}{★} = \frac{● \times ▲}{■ \times ★}$

분자는 분자끼리,
분모는 분모끼리 곱해.

1 □ 안에 알맞은 수를 써넣으세요.

$\frac{1}{8} \times \frac{1}{9} = \frac{1}{8 \times \square} = \frac{\square}{\square}$

2 그림에 알맞게 색칠하고 □ 안에 알맞은 수를 써넣으세요.

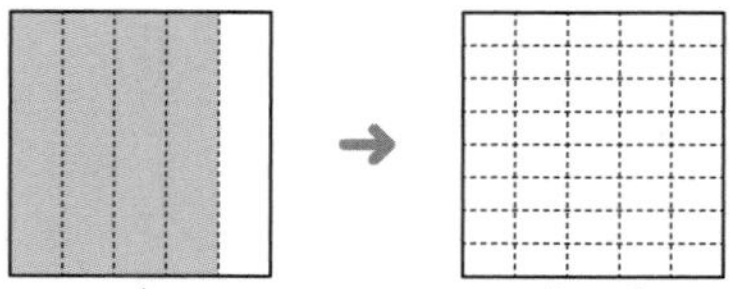

$\frac{4}{5}$ → $\frac{4}{5} \times \frac{3}{8}$

$\frac{4}{5} \times \frac{3}{8} = \frac{4 \times \square}{\square \times 8} = \frac{\square}{40} = \frac{\square}{10}$

4 〈보기〉와 같이 계산해 보세요.

〈보기〉

$\frac{4}{5} \times \frac{10}{13} = \frac{4 \times \overset{2}{\cancel{10}}}{\underset{1}{\cancel{5}} \times 13} = \frac{8}{13}$

$\frac{7}{12} \times \frac{13}{14} =$ ______________

5 다음이 나타내는 수를 구하세요.

$\frac{9}{14}$를 $\frac{5}{18}$배 한 수

7 직사각형의 넓이는 몇 cm^2일까요?

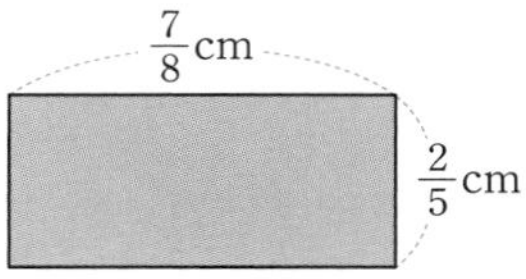

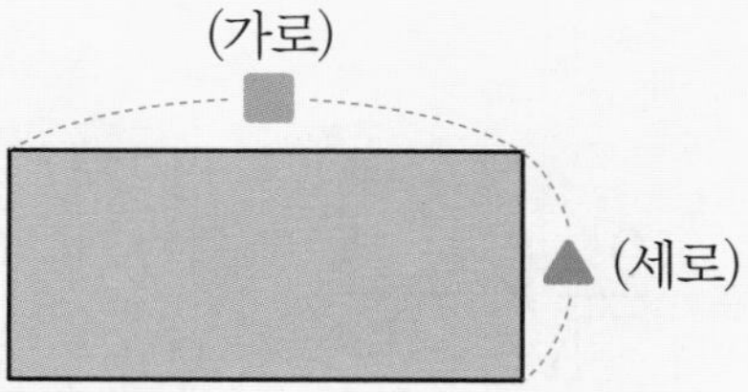

직사각형의 넓이 ➔ ■ × ▲

8 □ 안에 들어갈 수 있는 자연수를 모두 구하세요.

$$\frac{1}{35} < \frac{1}{7} \times \frac{1}{\square}$$

$\frac{1}{▲} < \frac{1}{■} \times \frac{1}{●}$ ➔ ▲ > ■ × ●

단위분수의 곱셈은 분자 1은 그대로 두고, 분모끼리 곱해.

알아둬!
분자가 같은 분수는 분모가 작을수록 큰 수야.

$$\frac{1}{2} > \frac{1}{3} > \frac{1}{4}$$

수학적 독해력

9 다음 수 카드 중 2장을 사용하여 계산 결과가 가장 작은 분수의 곱셈식을 만들려고 합니다. ■ + ●의 값을 구하세요.

1 2 3 4 5

$$\frac{1}{■} \times \frac{1}{●}$$

$$\frac{1}{■} \times \frac{1}{●} = \frac{1}{■ \times ●}$$

분모끼리 곱한 값이 가장 클 때 계산 결과는 가장 작아!

수학적 표현력

10 슬기네 반 학생의 $\frac{3}{5}$은 여학생이고, 그중 $\frac{3}{8}$은 안경을 썼습니다. 슬기네 반에서 안경을 쓴 여학생은 전체 학생의 몇 분의 몇인지 풀이 과정을 쓰고, 답을 구하세요.

슬기네 반 학생의 $\frac{3}{5}$은 여학생이고, 그중 $\frac{3}{8}$은 안경을 썼습니다. 슬기네 반에서 안경을 쓴 여학생은 전체 학생의 몇 분의 몇인지 구하세요.

안경을 쓴 여학생 = 슬기네 반 학생 중 여학생 × $\frac{3}{8}$

11일 여러 가지 분수의 곱셈

$1\frac{1}{8}\times2\frac{1}{9}=\frac{9}{\square}\times\frac{\square}{9}$

대분수를 가분수로

대분수끼리의 곱셈은 대분수를 가분수로 바꾸어 계산해.

(보기)

$1\frac{5}{6}\times3\frac{3}{4}=\frac{11}{\cancel{6}_{2}}\times\frac{\cancel{15}^{5}}{4}$

대분수를 가분수로

대분수를 가분수로 바꾸어 계산하는 방법이야!

앞에서부터 두 분수씩 차례로 계산하거나

$\frac{●}{■}\times\frac{▲}{★}\times\frac{◆}{♥}=\left(\frac{●}{■}\times\frac{▲}{★}\right)\times\frac{◆}{♥}$

세 분수를 한꺼번에 계산해.

$\frac{●}{■}\times\frac{▲}{★}\times\frac{◆}{♥}=\frac{●\times▲\times◆}{■\times★\times♥}$

(어떤 수)$=2\frac{2}{5}\times1\frac{1}{3}$

(어떤 수)$\times2\frac{1}{4}=\boxed{?}$

(어떤 수)를 먼저 구한 후 어떤 수의 $2\frac{1}{4}$배를 계산해.

1 □ 안에 알맞은 수를 써넣으세요.

$1\frac{1}{8}\times2\frac{1}{9}=\frac{9}{\square}\times\frac{\square}{9}=\frac{\cancel{9}^{1}\times\square}{8\times\cancel{9}_{1}}$

$=\frac{\square}{\square}=\square\frac{\square}{\square}$

3 (보기)와 같이 계산해 보세요.

(보기)

$1\frac{5}{6}\times3\frac{3}{4}=\frac{11}{\cancel{6}_{2}}\times\frac{\cancel{15}^{5}}{4}=\frac{55}{8}=6\frac{7}{8}$

$1\frac{4}{5}\times1\frac{1}{6}=$ ____________

5 빈 곳에 알맞은 수를 써넣으세요.

$\frac{5}{7}$ → $\times\frac{9}{10}$ → $\times\frac{5}{12}$ → $\square$

6 어떤 수는 $2\frac{2}{5}$의 $1\frac{1}{3}$배입니다. 어떤 수의 $2\frac{1}{4}$배는 얼마일까요?

2 단원

7 계산 결과가 작은 것부터 차례로 기호를 쓰세요.

㉠ $1\frac{3}{5}\times\frac{3}{4}$	㉡ $1\frac{3}{5}\times\frac{3}{4}\times\frac{1}{2}$
㉢ $1\frac{3}{5}\times1\frac{2}{3}$	㉣ $1\frac{3}{5}\times1\frac{2}{3}\times1\frac{6}{7}$

어떤 수에 진분수를 곱한 값은 어떤 수보다 작아져.

㉠ $1\frac{3}{5}\times\frac{3}{4}$ ㉡ $1\frac{3}{5}\times\frac{3}{4}\times\frac{1}{2}$

㉢ $1\frac{3}{5}\times1\frac{2}{3}$ ㉣ $1\frac{3}{5}\times1\frac{2}{3}\times1\frac{6}{7}$

어떤 수에 대분수를 곱한 값은 어떤 수보다 커져.

8 □ 안에 들어갈 수 있는 자연수를 모두 구하세요.

$2\frac{1}{3}\times1\frac{2}{5}<\square<1\frac{3}{7}\times4\frac{2}{5}$

$2\frac{1}{3}\times1\frac{2}{5}<\square<1\frac{3}{7}\times4\frac{2}{5}$

□ 안에 들어갈 수 있는 자연수는 (▲+1)부터 ★까지야.

수학적 독해력

+9 다음 수 카드를 한 번씩만 사용하여 만들 수 있는 가장 큰 대분수와 가장 작은 대분수의 곱을 구하세요.

2 3 6

가장 큰 대분수		가장 작은 대분수
$6\frac{\square}{\square}$	×	$2\frac{\square}{\square}$
자연수 부분이 가장 커야 해.		자연수 부분이 가장 작아야 해.

수학적 표현력

+10 민아네 학교의 전체 학생 수의 $\frac{5}{14}$는 5학년입니다. 5학년 중에서 $\frac{5}{9}$가 여학생이고, 그중 $\frac{7}{15}$이 수학을 좋아합니다. 수학을 좋아하는 5학년 여학생은 전체 학생의 얼마인지 풀이 과정을 쓰고, 답을 구하세요.

수학을 좋아하는 5학년 여학생

↓

전체 학생 중 5학년 학생 × 5학년 학생 중 여학생 × 그중 수학을 좋아하는 학생

12일 도형의 합동

도형을 뒤집거나, 돌려서 포개었을 때 남거나 모자라는 부분이 없으면 합동이야.

1 오른쪽 표지판과 모양이 서로 합동인 표지판을 찾아 ○표 하세요. (단, 표지판의 색깔과 표지판 안의 그림은 생각하지 않습니다.)

( ) ( ) ( ) ( )

모눈의 칸 수를 세어 합동이 아닌 도형을 찾아봐!

도형을 뒤집거나 돌려서 포개었을 때 남거나 모자라는 부분이 없으면 합동이야.

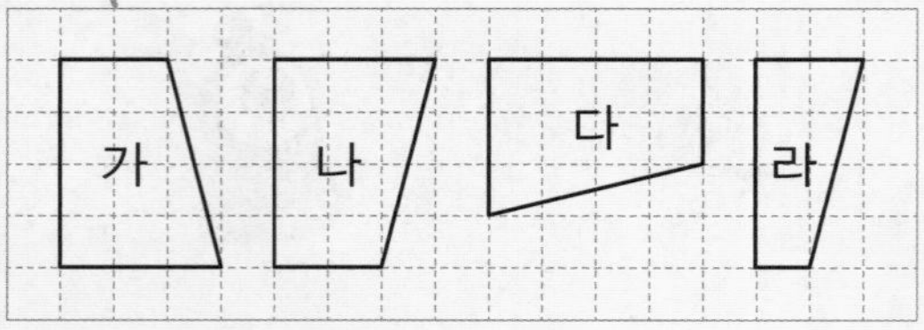

4 나머지 셋과 합동이 아닌 도형을 찾아 기호를 쓰세요.

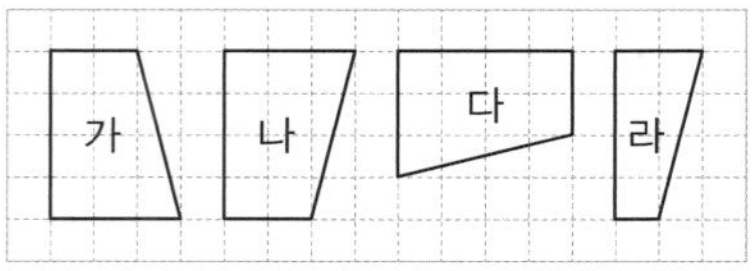

( )

직사각형의 두 대각선이 만나는 점을 지나는 직선으로 잘랐을 때 만들어지는 두 도형은 서로 합동이야.

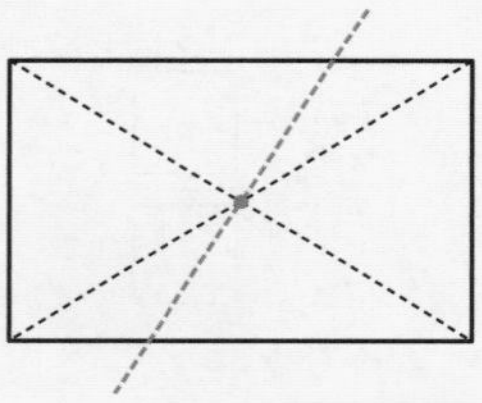

5 직사각형을 점선을 따라 잘랐을 때 만들어지는 두 도형이 서로 합동이 되는 점선을 모두 찾아 번호를 쓰세요.

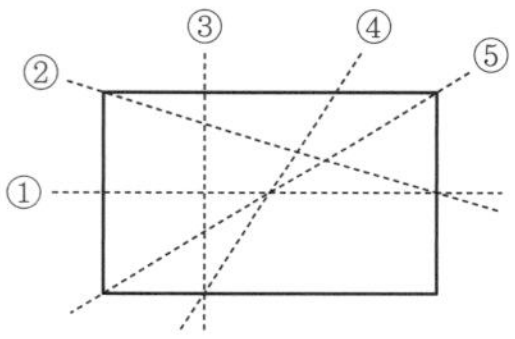

( )

모양과 크기가 같아서 포개었을 때 완전히 겹치도록 도형을 그려 봐.

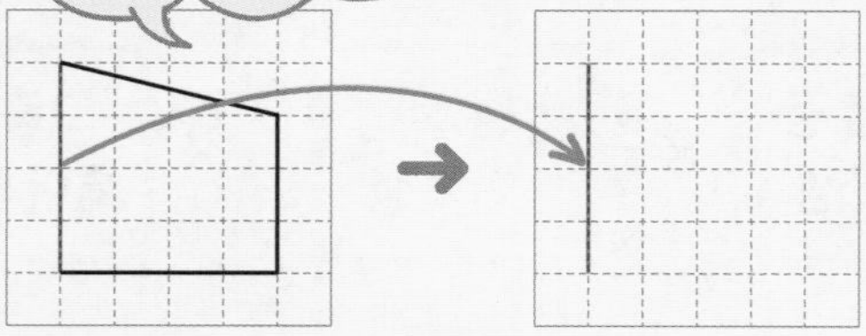

6 주어진 도형과 서로 합동인 도형을 그려 보세요.

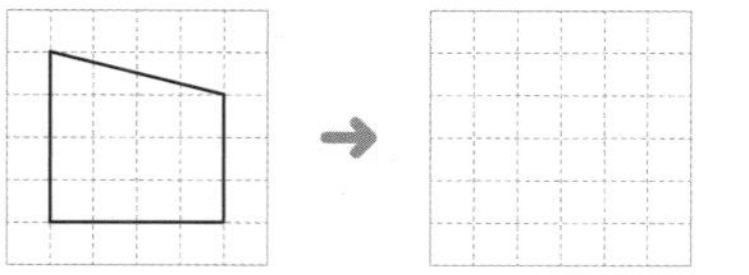

7 점선을 따라 잘랐을 때 만들어지는 두 도형이 서로 합동인 것을 모두 찾아 기호를 쓰세요.

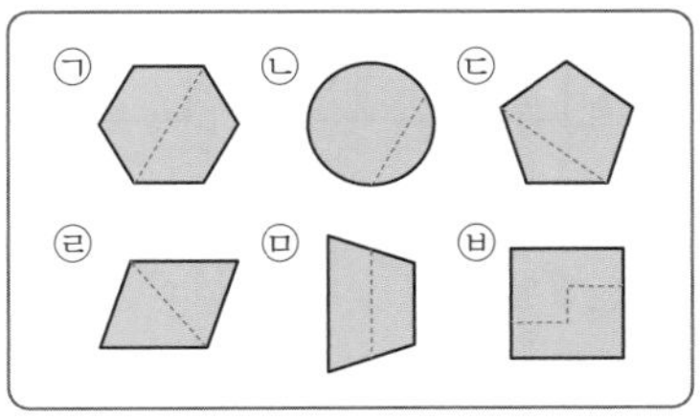

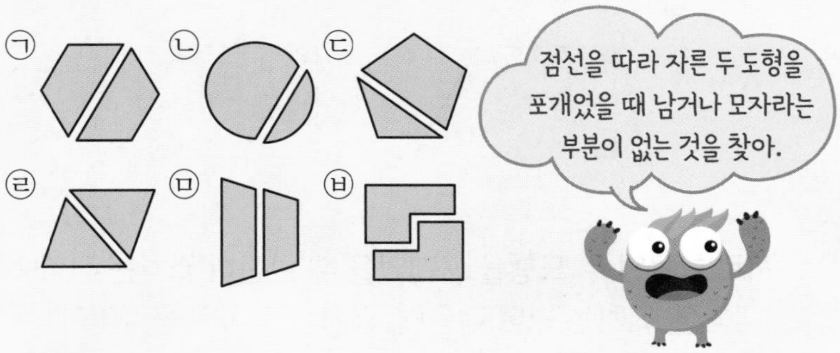

8 두 변의 길이가 같은 직각삼각형에 선을 3개 그어서 서로 합동인 삼각형 4개가 되도록 나누어 보세요.

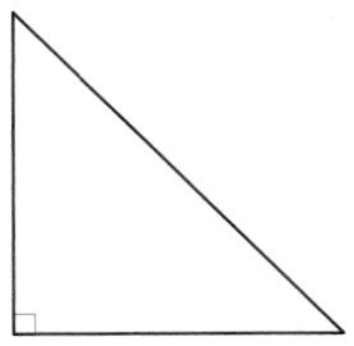

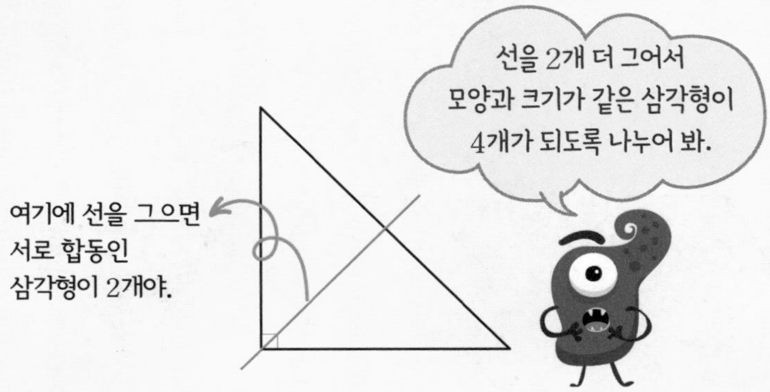

수학적 독해력

+9 합동인 두 도형에 대한 대화를 보고 바르게 말한 사람을 찾아 이름을 쓰세요.

- 수현: 넓이가 같으면 서로 합동이야.
- 민호: 모양이 같으면 서로 합동이야.
- 윤하: 두 도형을 포개었을 때 완전히 겹치면 서로 합동이야.

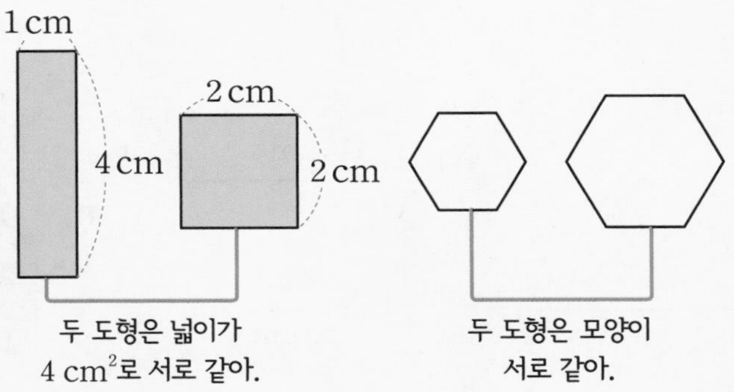

수학적 표현력

+10 두 도형이 합동인지 아닌지 쓰고, 그 이유를 설명하세요.

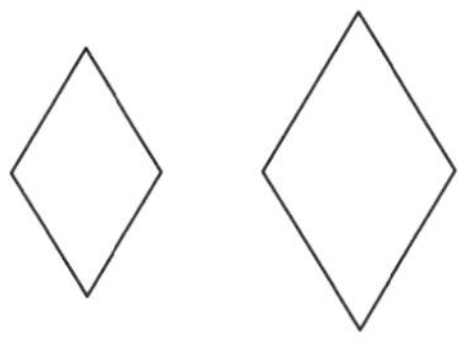

13일 합동인 도형의 성질

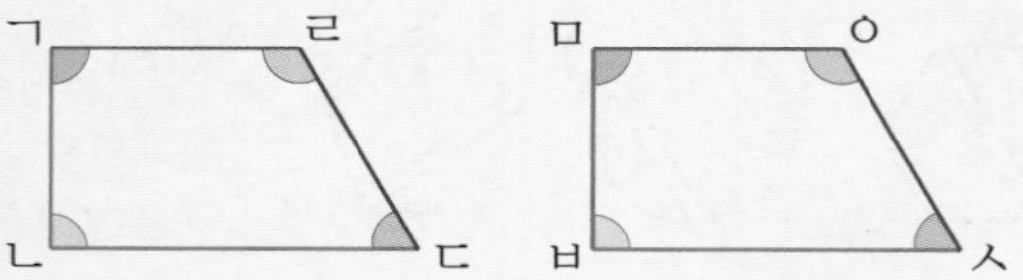

서로 합동인 두 도형을 포개었을 때 완전히 겹치는 점이 대응점, 겹치는 변이 대응변, 겹치는 각이 대응각**이야.**

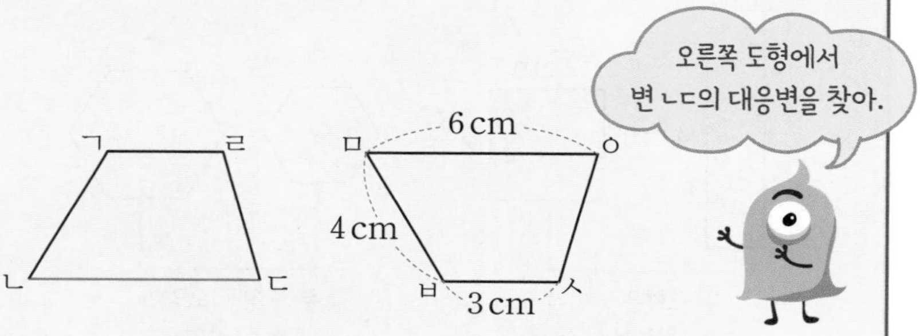

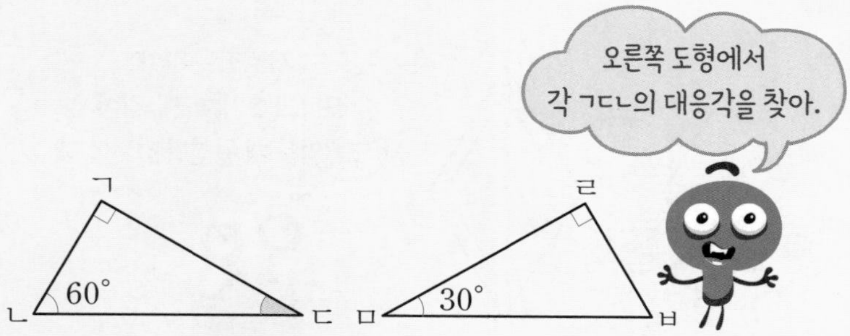

1 두 사각형은 서로 합동입니다. 물음에 답하세요.

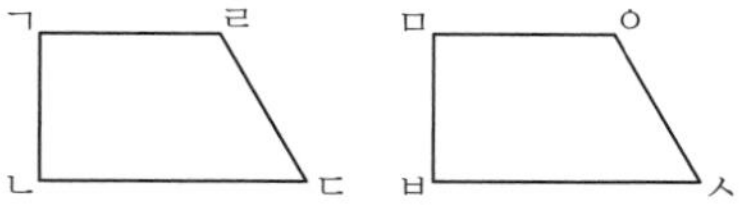

(1) 점 ㄷ의 대응점을 쓰세요.

( )

(2) 변 ㄴㄷ의 대응변을 쓰세요.

( )

(3) 각 ㄱㄹㄷ의 대응각을 쓰세요.

( )

2 두 도형은 서로 합동입니다. 대응점, 대응변, 대응각이 각각 몇 쌍 있는지 쓰세요.

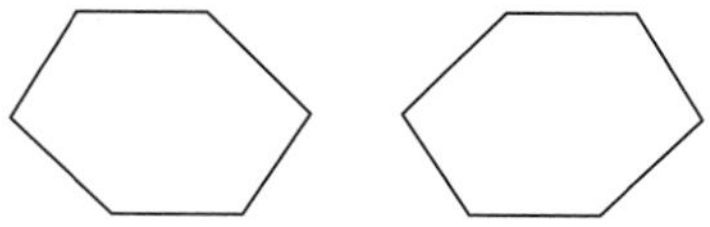

대응점 ( )

대응변 ( )

대응각 ( )

3 두 사각형은 서로 합동입니다. 변 ㄴㄷ은 몇 cm인가요?

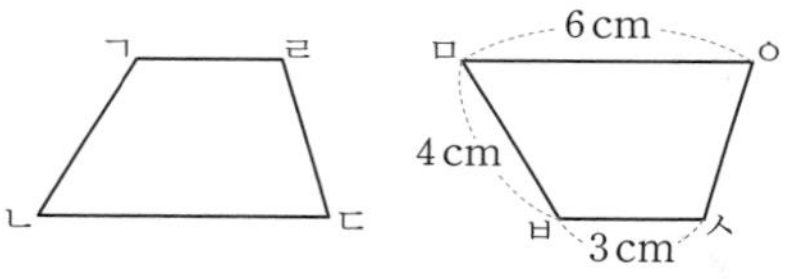

4 두 삼각형은 서로 합동입니다. 각 ㄱㄷㄴ은 몇 도인가요?

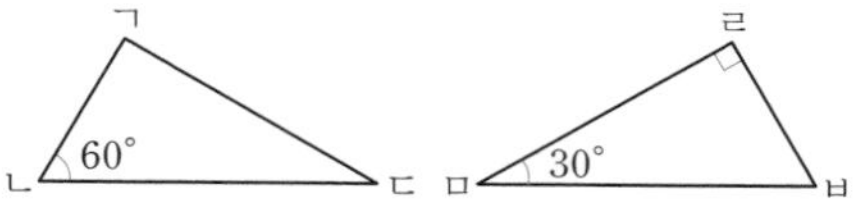

7 두 사각형은 서로 합동입니다. 사각형 ㄱㄴㄷㄹ의 둘레는 몇 cm인지 구하세요.

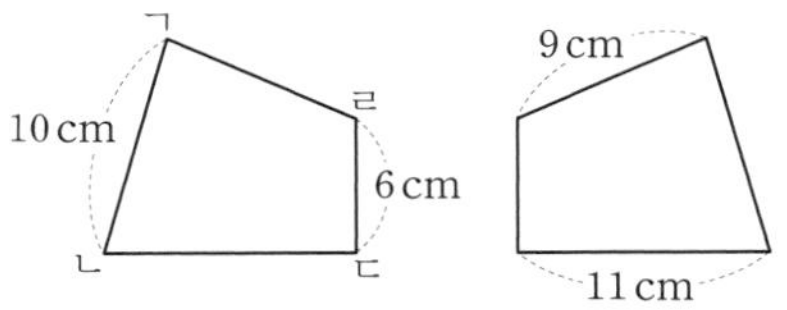

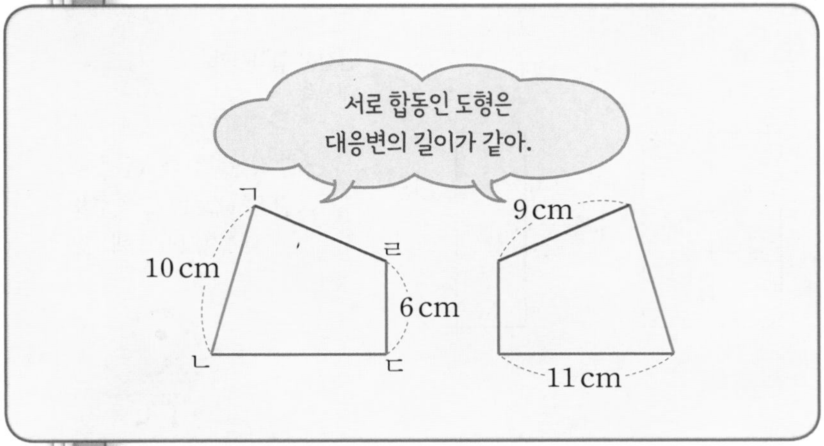

8 두 사각형은 서로 합동입니다. 각 ㅁㅂㅅ은 몇 도인가요?

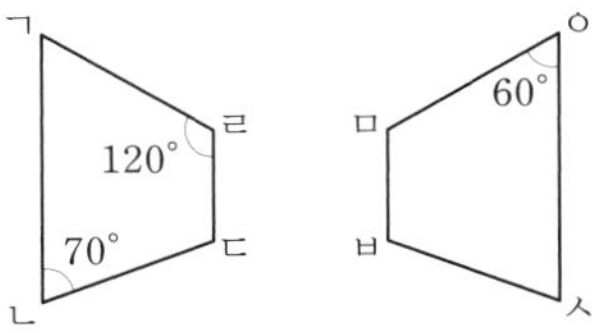

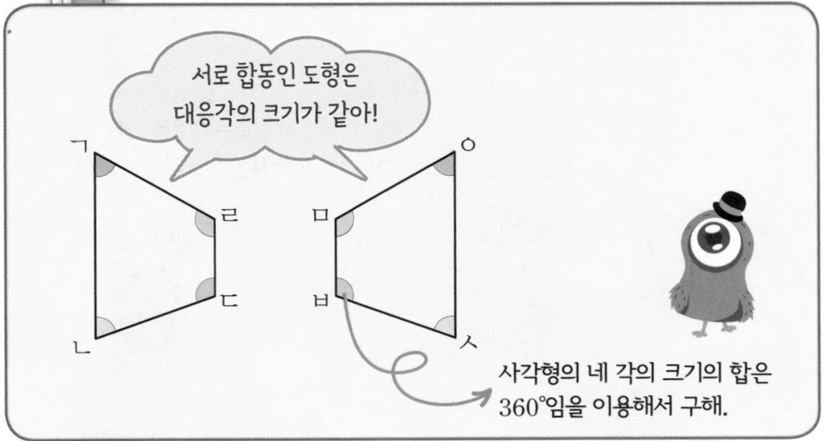

수학적 독해력

+9 다음과 같은 모양의 화단이 있습니다. 삼각형 ㄱㄴㄷ과 삼각형 ㄷㄹㅁ이 서로 합동일 때 전체 화단의 둘레는 몇 m인가요?

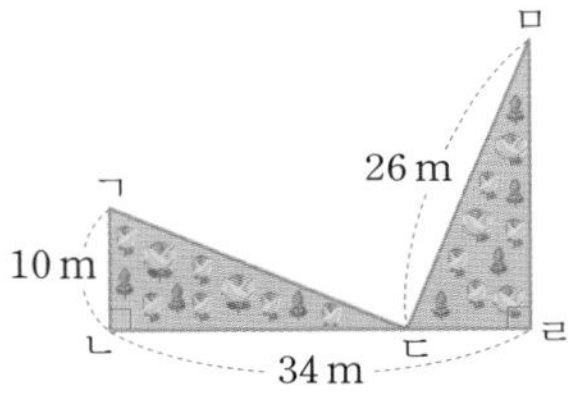

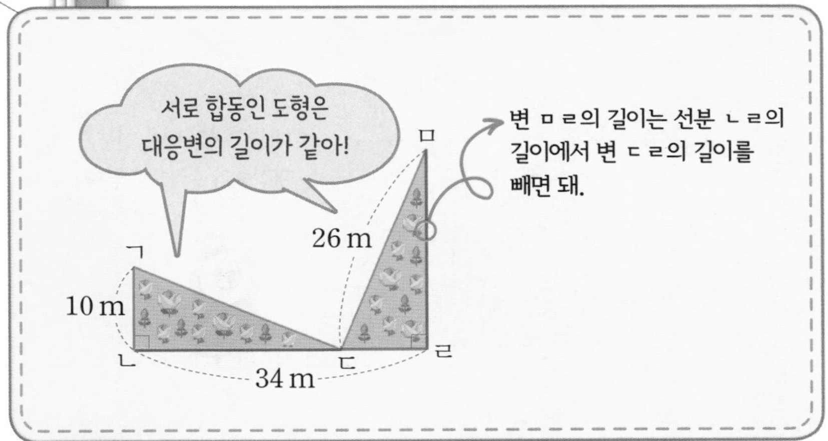

수학적 표현력

+10 두 삼각형은 서로 합동입니다. 각 ㄹㅁㅂ은 몇 도인지 풀이 과정을 쓰고, 답을 구하세요.

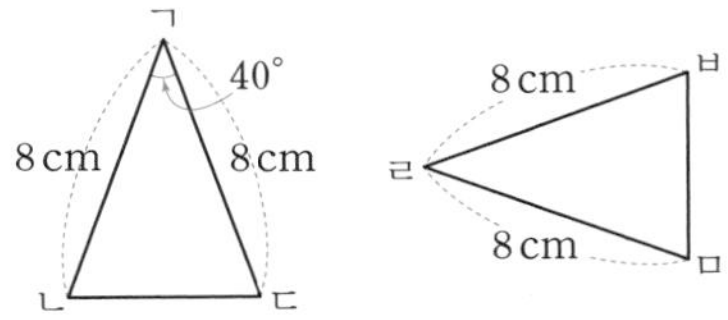

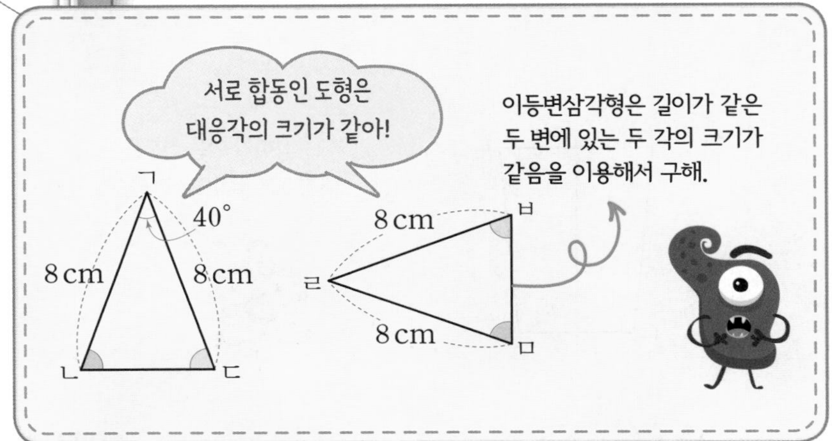

14일 선대칭도형과 그 성질

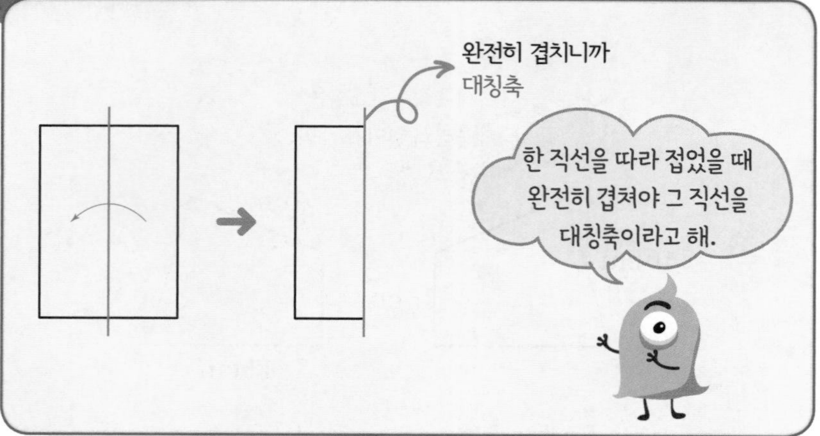

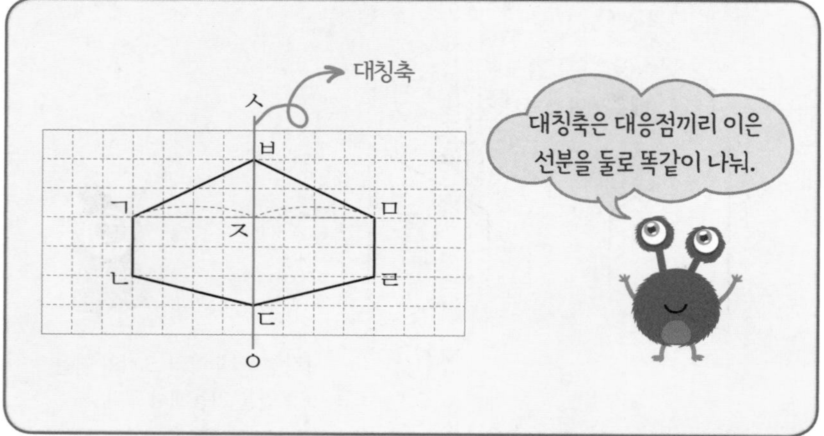

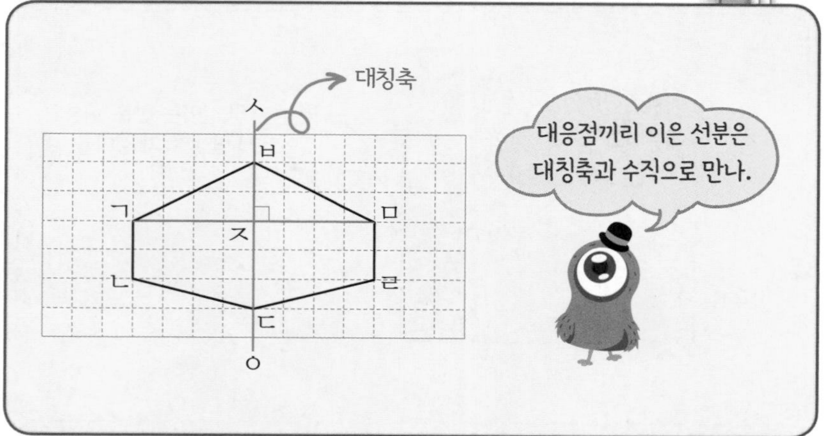

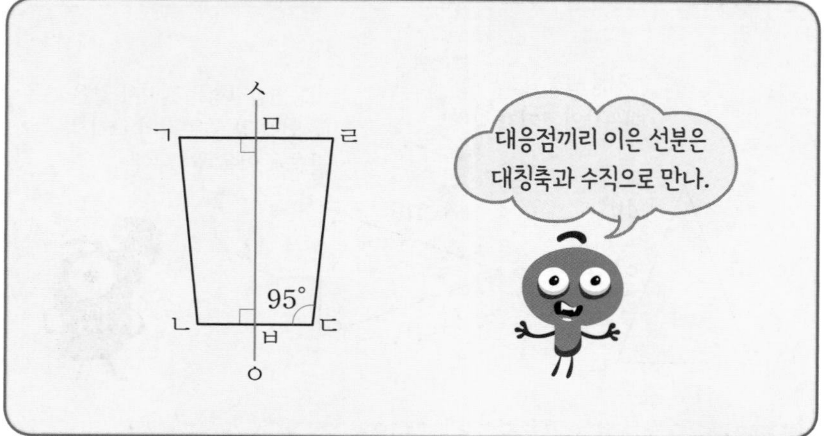

2 그림과 같이 직사각형에 직선을 그었을 때 대칭축이 되는 직선을 모두 찾아 기호를 쓰세요.

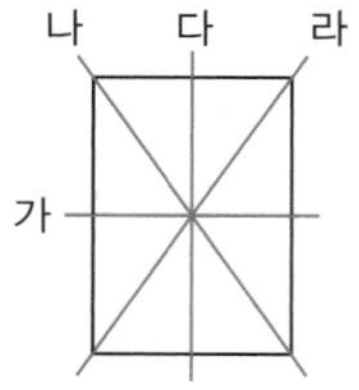

4 직선 ㅅㅇ을 대칭축으로 하는 선대칭도형입니다. 선분 ㄱㅈ과 길이가 같은 선분은 어느 것인가요?

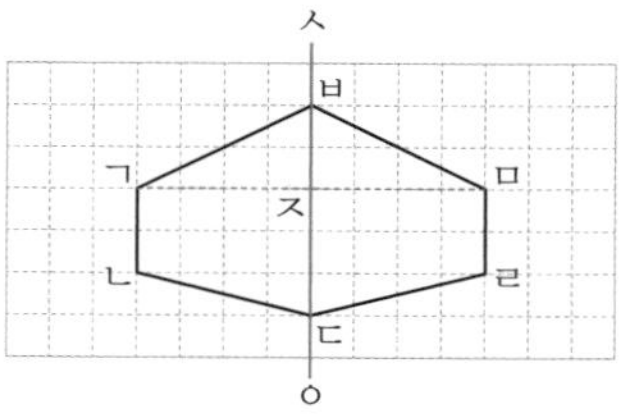

5 선분 ㄱㅁ이 대칭축과 만나서 이루는 각은 몇 도인가요?

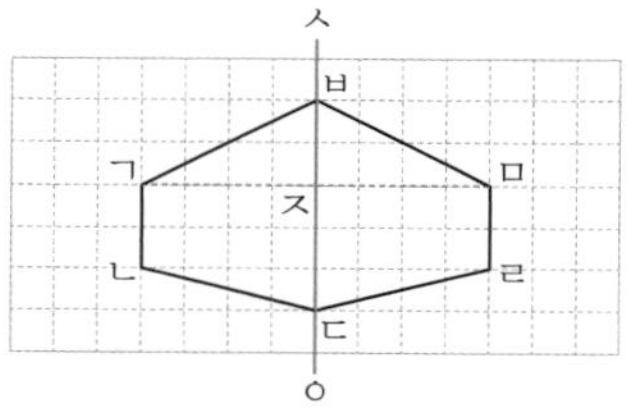

6 직선 ㅅㅇ을 대칭축으로 하는 선대칭도형입니다. 각 ㄱㄹㄷ는 몇 도인가요?

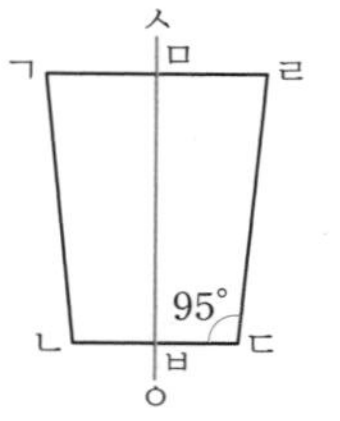

7 대칭축의 수가 많은 도형부터 차례로 기호를 쓰세요.

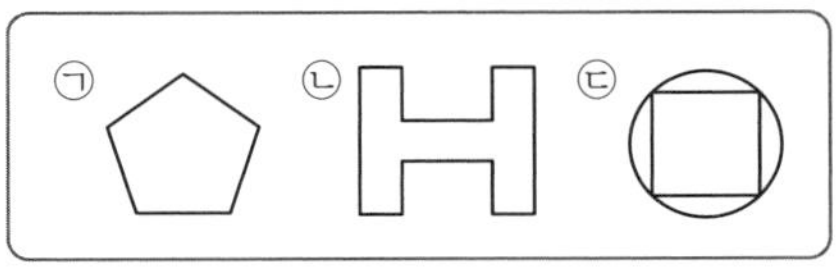

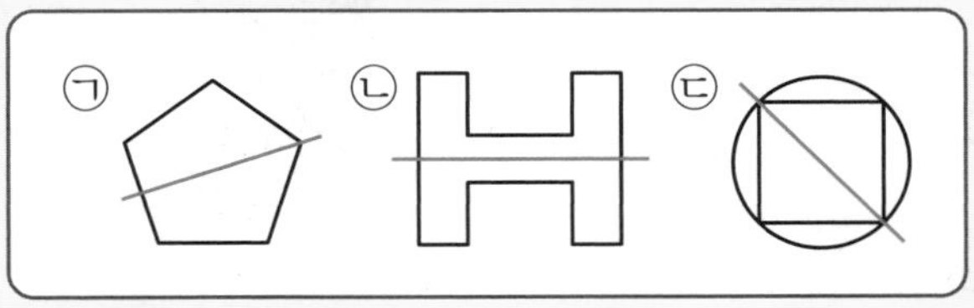

8 선분 ㄱㄷ을 대칭축으로 하는 선대칭도형입니다. 각 ㄷㄱㄹ은 몇 도인가요?

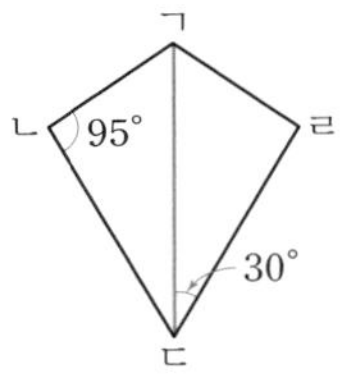

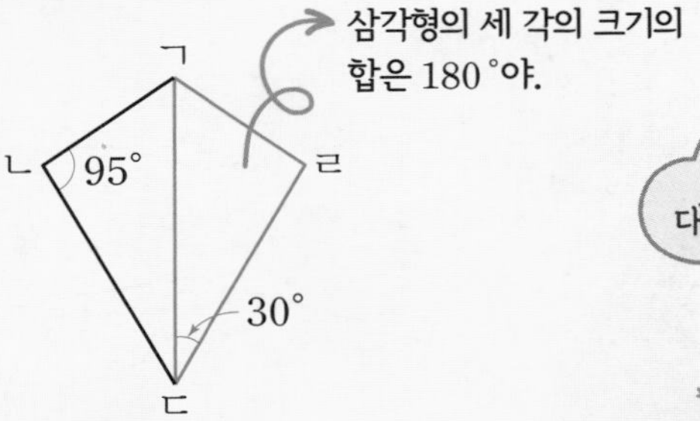

수학적 독해력

9 직선 ㅅㅇ을 대칭축으로 하는 선대칭도형 모양의 타일이 있습니다. 이 타일의 둘레는 몇 cm인가요?

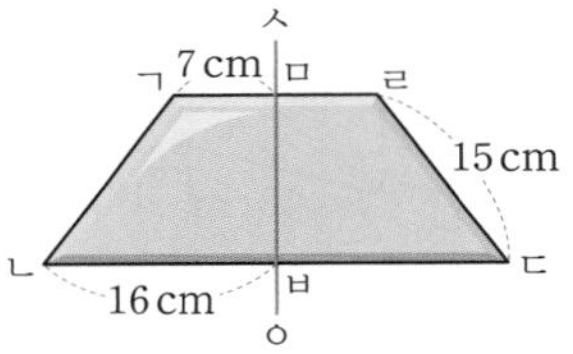

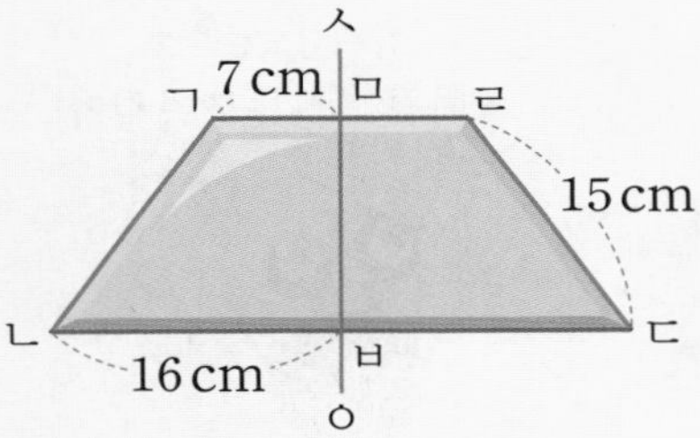

수학적 표현력

10 직선 ㄱㄴ을 대칭축으로 하는 선대칭도형입니다. ㉠은 몇 도인지 풀이 과정을 쓰고, 답을 구하세요.

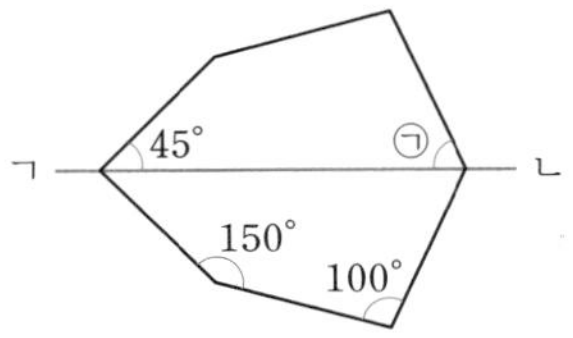

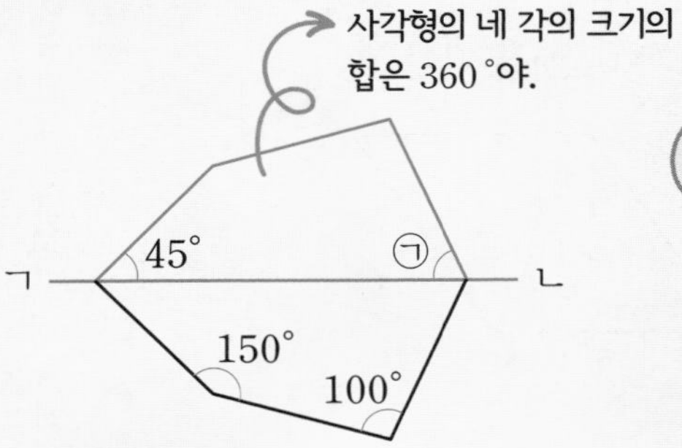

15일 점대칭도형과 그 성질

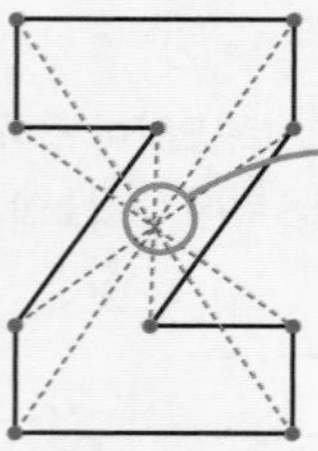

알아둬!

대응점끼리 이은 선분들이 만나는 점이 대칭의 중심이야.

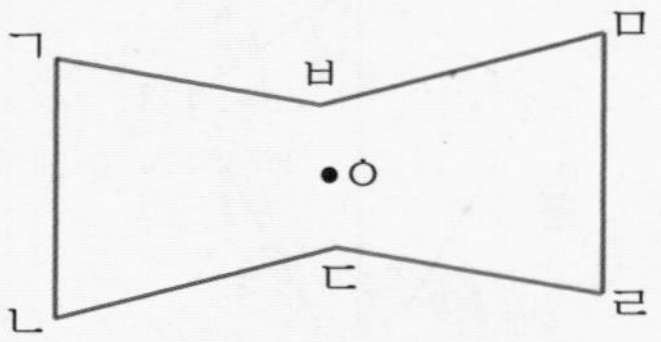

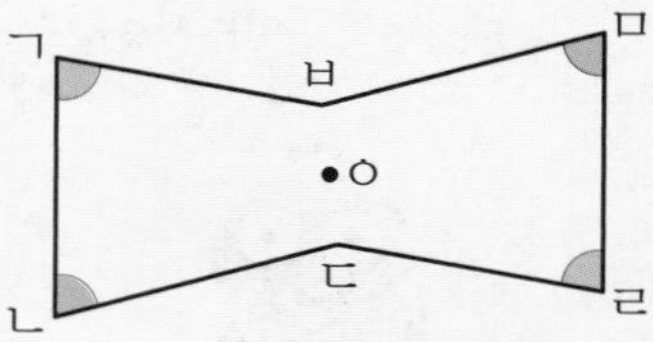

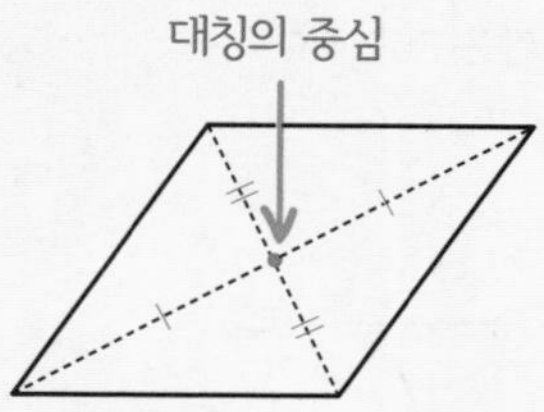

2 다음 도형은 점대칭도형입니다. 대칭의 중심은 몇 개인가요?

4 점 ㅇ을 대칭의 중심으로 하는 점대칭도형입니다. 변 ㅂㅁ은 몇 cm인가요?

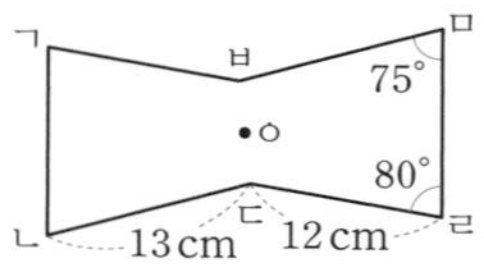

5 각 ㄱㄴㄷ은 몇 도인가요?

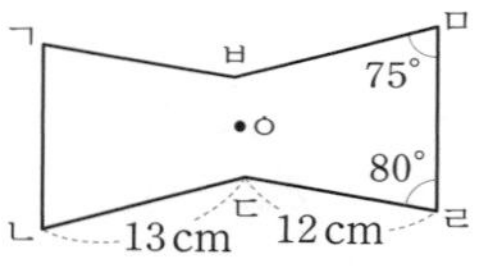

6 점대칭도형에 대해 잘못 말한 사람을 찾아 이름을 쓰세요.

수현: 대칭의 중심은 항상 1개야.

민호: 대칭의 중심은 대응점끼리 이은 선분을 둘로 똑같이 나눠.

윤하: 각각의 대응점에서 대칭의 중심까지의 거리는 서로 달라.

7 점 ㅇ을 대칭의 중심으로 하는 점대칭도형입니다. □ 안에 알맞은 각도를 써넣으세요.

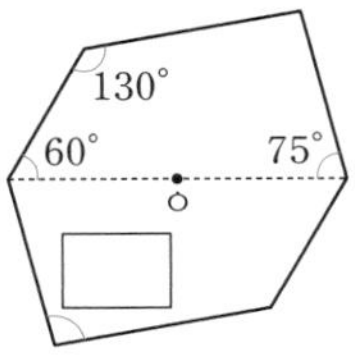

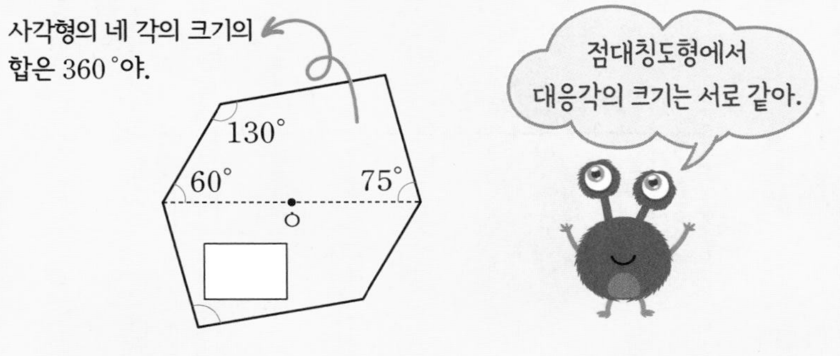

8 점 ㅇ을 대칭의 중심으로 하는 점대칭도형입니다. 선분 ㄱㄹ과 선분 ㅇㅁ의 길이의 차는 cm인지 구하세요.

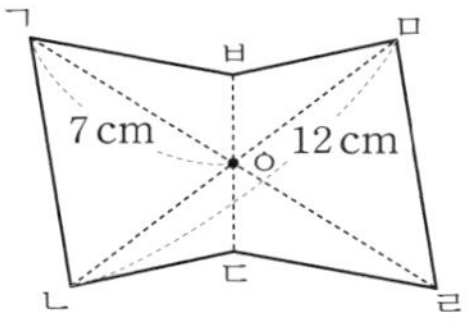

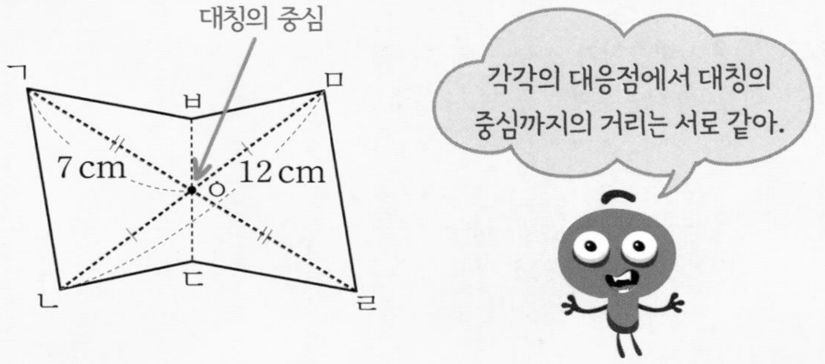

수학적 독해력

+9 점 ㅇ을 대칭의 중심으로 하는 점대칭도형입니다. 이 점대칭도형의 둘레는 몇 cm인지 구하세요.

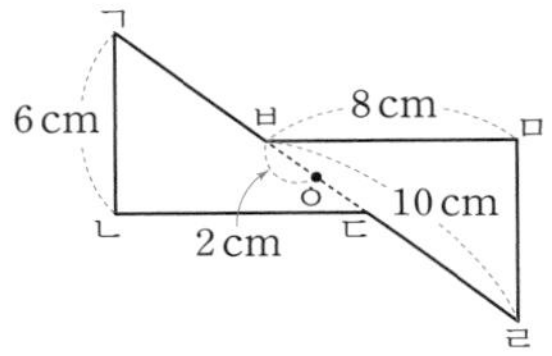

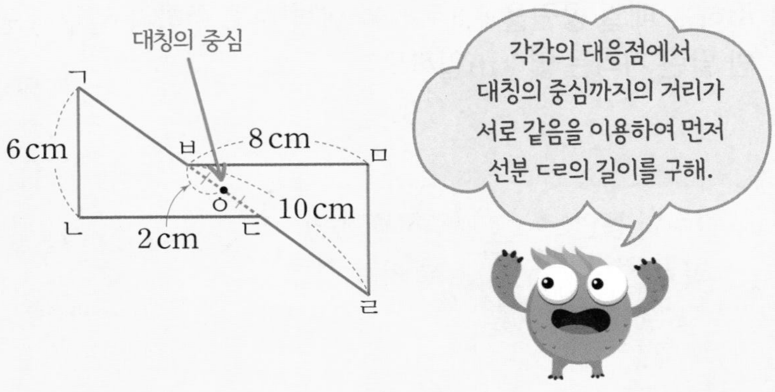

수학적 표현력

+10 점 ㅇ을 대칭의 중심으로 하는 점대칭도형입니다. 이 점대칭도형의 둘레가 94 cm일 때 변 ㅅㅈ은 몇 cm인지 풀이 과정을 쓰고, 답을 구하세요.

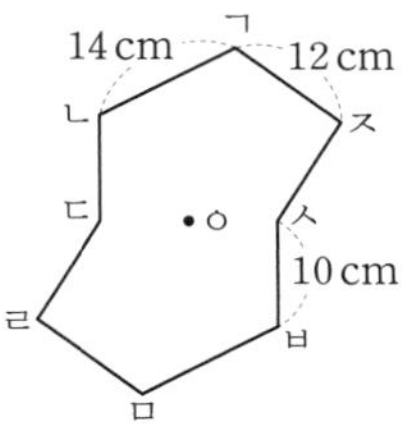

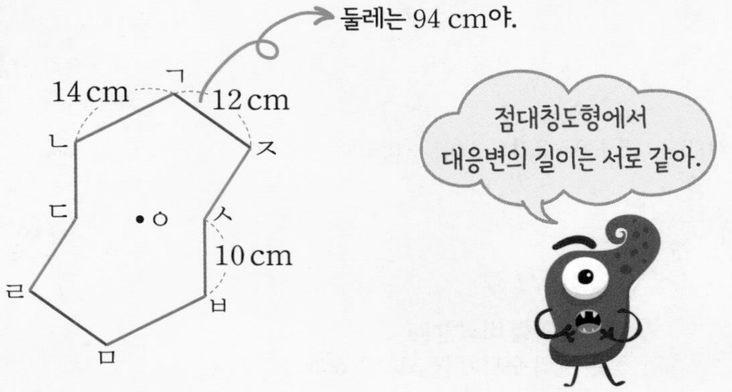

16일 (소수) × (자연수) (1)

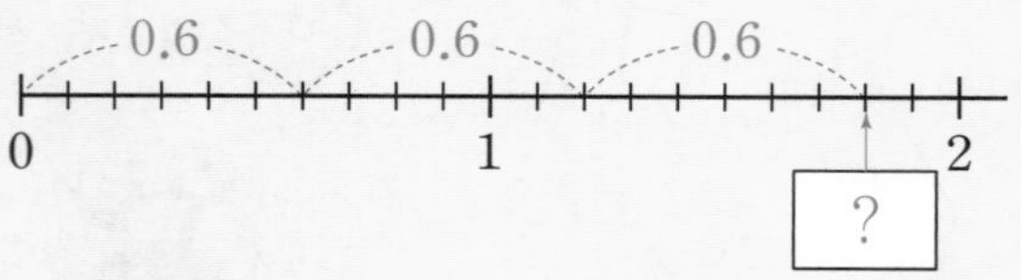

높은 자리 숫자가 작을수록 작은 수야.

높은 자리 숫자가 클수록 큰 수야.

가장 작은 수 □ × 가장 큰 수 □ = □

주하는 매일 공원을 0.8 km씩 달립니다. 주하가 일주일 동안 달린 거리는 몇 km일까요?

일주일 동안 달린 거리 = 하루 동안 달리는 거리 × 달린 날수

0.5×8

곱셈식을 각각 덧셈식이나 분수의 곱셈으로 계산해 봐.

$0.5+0.5+0.5+0.5+0.5+0.5+0.5+0.5=?$

$\frac{5}{10} \times 8=?$

알아둬!

계산 결과를 비교할 때
높은 자리 숫자가 클수록 큰 수야.

1 수직선을 보고 □ 안에 알맞은 수를 써넣으세요.

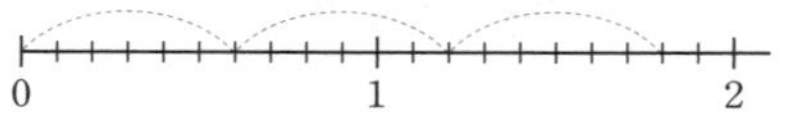

$0.6 \times 3=$ □

4 가장 작은 수와 가장 큰 수의 곱을 구하세요.

0.7	2	0.19

5 주하는 매일 공원을 0.8 km씩 달립니다. 주하가 일주일 동안 달린 거리는 몇 km일까요?

6 계산 결과가 큰 것부터 차례로 ◯ 안에 1, 2, 3을 써넣으세요.

0.71×5 ◯ | 0.5×8 ◯ | 0.38×9 ◯

7 □ 안에 들어갈 수 있는 자연수는 모두 몇 개일까요?

$0.6 \times 7 < \square < 0.7 \times 12$

$0.6 \times 7 < \square < 0.7 \times 12$

↓ □ ↓ □

먼저 곱셈식을 각각 계산한 후 생각해.

8 길이가 0.4 m인 색 테이프 9개를 0.08 m씩 겹쳐서 이어 붙였습니다. 이어 붙인 색 테이프의 전체 길이는 몇 m일까요?

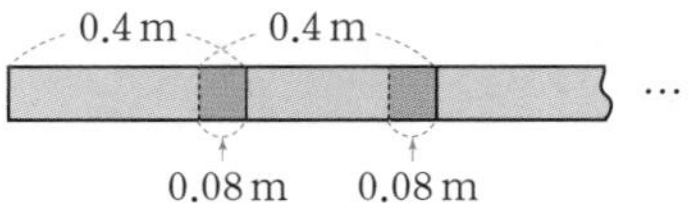

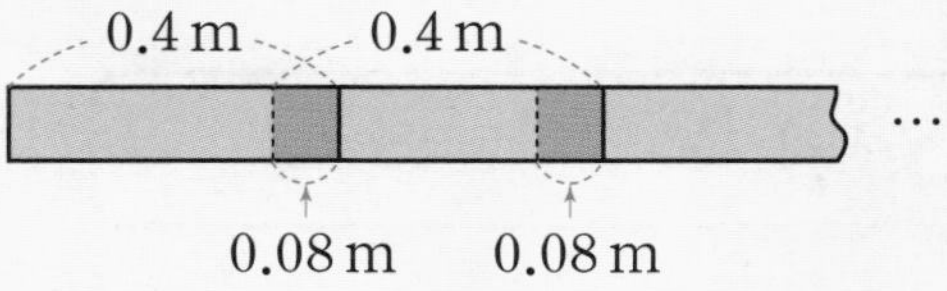

주의해! 겹쳐진 부분의 수는 이어 붙인 색 테이프의 수보다 1개 적어.

이어 붙인 색 테이프의 전체 길이 = 색 테이프 9개의 길이의 합 − 겹쳐진 부분의 길이의 합

수학적 독해력

+9 다음은 로운이의 간식표입니다. 이번 주에 필요한 간식을 준비하려면 1 L짜리 주스를 최소 몇 개 사야 할지 구하세요.

월	화	수	목	금	토	일
우유 0.5 L	주스 0.6 L	우유 0.5 L	주스 0.6 L	주스 0.6 L	우유 0.5 L	주스 0.6 L

월	화	수	목	금	토	일
우유 0.5 L	주스 0.6 L	우유 0.5 L	주스 0.6 L	주스 0.6 L	우유 0.5 L	주스 0.6 L

주스를 먹는 날은 4일이야.

주의해! 주스는 1 L짜리로만 살 수 있어.

수학적 표현력

+10 계산 결과를 잘못 말한 사람의 이름을 쓰고, 잘못 말한 부분을 바르게 고쳐 보세요.

영민: 0.22×5
22와 5의 곱은 약 100이니까 0.22와 5의 곱은 약 10 정도가 돼.

서연: 0.58×5
0.6과 5의 곱으로 어림할 수 있으니까 결과는 3 정도가 돼.

영민

22와 5의 곱은 약 100

$\frac{1}{100}$배 ↓ ↓ $\frac{1}{100}$배

0.22와 5의 곱은 약 ?

17일 (소수) × (자연수) (2)

■를 ▲번 더한 수는
■ × ▲와 같아

$●.★ = \frac{●★}{10}$

$8.9+8.9+8.9$	8.9×4	$\frac{89}{10} \times 4$

3 계산 결과가 다른 것을 찾아 ○표 하세요.

$8.9+8.9+8.9$	8.9×4	$\frac{89}{10} \times 4$

㉠ 1.1×8　㉡ 1.7×4　㉢ 4.2×2

1과 8의 곱으로 어림하여 계산해.　2와 4의 곱으로 어림하여 계산해.　4와 2의 곱으로 어림하여 계산해.

4 어림하여 계산 결과가 8보다 작은 것을 찾아 기호를 쓰세요.

㉠ 1.1×8　㉡ 1.7×4　㉢ 4.2×2

9.2×3 ○ 7.29×4

↓ □　↓ □

곱셈식을 각각 계산한 후 크기를 비교해.

5 계산 결과를 비교하여 ○ 안에 >, =, <를 알맞게 써넣으세요.

9.2×3 ○ 7.29×4

1봉지 → 5.2 kg

↓ ×8　↓ ×8

8봉지 → □ kg

6 귤이 한 봉지에 5.2 kg씩 8봉지 있습니다. 귤은 모두 몇 kg일까요?

7 1부터 9까지의 수 중에서 □ 안에 들어갈 수 있는 수를 모두 구하세요.

$6.23 \times 2 < 12.4\square$

$6.23 \times 2 < 12.4\square$

↓

□

(소수)×(자연수)를 먼저 계산한 다음 생각해.

주의해!

소수의 크기를 비교할 땐 높은 자리 숫자부터 차례로 비교해.

8 직사각형의 둘레는 몇 cm일까요?

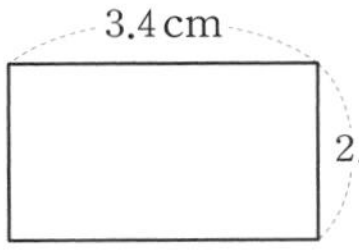

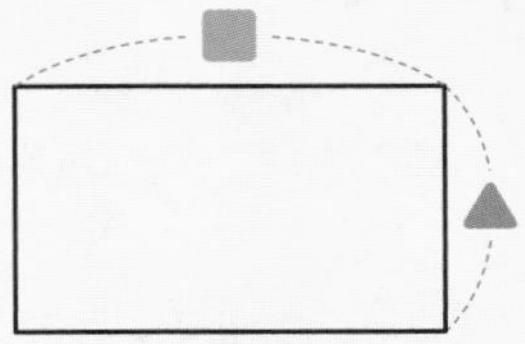

직사각형의 둘레 → (■ + ▲) × 2

직사각형은 마주 보는 변의 길이가 각각 같으니까 가로와 세로를 더한 다음 2배해.

수학적 독해력

+9 슬기와 민호가 독서를 한 시간의 합은 몇 시간인지 구하세요.

하루에 2시간 30분씩 6일 동안 독서를 했어.

하루에 1시간 30분씩 8일 동안 독서를 했어.

30분은 0.5시간이야.

하루에 2시간 30분씩 6일 동안 독서를 했어.

↓

2.5×6

30분은 0.5시간이야.

하루에 1시간 30분씩 8일 동안 독서를 했어.

↓

1.5×8

수학적 표현력

+10 어느 날 중국의 환율이 다음과 같을 때 우리나라 돈 6000원을 중국 돈으로 바꾸면 얼마가 되는지 풀이 과정을 쓰고, 답을 구하세요.

우리나라 돈 1000원이 중국 돈 5.24위안입니다.

우리나라 돈		중국 돈
1000원	→	5.24위안
↓ ×6		↓ ×6
6000원	→	□위안

18일 (자연수) × (소수) (1)

분수의 분모는 그대로 두고 자연수와 분자를 곱해!

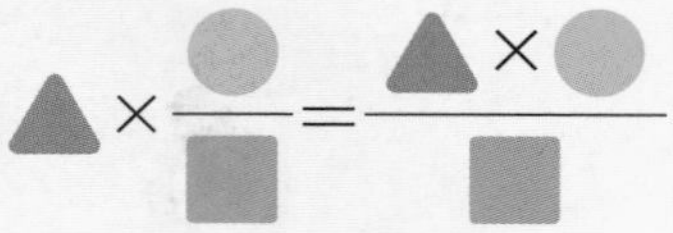

49×7= 343 → $\frac{1}{10}$배 → $\frac{1}{10}$배 → 49×0.7=□

49×7= 343 → $\frac{1}{100}$배 → $\frac{1}{100}$배 → 49×0.07=□

㉠ 6의 0.45　㉡ 3×0.98　㉢ 5×0.61

6과 0.5의 곱으로 어림하여 계산해.　3와 1의 곱으로 어림하여 계산해.　5와 0.6의 곱으로 어림하여 계산해.

선우네 가족은 하루에 물 280 L를 사용합니다. 수압 밸브를 약하게 조절하면 평소 사용량의 0.26배만큼 아낄 수 있습니다.

(하루 동안 아낄 수 있는 물의 양) = (하루에 사용하는 물의 양) × 0.26

1 7×0.3을 분수의 곱셈으로 바르게 계산한 것을 찾아 기호를 쓰세요.

㉠ $7\times0.3=7\times\frac{3}{10}=\frac{3}{7\times10}=\frac{3}{70}$

㉡ $7\times0.3=7\times\frac{3}{10}=\frac{7\times3}{10}=\frac{21}{10}=2.1$

2 자연수의 곱셈을 이용하여 □ 안에 알맞은 수를 써넣으세요.

(1) 49×7=343　　49×0.7=□　　49×0.07=□

(2) 56×8=448　　56×0.8=□　　56×0.08=□

4 어림하여 계산 결과가 3보다 큰 것을 찾아 기호를 쓰세요.

㉠ 6의 0.45　㉡ 3×0.98　㉢ 5×0.61

6 선우네 가족은 하루에 물 280 L를 사용합니다. 수압 밸브를 약하게 조절하면 평소 사용량의 0.26배만큼 아낄 수 있습니다. 수압 밸브를 약하게 조절했을 때 선우네 가족이 하루 동안 아낄 수 있는 물의 양은 몇 L일까요?

7 평행사변형의 넓이는 몇 cm^2일까요?

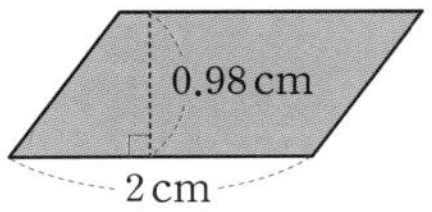

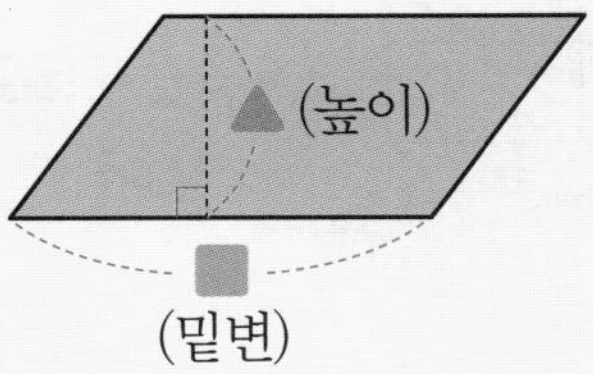

평행사변형의 넓이 → ■ × ▲

8 다음과 같이 약속할 때 20★0.73을 계산해 보세요.

㉠★㉡=㉠×㉡+㉠

20★0.73

㉠ ★ ㉡=㉠×㉡+㉠

㉠에 20을, ㉡에 0.73을 넣어서 계산해 봐.

주의해!

+, ×이 섞여 있는 식은 ×을 먼저 계산해.

수학적 독해력

+9 □ 안에 알맞은 행성의 이름을 쓰세요.

- 금성에서 잰 몸무게는 지구에서 잰 몸무게의 약 0.91배입니다.
- 수성에서 잰 몸무게는 지구에서 잰 몸무게의 약 0.38배입니다.

지구에서 내 몸무게가 40 kg이니까 □에서 몸무게를 재면 약 16 kg 일 거야.

금성에서 잰 몸무게 → 지구에서 잰 몸무게 ×0.91

수성에서 잰 몸무게 → 지구에서 잰 몸무게 ×0.38

수학적 표현력

+10 지점토를 진성이는 5 kg의 0.75만큼 사용하였고, 민경이는 12 kg의 0.3만큼 사용하였습니다. 지점토를 누가 더 많이 사용했는지 풀이 과정을 쓰고, 답을 구하세요.

진성 → 5 kg × 0.75

민경 → 12 kg × 0.3

곱셈식을 각각 계산한 후 누가 더 많이 사용했는지 알아봐.

19일 (자연수) × (소수) (2)

(1) $28 \times 26 = \square$ → $28 \times 2.6 = \square$

($\frac{1}{10}$배, $\frac{1}{10}$배)

(2) $7 \times 305 = \square$ → $7 \times 3.05 = \square$

($\frac{1}{100}$배, $\frac{1}{100}$배)

2 □ 안에 알맞은 수를 써넣으세요.

(1) $28 \times 26 = \square$ → $28 \times 2.6 = \square$

(2) $7 \times 305 = \square$ → $7 \times 3.05 = \square$

㉠ 4의 1.83　㉡ 2의 4.05배　㉢ 8×0.9

4와 2의 곱으로 어림하여 계산해.　2와 4의 곱으로 어림하여 계산해.　8과 1의 곱으로 어림하여 계산해.

4 어림하여 계산 결과가 8보다 큰 것을 찾아 기호를 쓰세요.

㉠ 4의 1.83　㉡ 2의 4.05배　㉢ 8×0.9

■ × (1보다 작은 소수) < ■

■ × (1보다 큰 소수) > ■

5 계산 결과가 40보다 큰 곱셈식에 ○표 하세요.

40×0.7	40×1.06	40×0.98
(　　)	(　　)	(　　)

4바퀴 반 → 4.5바퀴

지우가 한 바퀴가 300 m인 운동장을 4바퀴 반 달렸습니다. 지우가 달린 거리는 몇 m일까요?

(지우가 달린 거리) = (한 바퀴의 거리) × (달린 바퀴 수)

6 지우가 한 바퀴가 300 m인 운동장을 4바퀴 반 달렸습니다. 지우가 달린 거리는 몇 m일까요?

7 계산 결과가 자연수가 아닌 것을 찾아 기호를 쓰세요.

㉠ 18×3.5 ㉡ 45×2.2 ㉢ 6×4.25

분수의 곱셈으로 계산하거나

$18 \times 3.5 = 18 \times \frac{35}{10}$

자연수의 곱셈으로 계산할 수 있어.

$18 \times 35 =$ ☐

$\frac{1}{10}$배 $\frac{1}{10}$배

$18 \times 3.5 =$ ☐

8 $1\ \mathrm{L}$의 페인트로 $5\ \mathrm{m}^2$의 벽을 칠할 수 있습니다. $6.49\ \mathrm{L}$의 페인트로 칠할 수 있는 벽의 넓이는 몇 m^2일까요?

$1\ \mathrm{L}$ → $5\ \mathrm{m}^2$

$\times 6.49$ $\times 6.49$

$6.49\ \mathrm{L}$ → ☐ m^2

수학적 독해력

+9 집에서 서점까지의 거리는 $2\ \mathrm{km}$입니다. 서점에서 공원까지의 거리는 집에서 서점까지의 거리의 3.2배일 때 집에서 공원까지의 거리는 몇 km일까요?

집에서 서점까지의 거리의 3.2배

→ 2×3.2

주의해!

집에서 공원까지의 거리를 구해야 해!

수학적 표현력

+10 지혜가 4000원으로 사탕을 사려고 합니다. 사려는 사탕의 가격표가 찢어져 있을 때 가진 돈으로 사탕을 살 수 있을지 알아보고, 그 이유를 쓰세요.

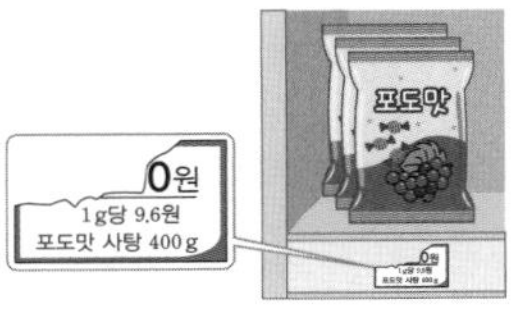

사탕을 살 수 (있습니다 , 없습니다).

$1\ \mathrm{g}$ → 9.6원

$\times 400$ $\times 400$

$400\ \mathrm{g}$ → ☐ 원

400×9.6을 400×10으로 어림하여 계산할 수도 있어.

20일 (소수)×(소수) (1)

소수 → 분수

$$0.5\times0.6=\frac{5}{10}\times\frac{㉠}{10}=\frac{5\times㉠}{100}$$
$$=\frac{㉡}{100}=㉢$$

분수 → 소수

분수의 곱셈으로 계산하는 방법이야.

1 0.5×0.6을 계산하려고 합니다. ㉠, ㉡, ㉢에 알맞은 수를 각각 구하세요.

$$0.5\times0.6=\frac{5}{10}\times\frac{㉠}{10}=\frac{5\times㉠}{100}$$
$$=\frac{㉡}{100}=㉢$$

㉠ (　　　　　)
㉡ (　　　　　)
㉢ (　　　　　)

자연수의 곱셈으로 계산할 때

〈보기〉

$3 \times 4 = 12$
($\frac{1}{10}$배, $\frac{1}{100}$배, $\frac{1}{1000}$배)
$0.3 \times 0.04 = 0.012$

곱해지는 수가 $\frac{1}{10}$배가 되고, 곱하는 수가 $\frac{1}{100}$배가 되면 계산 결과는 $\frac{1}{1000}$배가 돼.

2 〈보기〉와 같이 0.5×0.13을 계산해 보세요.

〈보기〉

$3 \times 4 = 12$
($\frac{1}{10}$배, $\frac{1}{100}$배, $\frac{1}{1000}$배)
$0.3 \times 0.04 = 0.012$

■의 ▲배인 수 → ■ × ▲

3 다음이 나타내는 수는 얼마인지 구하세요.

0.8의 0.13배인 수

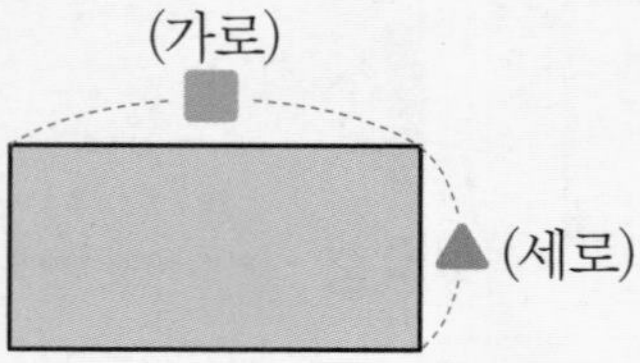

책상의 넓이 → ■ × ▲

6 준서의 책상은 가로가 0.9 m이고 세로가 0.46 m인 직사각형 모양입니다. 이 책상의 넓이는 몇 m^2일까요?

7 〈보기〉에서 두 수를 골라 곱이 가장 큰 곱셈식을 만들고 곱을 구하세요.

〈보기〉
0.3　　0.91　　0.08　　0.4

□ × □ = □

곱이 가장 큰 곱셈식
↓
가장 큰 수 × 두 번째로 큰 수

곱하는 두 수가 클수록 계산 결과도 커져.

8 어떤 수에 0.6을 곱해야 할 것을 잘못하여 더했더니 0.75가 되었습니다. 바르게 계산하면 얼마인지 구하세요.

잘못 계산한 식에서 (어떤 수)를 먼저 구한 후 바르게 계산해 봐!

(어떤 수) + 0.6 = 0.75
↓
(어떤 수) × 0.6 = ?

수학적 독해력

+9 슬기가 계산기로 0.8×0.65를 계산하려고 두 수를 눌렀는데 수 하나의 소수점 위치를 잘못 눌러서 5.2가 나왔습니다. 슬기가 계산기에 누른 두 수를 쓰세요.

□ × □

바르게 계산한 식 → 0.8 × 0.65 = 0.52

10배

잘못 계산한 식 → □ × □ = 5.2

계산 결과가 바르게 계산한 것보다 10배 커졌어.

수학적 표현력

+10 어떤 자동차는 1 km를 달리는 데 휘발유가 0.14 L 필요합니다. 이 자동차가 0.85 km를 달리는 데 몇 L의 휘발유가 필요한지 풀이 과정을 쓰고, 답을 구하세요.

1 km → 0.14 L
↓ ×0.85　　↓ ×0.85
0.85 km → □ L

21일 (소수) × (소수) (2)

〈보기〉

$13 \times 24 = 312$

$\frac{1}{10}$배, $\frac{1}{10}$배, $\frac{1}{100}$배

$1.3 \times 2.4 = 3.12$

곱해지는 수와 곱하는 수가 각각 $\frac{1}{10}$배가 되면 계산 결과는 $\frac{1}{100}$배가 돼.

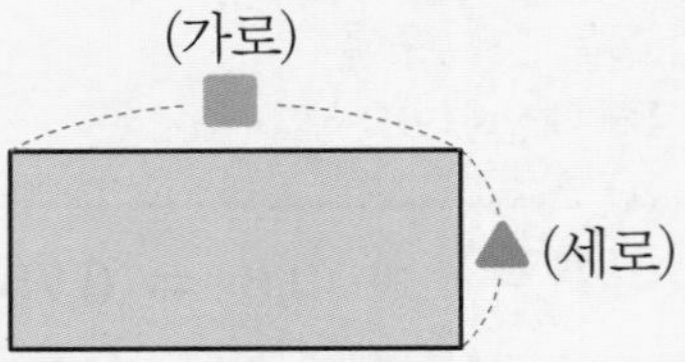

직사각형의 넓이 → ■ × ▲

0.1이 ■▲개인 수 → ■.▲

0.01이 ■▲●개인 수 → ■.▲●

주하의 몸무게는 30.4 kg입니다. 아버지의 몸무게는 주하 몸무게의 2.6배일 때 아버지의 몸무게는 몇 kg일까요?

(아버지의 몸무게) = (주하의 몸무게) × 2.6

1 〈보기〉와 같이 1.8×4.2를 계산해 보세요.

〈보기〉

$13 \times 24 = 312$

$\frac{1}{10}$배, $\frac{1}{10}$배, $\frac{1}{100}$배

$1.3 \times 2.4 = 3.12$

3 직사각형의 넓이는 몇 cm^2일까요?

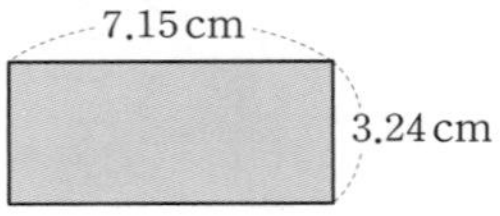

4 수현이와 종욱이가 말한 두 소수의 곱은 얼마일까요?

6 주하의 몸무게는 30.4 kg입니다. 아버지의 몸무게는 주하 몸무게의 2.6배일 때 아버지의 몸무게는 몇 kg일까요?

본책 096~097 쪽

7 □ 안에 들어갈 수 있는 자연수는 모두 몇 개일까요?

$4.6 \times 1.9 < \square < 2.8 \times 5.11$

곱셈식을 각각 계산한 후 생각해.

$4.6 \times 1.9 < \square < 2.8 \times 5.11$

↓ □ ↓ □

8 수 카드 4, 7, 2, 8을 □ 안에 한 번씩만 모두 넣어 곱이 가장 큰 곱셈식을 만들고, 만든 곱셈식의 곱은 얼마인지 구하세요.

□.□ × □.□

4 7 2 8

곱이 가장 큰 곱셈식을 만들려면 높은 자리 숫자에 큰 수가 와야 해.

8.□ × 7.□

수학적 독해력

9 진호네 마을에서 놀이터의 가로와 세로를 각각 1.5배씩 늘려 새로운 놀이터를 만들려고 합니다. 새로운 놀이터의 넓이는 몇 m^2일까요?

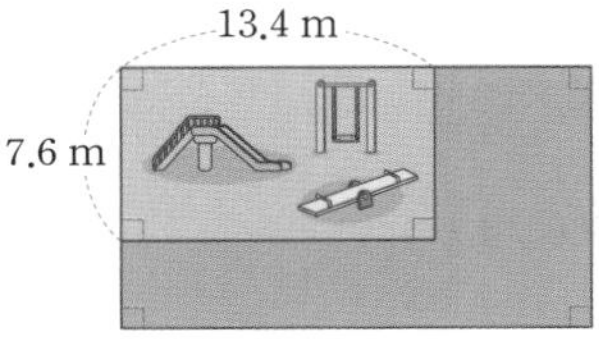

가로(■)와 세로(▲)를 각각 1.5배씩 늘리면

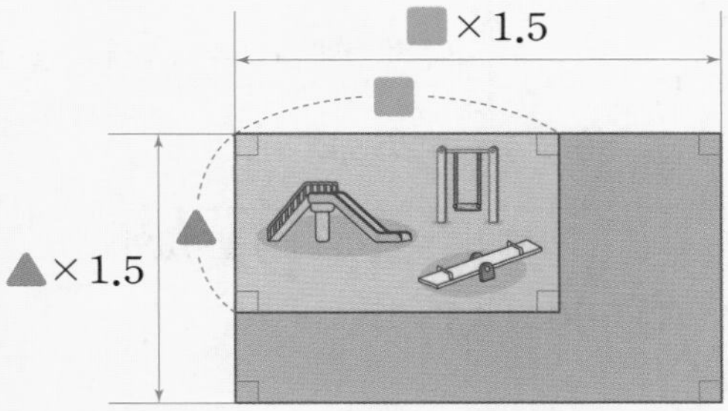

수학적 표현력

10 슬기는 핸드폰에 한 변의 길이가 2.4 cm인 정사각형 모양의 스티커 3장 반을 겹치지 않게 붙였습니다. 스티커를 붙인 부분의 넓이는 몇 cm^2인지 풀이 과정을 쓰고, 답을 구하세요.

한 변의 길이가 2.4 cm인 정사각형 모양

3장 반 → 3.5장

스티커를 붙인 부분의 넓이 = 스티커 한 장의 넓이 × 스티커의 수

4단원

22일 곱의 소수점 위치

$7560 \times 1 = 7560$
$7560 \times 0.1 = 756$
$7560 \times 0.01 = 75.6$
$7560 \times 0.001 =$ 7 5 6 0
①②③④⑤

곱하는 소수의 소수점 아래 자리 수가 하나씩 늘어날 때마다 곱의 소수점이 왼쪽으로 한 자리씩 옮겨져!

$4.02 \times 1 = 4.02$

4.02×10

4.02×100

4.02×1000

곱하는 수의 0이 하나씩 늘어날 때마다 곱의 소수점이 오른쪽으로 한 자리씩 옮겨져!

(1) 56×0.047

소수점 아래 자리 수가 2개 더 늘어났어.

〈보기〉 $56 \times 4.7 = 263.2$

곱해지는 수의 0이 1개 늘어났어.

(2) 560×4.7

$439 \times 22 = 9658$

곱해지는 수의 소수점이 왼쪽으로 한 자리 옮겨졌어.

곱의 소수점이 왼쪽으로 세 자리 옮겨졌어.

(1) $43.9 \times \square = 9.658$

2 계산이 맞도록 곱의 결과에 소수점을 찍어야 할 곳을 찾아 번호를 쓰세요.

$7560 \times 0.001 =$ 7 5 6 0
①②③④⑤

3 계산 결과를 찾아 이어 보세요.

4.02×10	4020
4.02×100	402
4.02×1000	40.2

5 〈보기〉를 이용하여 계산해 보세요.

〈보기〉 $56 \times 4.7 = 263.2$

(1) 56×0.047

(2) 560×4.7

6 $439 \times 22 = 9658$임을 이용하여 □ 안에 알맞은 수를 써넣으세요.

(1) $43.9 \times \square = 9.658$

(2) $\square \times 220 = 96.58$

7 □ 안에 알맞은 수가 다른 것을 찾아 기호를 쓰세요.

㉠ $27.48\times\square=274.8$
㉡ $2.748\times\square=27.48$
㉢ $274.8\times\square=27.48$
㉣ $0.2748\times\square=2.748$

㉠ $27.48\times\square=274.8$
㉡ $2.748\times\square=27.48$
㉢ $274.8\times\square=27.48$
㉣ $0.2748\times\square=2.748$

소수점의 위치를 보면서 곱하는 수가 무엇인지 각각 구해 봐.

4단원

8 ㉠과 ㉡에 알맞은 수의 곱을 구하세요.

$43.92\times10=$㉠
$78260\times$㉡$=782.6$

43.92에서 소수점을 오른쪽으로 한 자리 옮겨야 해.

$43.92\times10=$㉠
$78260\times$㉡$=782.6$

78260에서 소수점이 왼쪽으로 두 자리 옮겨졌어.

수학적 독해력

+9 $146\times25=3650$입니다. ★은 ♥의 몇 배일까요?

$0.146\times★=36.5$
$14.6\times♥=3.65$

$146\times25=3650$
0.001배 10배 0.01배
$0.146\times★=36.5$

$146\times25=3650$
0.1배 0.01배 0.001배
$14.6\times♥=3.65$

수학적 표현력

+10 3508.62에 어떤 소수를 곱했더니 3.50862가 되었습니다. 어떤 소수를 곱했는지 풀이 과정을 쓰고, 답을 구하세요.

3508.62에서 소수점이 왼쪽으로 세 자리 옮겨졌어.

3508.62 × (어떤 소수) = 3.50862

23일 직육면체

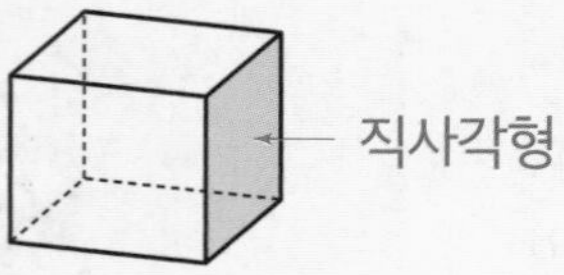

직육면체는
직사각형 6개로
둘러싸인 도형이야.

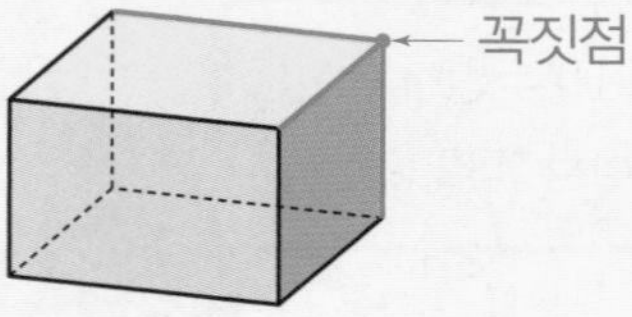

모서리와 모서리가
만나는 점은
꼭짓점이야.

직육면체는 직사각형 6개로
둘러싸인 도형이야.

직육면체 모양의 물건은 모두 몇 개일까요?

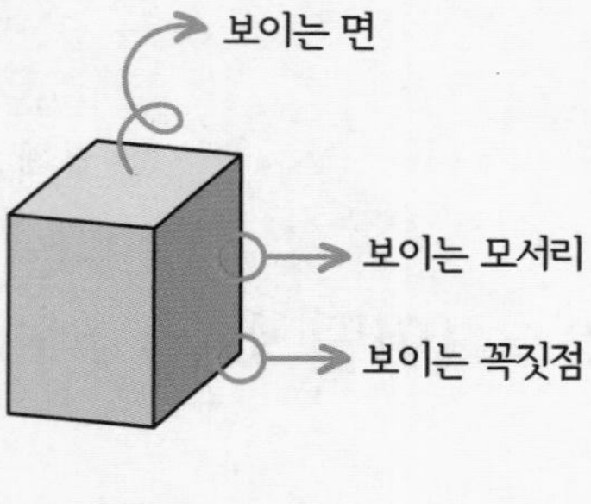

2 직육면체가 아닌 것을 찾아 기호를 쓰세요.

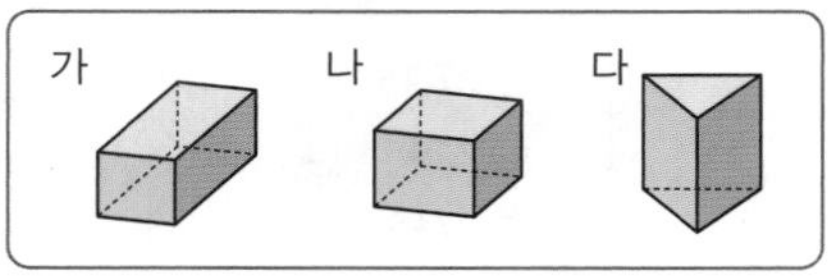

3 직육면체에서 모서리와 모서리가 만나는 점은 모두 몇 개일까요?

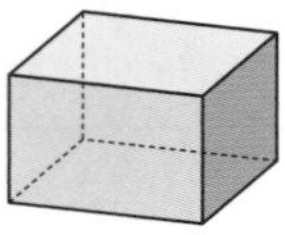

4 직육면체 모양의 물건은 모두 몇 개일까요?

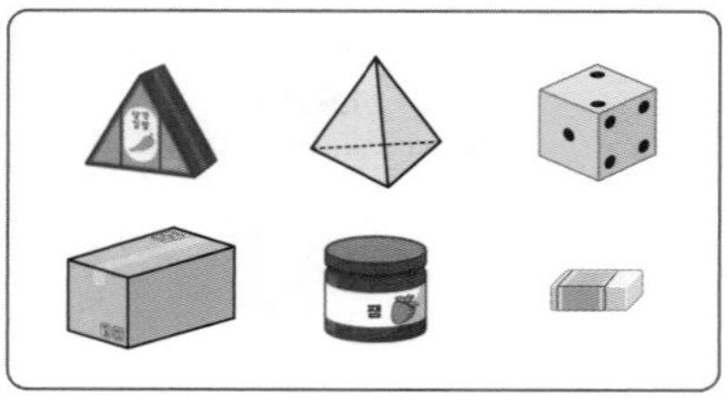

6 직육면체에서 보이는 면, 보이는 모서리, 보이는 꼭짓점의 수를 빈칸에 알맞게 써넣으세요.

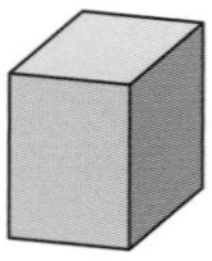

보이는 면의 수(개)	보이는 모서리의 수(개)	보이는 꼭짓점의 수(개)

7 ㉠+㉡−㉢은 얼마인지 구하세요.

> 직육면체의 면은 ㉠개, 꼭짓점은 ㉡개, 모서리는 ㉢개입니다.

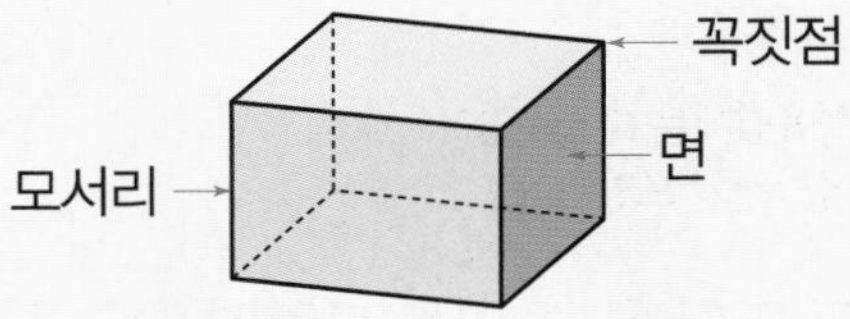

\\ 주의해! //

보이지 않는 면, 모서리, 꼭짓점의 개수까지 모두 세어야 해.

8 □ 안에 알맞은 수를 써넣으세요.

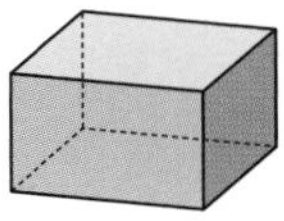

직육면체의 꼭짓점의 수는 직육면체의 한 면의 꼭짓점 수의 □배야.

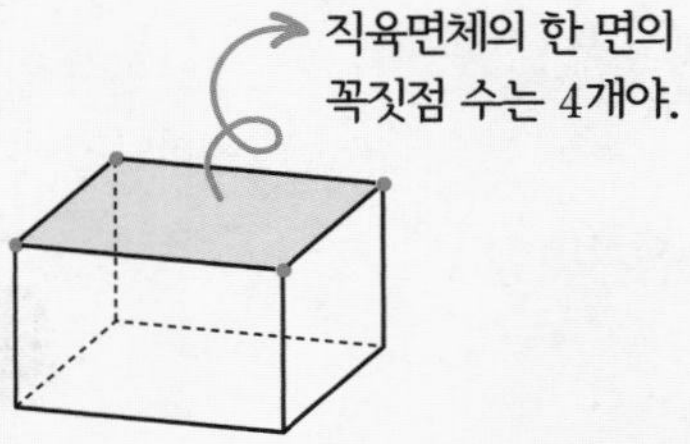

수학적 독해력

+9 로운이는 다음 직육면체 모양의 나무토막을 물감으로 칠하려고 합니다. 한 면에 한 가지 색으로만 칠하고, 각 면을 서로 다른 색으로 칠한다면 필요한 물감의 색은 몇 가지일까요? (단, 서로 다른 색의 물감을 섞지 않습니다.)

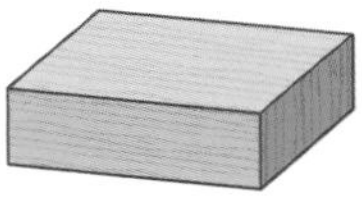

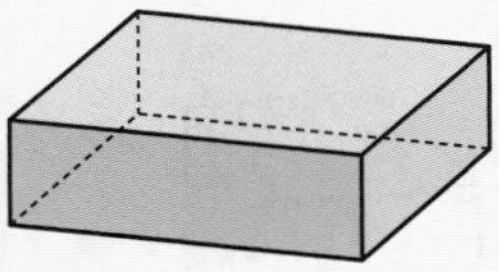

각 면을 서로 다른 색으로 칠하는 데 필요한 물감의 색은 직육면체의 면의 수와 같아.

수학적 표현력

+10 다음 도형이 직육면체가 아닌 이유를 쓰세요.

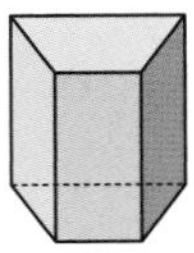

직육면체는 직사각형 6개로 둘러싸인 도형이야.

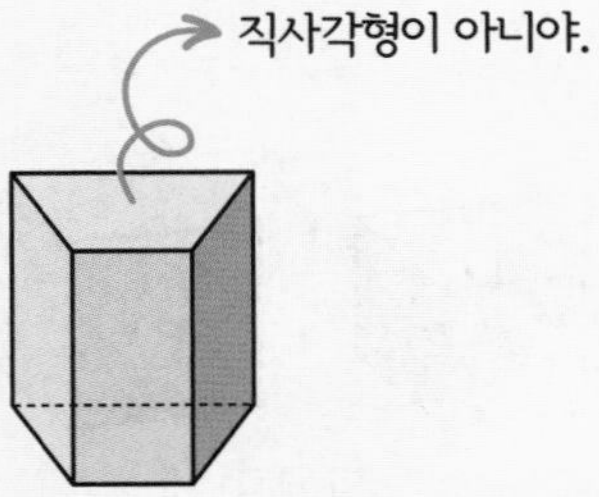

24일 정육면체

정육면체는 6개의 면이
정사각형 모양이야.

정육면체의 면이 될 수 있는 모양에 ○표 하세요.

1 정육면체의 면이 될 수 있는 모양에 ○표 하세요.

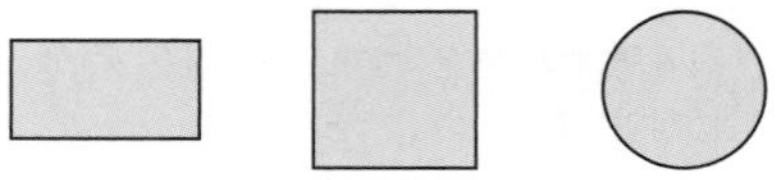

(　　) (　　) (　　)

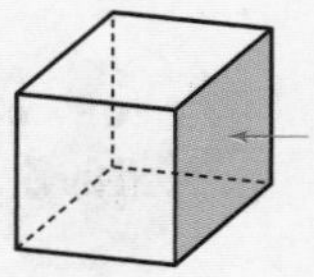

정육면체는
6개의 면이 정사각형이므로
모서리의 길이가 모두 같아.

4 정육면체에서 ㉮와 길이가 같은 모서리는 ㉮를 포함하여 모두 몇 개일까요?

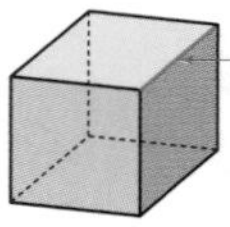

직육면체와 정육면체는
면, 모서리, 꼭짓점의 수가 각각 같아.

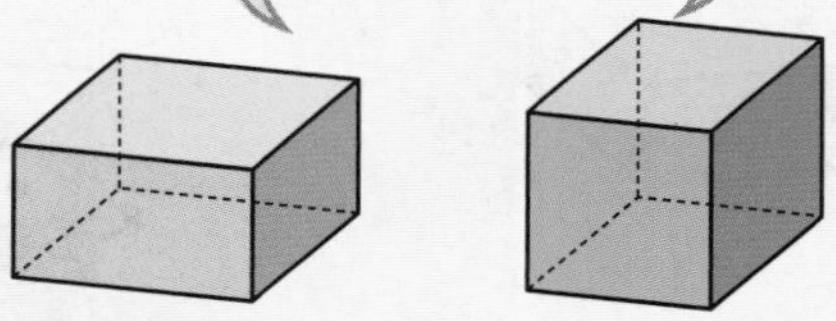

직육면체 정육면체

5 ■와 ▲에 알맞은 수의 합을 구하세요.

- 정육면체의 면의 수: ■개
- 직육면체의 꼭짓점의 수: ▲개

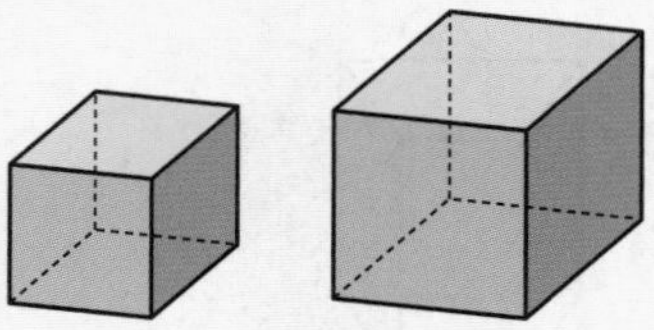

정육면체

정육면체는 모서리의 길이에
따라 크기가 다양해.

6 바르게 말한 사람의 이름을 쓰세요.

민호: 모든 정육면체의 크기는 같아.

지혜: 직육면체는 정육면체라고 할 수 없어.

7 직육면체와 정육면체의 차이점을 모두 찾아 기호를 쓰세요.

㉠ 면의 모양	㉡ 모서리의 수
㉢ 꼭짓점의 수	㉣ 모서리의 길이

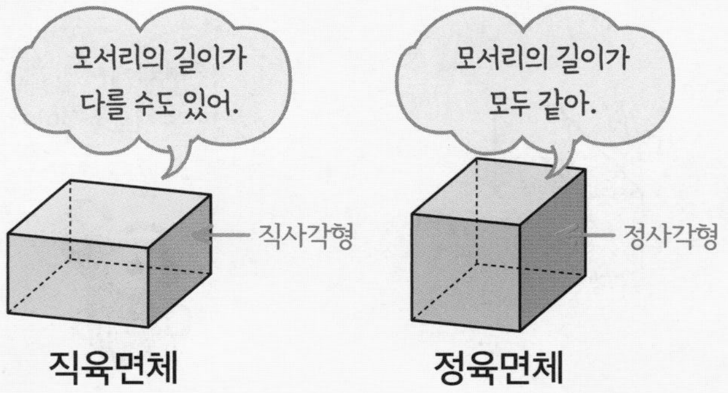

8 한 면의 네 변의 길이의 합이 12 cm인 정육면체입니다. 이 정육면체의 모든 모서리의 길이의 합은 몇 cm일까요?

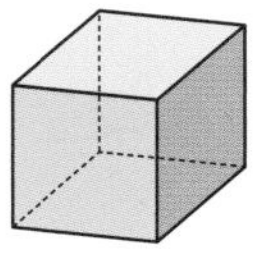

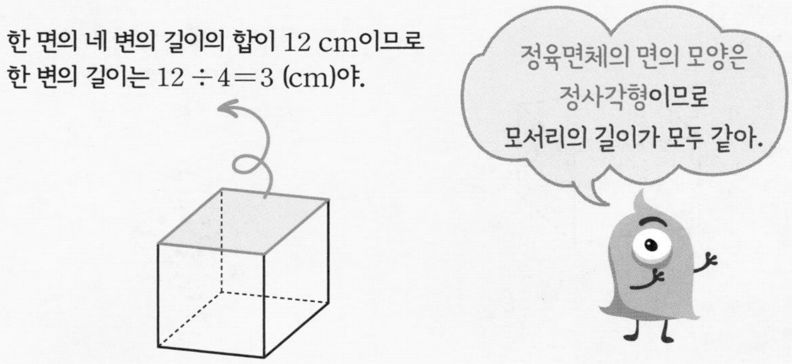

수학적 독해력

+9 정육면체에서 보이지 않는 모서리와 보이지 않는 꼭짓점의 수의 차는 몇 개일까요?

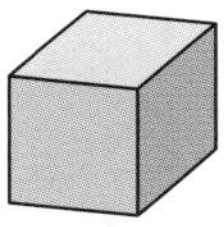

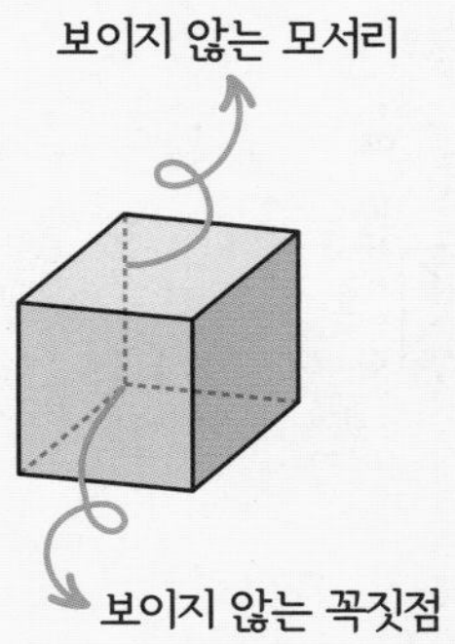

수학적 표현력

+10 틀린 것을 찾아 기호를 쓰고, 그 이유를 설명하세요.

㉠ 정육면체의 면의 모양은 모두 정사각형입니다.
㉡ 직육면체와 정육면체는 면, 모서리, 꼭짓점의 수가 각각 같습니다.
㉢ 정육면체의 모서리의 길이는 각각 다릅니다.

25일 직육면체의 성질

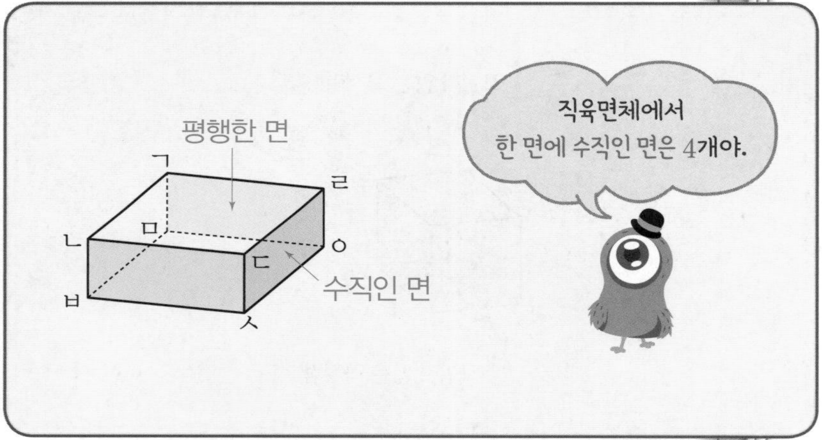

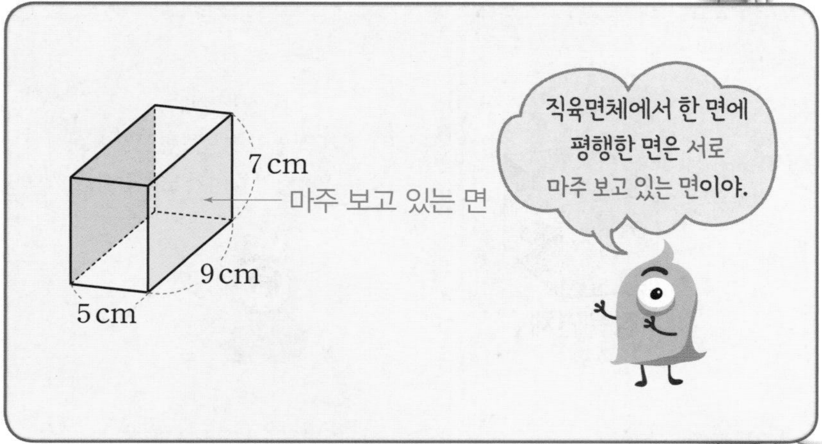

1 직육면체를 보고 □ 안에 알맞은 수를 써넣으세요.

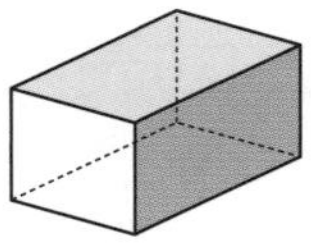

색칠한 두 면이 이루는 각의 크기는 □°입니다.

3 직육면체에서 한 면에 수직인 면은 모두 몇 개일까요?

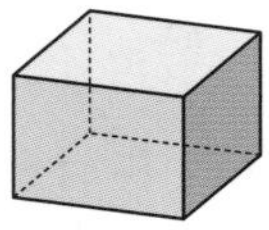

5 직육면체에서 색칠한 면과 평행한 면, 수직인 면을 각각 모두 찾아 쓰세요.

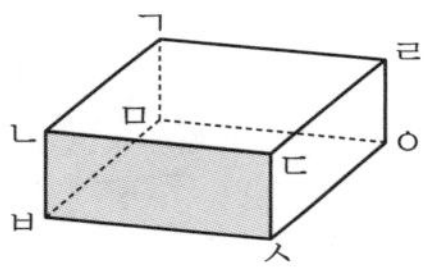

6 직육면체에서 색칠한 면과 평행한 면의 모서리의 길이의 합은 몇 cm일까요?

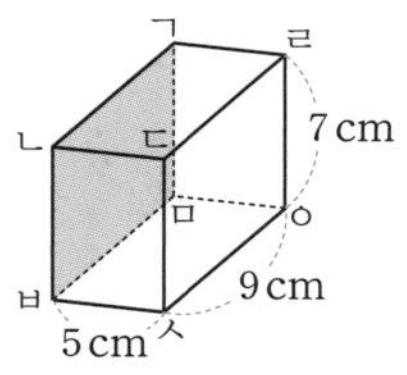

7 두 면 사이의 관계가 <u>다른</u> 하나를 찾아 기호를 쓰세요.

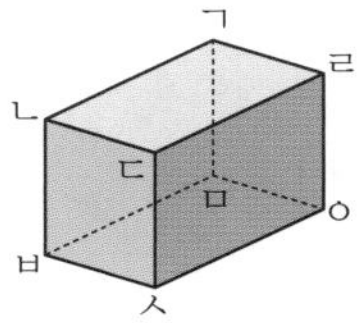

㉠ 면 ㄱㄴㄷㄹ과 면 ㅁㅂㅅㅇ
㉡ 면 ㄱㄴㅂㅁ과 면 ㄹㄷㅅㅇ
㉢ 면 ㄴㅂㅅㄷ과 면 ㄷㅅㅇㄹ

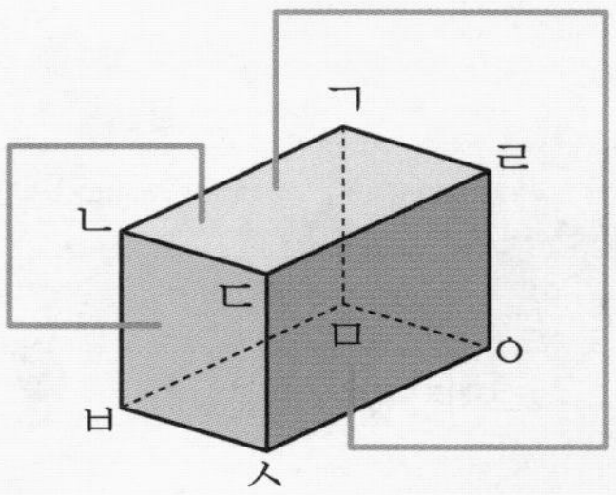

8 직육면체에서 색칠한 두 면에 공통으로 수직인 면을 모두 찾아 쓰세요.

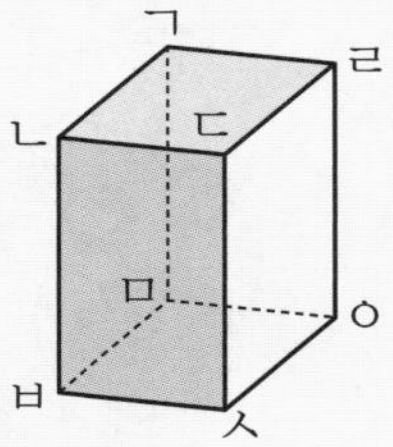

만나는 두 면은 서로 수직이니까 색칠한 두 면과 공통으로 만나는 면을 찾아.

수학적 독해력

+9 주사위에서 서로 평행한 두 면의 눈의 수의 합은 7입니다. 눈의 수가 1인 면과 수직인 면들의 눈의 수를 모두 쓰세요.

눈의 수가 1인 면과 수직인 면은 평행한 면을 제외한 나머지 4개의 면이야.

수학적 표현력

+10 직육면체의 성질을 <u>잘못</u> 설명한 사람의 이름을 쓰고, 바르게 고쳐 보세요.

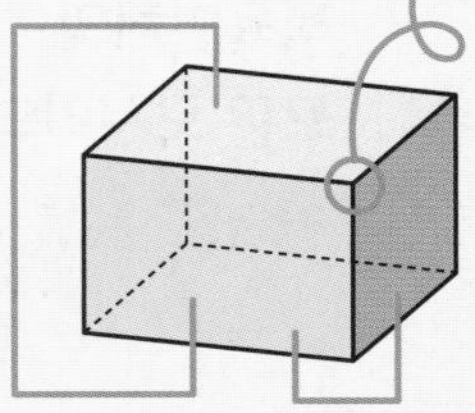

26일 직육면체의 겨냥도

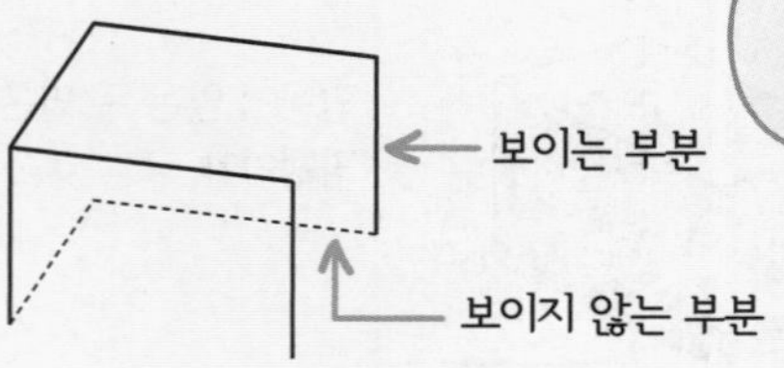

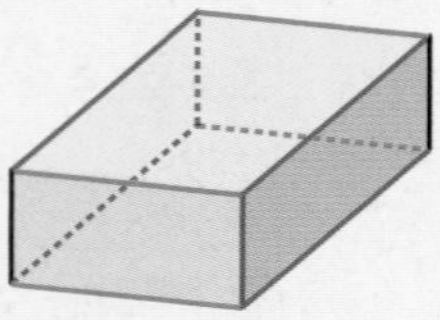

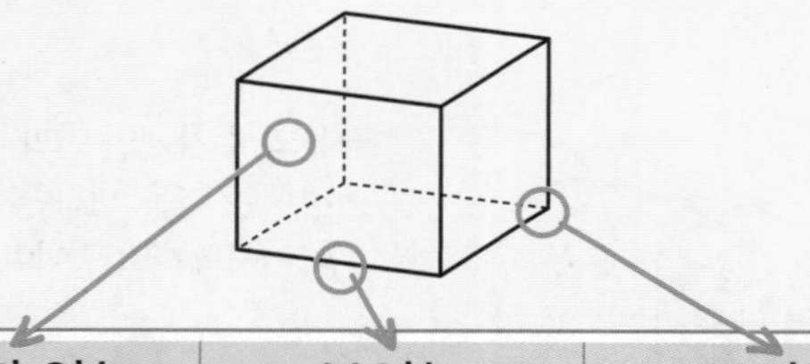

보이지 않는 면의 수(개)	보이는 모서리의 수(개)	보이는 꼭짓점의 수(개)

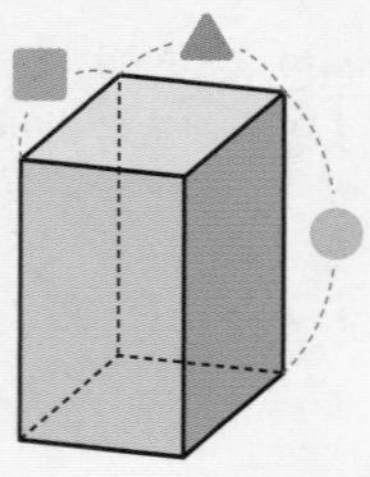

직육면체의
모든 모서리의 길이의 합
→ (■ + ▲ + ●) × 4

\\ 알아둬! //

직육면체에는 길이가 같은 모서리가 4개씩 3쌍 있어.

3 그림에서 빠진 부분을 그려 넣어 직육면체의 겨냥도를 완성하세요.

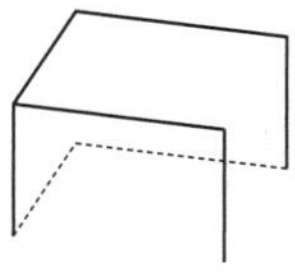

4 직육면체를 보고 □ 안에 알맞은 수를 써넣으세요.

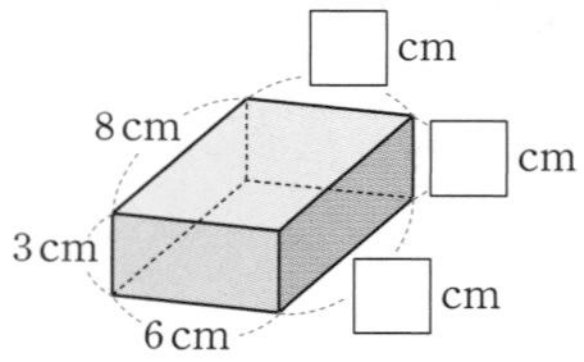

5 직육면체의 겨냥도를 보고 빈칸에 알맞은 수를 써넣으세요.

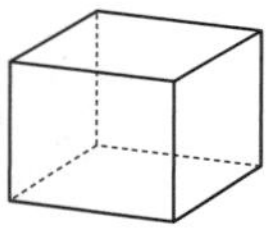

보이지 않는 면의 수(개)	보이는 모서리의 수(개)	보이는 꼭짓점의 수(개)

6 직육면체의 모든 모서리의 길이의 합은 몇 cm일까요?

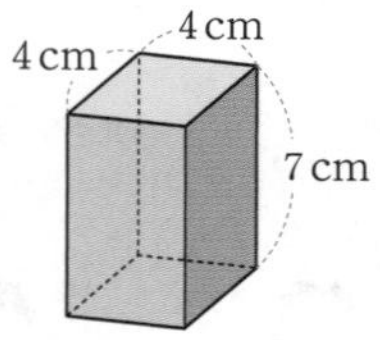

7 직육면체의 겨냥도를 보고 수가 다른 것을 찾아 기호를 쓰세요.

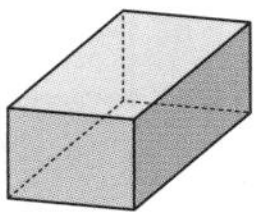

㉠ (보이는 면의 수)+(보이는 꼭짓점의 수)
㉡ (보이지 않는 모서리의 수)
+(보이지 않는 면의 수)
㉢ (보이지 않는 꼭짓점의 수)
+(보이는 모서리의 수)

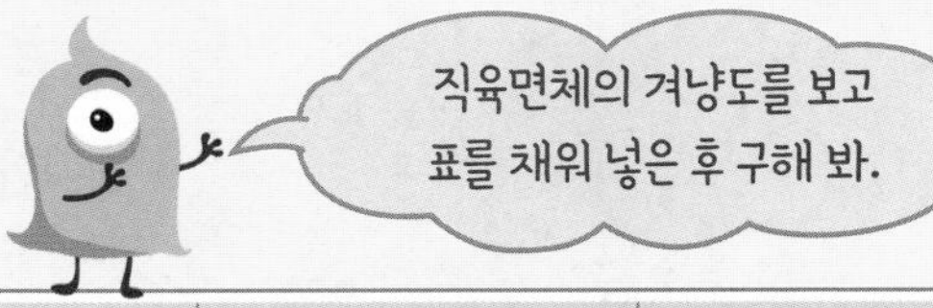

	보이는 부분	보이지 않는 부분
면의 수(개)		
모서리의 수(개)		
꼭짓점의 수(개)		

8 직육면체에서 보이지 않는 모서리의 길이의 합은 몇 cm일까요?

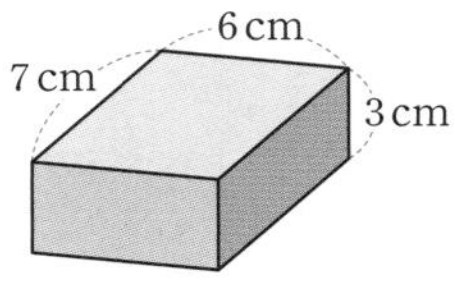

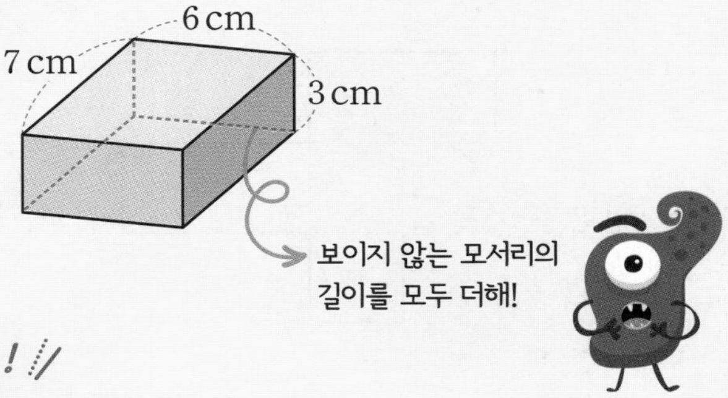

중요해!

평행한 모서리의 길이는 서로 같아.

수학적 독해력

+9 그림과 같이 직육면체 모양의 상자를 끈으로 묶었습니다. 매듭으로 묶는 데 사용한 끈의 길이가 16 cm일 때 상자를 묶는 데 사용한 끈의 길이는 몇 cm일까요?

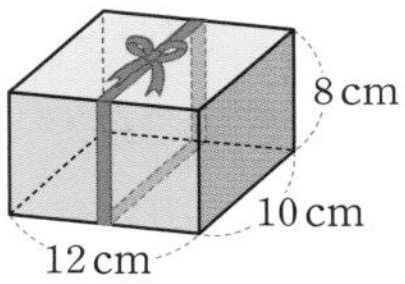

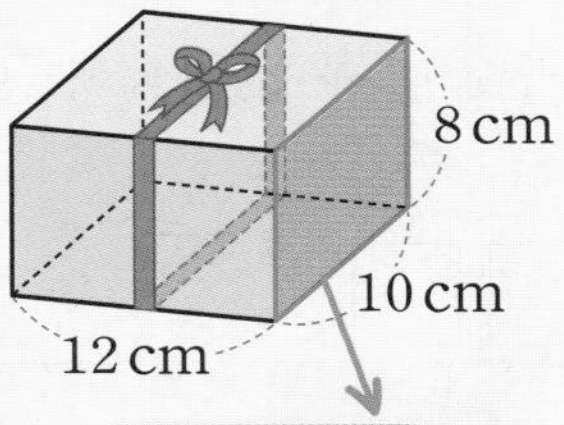

상자를 묶는 데 사용한 끈의 길이 = 매듭을 제외한 끈의 길이 + 매듭을 묶는 데 사용한 끈의 길이

수학적 표현력

+10 직육면체의 겨냥도를 잘못 그린 것입니다. 그 이유를 설명해 보세요.

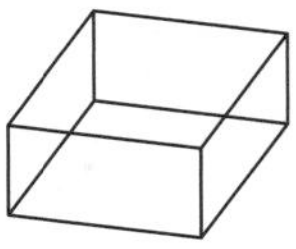

5단원

정육면체의 전개도

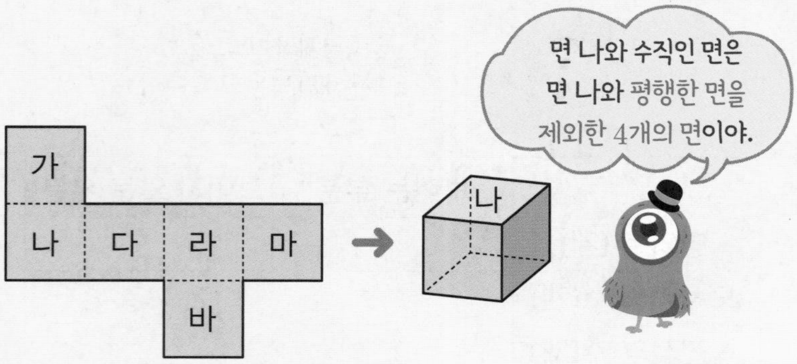

'겹쳐지는 선분'은
접었을 때 서로
만나는 선분이야.

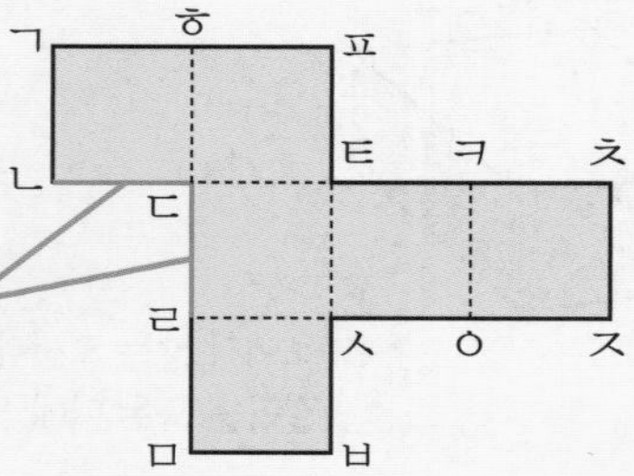

접었을 때 서로 만나는 점을 찾아.

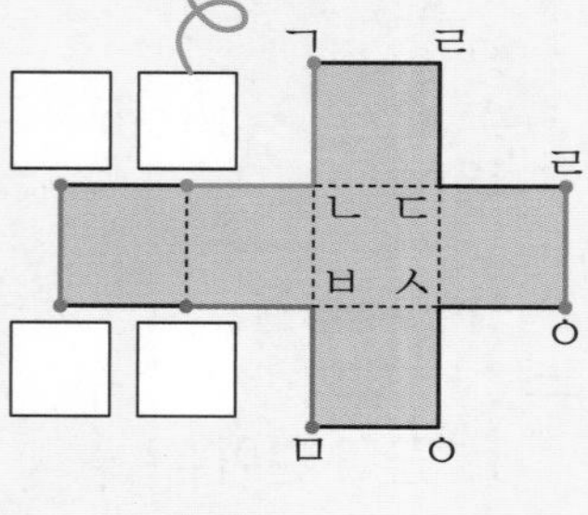

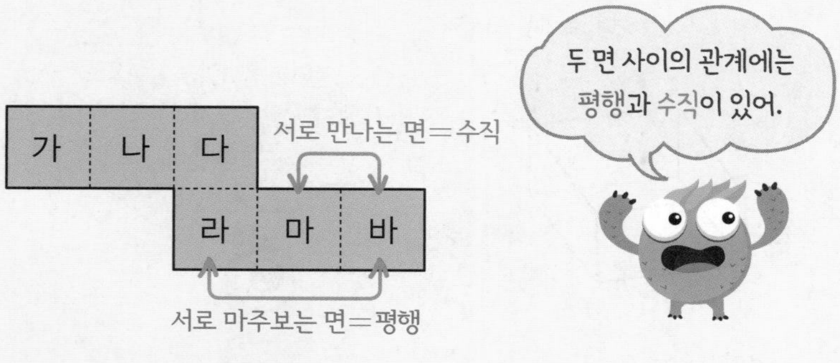

2 면 가와 평행한 면을 찾아 쓰세요.

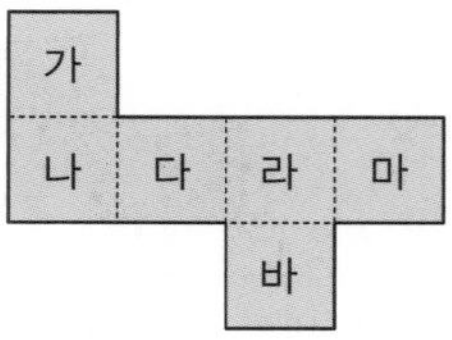

4 전개도를 접어서 정육면체를 만들었을 때, 겹쳐지는 선분을 각각 찾아 쓰세요.

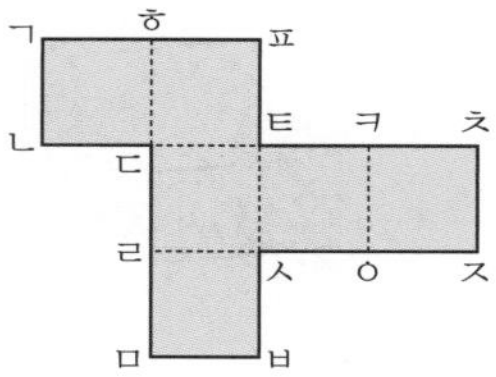

선분 ㄴㄷ과 (   )

선분 ㅁㅂ과 (   )

5 정육면체의 모서리를 잘라서 정육면체의 전개도를 만들었습니다. □ 안에 알맞은 기호를 써넣으세요.

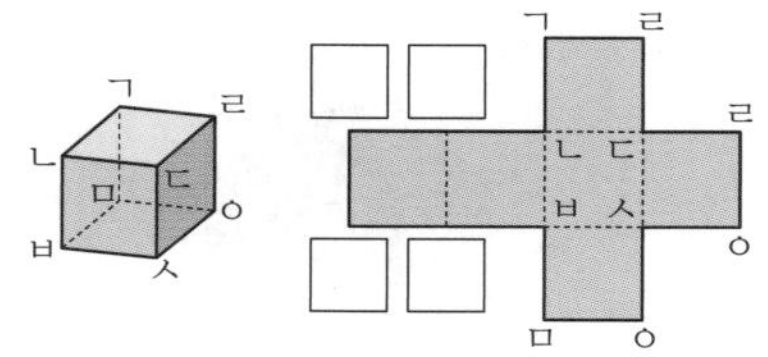

6 정육면체의 전개도에서 두 면 사이의 관계가 다른 하나를 찾아 기호를 쓰세요.

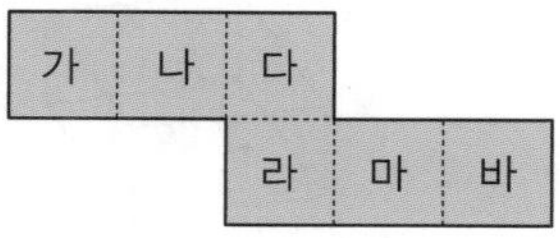

㉠ 면 다와 면 가	㉡ 면 나와 면 마
㉢ 면 바와 면 라	㉣ 면 다와 면 라

7 정육면체의 전개도에서 나머지 한 면의 위치로 알맞은 곳을 모두 찾아 기호를 쓰세요.

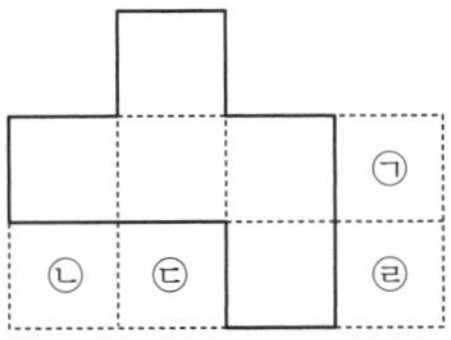

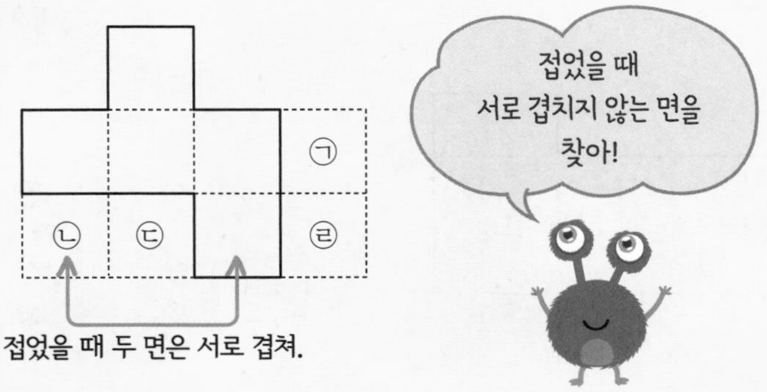

8 다음 전개도를 접어서 만든 정육면체의 모서리의 길이의 합은 몇 cm일까요?

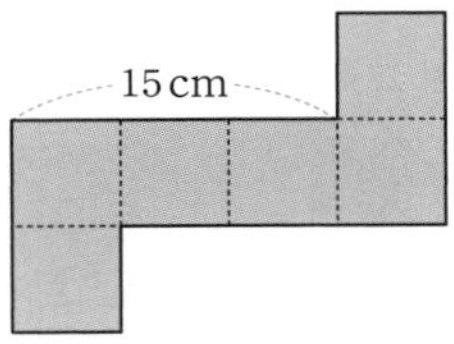

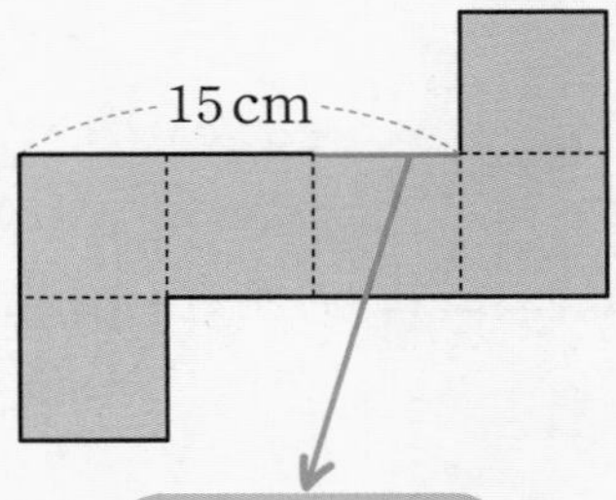

정육면체의 모서리의 길이의 합 = 한 모서리의 길이 × 정육면체의 모서리의 수

5 단원

수학적 독해력

9 〈보기〉와 같이 무늬(◆) 3개가 그려져 있는 정육면체를 만들 수 있도록 전개도에 무늬(◆) 1개를 그려 넣으세요.

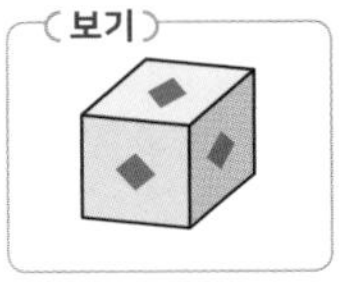

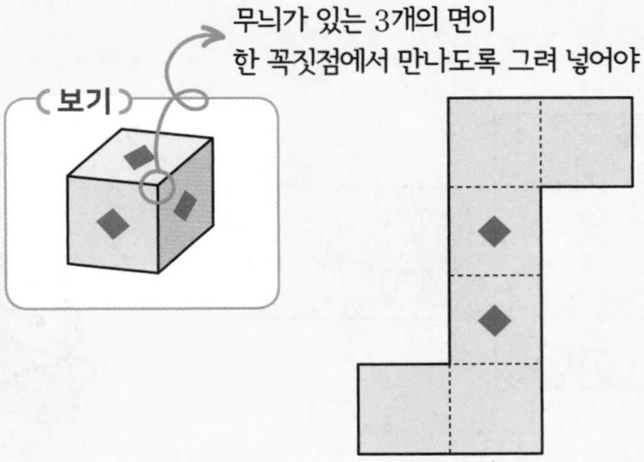

수학적 표현력

10 다음은 잘못 그려진 정육면체의 전개도입니다. 잘못된 이유를 쓰고, 면을 1개만 옮겨서 정육면체의 전개도가 될 수 있도록 그려 보세요.

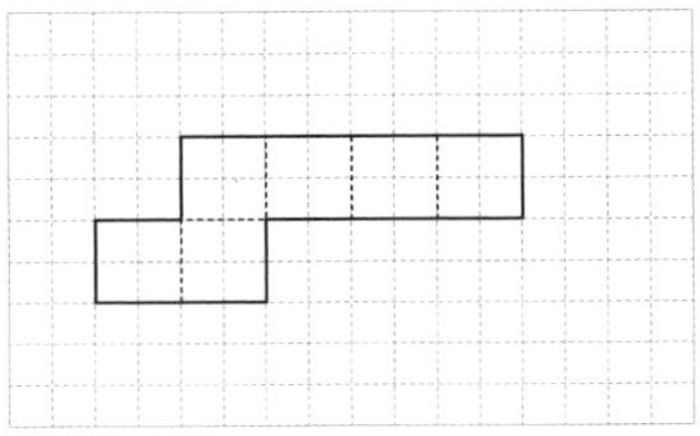

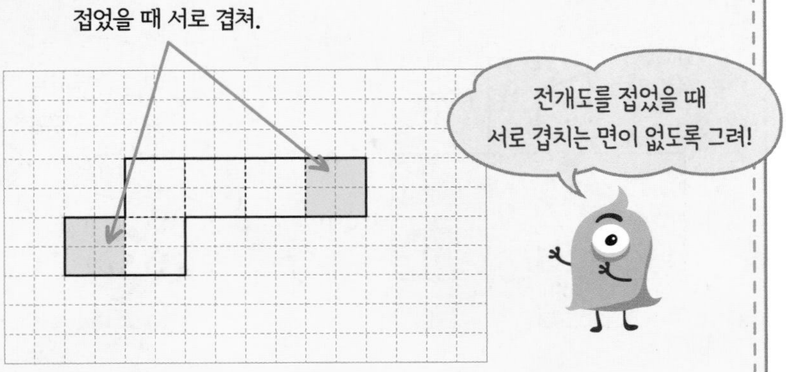

28일 직육면체의 전개도

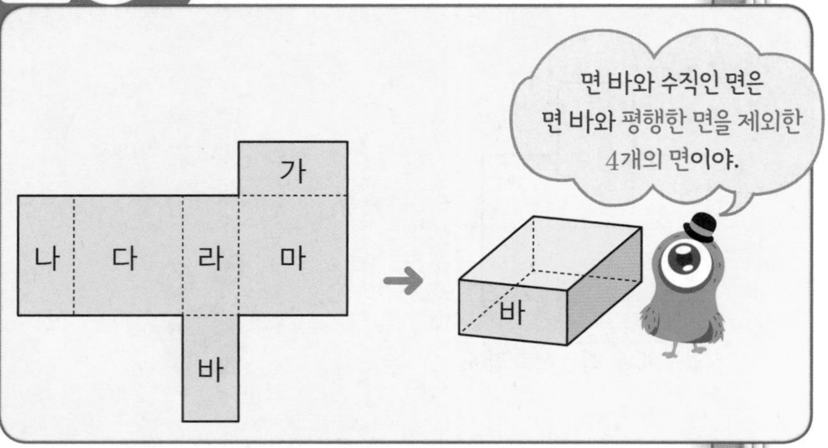

2 면 마와 평행한 면을 찾아 쓰세요.

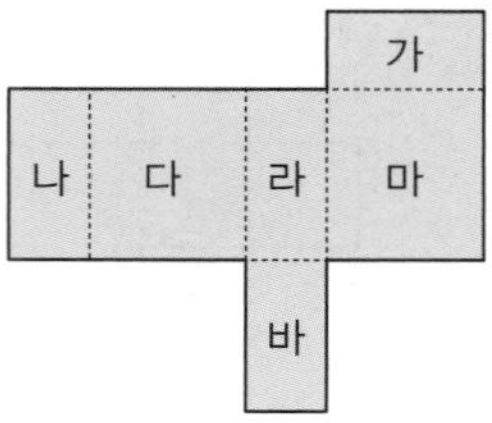

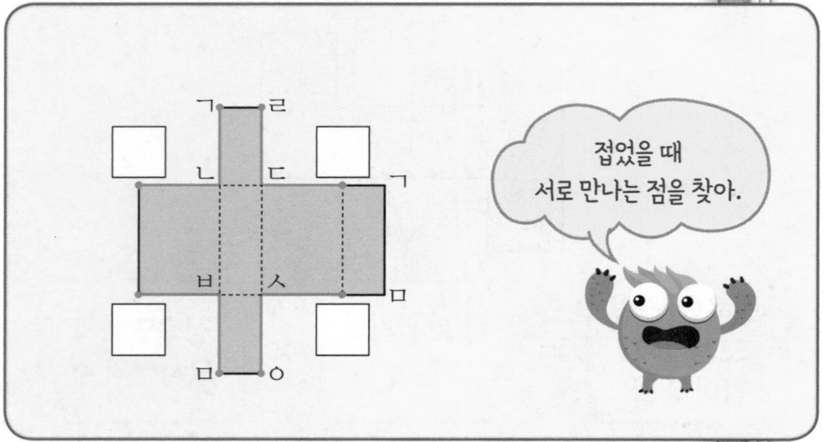

4 직육면체의 모서리를 잘라서 직육면체의 전개도를 만들었습니다. □ 안에 알맞은 기호를 써넣으세요.

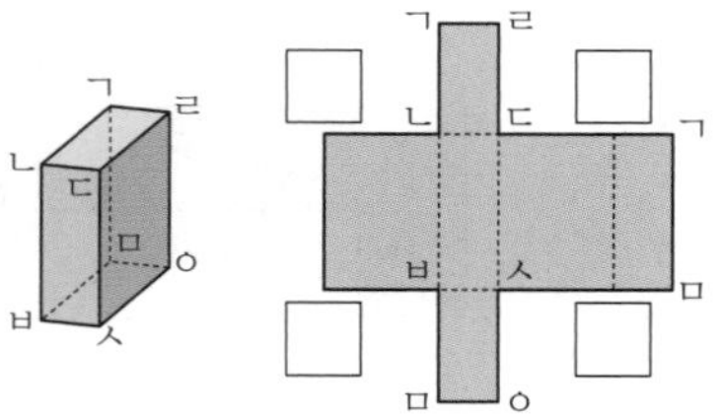

5 전개도를 접어서 직육면체를 만들었을 때 ㉯와 만나는 모서리가 없는 면을 찾아 쓰세요.

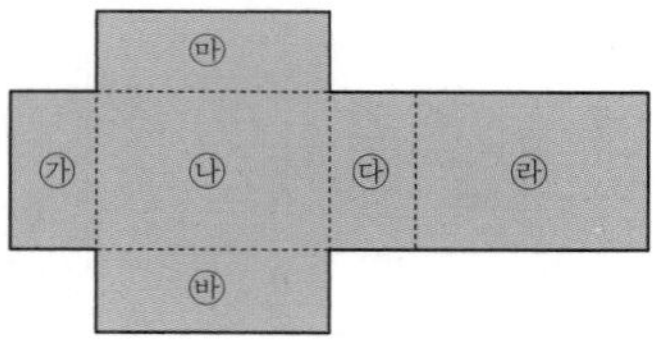

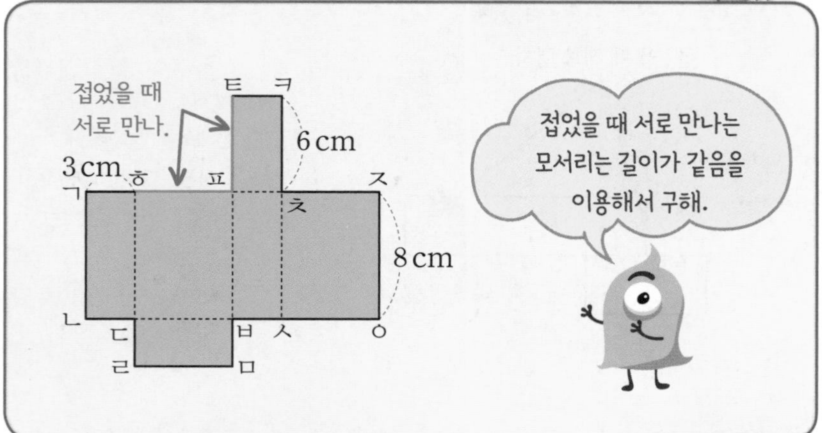

6 직육면체의 전개도에서 선분 ㅎㅍ의 길이는 몇 cm일까요?

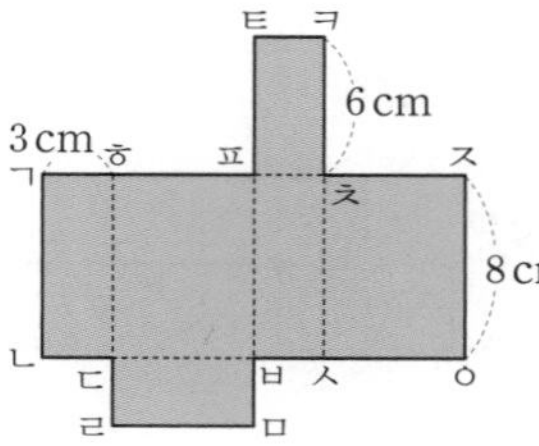

7 전개도를 접어서 직육면체를 만들었을 때 면 가와 면 다에 공통으로 수직인 면을 모두 찾아 쓰세요.

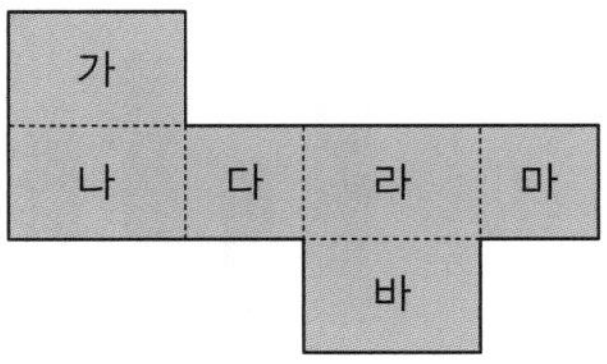

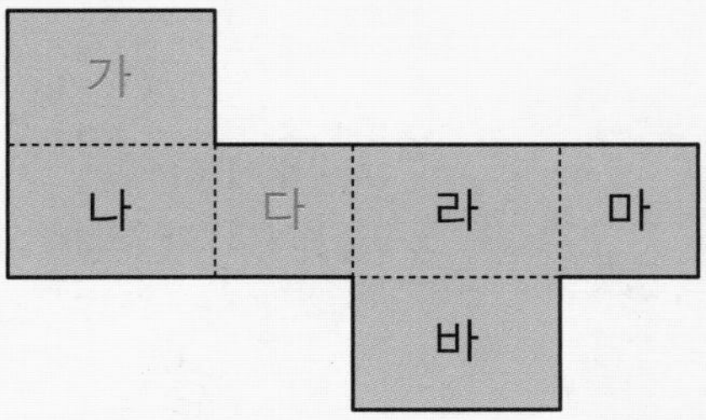

알아둬!

한 면과 수직인 면은 평행한 면을 제외한 나머지 4개의 면이야.

8 직육면체의 전개도입니다. 선분 ㄷㅊ의 길이는 몇 cm일까요?

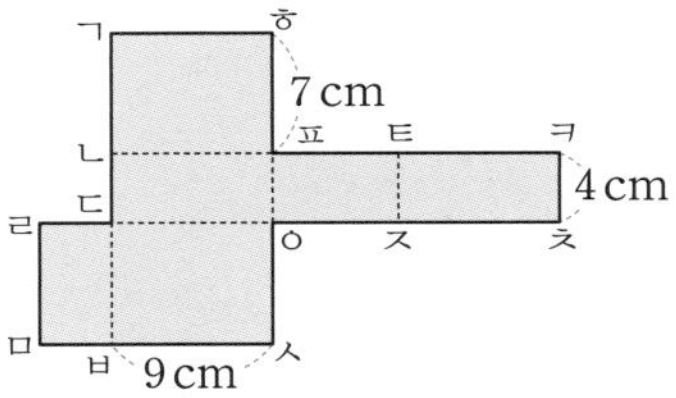

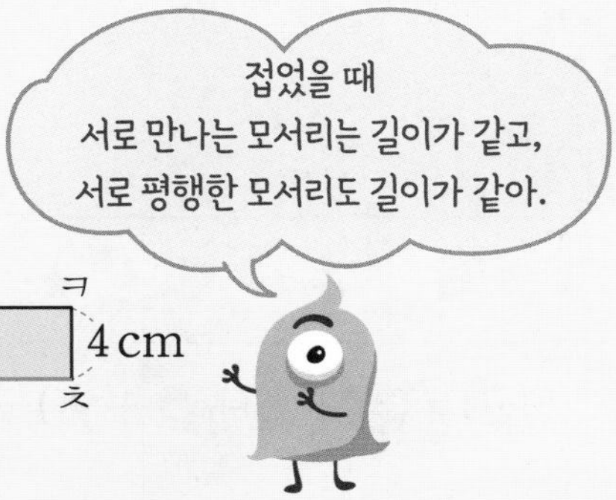

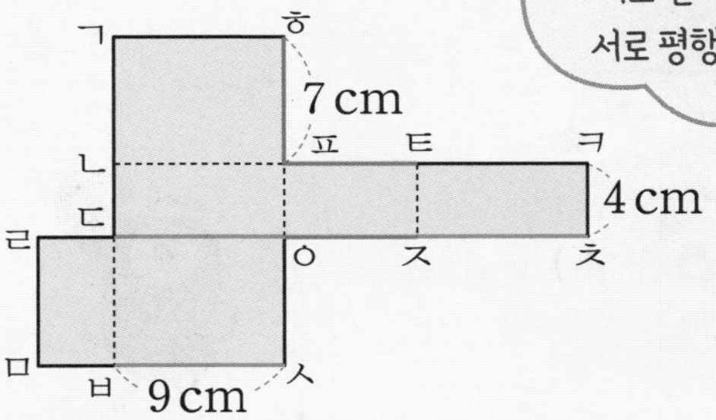

수학적 독해력

+9 직육면체 모양의 선물 상자를 그림과 같이 끈으로 묶었습니다. 직육면체의 전개도가 다음과 같을 때 끈이 지나가는 자리를 그려 넣으세요.

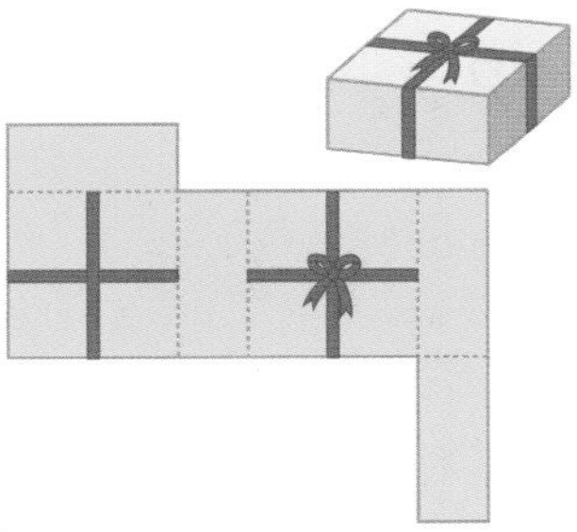

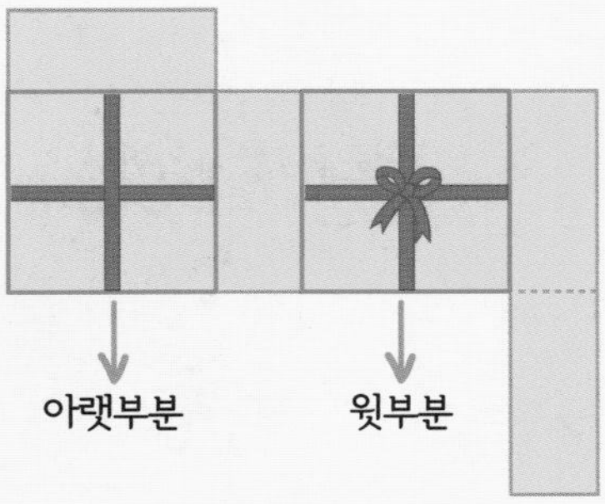

수학적 표현력

+10 직육면체의 전개도가 아닌 것을 찾아 기호를 쓰고, 그 이유를 설명해 보세요.

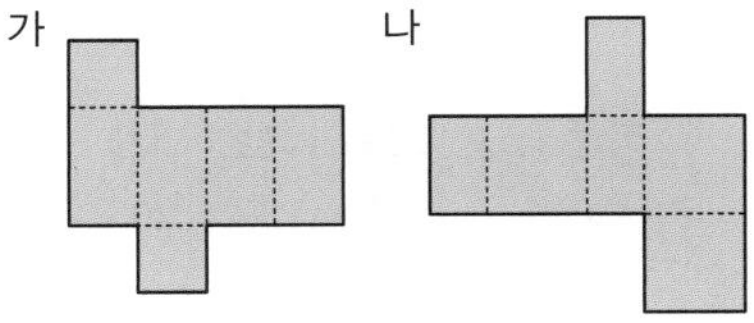

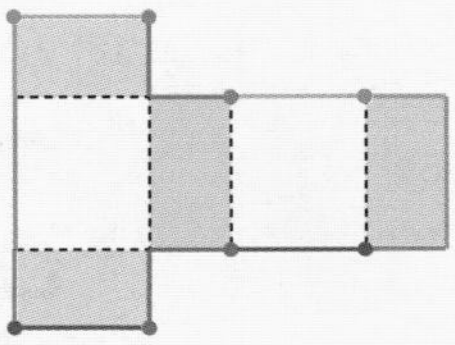

5단원

29일 평균

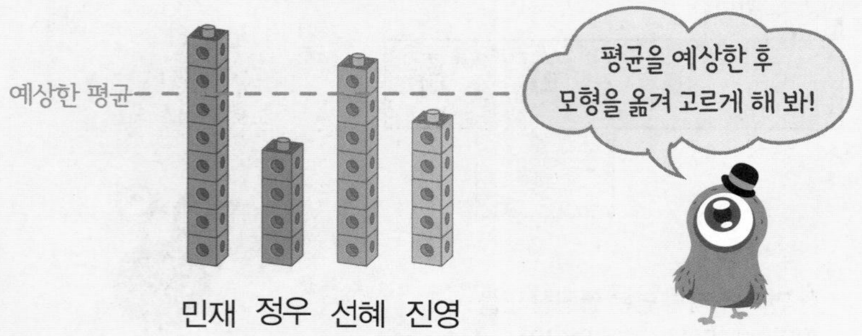

■ ▲ ● ★

(평균)=(■+▲+●+★)÷4

지은이네 교실의 실내 온도

요일	월	화	수	목	금
실내 온도(℃)	22	24	23	19	22

(평균)=(■+▲+●+★+◆)÷5

학급별 학급 문고 수

학급	1반	2반	3반	4반	5반
책 수(권)	142	135	205	158	170

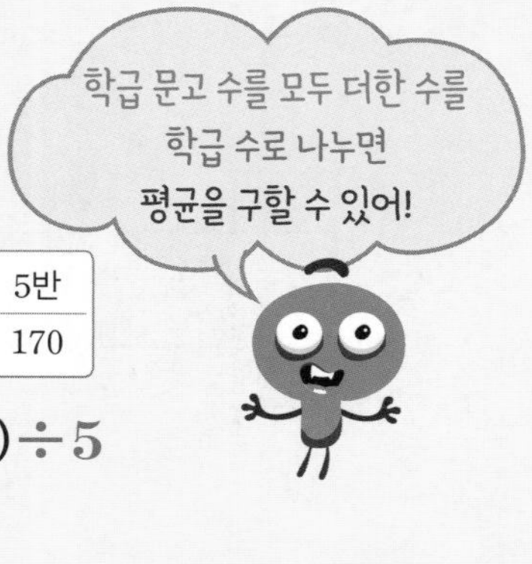

(평균)=(■+▲+●+★+◆)÷5

1 민재네 모둠의 제기차기 기록을 모형으로 나타낸 것입니다. □ 안에 알맞은 수를 써넣으세요.

모형을 옮겨 연결된 모형의 수를 고르게 하면 모형은 각각 □개씩 연결되므로 평균은 □개입니다.

4 다음 수들의 평균을 구하세요.

54 38 63 49

5 지난주 지은이네 교실의 실내 온도를 나타낸 표입니다. 실내 온도의 평균은 몇 ℃일까요?

지은이네 교실의 실내 온도

요일	월	화	수	목	금
실내 온도(℃)	22	24	23	19	22

6 서준이네 학교 5학년 학급별 학급 문고의 수를 나타낸 표입니다. 학급별 학급 문고 수의 평균을 구하세요.

학급별 학급 문고 수

학급	1반	2반	3반	4반	5반
책 수(권)	142	135	205	158	170

7 슬기네 모둠과 지혜네 모둠의 공 던지기 기록을 나타낸 표입니다. 어느 모둠이 더 잘했다고 볼 수 있을까요?

슬기네 모둠의 공 던지기 기록

이름	슬기	준영	지우	승연
기록(m)	9	15	18	14

지혜네 모둠의 공 던지기 기록

이름	지혜	유라	선우	미주	재현
기록(m)	16	10	17	9	13

두 모둠의 친구 수가 다를 땐 평균을 구해 보면 어느 모둠이 잘 했는지 알 수 있어.

이름	슬기	준영	지우	승연	
기록(m)	(9 +	15 +	18 +	14)	÷4

이름	지혜	유라	선우	미주	재현	
기록(m)	(16 +	10 +	17 +	9 +	13)	÷5

8 주영이네 모둠 학생들의 몸무게를 조사하여 나타낸 표입니다. 몸무게가 평균보다 무거운 학생의 이름을 모두 쓰세요.

주영이네 모둠 학생들의 몸무게

이름	주영	선혜	우현	진우
몸무게(kg)	44	39	43	38

(평균) < (자료의 값)

몸무게가 평균보다 무거운 학생은 평균보다 큰 값을 갖는 학생이야.

수학적 독해력

9 어느 농구 팀이 경기를 4번 했을 때 얻은 점수를 나타낸 표입니다. 이 농구 팀이 다섯 번째 경기에서 98점을 얻었다면 네 경기 동안 얻은 점수의 평균보다 평균이 몇 점 늘어나는지 구하세요.

경기별 얻은 점수

경기	첫 번째	두 번째	세 번째	네 번째
얻은 점수(점)	86	92	84	90

경기를 4번 했을 때와 경기를 5번 했을 때의 점수의 평균을 각각 구한 다음 비교해!

경기	첫 번째	두 번째	세 번째	네 번째	
얻은 점수(점)	(86 +	92 +	84 +	90)	÷4

경기	첫 번째	두 번째	세 번째	세 번째	다섯 번째	
얻은 점수(점)	(86 +	92 +	84 +	90 +	98)	÷5

수학적 표현력

10 봉사 동아리 회원들의 나이를 나타낸 표입니다. 봉사 동아리 회원들의 나이의 평균은 몇 살인지 풀이 과정을 쓰고, 답을 구하세요.

봉사 동아리 회원들의 나이

이름	은혜	민호	재정	윤서	서연
나이(살)	14	13	12	16	15

이름	은혜	민호	재정	윤서	서연
나이(살)	■	▲	●	★	◆

(평균)＝(■＋▲＋●＋★＋◆)÷5

회원들의 나이를 모두 더한 수를 회원 수로 나누면 평균을 구할 수 있어!

30일 평균을 이용하여 문제 해결하기

과수원	으뜸	싱싱
사과나무 수(그루)	50	70
수확한 사과 수(개)	12000	17500

$12000 \div 5$ $17500 \div 70$

자료의 수가 다른 두 집단을 비교할 때에는 평균을 비교해야 해.

주의해! 수확한 사과 수가 많다고 해서 한 그루당 수확한 사과 수가 더 많은 것은 아니야!

한 학급당 모아야 하는 헌 종이의 평균 = 모으려는 헌 종이의 무게 ÷ 학급 수

헌 종이 500 kg을 학급 4반이 모아야 해!

(모으려는 헌 종이의 무게) ÷ (학급 수)

(전체 학생 수) ÷ (학급 수)

한 학생당 모아야 하는 헌 종이의 평균 = 한 학급당 모아야 하는 헌 종이의 평균 ÷ 한 학급당 학생 수의 평균

요일	월	화	수	목	금
게임을 한 시간(분)	40	45	■	50	42

모르는 자료의 값(■) = 전체 자료 값의 합 − 아는 자료 값의 합

→ 5일 × 45분

3 사과나무 한 그루당 수확한 사과 수가 더 많다고 할 수 있는 과수원은 어느 과수원일까요?

과수원별 사과나무 수와 수확한 사과 수

과수원	으뜸	싱싱
사과나무 수(그루)	50	70
수확한 사과 수(개)	12000	17500

4 신우네 학교 5학년 학생들은 환경의 날 행사로 헌 종이를 500 kg 모으려고 합니다. 한 학급당 헌 종이를 평균 몇 kg 모아야 할까요?

신우네 학교 5학년 학급별 학생 수

학급	1반	2반	3반	4반
학생 수(명)	24	25	28	23

5 한 학급당 학생 수는 평균 몇 명이고, 한 학생당 모아야 하는 헌 종이는 평균 몇 kg일까요?

6 민재가 5일 동안 컴퓨터 게임을 한 시간을 나타낸 표입니다. 하루에 컴퓨터 게임을 한 시간의 평균은 45분일 때 수요일에 컴퓨터 게임을 한 시간을 구하세요.

민재가 컴퓨터 게임을 한 시간

요일	월	화	수	목	금
게임을 한 시간(분)	40	45		50	42

본책 136~137 쪽

7 슬기, 영민, 수현이의 수학 점수의 평균은 82점입니다. 서연이의 수학 점수는 90점일 때 4명의 수학 점수의 평균은 몇 점일까요?

(슬기, 영민, 수현이의 수학 점수의 합)
+(서연이의 수학 점수)

4명의 수학 점수의 평균 = 4명의 수학 점수의 합 ÷4

8 단체 줄넘기 기록이 평균 26번 이상이 되어야 준결승에 올라갈 수 있습니다. 로운이네 반 기록을 나타낸 표가 다음과 같을 때 준결승에 올라가려면 5회에 적어도 몇 번을 넘어야 할까요?

로운이네 반의 단체 줄넘기 기록

회	1회	2회	3회	4회	5회
줄넘기 기록(번)	24	19	32	27	

회	1회	2회	3회	4회	5회
줄넘기 기록(번)	(24	+ 19	+ 32	+ 27	+ ■)

÷5=26

5회에 적어도 ■번을 넘어야 해.

수학적 독해력

+9 지우가 매달 저금한 금액을 나타낸 표입니다. 1월에 저금한 금액이 4월에 저금한 금액보다 500원 더 많다면 1월에 저금한 금액은 얼마일까요?

지우가 매달 저금한 금액

월	1	2	3	4	평균
금액(원)		2500	3000		2800

1월에 저금한 금액이 4월에 저금한 금액보다 500원이 더 많아!

월	1	2	3	4	평균
금액(원)	■+500	2500	3000	■	2800

자료의 값을 모두 더한 수 = 평균 × 자료의 수

수학적 표현력

+10 지혜네 모둠 남학생과 여학생의 몸무게의 평균을 나타낸 표입니다. 지혜네 모둠 학생들의 몸무게의 평균은 몇 kg인지 풀이 과정을 쓰고, 답을 구하세요.

남학생 4명	42 kg
여학생 3명	35 kg

남학생 4명	42 kg	=(남학생의 몸무게의 합)
여학생 3명	35 kg	=(여학생의 몸무게의 합)

(남학생의 몸무게의 합) + (여학생의 몸무게의 합)

모둠 학생들의 몸무게의 평균 = 모둠 학생들의 몸무게의 합 ÷ 모둠 학생들의 수

6 단원

31일 일이 일어날 가능성을 말로 표현하기 / 일이 일어날 가능성을 비교하기

전학 온 학생은 남학생 또는 여학생이야.

새로 전학 온 학생은 여학생일 것입니다.

상황	힌트
주사위를 굴렸을 때 0이 나올 가능성	→ 주사위에는 0의 눈이 없어.
동전을 던져 숫자 면이 나올 가능성	→ 동전은 그림 면 또는 숫자 면이야.
흰색 바둑돌 2개 중에서 1개를 꺼낼 때 흰색일 가능성	→ 흰색 바둑돌만 있으므로 흰색만 꺼낼 수 있어.

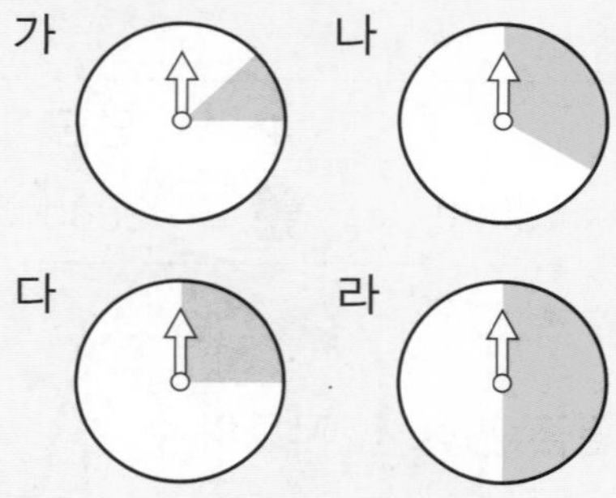

횟수가 비슷해.

빨강과 파랑의 횟수를 합친 것과 비슷해.

색깔	빨강	파랑	노랑
횟수(회)	18	21	41

2 일이 일어날 가능성을 생각하여 〈보기〉에서 알맞은 말을 골라 쓰세요.

〈보기〉
불가능하다　~아닐 것 같다　반반이다
~일 것 같다　확실하다

새로 전학 온 학생은 여학생일 것입니다.

4 일이 일어날 가능성을 생각하여 알맞게 선으로 이어 보세요.

주사위를 굴렸을 때 0이 나올 가능성 •	• 확실하다.
동전을 던져 숫자 면이 나올 가능성 •	• 불가능하다.
흰색 바둑돌 2개 중에서 1개를 꺼낼 때 흰색일 가능성 •	• 반반이다.

5 회전판에서 화살이 노란색에 멈출 가능성이 높은 순서대로 기호를 쓰세요.

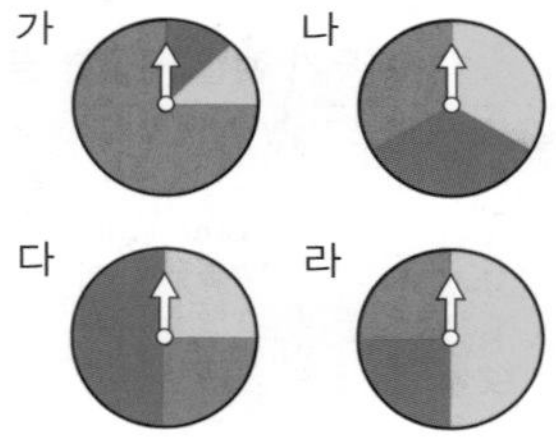

6 회전판을 80번 돌려 화살이 멈춘 횟수를 나타낸 표입니다. 일이 일어날 가능성이 다음 표와 가장 비슷한 회전판을 찾아 기호를 쓰세요.

색깔	빨강	파랑	노랑
횟수(회)	18	21	41

7 일이 일어날 가능성이 높은 순서대로 기호를 쓰세요.

㉠ 주사위를 던져 4의 눈이 나올 가능성
㉡ 내 생일과 친구의 생일이 다를 가능성
㉢ 우리나라에서 1월에 밤이 낮보다 길 가능성
㉣ 포도 맛 사탕만 있는 봉지에서 딸기 맛 사탕을 꺼낼 가능성
㉤ 한 명의 아이가 태어날 때 남자 아이일 가능성

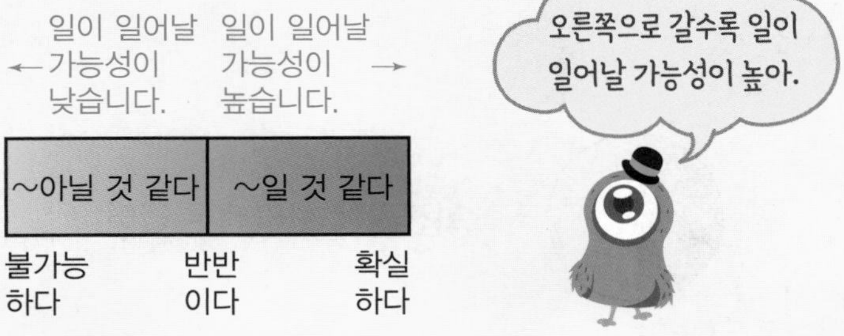

8 주사위를 10번 굴렸을 때 눈의 수가 짝수가 나올 가능성과 회전판을 돌릴 때 화살이 파란색에 멈출 가능성이 같도록 다음 회전판을 색칠하세요.

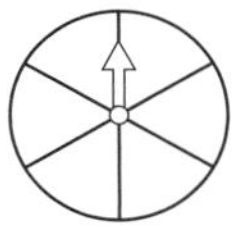

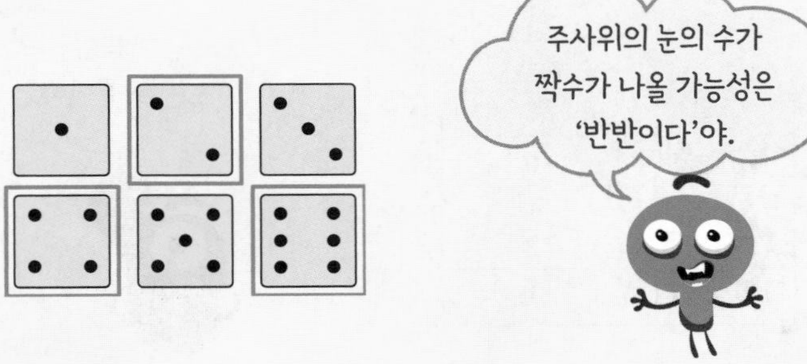

수학적 독해력

9 (조건)에 알맞은 회전판이 되도록 색칠하세요.

(조건)
• 화살이 빨간색에 멈출 가능성이 가장 높습니다.
• 화살이 파란색에 멈출 가능성은 노란색에 멈출 가능성의 3배입니다.

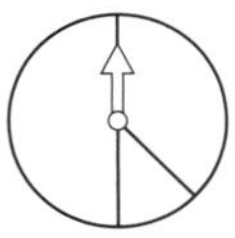

빨간색의 넓이가 가장 넓도록 색칠해야 해.

(조건)
• 화살이 빨간색에 멈출 가능성이 가장 높습니다.
• 화살이 파란색에 멈출 가능성은 노란색에 멈출 가능성의 3배입니다.

파란색의 넓이가 노란색 넓이의 3배가 되도록 색칠해야 해.

수학적 표현력

10 일이 일어날 가능성이 더 높은 것을 이야기한 사람의 이름을 쓰고, 그 이유를 말해 보세요.

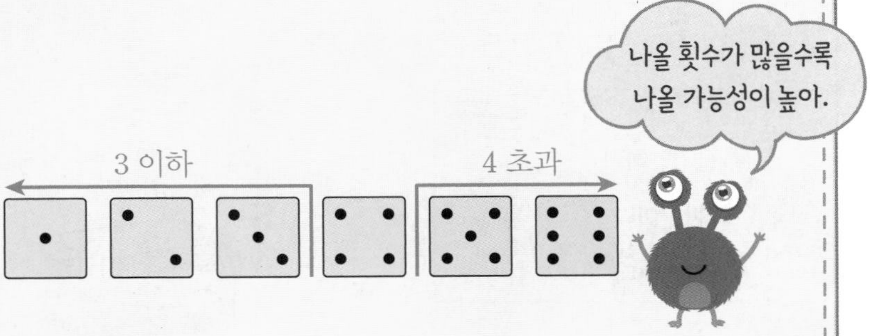

6 단원

32일 일이 일어날 가능성을 수로 표현하기

일이 일어날 가능성이 '불가능하다'이면 0,
'반반이다'이면 $\frac{1}{2}$, '확실하다'이면 1로 표현할 수 있어.

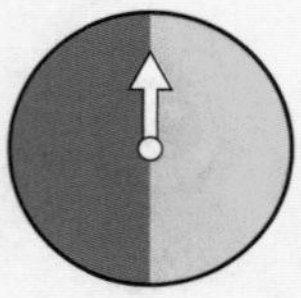

→ 회전판에 보라색은 없어.

1 회전판을 돌려 화살이 보라색에 멈출 가능성에 ↓로 나타내세요.

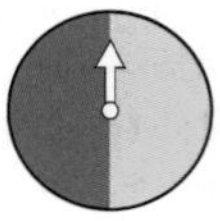

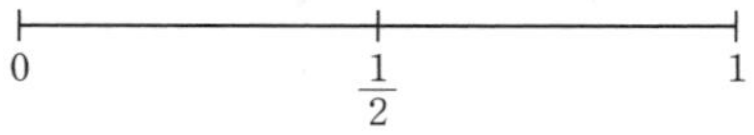

말	수
불가능하다	0
반반이다	$\frac{1}{2}$
확실하다	1

○× 문제의 정답은
○ 또는 ×뿐이야.

3 준수가 ○× 문제를 풀고 있습니다. ×라고 답했을 때, 정답을 맞혔을 가능성을 말과 수로 표현하세요.

〔말〕 ______________

〔수〕 ______________

말	수
불가능하다	0
반반이다	$\frac{1}{2}$
확실하다	1

우산꽂이에
빨간색 우산은 없어.

5 우산꽂이에 다음과 같이 우산 4개가 꽂혀 있습니다. 그중에서 1개를 꺼낼 때 꺼낸 우산이 빨간색일 가능성을 말과 수로 표현하세요.

〔말〕 ______________

〔수〕 ______________

말	수
불가능하다	0
반반이다	$\frac{1}{2}$
확실하다	1

상자 속에 짝수인 공도 2개,
홀수인 공도 2개야.

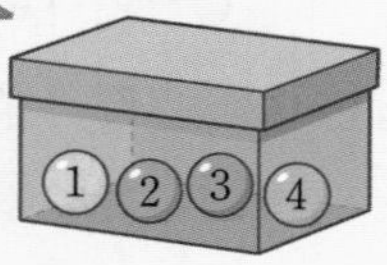

6 상자 속에 1, 2, 3, 4가 각각 쓰여 있는 공이 한 개씩 있습니다. 그중에서 1개를 꺼낼 때 꺼낸 공의 수가 홀수일 가능성을 수로 표현하세요.

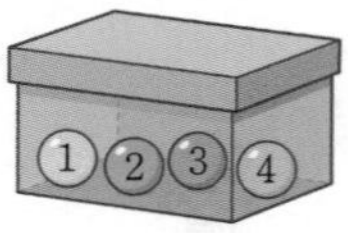

7 일이 일어날 가능성을 수로 표현했을 때, 가능성이 가장 높은 것과 가장 낮은 것의 기호를 차례로 쓰세요.

㉠ 빨간색 공 1개와 파란색 공 1개가 있는 주머니에서 흰색 공을 꺼낼 가능성
㉡ 빨간색 공 2개와 파란색 공 2개가 있는 주머니에서 파란색 공을 꺼낼 가능성
㉢ 빨간색 공 4개가 있는 주머니에서 빨간색 공을 꺼낼 가능성

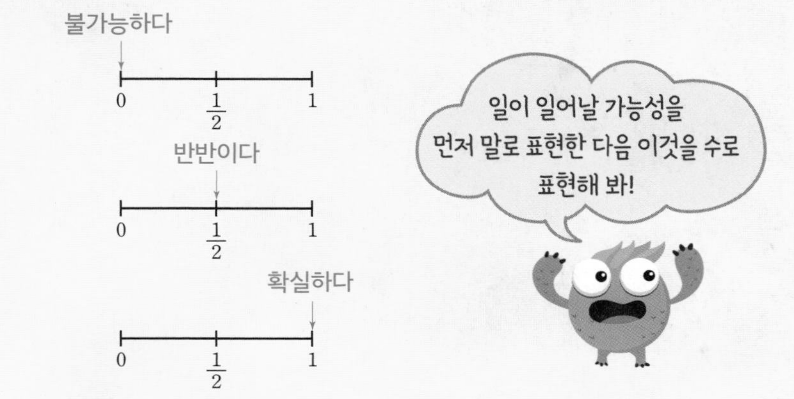

8 주머니 속에 파란색 공 2개, 초록색 공 1개, 빨간색 공 1개가 있습니다. 그중에서 1개를 꺼낼 때 꺼낸 공이 파란색일 가능성을 수로 표현하세요.

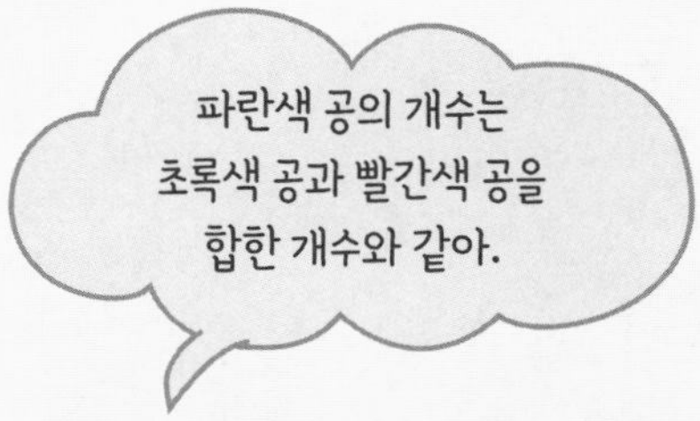

파란색 공 2개, 초록색 공 1개, 빨간색 공 1개

수학적 독해력

9 주사위 1개를 굴렸을 때 일이 일어날 가능성이 높은 것부터 차례로 기호를 쓰세요.

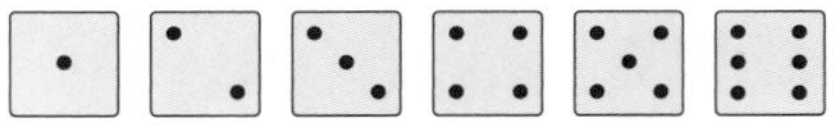

㉠ 주사위 눈의 수가 6보다 큰 수로 나올 가능성
㉡ 주사위 눈의 수가 0 초과 7 미만으로 나올 가능성
㉢ 주사위 눈의 수가 4 미만으로 나올 가능성

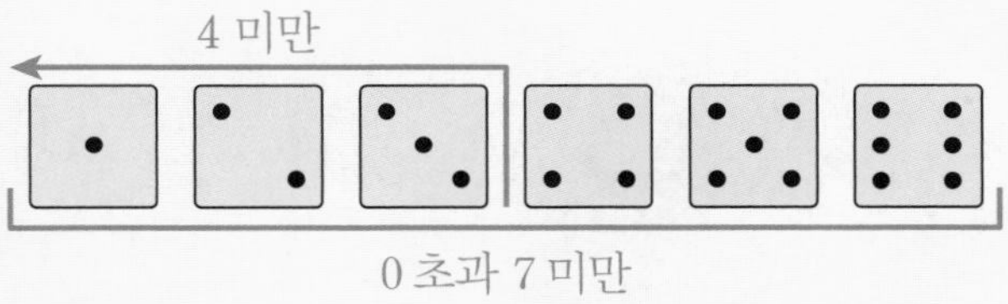

수학적 표현력

10 카드 중 한 장을 뽑을 때 ♥의 카드를 뽑을 가능성을 수로 표현하면 얼마인지 풀이 과정을 쓰고, 답을 구하세요.

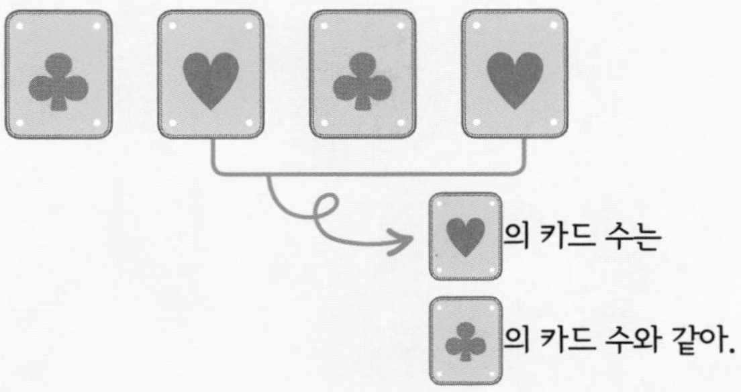

6단원

memo

memo

memo

memo

memo

memo

memo

자신감 뿜뿜

수학이 만만해지는 힌트의 힘!

막힐 때 찾아보는

힌트북

풀이집은 개념의 빈틈을 채우는
두 번째 학습서입니다.

막힐 땐

힌트북

초등수학 5-2

정답 · 풀이

슬기로운공부

막힐 땐

힌트북

초등수학 5-2

정답 · 풀이

본책 008~011쪽

01일 이상과 이하

확인 008쪽

1 (1) 90, 92 / 이상 (2) 88, 90 / 이하

기본기 다지는 교과서 문제 009쪽

1 33, 37, 30에 ○표

2 (1) 슬기, 로운, 지혜

(2) 144.0 cm, 143.2 cm, 133.8 cm

3 (1) 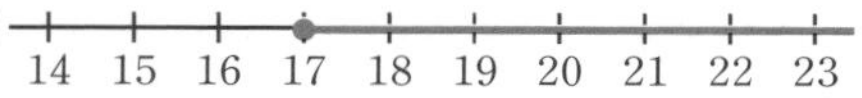

(2) 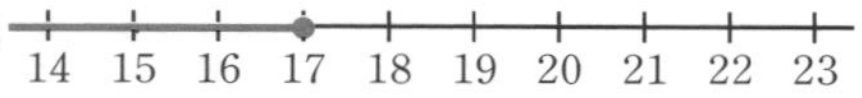

1 30 이상인 수는 30과 같거나 큰 수입니다.

2 (1) 키가 144 cm와 같은 학생은 슬기이고 키가 144 cm보다 작은 학생은 로운, 지혜입니다.

3 (1) 17 이상인 수는 경곗값 17을 점 ●으로 나타내고 오른쪽으로 선을 긋습니다.

(2) 17 이하인 수는 경곗값 17을 점 ●으로 나타내고 왼쪽으로 선을 긋습니다.

스스로 풀어내는 도전 10 문제 010~011쪽

1 이상, 이하에 ○표　　2 4개

3 윤하

4 (1) 

(2) 

5 4개　　6 (1) 24 이하인 수 (2) 11 이상인 수

7 46　　8 3개

+9 30개

+10 영민 / 예 52 이하인 수는 52와 같거나 작은 수인데 54는 52보다 큰 수이기 때문입니다.

1 10, 12, 15, 21은 10과 같거나 큰 수이므로 10 이상인 수이고 7, 9, 11, 13은 13과 같거나 작은 수이므로 13 이하인 수입니다.

2 25와 같거나 큰 수를 모두 찾아보면 36, 25, 30, 31이므로 모두 4개입니다.

3 11 이하인 수는 11과 같거나 작은 수입니다.
따라서 11 이하인 수를 잘못 말한 친구는 11보다 큰 수 15를 말한 윤하입니다.

4 (1) 14 이상인 수는 경곗값 14를 점 ●으로 나타내고 오른쪽으로 선을 긋습니다.

(2) 30 이하인 수는 경곗값 30을 점 ●으로 나타내고 왼쪽으로 선을 긋습니다.

5 29와 같거나 작은 수를 모두 찾아보면 21.0, 29.0, 17.2, 27.9이므로 모두 4개입니다.

6 (1) 경곗값 24를 점 ●으로 나타내고 왼쪽으로 선을 그었습니다. → 24 이하인 수

(2) 경곗값 11을 점 ●으로 나타내고 오른쪽으로 선을 그었습니다. → 11 이상인 수

7 ★ 이상인 자연수는 ★와 같거나 큰 자연수입니다.
따라서 ★에 들어갈 수 있는 자연수 중에서 가장 큰 수는 주어진 수 중에서 가장 작은 46입니다.

8 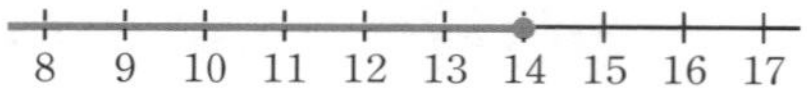

→ 14 이하인 수: 14, 13, 12, 11……

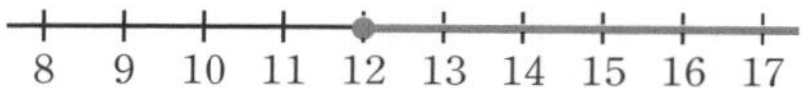

→ 12 이상인 수: 12, 13, 14, 15……

따라서 두 수직선에 나타낸 수의 범위에 공통으로 속하는 자연수는 12, 13, 14이므로 모두 3개입니다.

+9 두 자리 자연수는 10부터 99까지의 수입니다. 70 이상인 수는 70부터 99까지의 수이므로 모두
$99-70+1=30$(개)입니다.

본책 012~015 쪽

02일 초과와 미만

확인 ············ 012쪽

1 (1) 19, 23 / 초과 (2) 12, 15 / 미만

기본기 다지는 교과서 문제 013쪽

1 46, 32

2 (1) 현진, 수현, 연서 (2) 18.3 kg, 13.6 kg, 15.5 kg

3 (1) 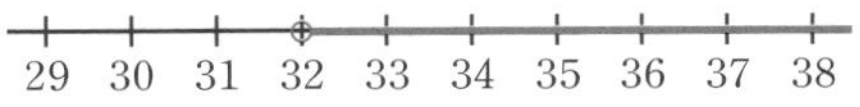

(2) 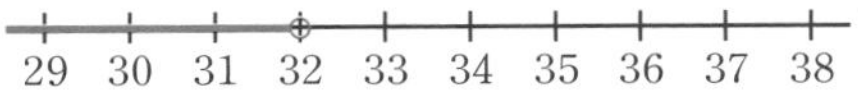

1 27 초과인 수는 27보다 큰 수입니다.

3 (1) 32 초과인 수는 경곗값 32를 점 ○으로 나타내고 오른쪽으로 선을 긋습니다.
(2) 32 미만인 수는 경곗값 32를 점 ○으로 나타내고 왼쪽으로 선을 긋습니다.

스스로 풀어내는 도전 10 문제 014~015쪽

1 3개

2 28, 34에 ○표

3 (1) 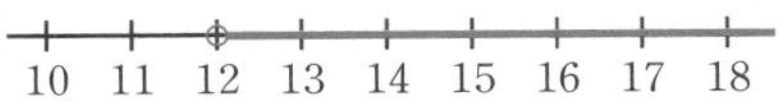

(2) 

4 슬기

5 ㉢

6 40 초과인 수

7 46

8 5개

+9 18

+10 영민 / 예 36 미만인 수는 36보다 작은 수이므로 36은 포함되지 않기 때문입니다.

1 44 미만인 수는 44보다 작은 수이므로 31.6, 28.9, 43.1로 모두 3개입니다.

2 25 초과인 수는 25보다 큰 수이므로 28, 34입니다.

3 (1) 12 초과인 수는 경곗값 12를 점 ○으로 나타내고 오른쪽으로 선을 긋습니다.
(2) 30 미만인 수는 경곗값 30을 점 ○으로 나타내고 왼쪽으로 선을 긋습니다.

4 18 초과인 수는 18보다 큰 수이므로 18을 포함하지 않고 19 미만인 수는 19보다 작은 수이므로 18을 포함합니다.

5 36보다 작은 수를 모아 놓은 것을 찾아봅니다.
㉠ 36보다 작은 수에 36은 포함되지 않습니다.
㉡ 36보다 작은 수에 38, 60, 44는 포함되지 않습니다.

6 경곗값 40을 점 ○으로 나타내고 오른쪽으로 선을 그었습니다. ➔ 40 초과인 수

7 경곗값 47을 점 ○으로 나타내고 왼쪽으로 선을 그었습니다. ➔ 47 미만인 수
따라서 47 미만인 자연수 중에서 가장 큰 수는 46입니다.

8 두 자리 자연수 중에서 15 미만인 수는 15보다 작은 두 자리 자연수이므로 10, 11, 12, 13, 14입니다. 따라서 모두 5개입니다.

힌트북 5쪽

+9 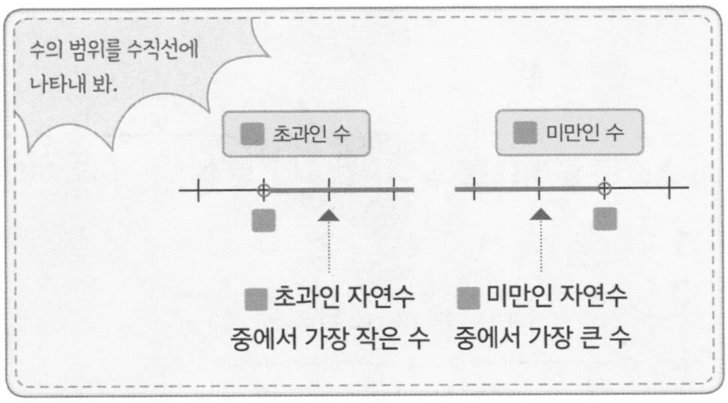

㉠ 8 초과인 자연수는 9, 10, 11……입니다. ㉠은 8 초과인 자연수 중에서 가장 작은 수이므로 9입니다.
㉡ 10 미만인 자연수는 9, 8, 7……입니다. ㉡은 10 미만인 자연수 중에서 가장 큰 수이므로 9입니다.
➔ ㉠+㉡=9+9=18

+10 36 미만인 수는 36보다 작은 수이므로 36은 포함되지 않습니다. 따라서 35, 36, 37 중에서 36 미만인 수는 35입니다.

본책 016~019쪽

03일 수의 범위를 활용하여 문제 해결하기

확인 016쪽

① 예린, 정민

기본기 다지는 교과서 문제 017쪽

1 이상, 이하
2 20 이상 30 미만
3 지연
4 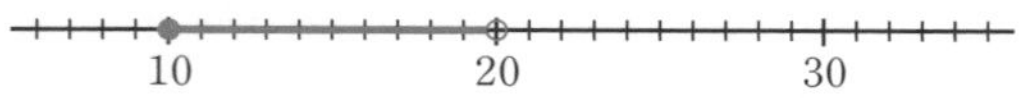

1 22를 포함하고 있으므로 22 이상이고 29를 포함하고 있으므로 29 이하입니다.

2 혜인이의 윗몸 말아 올리기 기록은 21회이므로 혜인이가 속한 등급의 횟수 범위는 20회 이상 30회 미만입니다.

3 20회 이상 30회 미만인 학생은 지연입니다.

4 10회 이상 20회 미만인 수는 경곗값 10을 점 ●으로, 경곗값 20을 점 ○으로 나타낸 후 두 점을 선으로 연결합니다.

스스로 풀어내는 도전 10 문제 018~019쪽

1 21, 22, 23, 24 **2** 3개
3 (1) 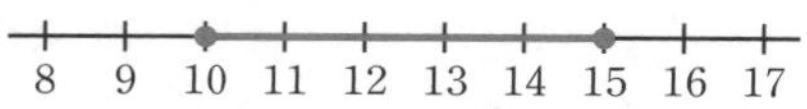

(2) 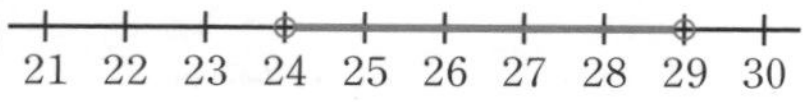

4 9.6, 8.0, 11.3에 ○표
5 윤수, 경은, 지우
6 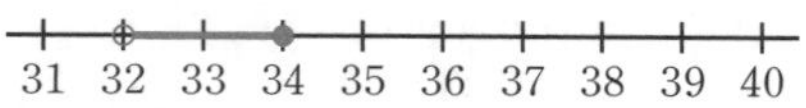

7 ㉠, ㉢ **8** 지혜
+9 39
+10 예 61 이상 70 미만인 수는 61, 62, 63, 64, 65, 66, 67, 68, 69이므로 모두 9개입니다. / 9개

1 20 초과 24 이하인 수는 20보다 크고 24와 같거나 작은 수이므로 21, 22, 23, 24입니다.

2 45 이상 53 미만인 수는 45와 같거나 크고 53보다 작은 수입니다.
따라서 50.6, 45.0, 50.7로 모두 3개입니다.

3 (1) 10 이상인 수는 경곗값 10을 점 ●으로, 15 이하인 수는 경곗값 15를 점 ●으로 나타낸 후 두 점을 선으로 연결합니다.
(2) 24 초과인 수는 경곗값 24를 점 ○으로, 29 미만인 수는 경곗값 29를 점 ○으로 나타낸 후 두 점을 선으로 연결합니다.

4 수직선에 나타낸 수의 범위는 8 이상 12 미만인 수입니다. 따라서 8과 같거나 크고 12보다 작은 수인 9.6, 8.0, 11.3에 ○표 합니다.

5 페더급은 36 kg 초과 39 kg 이하인 수이므로 윤수(37.3 kg), 경은(38.6 kg), 지우(39.0 kg)입니다.

6 현승이는 32.1 kg이므로 현승이가 속한 체급의 몸무게의 범위는 32 kg 초과 34 g 이하인 플라이급입니다.

7 ㉠ 85 초과 88 이하인 수: 86, 87, 88
㉡ 84 이상 88 미만인 수: 84, 85, 86, 87
㉢ 88 이상 93 이하인 수: 88, 89, 90, 91, 92, 93
㉣ 88 초과 95 미만인 수: 89, 90, 91, 92, 93, 94

8 서준: 19 초과 23 이하인 수는 20, 21, 22, 23이므로 4개입니다.
지혜: 15 이상 20 미만인 수는 15, 16, 17, 18, 19이므로 5개입니다.
따라서 수의 범위에 속하는 자연수가 더 많은 사람은 지혜입니다.

+9 수직선에 나타낸 수의 범위는 ★ 초과 47 이하입니다. 47이 포함되므로 47부터 작은 수를 차례로 8개 쓰면 수의 범위에 속하는 자연수는 47, 46, 45, 44, 43, 42, 41, 40입니다. 이때 ★은 수의 범위에 속하지 않으므로 ★에 알맞은 자연수는 40보다 1 작은 수인 39입니다.

+10 61 이상 70 미만인 수는 61과 같거나 크고 70보다 작은 수이므로 61, 62, 63, 64, 65, 66, 67, 68, 69로 모두 9개입니다.

본책 020~023쪽

04일 올림

확인 020쪽

❶ (1) 180에 ○표 (2) 260에 ○표 (3) 1320에 ○표
❷ (1) 6, 0, 0 (2) 5, 0, 0 (3) 0, 0, 0

기본기 다지는 교과서 문제 021쪽

1 (1) 520 (2) 730
2 230, 300 / 1990, 2000
3 (1) 3.2 (2) 0.47
4 지훈

1 (1) 518 → 520
└→ 십의 자리 아래 수인 8을 10으로 봅니다.
(2) 726 → 730
└→ 십의 자리 아래 수인 6을 10으로 봅니다.

2 • 십의 자리: 227 → 230 1983 → 1990
• 백의 자리: 227 → 300 1983 → 2000

3 (1) 3.172 → 3.2
└→ 0.072를 0.1로 봅니다.
(2) 0.469 → 0.47
└→ 0.009를 0.01로 봅니다.

4 주영: 1832 → 2000
선미: 5000 → 5000

스스로 풀어내는 도전 10 문제 022~023쪽

1 (○)( ) 2 3820, 3900
3 1.5 4 ㉡
5 < 6 슬기
7 10개 8 7600
+9 7285
+10 예 올림하여 백의 자리까지 각각 나타내면 1306 → 1400, 1172 → 1200, 1045 → 1100입니다. 따라서 올림하여 백의 자리까지 나타낸 수가 가장 작은 수는 1045입니다. / 1045

1 올림하여 백의 자리까지 나타냅니다.
254 → 300
└→ 백의 자리 아래 수인 54를 100으로 봅니다.
155 → 200
└→ 백의 자리 아래 수인 55를 100으로 봅니다.

2 십의 자리: 3820 → 3820, 백의 자리: 3820 → 3900

3 1.48 → 1.5
└→ 0.08을 0.1로 봅니다.

4 올림하여 천의 자리까지 각각 나타냅니다.
㉠ 7000 → 7000 ㉡ 7010 → 8000
㉢ 8001 → 9000
따라서 올림하여 천의 자리까지 나타내면 8000이 되는 수를 찾아 기호를 쓰면 ㉡입니다.

5 • 782를 올림하여 십의 자리까지 나타낸 수는 790입니다.
• 701을 올림하여 백의 자리까지 나타낸 수는 800입니다.

6 각각 올림하여 백의 자리까지 나타냅니다.
서연: 4810 → 4900 영민: 4801 → 4900
슬기: 4800 → 4800
따라서 올림하여 백의 자리까지 나타낸 수가 다른 사람은 슬기입니다.

7 올림하여 십의 자리까지 나타냈으므로 일의 자리 숫자가 0이 아닌 경우와 0인 경우로 생각해 봅니다.
• 일의 자리 숫자가 0이 아닌 경우
올림하여 십의 자리까지 나타냈을 때 60이 되려면 5□ 형태여야 합니다. → □=1, 2, 3⋯8, 9
• 일의 자리 숫자가 0인 경우
60을 올림하여 십의 자리까지 나타내면 60입니다.
따라서 어떤 수가 될 수 있는 자연수는 51, 52……59, 60으로 모두 10개입니다.

8 수 카드 4장을 한 번씩만 사용하여 만들 수 있는 가장 큰 네 자리 수는 7531입니다.
7531을 올림하여 백의 자리까지 나타내면 7600입니다.

+9 ㉠㉡85를 올림하여 백의 자리까지 나타내면 백의 자리 아래 수가 0이 아니므로 올림해야 합니다.
→ ㉠=7, ㉡=2

+10 올림하여 백의 자리까지 각각 나타내면
1306 → 1400, 1172 → 1200, 1045 → 1100입니다.
따라서 올림하여 백의 자리까지 나타낸 수의 크기를 비교하면 1100 < 1200 < 1400이므로 가장 작은 수는 1045입니다.

본책 024~027쪽

05일 버림

확인 024쪽

❶ (1) 240에 ○표 (2) 370에 ○표 (3) 5010에 ○표

❷ (1) 5, 0, 0 (2) 4, 0, 0 (3) 0, 0, 0

기본기 다지는 교과서 문제 025쪽

1 (1) 420 (2) 5230

2 5270, 5200 / 3910, 3900

3 (1) 1.6 (2) 1.78

4 ㉡

1 (1) 421 → 420

└→ 십의 자리 아래 수인 1을 0으로 봅니다.

(2) 5237 → 5230

└→ 십의 자리 아래 수인 7을 0으로 봅니다.

2 • 십의 자리: 5277 → 5270 3914 → 3910

• 백의 자리: 5277 → 5200 3914 → 3900

3 (1) 1.64 → 1.6

└→ 0.04를 0으로 봅니다.

(2) 1.782 → 1.78

└→ 0.002를 0으로 봅니다.

4 ㉡ 859 → 850

스스로 풀어내는 도전 10 문제 026~027쪽

1 (○)( )

2 250, 200

3 8.7, 8.72

4 ㉡

5 ④

6 <

7 500

8 2050

+9 100개

+10 예 버림하여 천의 자리까지 각각 나타내면 5846 → 5000, 6027 → 6000, 5000 → 5000입니다. 따라서 버림하여 천의 자리까지 나타낸 수가 다른 하나는 6027입니다. / 6027

1 버림하여 십의 자리까지 나타냅니다.

578 → 570

└→ 십의 자리 아래 수인 8을 0으로 봅니다.

694 → 690

└→ 십의 자리 아래 수인 4를 0으로 봅니다.

2 십의 자리: 258 → 250

백의 자리: 258 → 200

3 소수 첫째 자리: 8.724 → 8.7

└→ 0.024를 0으로 봅니다.

소수 둘째 자리: 8.724 → 8.72

└→ 0.004를 0으로 봅니다.

4 버림하여 백의 자리까지 각각 나타냅니다.

5220 → 5200 5408 → 5400 5392 → 5300

따라서 버림하여 백의 자리까지 나타내면 5400이 되는 수는 5408이므로 기호를 쓰면 ㉡입니다.

5 ④ 5892 → 5890

└→ 십의 자리 아래 수인 2를 0으로 봅니다.

6 • 573을 버림하여 백의 자리까지 나타낸 수는 500입니다.

• 524를 버림하여 십의 자리까지 나타낸 수는 520입니다.

7 • 8512를 버림하여 천의 자리까지 나타낸 수: 8000

• 8512를 버림하여 백의 자리까지 나타낸 수: 8500

→ (두 수의 차)=8500−8000=500

8 수 카드 4장을 한 번씩만 사용하여 만들 수 있는 가장 작은 네 자리 수는 2058입니다.

2058을 버림하여 십의 자리까지 나타내면 2050입니다.

+9 버림하여 백의 자리까지 나타냈을 때 5400이 되는 자연수는 54□□ 형태입니다.

□□ → 00, 01, 02……98, 99이므로 버림하여 백의 자리까지 나타냈을 때 5400이 되는 자연수는 모두 100개입니다.

+10 버림하여 천의 자리까지 각각 나타내면

5846 → 5000, 6027 → 6000, 5000 → 5000입니다.

따라서 버림하여 천의 자리까지 나타낸 수가 다른 하나는 6027입니다.

본책 028~031쪽

06일 반올림

확인 ······ 028쪽

1 (1) 150에 ○표 (2) 600에 ○표 (3) 8050에 ○표
2 (1) 5, 0, 0 (2) 6, 0, 0, 0

기본기 다지는 교과서 문제 029쪽

1 (1) 2500 (2) 8100
2 48300, 50000 / 21100, 20000
3 (1) 8.5 (2) 7.42
4 수민

1 (1) 2517 → 2500
└→ 십의 자리 숫자가 1이므로 버림합니다.
(2) 8064 → 8100
└→ 십의 자리 숫자가 6이므로 올림합니다.

2 백의 자리: 48267 → 48300 21094 → 21100
만의 자리: 48267 → 50000 21094 → 20000

3 (1) 8.54 → 8.5
└→ 소수 둘째 자리 숫자가 4이므로 버림합니다.
(2) 7.416 → 7.42
└→ 소수 셋째 자리 숫자가 6이므로 올림합니다.

4 수민: 6499 → 6000

스스로 풀어내는 도전 10 문제 030~031쪽

1 (○)( )
2 7300, 7000
3 3544
4 ⑤
5 ㉢
6 <
7 5, 6, 7, 8, 9
8 800
+9 99
+10 연필의 길이는 5.5 cm입니다. 5.5를 반올림하여 일의 자리까지 나타내면 6이므로 연필의 길이는 6 cm입니다. / 6 cm

1 반올림하여 십의 자리까지 나타냅니다.
654 → 650

2 백의 자리: 7260 → 7300
천의 자리: 7260 → 7000

3 반올림하여 십의 자리까지 각각 나타냅니다.
3532 → 3530 3548 → 3550 3544 → 3540
따라서 반올림하여 십의 자리까지 나타내면 3540이 되는 수는 3544입니다.

4 ⑤ 5375 → 5380

5 반올림하여 천의 자리까지 각각 나타냅니다.
㉠ 22740 → 23000
㉡ 23058 → 23000
㉢ 22491 → 22000
따라서 반올림하여 천의 자리까지 나타낸 수가 다른 하나는 ㉢ 22491입니다.

6 246을 반올림하여 백의 자리까지 나타낸 수는 200입니다.
246를 반올림하여 십의 자리까지 나타낸 수는 250입니다.

7 16□8을 반올림하여 백의 자리까지 나타내었을 때 1700이 되려면 백의 자리 숫자가 6이므로 십의 자리에서 올림해야 합니다. 따라서 □ 안에 들어갈 수 있는 수는 5, 6, 7, 8, 9입니다.

8 수 카드 3장을 한 번씩만 사용하여 만들 수 있는 가장 큰 세 자리 수는 763입니다.
763을 반올림하여 백의 자리까지 나타내면 800입니다.

+9 반올림하여 백의 자리까지 나타낸 수가 600이 되는 자연수는 550, 551, 552……648, 649이므로 가장 큰 수는 649이고, 가장 작은 수는 550입니다.
→ (두 수의 차)=649−550=99

+10 연필의 길이는 5.5 cm입니다. 5.5를 반올림하여 일의 자리까지 나타내면 소수 첫째 자리 숫자가 5이므로 올림하면 6입니다. 따라서 연필의 길이를 반올림하여 일의 자리까지 나타내면 6 cm입니다.

본책 032~035쪽

07일 올림, 버림, 반올림을 활용하여 문제 해결하기

확인 032쪽

1 올림에 ○표, 35000에 ○표
2 버림에 ○표, 250에 ○표

기본기 다지는 교과서 문제 033쪽

1 (1) 올림 (2) 14대
2 (1) 버림 (2) 50000원
3 2900명

1 (1) 학생 134명을 모두 승합차에 태워야 하므로 올림을 이용합니다.
(2) 승합차 13대가 있으면 130명이 탈 수 있고 남은 4명도 타야 하므로 승합차는 1대 더 필요합니다.
➜ 13+1=14(대)

2 (1) 10000원짜리 지폐로 바꾸려면 10000원이 안 되는 동전은 바꿀 수 없으므로 버림을 이용합니다.
(2) 58680을 버림하여 만의 자리까지 나타내면 50000이므로 10000원짜리 지폐로 최대 50000원까지 바꿀 수 있습니다.

3 반올림하여 백의 자리까지 나타냅니다.
2857 ➜ 2900

스스로 풀어내는 도전 10 문제 034~035쪽

1 올림
2 10, 150
3 100, 200
4 530개
5 52000명
6 22 m
7 1900명
8 274권
+9 민호
+10 예 한 자루에 10 kg씩 담는다면 10 kg이 안 되는 8 kg은 담을 수 없습니다. 따라서 버림을 이용하면 헌 종이를 55자루까지 담을 수 있고 남는 헌 종이는 8 kg입니다. / 55자루, 8 kg

1 5학년 학생 143명에게 공책을 모두 나누어 주어야 하므로 올림을 이용합니다.

2 올림하여 십의 자리까지 나타내야 합니다.

3 올림하여 백의 자리까지 나타내야 합니다.

4 인형을 10개씩 담아야 하므로 10개가 안 되는 8개는 상자에 담을 수 없으므로 버림을 이용합니다. 538을 버림하여 십의 자리까지 나타내면 530이므로 팔 수 있는 인형은 최대 530개입니다.

5 51832를 반올림하여 천의 자리까지 나타내면 백의 자리 숫자가 8이므로 올림합니다. ➜ 52000

6 1 m=100 cm
2137 cm 철사가 필요하므로 2137 올림하여 백의 자리까지 나타내면 2200입니다.
따라서 철사를 최소 2200 cm=22 m 사야 합니다.

7 (세 동의 주민 수)=563+715+634=1912(명)
1912를 반올림하여 백의 자리까지 나타내면 십의 자리 숫자가 1이므로 버림합니다. ➜ 1900

8 반올림하여 십의 자리까지 나타낸 수가 270이므로 지혜네 학교 5학년 학생 수의 범위는 265명부터 274명까지입니다. 따라서 공책이 가장 많이 필요한 경우는 학생 수가 가장 많은 때이므로 공책을 적어도 274권 준비해야 합니다.

+9 어림한 방법을 각각 알아봅니다.
수현: 버림, 민호: 반올림, 윤하: 버림
따라서 어림하는 방법이 다른 한 친구는 민호입니다.

+10 한 자루에 10 kg씩 담는다면 10 kg이 안 되는 8 kg은 담을 수 없습니다. 따라서 버림을 이용하면 550 kg을 한 자루에 10 kg씩 담으면 55자루까지 담을 수 있고 남는 헌 종이는 8 kg입니다.

01~07일 단원평가 036~037쪽

01 11, 23, 19에 ○표　02 30 초과인 수
03 7330, 7320　04 재은, 주영
05
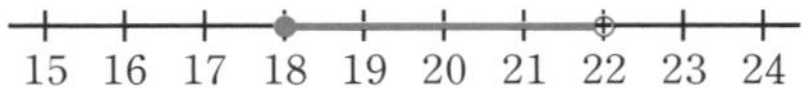

06 300 g　07 730
08 5, 6, 7, 8, 9　09 2800
10 풀이 참조

01 23과 같거나 작은 수를 모두 찾아봅니다.

02 경곗값 30을 점 ○으로 나타내고 오른쪽으로 선을 그었습니다. ➡ 30 초과인 수

03 올림: 7329 ➡ 7330　버림: 7329 ➡ 7320

04 2등급의 횟수의 범위는 63회 이상 85회 미만입니다. 2등급에 속한 학생을 찾아보면 재은(74회), 주영(63회)입니다.

05 18 이상인 수는 경곗값 18을 점 ●으로, 22 미만인 수는 경곗값 22를 점 ○으로 나타낸 후 두 점을 선으로 연결합니다.

06 280 g이 필요하므로 280을 올림하여 백의 자리까지 나타내면 300입니다. 따라서 밀가루를 최소 300 g 사야 합니다.

07 1872를 올림하여 천의 자리까지 나타내면 2000이고 버림하여 십의 자리까지 나타내면 1270입니다.
➡ 2000−1270=730

08 38□92를 반올림하여 천의 자리까지 나타낼 때 39000이 되려면 천의 자리 숫자가 8이므로 □의 수가 올림이 되어야 합니다.
따라서 □ 안에 들어갈 수 있는 수는 5, 6, 7, 8, 9입니다.

09 올림하여 십의 자리까지 나타내면 2810이 되는 자연수 중에서 가장 작은 수는 2801입니다.
따라서 2801을 반올림하여 십의 자리까지 나타내면 2800입니다.

10 예시 답안 방법 1 3750을 올림하여 백의 자리까지 나타내면 3800입니다.
방법 2 3750을 반올림하여 백의 자리까지 나타내면 3800입니다.

채점 기준	
	❶ 한 가지 방법으로 설명해야 함.
	❷ 다른 한 가지 방법으로 설명해야 함.

본책 038~041 쪽

08일 (분수)×(자연수)

확인 038쪽

❶ 4, 12, 2, 2, 5

기본기 다지는 교과서 문제 039쪽

1 방법 1 9, 4, 9, 4, 2, 1, 4
방법 2 3, 4, 9, 4, 2, 1, 4
방법 3 4, 3, 9, 4, 2, 1.4
2 방법 1 13, 26, 2, 8, 9 방법 2 4, 8, 9, 2, 8, 9

1 방법 1 분자와 자연수를 곱한 후 약분하여 계산합니다.
방법 2 분자와 자연수를 곱하는 과정에서 약분하여 계산합니다.
방법 3 분모와 자연수를 약분한 후 계산합니다.

스스로 풀어내는 도전 10 문제 040~041쪽

1 (1) 6, 18, 3, 3, 5 (2) 15, 10, 10, 3, 1, 3

2 $\frac{5\times\overset{5}{\cancel{10}}}{\underset{9}{\cancel{18}}}=\frac{25}{9}=2\frac{7}{9}$

3 (1) $7\frac{1}{5}$ (2) $7\frac{1}{3}$　4 $9\frac{1}{3}$

5 $13\frac{4}{5}$　6
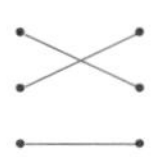

7 <　8 $6\frac{3}{4}$ L

+9 $30\frac{3}{5}$ m

+10 예 정삼각형은 세 변의 길이가 모두 같으므로
(정삼각형의 둘레)$=5\frac{1}{6}\times3=\frac{31}{\underset{2}{\cancel{6}}}\times\overset{1}{\cancel{3}}=\frac{31}{2}$
$=15\frac{1}{2}$ (cm)입니다. / $15\frac{1}{2}$ cm

2 분자와 자연수를 곱하는 과정에서 약분하여 계산합니다.

3 (1) $\frac{9}{10} \times 8 = \frac{36}{5} = 7\frac{1}{5}$

(2) $1\frac{5}{6} \times 4 = \frac{11}{6} \times 4 = \frac{22}{3} = 7\frac{1}{3}$

4 $\left(3\frac{1}{9}\text{을 3배 한 수}\right) = 3\frac{1}{9} \times 3 = \frac{28}{9} \times 3 = \frac{28}{3} = 9\frac{1}{3}$

5 $2\frac{3}{10} \times 6 = \frac{23}{10} \times 6 = \frac{69}{5} = 13\frac{4}{5}$

6 $\frac{9}{16} \times 12 = \frac{27}{4} = 6\frac{3}{4}$

$\frac{5}{12} \times 9 = \frac{15}{4} = 3\frac{3}{4}$

$1\frac{5}{8} \times 6 = \frac{13}{8} \times 6 = \frac{39}{4} = 9\frac{3}{4}$

7 $\frac{5}{18} \times 16 = \frac{40}{9} = 4\frac{4}{9}$

$2\frac{7}{18} \times 2 = \frac{43}{18} \times 2 = \frac{43}{9} = 4\frac{7}{9}$

→ $4\frac{4}{9} < 4\frac{7}{9}$

8 (전체 물의 양)

=(한 병에 들어 있는 물의 양)×(병의 수)

$= \frac{3}{4} \times 9 = \frac{27}{4} = 6\frac{3}{4}$ (L)

+9 (전체 리본의 길이)

=(한 개를 포장하는 데 필요한 리본의 길이)

×(선물 상자의 수)

$= 1\frac{7}{10} \times 18 = \frac{17}{10} \times 18 = \frac{153}{5} = 30\frac{3}{5}$ (m)

본책 042~045쪽

09일 (자연수)×(분수)

확인 042쪽

❶ 2, 4

기본기 다지는 교과서 문제 043쪽

1 방법 1 15, 25, 25, 12, 1, 2

방법 2 5, 2, 25, 2, 12, 1, 2

방법 3 5, 2, 25, 2, 12, 1, 2

2 방법 1 7, 14, 5, 2, 4, 5

방법 2 2, 5, 2, 4, 5, 2, 4, 5

1 방법 1 자연수와 분자를 곱한 후 약분하여 계산합니다.

방법 2 자연수와 분자를 곱하는 과정에서 약분하여 계산합니다.

방법 3 자연수와 분모를 약분한 후 계산합니다.

스스로 풀어내는 도전 10 문제 044~045쪽

1 (1) $7\frac{1}{3}$ (2) $28\frac{3}{4}$

2 (△)(○)

3 $15 \times \frac{11}{9} = \frac{55}{3} = 18\frac{1}{3}$

4 24 cm

5 $26\frac{2}{3}$

6 $2\frac{2}{3}$ L

7 $41\frac{1}{5}$ cm^2

8 2개

+9 1 cm^2

+10 예 삼촌의 몸무게는 미주의 몸무게의 $1\frac{4}{7}$배이므로

(삼촌의 몸무게)$= 42 \times 1\frac{4}{7} = 42 \times \frac{11}{7} = 66$ (kg)입니다.

/ 66 kg

1 (1) $\overset{2}{\cancel{16}}\times\frac{11}{\underset{3}{\cancel{24}}}=\frac{22}{3}=7\frac{1}{3}$

(2) $25\times1\frac{3}{20}=\overset{5}{\cancel{25}}\times\frac{23}{\underset{4}{\cancel{20}}}=\frac{115}{4}=28\frac{3}{4}$

2 곱해지는 수 7에 1보다 작은 진분수를 곱하면 계산 결과는 7보다 작고, 1보다 큰 대분수를 곱하면 계산 결과는 7보다 커집니다.

4 (액자의 가로)$=\overset{8}{\cancel{32}}\times\frac{3}{\underset{1}{\cancel{4}}}=8\times3=24$(cm)

5 $12\times2\frac{2}{9}=\overset{4}{\cancel{12}}\times\frac{20}{\underset{3}{\cancel{9}}}=\frac{80}{3}=26\frac{2}{3}$

6 전체의 $\frac{7}{9}$을 벽을 칠하는 데 사용했으므로 남은 페인트는 전체의 $\frac{2}{9}$입니다. 따라서 남은 페인트는

$\overset{4}{\cancel{12}}\times\frac{2}{\underset{3}{\cancel{9}}}=\frac{8}{3}=2\frac{2}{3}$ (L)입니다.

7 (평행사변형의 넓이)$=8\times5\frac{3}{20}=\overset{2}{\cancel{8}}\times\frac{103}{\underset{5}{\cancel{20}}}$

$=\frac{206}{5}=41\frac{1}{5}$ (cm²)

8 $\overset{4}{\cancel{8}}\times\frac{7}{\underset{9}{\cancel{18}}}=\frac{28}{9}=3\frac{1}{9}$이므로 $\square\frac{1}{9}<3\frac{1}{9}$에서 □ 안에 들어갈 수 있는 자연수는 1, 2로 모두 2개입니다.

+9 (가의 넓이)$=4\times2\frac{3}{8}=\overset{1}{\cancel{4}}\times\frac{19}{\underset{2}{\cancel{8}}}=\frac{19}{2}=9\frac{1}{2}$ (cm²)

(나의 넓이)$=5\times1\frac{7}{10}=\overset{1}{\cancel{5}}\times\frac{17}{\underset{2}{\cancel{10}}}=\frac{17}{2}=8\frac{1}{2}$ (cm²)

따라서 가의 넓이는 나의 넓이보다

$9\frac{1}{2}-8\frac{1}{2}=(9-8)+\left(\frac{1}{2}-\frac{1}{2}\right)=1$(cm²)

더 넓습니다.

본책 046~049쪽

10일 진분수의 곱셈

확인 046쪽

❶ (1) 4, 5, 20 (2) 3, 7, 9, 28

기본기 다지는 교과서 문제

047쪽

1 8, 5, 40

2 3, 6, 1, 18

3 3, 7, 15, 28

4 방법 1 2, 5, 3, 20, 3, 20

방법 2 4, 1, 3, 20

방법 3 4, 1, 3, 20

스스로 풀어내는 도전 10 문제

048~049쪽

1 9, 1, 72

2 예 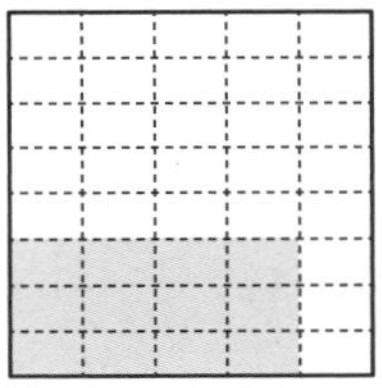 / 5, 3, 12, 3

3 (1) 11, 30, 11 (2) 1, 11, 3, 11 (3) 1, 3, 11

4 $\frac{\overset{1}{\cancel{7}}\times13}{12\times\underset{2}{\cancel{14}}}=\frac{13}{24}$

5 $\frac{5}{28}$

6 $\frac{1}{14}$, $\frac{7}{50}$ / $\frac{5}{42}$, $\frac{7}{30}$

7 $\frac{7}{20}$ cm²

8 1, 2, 3, 4

+9 9

+10 예 슬기네 반 학생의 $\frac{3}{5}$은 여학생이고, 그중 $\frac{3}{8}$은 안경을 썼으므로 슬기네 반에서 안경을 쓴 여학생은 전체의

$\frac{3}{5}\times\frac{3}{8}=\frac{9}{40}$입니다. / $\frac{9}{40}$

3 (1) 분자는 분자끼리, 분모는 분모끼리 곱한 후 약분하여 계산합니다.
(2) 분자는 분자끼리, 분모는 분모끼리 곱하는 과정에서 약분하여 계산합니다.
(3) 분자와 분모를 약분한 후 계산합니다.

4 〈보기〉는 분자는 분자끼리, 분모는 분모끼리 곱하는 과정에서 약분하여 계산하는 방법입니다.

5 $\left(\frac{9}{14}\text{를 }\frac{5}{18}\text{배 한 수}\right)=\frac{\overset{1}{\cancel{9}}}{14}\times\frac{5}{\underset{2}{\cancel{18}}}=\frac{5}{28}$

6 $\frac{1}{2}\times\frac{1}{7}=\frac{1}{14}$
$\frac{1}{2}\times\frac{7}{25}=\frac{7}{50}$
$\frac{5}{6}\times\frac{1}{7}=\frac{5}{42}$
$\frac{\overset{1}{\cancel{5}}}{6}\times\frac{7}{\underset{5}{\cancel{25}}}=\frac{7}{30}$

7 (직사각형의 넓이)$=$(가로)$\times$(세로)
$=\frac{7}{\underset{4}{\cancel{8}}}\times\frac{\overset{1}{\cancel{2}}}{5}=\frac{7}{20}\ (\text{cm}^2)$

8 $\frac{1}{35}<\frac{1}{7}\times\frac{1}{\square}$ ➜ $\frac{1}{35}<\frac{1}{7\times\square}$에서 단위분수는 분모가 작을수록 크므로 $35>7\times\square$입니다.
따라서 □ 안에 들어갈 수 있는 자연수는 1, 2, 3, 4입니다.

+9 두 분수의 분모의 곱이 가장 클 때 계산 결과가 가장 작습니다. 따라서 계산 결과가 가장 작은 분수의 곱셈식은 $\frac{1}{5}\times\frac{1}{4}=\frac{1}{20}$입니다.
■$=5$, ●$=4$ 또는 ■$=4$, ●$=5$이므로
■$+$●$=9$입니다.

본책 050~053쪽

11일 여러 가지 분수의 곱셈

확인 050쪽
❶ 7, 8 / 5, 7, 14, 2, 4, 5

기본기 다지는 교과서 문제 051쪽
1 13, 7, 91, 20, 4, 11, 20
2 1, 10, 1, 40
3 (1) 8, 7, 32, 7, 4, 4, 7 (2) (위에서부터) 2, 3, 1, 2, 33

1 대분수를 가분수로 바꾸어 계산합니다.

2 앞에서부터 두 분수씩 차례로 계산합니다.

3 (1) $2\frac{2}{3}\times1\frac{5}{7}=\frac{8}{\underset{1}{\cancel{3}}}\times\frac{\overset{4}{\cancel{12}}}{7}=\frac{32}{7}=4\frac{4}{7}$

(2) $\frac{1}{9}\times\frac{6}{7}\times\frac{7}{11}=\frac{1\times\overset{2}{\cancel{6}}\times\overset{1}{\cancel{7}}}{\underset{3}{\cancel{9}}\times\underset{1}{\cancel{7}}\times11}=\frac{2}{33}$

스스로 풀어내는 도전 10 문제 052~053쪽

1 8, 19, 19, 19, 8, 2, 3, 8 **2** (1) $5\frac{1}{7}$ (2) $\frac{5}{84}$

3 $\frac{\overset{3}{\cancel{9}}}{5}\times\frac{7}{\underset{2}{\cancel{6}}}=\frac{21}{10}=2\frac{1}{10}$

4 $5\frac{3}{13}\ \text{cm}^2$ **5** $\frac{15}{56}$

6 $7\frac{1}{5}$ **7** ㉡, ㉠, ㉢, ㉣

8 4, 5, 6 **+9** $16\frac{2}{3}$

+10 예 민아네 학교의 수학을 좋아하는 5학년 여학생은 전체의
$\frac{5}{14}\times\frac{5}{9}\times\frac{7}{15}=\frac{5\times\overset{1}{\cancel{5}}\times\overset{1}{\cancel{7}}}{\underset{2}{\cancel{14}}\times9\times\underset{3}{\cancel{15}}}=\frac{5}{54}$입니다. / $\frac{5}{54}$

1 대분수를 가분수로 바꾸어 계산했습니다.

2 (1) $4\frac{1}{2}\times1\frac{1}{7}=\frac{9}{2}\times\frac{8}{7}=\frac{36}{7}=5\frac{1}{7}$

(2) $\frac{5}{7}\times\frac{3}{8}\times\frac{2}{9}=\frac{5\times3\times2}{7\times8\times9}=\frac{5}{84}$

3 〈보기〉는 대분수를 가분수로 바꾸어 계산하는 방법입니다.

4 (직사각형의 넓이)＝(가로)×(세로)

$=1\frac{11}{13}\times2\frac{5}{6}$

$=\frac{24}{13}\times\frac{17}{6}$

$=\frac{68}{13}=5\frac{3}{13}\ (\mathrm{cm}^2)$

힌트북 22쪽

5

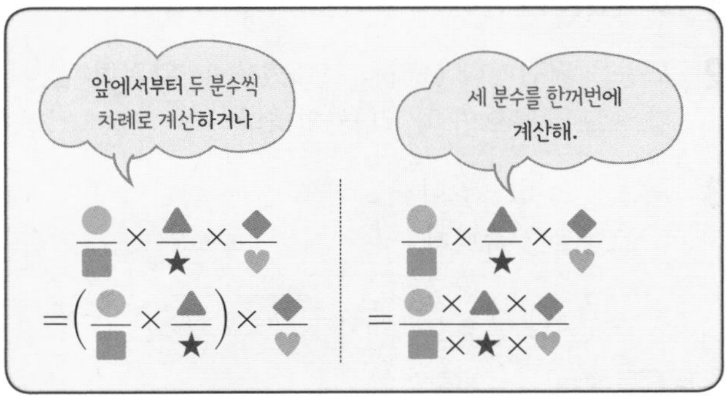

$\frac{5}{7}\times\frac{9}{10}\times\frac{5}{12}=\frac{5\times9\times5}{7\times10\times12}=\frac{15}{56}$

6 (어떤 수)$=2\frac{2}{5}\times1\frac{1}{3}=\frac{12}{5}\times\frac{4}{3}=\frac{16}{5}=3\frac{1}{5}$

따라서 어떤 수의 $2\frac{1}{4}$배는

$3\frac{1}{5}\times2\frac{1}{4}=\frac{16}{5}\times\frac{9}{4}=\frac{36}{5}=7\frac{1}{5}$입니다.

7 어떤 수에 1보다 작은 수를 곱하면 곱한 결과는 어떤 수보다 작으므로

$1\frac{3}{5}\times1>1\frac{3}{5}\times\frac{3}{4}>1\frac{3}{5}\times\frac{3}{4}\times\frac{1}{2}$입니다.

어떤 수에 1보다 큰 수를 곱하면 곱한 결과는 어떤 수보다 크므로

$1\frac{3}{5}\times1<1\frac{3}{5}\times1\frac{2}{3}<1\frac{3}{5}\times1\frac{2}{3}\times1\frac{6}{7}$입니다.

따라서 계산 결과가 작은 것부터 차례로 기호를 쓰면 ㉡, ㉠, ㉢, ㉣입니다.

8 $2\frac{1}{3}\times1\frac{2}{5}=\frac{7}{3}\times\frac{7}{5}=\frac{49}{15}=3\frac{4}{15}$

$1\frac{3}{7}\times4\frac{2}{5}=\frac{10}{7}\times\frac{22}{5}=\frac{44}{7}=6\frac{2}{7}$

➜ $3\frac{4}{15}<\square<6\frac{2}{7}$

따라서 □ 안에 들어갈 수 있는 자연수는 4, 5, 6입니다.

+9 $6>3>2$이므로

만들 수 있는 가장 큰 대분수: $6\frac{2}{3}$

만들 수 있는 가장 작은 대분수: $2\frac{3}{6}$

➜ $6\frac{2}{3}\times2\frac{3}{6}=\frac{20}{3}\times\frac{15}{6}=\frac{50}{3}=16\frac{2}{3}$

힌트북 23쪽

+10

수학을 좋아하는 5학년 여학생

↓

전체 학생 중 5학년 학생 × 5학년 학생 중 여학생 × 그중 수학을 좋아하는 학생

08~11일 단원평가 054~055쪽

01 2, 2, 2, 2, 4, 8
02 2, 3, 12, 2, 1, 14, 1, 4
03 4, 5, 4, 5, 28, 45
04 $\frac{1}{10}$
05 $\frac{1}{20}$
06 $\frac{11}{\underset{3}{\cancel{9}}}\times\frac{\overset{5}{\cancel{15}}}{14}=\frac{55}{42}=1\frac{13}{42}$
07 $\frac{3}{80}$
08 $7\frac{3}{5}\ \mathrm{cm}^2$
09 $\frac{3}{14}$
10 풀이 참조 / $3\frac{8}{9}$ L

01 $\frac{2}{9}\times4$는 $\frac{2}{9}$를 4번 더한 것과 같습니다.

04 윤지네 반에서 안경을 쓴 여학생은 전체 학생의 $\frac{1}{\underset{2}{\cancel{4}}}\times\frac{\overset{1}{\cancel{2}}}{5}=\frac{1}{10}$입니다.

05 계산 결과가 가장 크려면 분모에 작은 수부터 2개를 놓아야 합니다. ➜ $\frac{1}{4}\times\frac{1}{5}=\frac{1}{20}$

06 〈보기〉는 대분수를 가분수로 고쳐서 계산한 방법입니다.

07 $\frac{4}{5}\times\frac{1}{12}\times\frac{9}{16}=\frac{\overset{1}{\cancel{4}}\times1\times\overset{3}{\cancel{9}}}{5\times\underset{4}{\cancel{12}}\times\underset{4}{\cancel{16}}}=\frac{3}{80}$

08 (평행사변형의 넓이) $=3\frac{1}{5}\times2\frac{3}{8}=\frac{\overset{2}{\cancel{16}}}{5}\times\frac{19}{\underset{1}{\cancel{8}}}$
$=\frac{38}{5}=7\frac{3}{5}\ (\mathrm{cm}^2)$

09 $1\frac{7}{8}\times\frac{3}{7}\times\frac{4}{15}=\frac{\overset{1}{\cancel{15}}}{\underset{2}{\cancel{8}}}\times\frac{3}{7}\times\frac{\overset{1}{\cancel{4}}}{\underset{1}{\cancel{15}}}=\frac{3}{14}$

10 예시 답안 물통에 들어 있는 물은
$3\frac{3}{4}\times1\frac{1}{6}=\frac{\overset{5}{\cancel{15}}}{4}\times\frac{7}{\underset{2}{\cancel{6}}}=\frac{35}{8}=4\frac{3}{8}$ (L)입니다.
사용한 물의 양은 $4\frac{3}{8}\times\frac{8}{9}=\frac{35}{\underset{1}{\cancel{8}}}\times\frac{\overset{1}{\cancel{8}}}{9}=\frac{35}{9}=3\frac{8}{9}$ (L)입니다.

채점 기준	
	❶ 물통에 들어 있는 물의 양을 구해야 함.
	❷ 사용한 물의 양을 구해야 함.
	❸ ❶과 ❷를 세 수의 곱셈으로 구해도 정답임.

본책 056~059쪽

12일 도형의 합동

확인 056쪽

❶ (1) 다 (2) 다, 합동

기본기 다지는 교과서 문제 057쪽

1 ( )(○)( )
2 나, 라, 사
3 ( )( )(○)

1 포개었을 때 완전히 겹치는 도형을 찾습니다.

2 도형을 뒤집거나 돌려서 포개었을 때 완전히 겹치는 도형을 모두 찾으면 나, 라, 사입니다.

3 모양과 크기가 같아서 포개었을 때 완전히 겹치도록 자른 모양을 찾습니다.

스스로 풀어내는 도전 10 문제 058~059쪽

1 ( )( )(○)( )
2 마
3 2쌍
4 라
5 ①, ④, ⑤
6 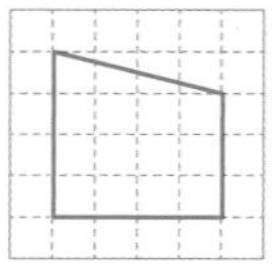
7 ㉠, ㉣, ㉥
8 예 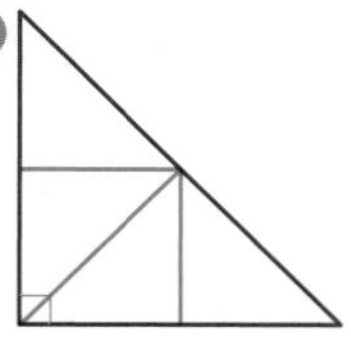
+9 윤하
+10 예 합동이 아닙니다./ 모양은 같지만 크기가 다르므로 두 도형을 포개었을 때 완전히 겹치지 않습니다. 따라서 두 도형은 합동이 아닙니다.

1 서로 합동인 도형을 찾으려면 포개었을 때 완전히 겹치는 것을 찾아야 합니다.
따라서 오른쪽 표지판과 포개었을 때 완전히 겹치는 것은 세 번째 표지판입니다.

2 도형 다와 포개었을 때 완전히 겹치는 도형은 도형 마입니다.

3 모양과 크기가 같아서 포개었을 때 완전히 겹치는 두 도형을 찾으면 나와 바, 다와 마로 모두 2쌍입니다.

4 도형을 뒤집거나 돌렸을 때 모양과 크기가 나머지 셋과 다른 도형은 도형 라입니다.

힌트북 24쪽

5

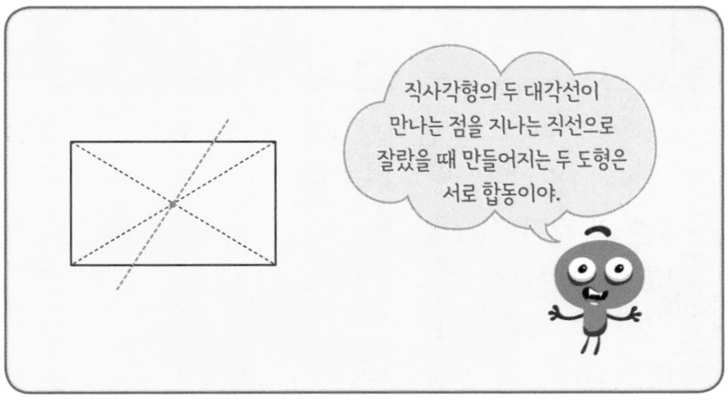

직사각형의 두 대각선이 만나는 점을 지나는 직선으로 잘랐을 때 만들어지는 두 도형이 서로 합동이 됩니다.
따라서 점선을 따라 잘랐을 때 만들어지는 두 도형이 서로 합동이 되는 점선은 ①, ④, ⑤입니다.

7 점선을 따라 잘랐을 때 만들어지는 두 도형의 모양과 크기가 같은 것은 ㉠, ㉣, ㉥입니다.

힌트북 25쪽

8

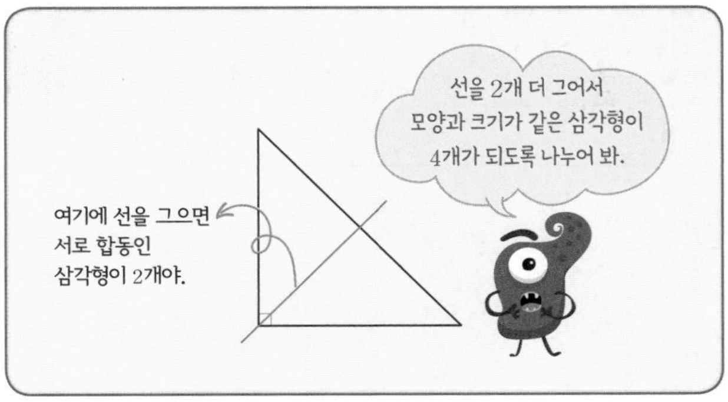

모양과 크기가 같은 삼각형 4개가 되도록 나눕니다.

+9 모양과 크기가 같아서 포개었을 때 완전히 겹치는 두 도형을 서로 합동이라고 합니다.

본책 060~063쪽

13일 합동인 도형의 성질

확인 060쪽

❶ (왼쪽부터) ㅁ, ㅂ/ ㅁㅂ, ㅂㄹ/ ㅁㅂㄹ, ㅂㄹㅁ

기본기 다지는 교과서 문제 061쪽

1 (1) 점 ㅁ (2) 변 ㅂㅁ (3) 각 ㅁㄹㅂ
2 (1) 같습니다에 ○표 (2) 같습니다에 ○표
3 5, 5, 5

1 서로 합동인 두 삼각형을 완전히 겹치도록 포개었을 때
(1) 점 ㄷ과 겹치는 점을 찾으면 점 ㅁ입니다.
(2) 변 ㄴㄷ과 겹치는 변을 찾으면 변 ㅂㅁ입니다.
(3) 각 ㄷㄱㄴ과 겹치는 각을 찾으면 각 ㅁㄹㅂ입니다.

2 (1) 서로 합동인 두 도형에서 각각의 대응변의 길이가 서로 같습니다.
(2) 서로 합동인 두 도형에서 각각의 대응각의 크기가 서로 같습니다.

3 두 도형은 서로 합동인 오각형이므로 대응점, 대응변, 대응각이 각각 5쌍 있습니다.

스스로 풀어내는 도전 10 문제 062~063쪽

1 (1) 점 ㅅ (2) 변 ㅂㅅ (3) 각 ㅁㅇㅅ
2 6쌍, 6쌍, 6쌍
3 6 cm　　**4** 30°
5 7 cm　　**6** 100°
7 36 cm　　**8** 110°
+9 120 m
+10 ㉾ 서로 합동인 도형에서 각각의 대응각의 크기가 서로 같으므로 (각 ㅂㄹㅁ)=(각 ㄷㄱㄴ)$=40^\circ$
삼각형 ㄹㅁㅂ은 이등변삼각형이므로
(각 ㄹㅁㅂ)=(각 ㄹㅂㅁ)$=(180^\circ-40^\circ)\div 2=70^\circ$ 입니다. / 70°

힌트북 26쪽

1

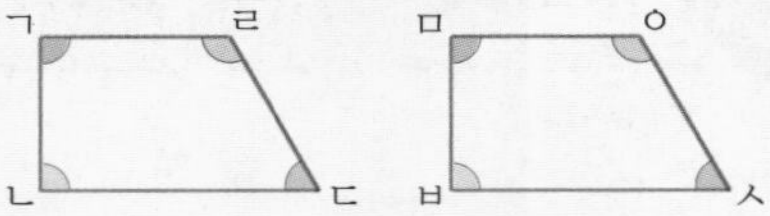

서로 합동인 두 도형을 포개었을 때 완전히 겹치는 점이 대응점, 겹치는 변이 대응변, 겹치는 각이 대응각**이야.**

서로 합동인 두 사각형을 완전히 겹치도록 포개었을 때
(1) 점 ㄷ과 겹치는 점을 찾으면 점 ㅅ입니다.
(2) 변 ㄴㄷ과 겹치는 변을 찾으면 변 ㅂㅅ입니다.
(3) 각 ㄱㄹㄷ과 겹치는 각을 찾으면 각 ㅁㅇㅅ입니다.

2 두 도형은 서로 합동인 육각형이므로 대응점, 대응변, 대응각이 각각 6쌍 있습니다.

3 서로 합동인 두 도형에서 각각의 대응변의 길이가 서로 같습니다.
(변 ㄴㄷ)=(변 ㅁㅇ)=6 cm

4 서로 합동인 두 도형에서 각각의 대응각의 크기가 서로 같습니다.
(각 ㄱㄷㄴ)=(각 ㄹㅁㅂ)=30°

5 서로 합동인 두 도형에서 각각의 대응변의 길이가 서로 같습니다.
(변 ㅇㅅ)=(변 ㄱㄴ)=7 cm

6 서로 합동인 두 도형에서 각각의 대응각의 크기가 서로 같습니다.
(각 ㅁㅇㅅ)=(각 ㄹㄱㄴ)=100°

힌트북 27쪽

7

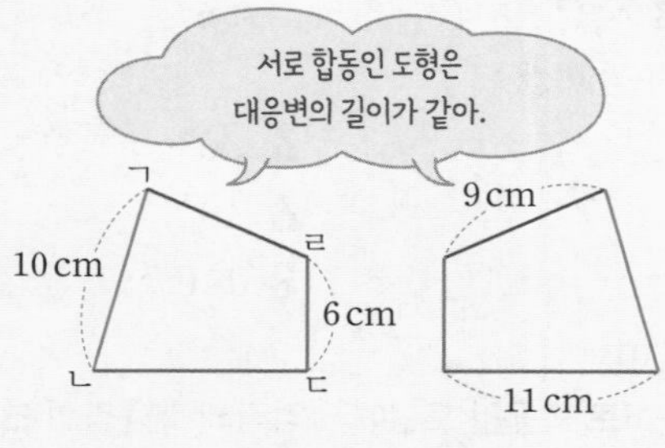

(변 ㄱㄹ)=9 cm, (변 ㄴㄷ)=11 cm이므로
(사각형 ㄱㄴㄷㄹ의 둘레)
=10+11+6+9=36 (cm)입니다.

8 서로 합동인 두 도형에서 각각의 대응각의 크기가 서로 같으므로 (각 ㄴㄱㄹ)=(각 ㅅㅇㅁ)=60°입니다.
사각형 ㄱㄴㄷㄹ의 네 각의 크기의 합은 180°이므로
(각 ㄹㄷㄴ)=360°−(60°+70°+120°)=110°입니다.
(각 ㅁㅂㅅ)=(각 ㄹㄷㄴ)=110°

힌트북 27쪽

+9

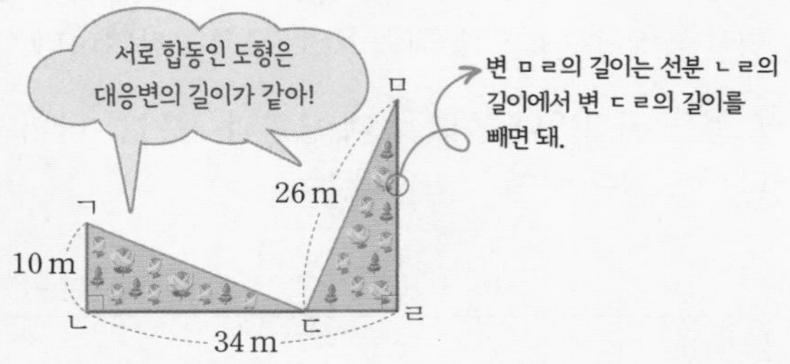

삼각형 ㄱㄴㄷ과 삼각형 ㄷㄹㅁ이 서로 합동이므로 변 ㄱㄴ과 변 ㄷㄹ, 변 ㄴㄷ과 변 ㄹㅁ, 변 ㄷㄱ과 변 ㅁㄷ의 길이가 각각 같습니다.
(변 ㄷㄹ)=(변 ㄱㄴ)=10 m
(변 ㄴㄷ)=34−10=24 (m)
(변 ㄹㅁ)=(변 ㄴㄷ)=24 m
(변 ㄷㄱ)=(변 ㅁㄷ)=26 m
(전체 화단의 둘레)=(10+24+26)×2=120 (m)

힌트북 27쪽

+10

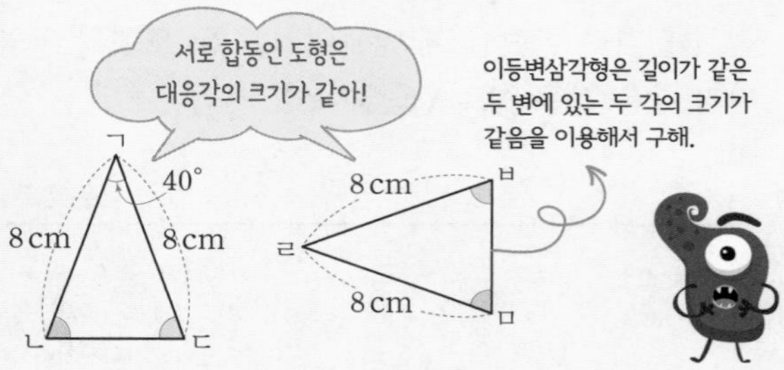

본책 064~067 쪽

14일 선대칭도형과 그 성질

확인 064쪽

❶ (1) 가 (2) 선대칭도형, 대칭축

기본기 다지는 교과서 문제 065쪽

1 (○)( )(○)( )

2 (1) ㅅㅂ, ㅂㅁ, ㅁㄹ, 같습니다에 ○표

(2) ㅅㅂㅁ, ㅂㅁㄹ, ㅂㅅㅇ, 같습니다에 ○표

3 (1) 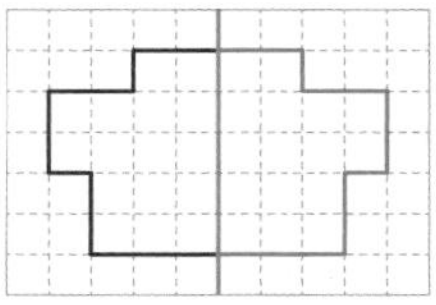 (2) 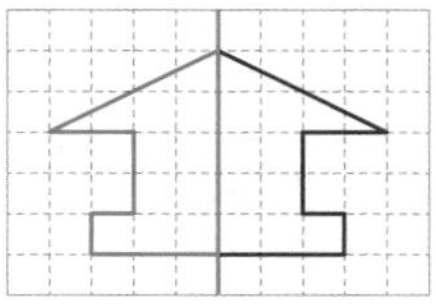

1 한 직선을 따라 접었을 때 완전히 겹치는 도형을 모두 찾습니다.

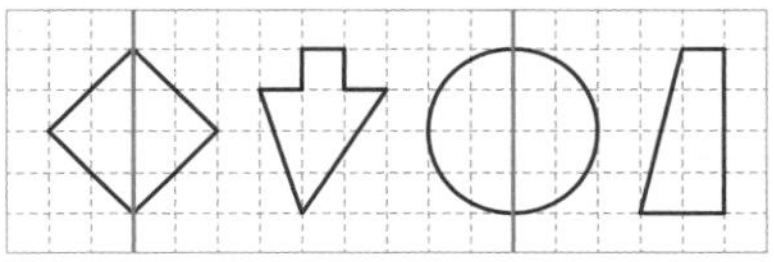

2 (1) 선대칭도형에서 각각의 대응변의 길이가 서로 같습니다.

(2) 선대칭도형에서 각각의 대응각의 크기가 서로 같습니다.

스스로 풀어내는 도전 10 문제 066~067쪽

1 다, 라 **2** 가, 다

3 점 ㅁ / 변 ㄹㄷ / 각 ㅁㄹㄷ

4 선분 ㅁㅈ **5** 90°

6 85° **7** ㉠, ㉢, ㉡

8 55°

+9 76 cm

+10 예 대칭축을 따라 반으로 자르면 서로 합동인 두 사각형으로 나누어지므로

㉠$=360°-(45°+150°+100°)=65°$입니다.

/ 65°

1 한 직선을 따라 접었을 때 완전히 겹치는 도형을 모두 찾습니다.

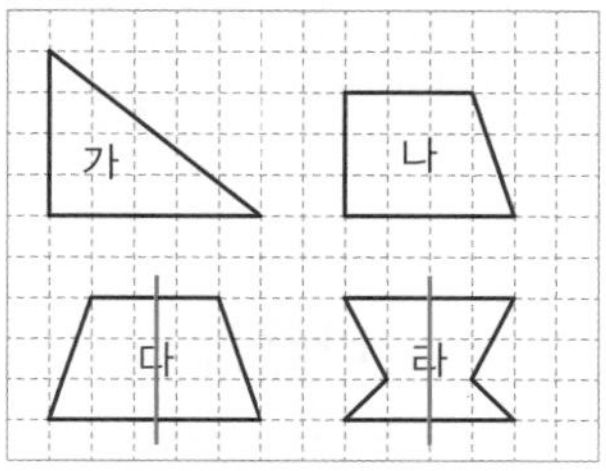

2 직선을 따라 접었을 때 완전히 겹치는 경우를 찾아보면 대칭축은 직선 가, 직선 다입니다.

4 선대칭도형에서 대칭축은 대응점끼리 이은 선분을 둘로 똑같이 나누므로 각각의 대응점에서 대칭축까지의 거리가 서로 같습니다.
따라서 선분 ㄱㅈ과 길이가 같은 선분은 선분 ㅁㅈ입니다.

5 대응점끼리 이은 선분은 대칭축과 수직으로 만납니다.
따라서 선분 ㄱㅁ이 대칭축과 만나서 이루는 각은 90°입니다.

6 대응점끼리 이은 선분은 대칭축과 수직으로 만나므로
(각 ㄹㅁㅂ)=(각 ㄷㅂㅁ)=90°입니다.
사각형의 네 각의 크기의 합은 360°이므로
(각 ㄱㄹㄷ)$=360°-(90°+90°+95°)=85°$입니다.

7 대칭축의 수를 각각 알아보면

㉠  ➔ 5개

㉡ 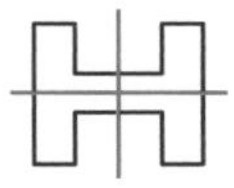 ➔ 2개

㉢  ➔ 4개

8 선대칭도형에서 각각의 대응각의 크기가 서로 같으므로
(각 ㄱㄹㄷ)=(각 ㄱㄴㄷ)=95°입니다.
삼각형 ㄱㄷㄹ의 세 각의 크기의 합은 180°이므로
(각 ㄷㄱㄹ)$=180°-(30°+95°)=55°$입니다.

+9 (타일의 둘레)$=(7+15+16)\times2=76$ (cm)

본책 068~071쪽

15일 점대칭도형과 그 성질

확인 068쪽

1 (1) 다 (2) 점대칭도형, 대칭의 중심

기본기 다지는 교과서 문제 069쪽

1 (○)( )(○)( )
2 (1) ㄹㅁ, ㅁㅂ, ㅂㄱ, 같습니다에 ○표
(2) ㄹㅁㅂ, ㅁㅂㄱ, ㅁㄹㄷ, 같습니다에 ○표
3 (1) ③ (2) ②

1 한 도형을 어떤 점을 중심으로 180° 돌렸을 때 처음 도형과 완전히 겹치는 도형을 모두 찾습니다.

2 (1) 점대칭도형에서 각각의 대응변의 길이가 서로 같습니다.
(2) 점대칭도형에서 각각의 대응각의 크기가 서로 같습니다.

3 (1) 점 ③을 중심으로 180° 돌렸을 때 처음 도형과 완전히 겹칩니다.
(2) 점 ②를 중심으로 180° 돌렸을 때 처음 도형과 완전히 겹칩니다.

스스로 풀어내는 도전 10 문제 070~071쪽

1 가, 라
2 1개
3 점 ㄹ / 변 ㅁㅂ / 각 ㅁㅂㄱ
4 13 cm
5 75°
6 윤하
7 95°
8 8 cm
+9 40 cm
+10 예 (변ㄴㄷ)=(변 ㅂㅅ)=10 cm,
(변 ㄹㅁ)=(변 ㅈㄱ)=12 cm,
(변 ㅁㅂ)=(변 ㄱㄴ)=14 cm이므로
(변ㅅㅈ)×2=94−(10+12+14)×2=22 (cm),
(변 ㅅㅈ)=11 cm입니다. / 11 cm

1 한 도형을 어떤 점을 중심으로 180° 돌렸을 때 처음 도형과 완전히 겹치는 도형을 찾습니다.

2 점대칭도형에서 대칭의 중심은 1개입니다.

4 점대칭도형에서 각각의 대응변의 길이가 서로 같습니다.
(변 ㅂㅁ)=(변 ㄷㄴ)=13 cm

5 점대칭도형에서 각각의 대응각의 크기가 서로 같습니다.
(각 ㄱㄴㄷ)=(각 ㄹㅁㅂ)=75°

6 점대칭도형에서 각각의 대응점에서 대칭의 중심까지의 거리가 서로 같습니다.

7 점대칭도형에서 각각의 대응각의 크기가 서로 같고, 사각형의 네 각의 크기의 합은 360°입니다.
□=360°−(130°+60°+75°)=95°

힌트북 31쪽

8

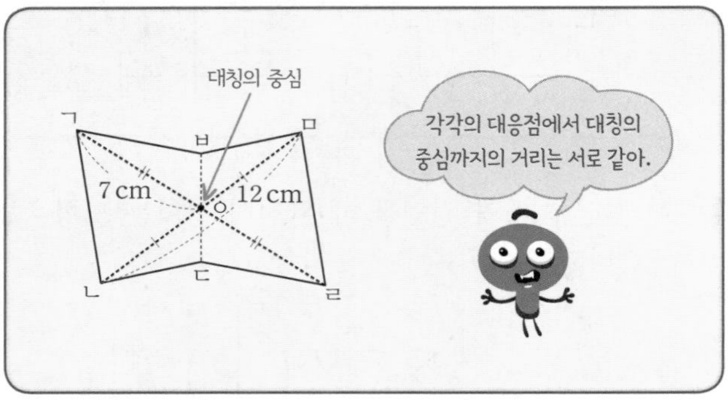

각각의 대응점에서 대칭의 중심까지의 거리가 서로 같습니다.
(선분 ㄱㄹ)=7×2=14 (cm)
(선분 ㅇㅁ)=12÷2=6 (cm)
따라서 선분 ㄱㄹ과 선분 ㅇㅁ의 길이의 차는
(선분 ㄱㄹ)−(선분 ㅇㅁ)=14−6=8 (cm)입니다.

+9 (변 ㄹㅁ)=(변 ㄱㄴ)=6 cm
(변 ㄴㄷ)=(변 ㅁㅂ)=8 cm
(변 ㄱㅂ)=(변 ㄹㄷ)=10−2−2=6 (cm)
따라서 도형의 둘레는 (6+8+6)×2=40 (cm)입니다.

12~14일 단원평가 072~073쪽

01 다, 마　**02** 45

03

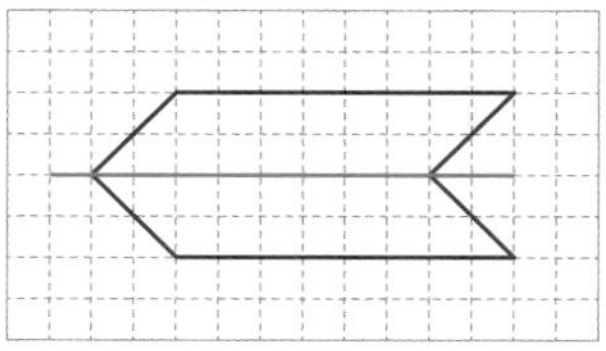

04 나, 다, 라, 마　**05** 다, 라, 마

06 (왼쪽부터) 85, 17　**07** 4 cm

08 10 cm　**09** 66 cm

10 풀이 참조 / ㉢

01 모양과 크기가 같아서 포개었을 때 완전히 겹치는 두 도형을 찾습니다.

02 삼각형의 세 각의 크기의 합은 180°이고 각 ㅁㅂㄹ의 대응각은 각 ㄴㄷㄱ이므로

(각 ㅁㅂㄹ)=(각 ㄴㄷㄱ)

=180°−(65°+70°)

=45°입니다.

다른 풀이 각각의 대응각의 크기가 서로 같으므로

(각 ㄷㄱㄴ)=(각 ㅂㄹㅁ)=65°

(각 ㄱㄴㄷ)=(각 ㄹㅁㅂ)=70°

삼각형의 세 각의 크기의 합은 180°이므로

(각 ㅁㅂㄹ)=180°−(65°+70°)

=45°입니다.

03 선대칭도형이 완전히 겹치도록 접을 수 있는 직선을 긋습니다.

04~05

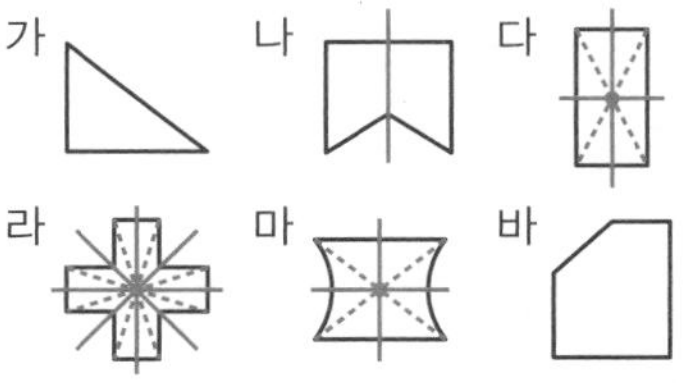

06 점대칭도형에서 각각의 대응변의 길이와 대응각의 크기가 서로 같습니다.

(변 ㅁㅂ)=(변 ㄴㄷ)=17 cm

(각 ㅂㄱㄴ)=(각 ㄷㄹㅁ)=85°

07 선대칭도형에서 대칭축은 대응점끼리 이은 선분을 둘로 똑같이 나누므로 각각의 대응점에서 대칭축까지의 거리가 서로 같습니다.

(선분 ㄹㅋ)=16÷2=8 (cm)

(선분 ㅇㅎ)=(선분 ㄴㅎ)=4 cm

따라서 선분 ㄹㅋ과 선분 ㅇㅎ의 길이의 차는

(선분 ㄹㅋ)−(선분 ㅇㅎ)=8−4=4 (cm)입니다.

08 서로 합동인 두 도형에서 각각의 대응변의 길이가 서로 같습니다.

(변 ㄹㅂ)=(변 ㄴㄷ)=7 cm

삼각형 ㄱㄴㄷ의 둘레가 25 cm이므로

(변 ㅁㅂ)=25−(7+8)=10 (cm)입니다.

09 점대칭도형에서 각각의 대응변의 길이가 서로 같습니다.

(변 ㄹㅁ)=(변 ㅈㄱ)=15 cm

(변 ㅁㅂ)=(변 ㄱㄴ)=9 cm

(변 ㅂㅅ)=(변 ㄴㄷ)=6 cm

(변 ㅅㅈ)=(변 ㄷㄹ)=3 cm

따라서 도형의 둘레는

15+9+6+3+15+9+6+3=66 (cm)입니다.

10 **예시 답안** 선대칭도형: ㉠ ㉢

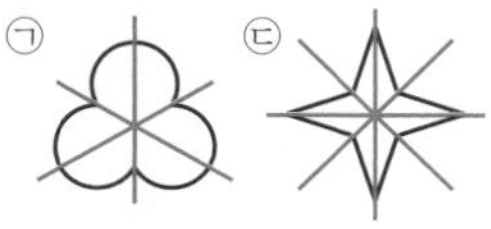

점대칭도형: ㉡ ㉢

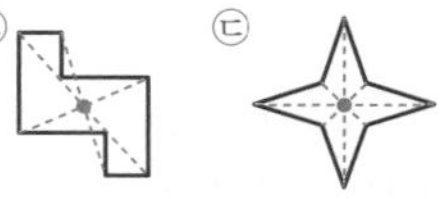

따라서 선대칭도형이면서 점대칭도형인 것은 ㉢입니다.

채점 기준	
	❶ 선대칭도형과 점대칭도형을 각각 찾아야 함.
	❷ 선대칭도형이면서 점대칭도형인 것을 찾아 기호를 써야 함.

본책 074~077쪽

16일 (소수) × (자연수) (1)

확인 074쪽

❶ (1) 1.2 (2) 1.2 (3) 12, 1.2

기본기 다지는 교과서 문제 075쪽

1 (1) 0.9, 0.9, 2.7 (2) 9, 9, 27, 2.7 (3) 9, 9, 27, 2.7

2 $\frac{6}{10}\times5=\frac{6\times5}{10}=\frac{30}{10}=3$

3 (1) 5.6 (2) 0.54

1 (1) 덧셈식으로 계산하기: 0.9×3은 0.9를 3번 더한 것과 같습니다.

(2) 분수의 곱셈으로 계산하기: 0.9를 $\frac{9}{10}$로 바꾸어 계산합니다.

(3) 0.1의 개수로 계산하기: 0.9×3은 0.1이 모두 9×3=27(개)이므로 2.7입니다.

3 (1) $0.8\times7=\frac{8}{10}\times7=\frac{8\times7}{10}=\frac{56}{10}=5.6$

(2) $0.27\times2=0.27+0.27=0.54$

스스로 풀어내는 도전 10 문제 076~077쪽

1 1.8

2 0.82

3 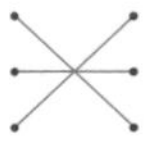

4 0.38

5 5.6 km

6 2, 1, 3

7 4개

8 2.96 m

+9 3개

+10 영민 / 예 22와 5의 곱은 약 100이니까 0.22와 5의 곱은 약 1 정도가 돼.

2 $0.41\times2=0.41+0.41=0.82$

3 • $0.8\times9=\frac{8}{10}\times9=\frac{8\times9}{10}=\frac{72}{10}=7.2$

• $0.9\times6=\frac{9}{10}\times6=\frac{9\times6}{10}=\frac{54}{10}=5.4$

• 0.35를 8번 더한 수는 2.8이므로 0.35×8=2.8입니다.

4 가장 작은 수: 0.19, 가장 큰 수: 2
➔ 0.19×2=0.38

5 일주일은 7일입니다.
➔ (일주일 동안 달린 거리)
=(하루에 달리는 거리)×(날수)
=0.8×7=5.6 (km)

6 0.71×5=3.55
0.5×8=4
0.38×9=3.42
➔ 4>3.55>3.42

7 0.6×7=4.2
0.7×12=8.4
➔ 4.2<□<8.4
따라서 □ 안에 들어갈 수 있는 자연수는 5, 6, 7, 8로 모두 4개입니다.

8 (색 테이프 9개의 길이의 합)=0.4×9=3.6 (m)
색 테이프 9개를 겹쳤을 때 겹쳐진 부분의 수는 9−1=8(군데)입니다.
(겹쳐진 부분의 길이의 합)=0.08×8=0.64 (m)
➔ (이어 붙인 색 테이프의 전체 길이)
=3.6−0.64=2.96 (m)

+9 화요일, 목요일, 금요일, 일요일에 주스를 0.6 L씩 마시므로 주스는 모두 0.6×4=2.4 (L) 필요합니다.
따라서 1 L짜리 주스를 최소 3개 사야 합니다.

+10 실제로 계산하면 0.22×5=1.1, 0.58×5=2.9입니다.

본책 078~081 쪽

17일 (소수) × (자연수) (2)

확인 078쪽

1 (1) 2.8 (2) 2.8 (3) 28, 2.8

기본기 다지는 교과서 문제 079쪽

1 (1) 1.8, 1.8, 1.8, 7.2
(2) 18, 18, 72, 7.2
(3) 18, 18, 72, 7.2

2 $4.7 \times 2 = 4.7 + 4.7 = 9.4$

3 (1) 10.5 (2) 8.44

1 (1) 덧셈식으로 계산하기: 1.8×4는 1.8을 4번 더한 것과 같습니다.

(2) 분수의 곱셈으로 계산하기: 1.8을 $\frac{18}{10}$로 바꾸어 계산합니다.

(3) 0.1의 개수로 계산하기: 1.8×4는 0.1이 모두 $18 \times 4 = 72$(개)이므로 7.2입니다.

3 (1) $3.5 \times 3 = \frac{35}{10} \times 3 = \frac{35 \times 3}{10} = \frac{105}{10} = 10.5$

(2) $2.11 \times 4 = 2.11 + 2.11 + 2.11 + 2.11 = 8.44$

스스로 풀어내는 도전 10 문제 080~081쪽

1 5.1 **2** 4.59
3 (○)( )( ) **4** ㉡
5 < **6** 41.6 kg
7 7, 8, 9 **8** 10.84 cm
+9 27시간
+10 예 우리나라 돈 1000원이 중국 돈 5.24위안이므로 우리나라 돈 6000원은 중국 돈 $5.24 \times 6 = 31.44$(위안)입니다. / 31.44위안

2 $1.53 \times 3 = 4.59$

3 • 8.9를 3번 더한 수는 8.9×3과 같으므로 $8.9 + 8.9 + 8.9 = 26.7$입니다.
• $8.9 \times 4 = \frac{89}{10} \times 4 = \frac{89 \times 4}{10} = \frac{356}{10} = 35.6$

4 ㉠ 1.1×8은 1과 8의 곱인 8보다 큽니다.
㉡ 1.7×4는 2와 4의 곱인 8보다 작습니다.
㉢ 4.2×2는 4와 2의 곱인 8보다 큽니다.
따라서 어림하여 계산 결과가 8보다 작은 것을 찾아 기호를 쓰면 ㉡입니다.

5 $9.2 \times 3 = 27.6$, $7.29 \times 4 = 29.16$
➔ $27.6 < 29.16$

힌트북 34쪽

6

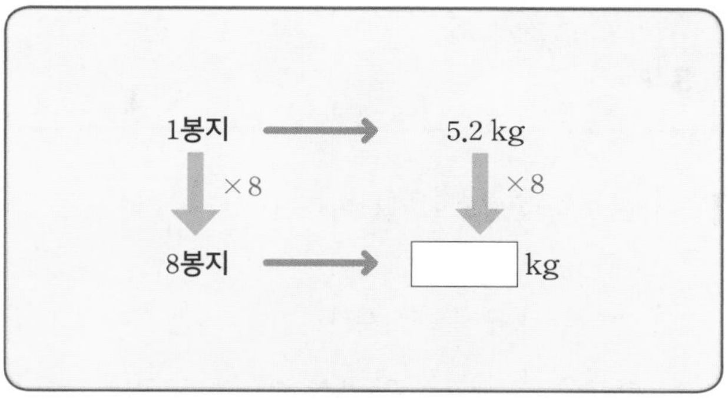

(한 봉지에 들어 있는 귤의 무게) × (봉지 수)
$= 5.2 \times 8 = 41.6$ (kg)

7 $6.23 \times 2 < 12.4□$에서 $6.23 \times 2 = 12.46$이므로 $12.46 < 12.4□$입니다.
따라서 □ 안에 들어갈 수 있는 수는 6보다 큰 수인 7, 8, 9입니다.

8 (직사각형의 둘레) $=$ ((가로) $+$ (세로)) $\times 2$
$= (3.4 + 2.02) \times 2 = 5.42 \times 2$
$= 10.84$ (cm)

+9 • 슬기: 2시간 30분 = 2.5시간
(슬기가 6일 동안 독서를 한 시간)
$= 2.5 \times 6 = 15$(시간)
• 민호: 1시간 30분 = 1.5시간
(민호가 8일 동안 독서를 한 시간)
$= 1.5 \times 8 = 12$(시간)
➔ 두 사람이 독서를 한 시간의 합은 $15 + 12 = 27$(시간)입니다.

본책 082~085 쪽

18일 (자연수)×(소수) (1)

확인 ······ 082쪽

1 9, 45, 4.5, 4.5

기본기 다지는 교과서 문제 083쪽

1 (1) 7, 7, 56, 5.6 (2) 56, $\frac{1}{10}$, 5.6

2 $4 \times 13 = 52$

$\frac{1}{100}$배 $\frac{1}{100}$배

$4 \times 0.13 = 0.52$

3 (×)(○)

1 (1) 분수의 곱셈으로 계산하기: 0.7을 $\frac{7}{10}$로 바꾸어 계산합니다.

(2) 자연수의 곱셈으로 계산하기: $8 \times 7 = 56$이고 곱하는 수 7이 $\frac{1}{10}$배가 되면 계산 결과는 56의 $\frac{1}{10}$배인 5.6이 됩니다.

3 $23 \times 3 = 69$이고 0.3은 3의 $\frac{1}{10}$배이므로 23×0.3은 69의 $\frac{1}{10}$배인 6.9입니다.

스스로 풀어내는 도전 10 문제 084~085쪽

1 ㉡

2 (1) 34.3, 3.43 (2) 44.8, 4.48

3 (1) 0.78 (2) 8.8 (3) 17.4 (4) 7.14

4 ㉢ **5** 로운

6 72.8 L **7** 1.96 cm^2

8 34.6 **+9** 수성

+10 예 진성이가 사용한 지점토의 무게는 $5 \times 0.75 = 3.75$ (kg)입니다.

민경이가 사용한 지점토의 무게는 $12 \times 0.3 = 3.6$ (kg)입니다.

$3.75 > 3.6$이므로 진성이가 지점토를 더 많이 사용했습니다. / 진성

힌트북 36쪽

1

2 (1) $49 \times 7 = 343$이고 0.7은 7의 $\frac{1}{10}$배이므로 49×0.7은 343의 $\frac{1}{10}$배인 34.3입니다.

$49 \times 7 = 343$이고 0.07은 7의 $\frac{1}{100}$배이므로 49×0.07은 343의 $\frac{1}{100}$배인 3.43입니다.

(2) $56 \times 8 = 448$이고 0.8은 8의 $\frac{1}{10}$배이므로 56×0.8은 448의 $\frac{1}{10}$배인 44.8입니다.

$56 \times 8 = 448$이고 0.08은 8의 $\frac{1}{100}$배이므로 56×0.08은 448의 $\frac{1}{100}$배인 4.48입니다.

3 (1) $6 \times 0.13 = 6 \times \frac{13}{100} = \frac{78}{100} = 0.78$

(2) $11 \times 0.8 = 11 \times \frac{8}{10} = \frac{88}{10} = 8.8$

(3) $29 \times 0.6 = 29 \times \frac{6}{10} = \frac{174}{10} = 17.4$

(4) $34 \times 0.21 = 34 \times \frac{21}{100} = \frac{714}{100} = 7.14$

다른 풀이 (1) $6 \times 13 = 78$

$\frac{1}{100}$배 $\frac{1}{100}$배

$6 \times 0.13 = 0.78$

(2) $11 \times 8 = 88$

$\frac{1}{10}$배 $\frac{1}{10}$배

$11 \times 0.8 = 8.8$

(3) $29 \times 6 = 174$

($\frac{1}{10}$배, $\frac{1}{10}$배)

$29 \times 0.6 = 17.4$

(4) $34 \times 21 = 714$

($\frac{1}{100}$배, $\frac{1}{100}$배)

$34 \times 0.21 = 7.14$

4 ㉠ 6의 0.45는 6의 0.5배인 3보다 작습니다.
㉡ 3×0.98은 3의 1배인 3보다 작습니다.
㉢ 5×0.61은 5의 0.6배인 3보다 큽니다.
따라서 어림하여 계산 결과가 3보다 큰 것을 찾아 기호를 쓰면 ㉢입니다.

5 지혜: $25 \times 0.24 = 6$
로운: $22 \times 0.3 = 6.6$
영민: $8 \times 0.75 = 6$
계산 결과가 다른 사람은 로운입니다.

6 (하루 동안 아낄 수 있는 물의 양)
$=$(하루에 사용하는 물의 양)$\times 0.26$
$= 280 \times 0.26 = 72.8$ (L)

힌트북 37쪽

7

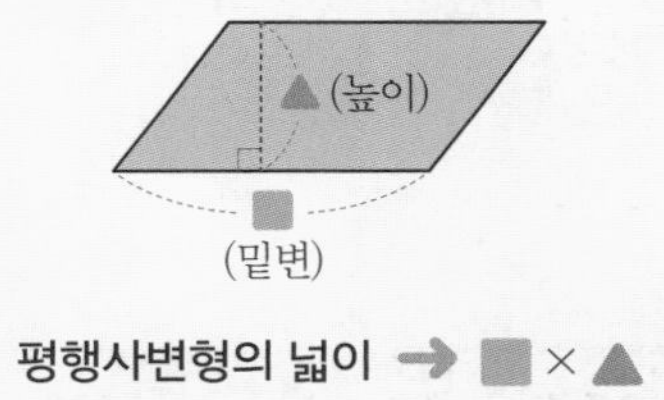

(평행사변형의 넓이)$=$(밑변의 길이)$\times$(높이)
$= 2 \times 0.98 = 1.96$ (cm^2)

8 $20 ★ 0.73 = 20 \times 0.73 + 20 = 14.6 + 20 = 34.6$

⁺9 금성에서 잰 몸무게는 지구에서 잰 몸무게의 약 0.91배이므로 몸무게가 조금 줄어듭니다.
수성에서 잰 몸무게는 지구에서 잰 몸무게의 약 0.38배이므로 몸무게가 반 이하로 줄어듭니다.
윤하의 몸무게가 40 kg에서 16 kg으로 반 이하로 줄어들었으므로 □ 안에 알맞은 행성은 수성입니다.

본책 086~089쪽

19일 (자연수)×(소수) (2)

확인 086쪽

❶ 3, 1.8, 4.8 / 4.8

기본기 다지는 교과서 문제 087쪽

1 (1) 43, 43, 215, 21.5 (2) 215, $\frac{1}{10}$, 21.5

2 $3 \times \frac{108}{100} = \frac{3 \times 108}{100} = \frac{324}{100} = 3.24$

3

1 (1) 분수의 곱셈으로 계산하기: 4.3을 $\frac{43}{10}$으로 바꾸어 계산합니다.
(2) 자연수의 곱셈으로 계산하기: $5 \times 43 = 215$이고 곱하는 수 43이 $\frac{1}{10}$배가 되면 계산 결과는 215의 $\frac{1}{10}$배인 21.5가 됩니다.

2 1.08을 분수로 바꿀 때 $\frac{108}{100}$로 바꿔야 하는데 $\frac{18}{10}$로 잘못 바꿔서 틀렸습니다.

3 • $8 \times 5.15 = 8 \times \frac{515}{100} = \frac{4120}{100} = 41.2$
• $37 \times 1.2 = 37 \times \frac{12}{10} = \frac{444}{10} = 44.4$

스스로 풀어내는 도전 10 문제 088~089쪽

1 서준
2 (1) 728, 72.8 (2) 2135, 21.35
3 (1) 28.42 (2) 57.06
4 ㉡
5 ( )(○)( )
6 1350 m
7 ㉢
8 32.45 m^2
⁺9 8.4 km
⁺10 있습니다에 ○표 / 예 400×9.6은 400×10인 4000보다 작기 때문입니다.

2 (1) $28 \times 26 = 728$이고 2.6은 26의 $\frac{1}{10}$배이므로
28×2.6은 728의 $\frac{1}{10}$배인 72.8입니다.
(2) $7 \times 305 = 2135$이고 3.05는 305의 $\frac{1}{100}$배이므로
7×3.05는 3135의 $\frac{1}{100}$배인 21.35입니다.

3 (1) $14 \times 2.03 = 14 \times \frac{203}{100} = \frac{2842}{100} = 28.42$
(2) $9 \times 6.34 = 9 \times \frac{634}{100} = \frac{5706}{100} = 57.06$

4 ㉠ 4의 1.83은 4의 2배인 8보다 작습니다.
㉡ 2의 4.05배는 2의 4배인 8보다 큽니다.
㉢ $8 \times 0.9 = 7.2$이므로 8보다 작습니다.
따라서 어림하여 계산 결과가 8보다 큰 것을 찾아 기호를 쓰면 ㉡입니다.

5 곱하는 수가 1보다 크면 계산 결과는 곱해지는 수보다 큽니다.
따라서 곱해지는 수가 40이고 곱하는 수가 1보다 큰 곱셈식인 40×1.06의 계산 결과는 40보다 큽니다.

6 4바퀴 반은 4.5바퀴입니다.
(지우가 달린 거리) = (한 바퀴의 거리) × (바퀴 수)
$= 300 \times 4.5 = 1350$ (m)

7 ㉠ $18 \times 3.5 = 63$
㉡ $45 \times 2.2 = 99$
㉢ $6 \times 4.25 = 25.5$
계산 결과가 자연수가 아닌 것은 ㉢입니다.

8 (칠할 수 있는 벽의 넓이)
= (1 L의 페인트로 칠할 수 있는 벽의 넓이) × (페인트의 양)
$= 5 \times 6.49 = 32.45$ (m^2)

+9 (서점에서 공원까지의 거리) $= 2 \times 3.2 = 6.4$ (km)
(집에서 공원까지의 거리)
= (집에서 서점까지의 거리) + (서점에서 공원까지의 거리)
$= 2 + 6.4 = 8.4$ (km)

+10 '$400 \times 9.6 = 3840$(원)이기 때문입니다.'라고 이유를 써도 됩니다.

본책 090~093쪽

20일 (소수) × (소수) (1)

확인 090쪽

❶ (1) 45 (2) 0.45 (3) 0.45

기본기 다지는 교과서 문제 091쪽

1 (1) 8, 2, 16, 0.16 (2) 16, $\frac{1}{100}$, 0.16
2 (1) 0.244 (2) 0.0473
3 12, 작은에 ○표, 0.12

1 (1) 분수의 곱셈으로 계산하기: 0.8을 $\frac{8}{10}$로, 0.2를 $\frac{2}{10}$로 바꾸어 계산합니다.
(2) 자연수의 곱셈으로 계산하기: $8 \times 2 = 16$이고 곱해지는 수와 곱하는 수가 각각 $\frac{1}{10}$배가 되면 계산 결과는 16의 $\frac{1}{100}$배인 0.16이 됩니다.

스스로 풀어내는 도전 10 문제 092~093쪽

1 6, 30, 0.3
2 $5 \times 13 = 65$
($\frac{1}{10}$배, $\frac{1}{100}$배, $\frac{1}{1000}$배)
$0.5 \times 0.13 = 0.065$
3 0.104
4 (위에서부터) 0.024, 0.02 / 0.048, 0.01
5 =
6 0.414 m^2
7 0.91, 0.4, 0.364 (또는 0.4, 0.91, 0.364)
8 0.09
+9 0.8, 6.5 (또는 8, 0.65)
+10 예 (필요한 휘발유의 양)
= (1 km를 달리는 데 필요한 휘발유의 양) × (달리는 거리)
$= 0.14 \times 0.85 = 0.119$ (L)입니다.
/ 0.119 L

1 $0.5\times0.6=\frac{5}{10}\times\frac{6}{10}=\frac{5\times6}{100}=\frac{30}{100}=0.3$

힌트북 40쪽

2

자연수의 곱셈으로 계산할 때

〈보기〉

$3 \times 4 = 12$

($\frac{1}{10}$배, $\frac{1}{100}$배, $\frac{1}{1000}$배)

$0.3 \times 0.04 = 0.012$

곱해지는 수가 $\frac{1}{10}$배가 되고, 곱하는 수가 $\frac{1}{100}$배가 되면 계산 결과는 $\frac{1}{1000}$배가 돼.

$5 \times 13 = 65$

($\frac{1}{10}$배, $\frac{1}{100}$배, $\frac{1}{1000}$배)

$0.5 \times 0.13 = 0.065$

3 0.8의 0.13배인 수는 $0.8\times0.13=0.104$입니다.

4 $0.12\times0.2=0.024$
$0.4\times0.05=0.02$
$0.12\times0.4=0.048$
$0.2\times0.05=0.01$

5

$$\begin{array}{r} 0.15 \\ \times\ \ 0.3 \\ \hline 0.045 \end{array} \qquad \begin{array}{r} 0.18 \\ \times\ 0.25 \\ \hline 0.0450 \end{array}$$

➔ 두 계산 결과는 같습니다.

6 (직사각형 모양의 책상의 넓이)
=(가로)×(세로)
$=0.9\times0.46=0.414\ (m^2)$

7 곱이 가장 크려면 가장 큰 수와 두 번째로 큰 수를 곱해야 합니다.
$0.91>0.4>0.3>0.08$이므로 $0.91\times0.4=0.364$입니다.

8 어떤 수를 □라 하면 □$+0.6=0.75$,
□$=0.75-0.6=0.15$입니다.
따라서 바르게 계산하면 $0.15\times0.6=0.09$입니다.

+9 $0.8\times0.65=0.52$여야 하는데 잘못 눌러서 나온 5.2는 0.52의 10배인 수이므로 $0.8\times6.5=5.2$ 또는 $8\times0.65=5.2$를 계산한 것입니다.
따라서 슬기가 계산기에 누른 두 수는 0.8과 6.5이거나 8과 0.65입니다.

본책 094~097쪽

21일 (소수)×(소수) (2)

확인 094쪽

❶ (1) 192 (2) 1.92 (3) 1.92

기본기 다지는 교과서 문제 095쪽

1 (1) 17, 28, 476, 4.76 (2) 476, $\frac{1}{100}$, 4.76

2 (1) 10.58 (2) 1.375

3 364, 큰에 ○표, 3.64

1 (1) 분수의 곱셈으로 계산하기: 1.7을 $\frac{17}{10}$로, 2.8을 $\frac{28}{10}$로 바꾸어 계산합니다.
(2) 자연수의 곱셈으로 계산하기: $17\times28=476$이고 곱해지는 수와 곱하는 수가 각각 $\frac{1}{10}$배가 되면 계산 결과는 476의 $\frac{1}{100}$배인 4.76이 됩니다.

2 (1) $4.6\times2.3=\frac{46}{10}\times\frac{23}{10}=\frac{1058}{100}=10.58$

(2) $1.25\times1.1=\frac{125}{100}\times\frac{11}{10}=\frac{1375}{1000}=1.375$

스스로 풀어내는 도전 10 문제 096~097쪽

1 $18 \times 42 = 756$

($\frac{1}{10}$배, $\frac{1}{10}$배, $\frac{1}{100}$배)

$1.8 \times 4.2 = 7.56$

2 3.328

3 $23.166\ cm^2$

4 3.925

5 ㉢

6 79.04 kg

7 6개

8 8.2×7.4(또는 7.4×8.2) / 60.68

+9 $229.14\ m^2$

+10 예 (스티커를 붙인 부분의 넓이)
=(스티커 한 장의 넓이)×(스티커 수)
$=2.4\times2.4\times3.5=5.76\times3.5=20.16\ (cm^2)$입니다.
/ $20.16\ cm^2$

2 $3.2\times1.04=\frac{32}{10}\times\frac{104}{100}=\frac{3328}{1000}=3.328$

3 (직사각형의 넓이)=(가로)×(세로)
$=7.15\times3.24=23.166\ (cm^2)$

힌트북 42쪽

4

0.1이 ■▲개인 수 → ■.▲

0.01이 ■▲●개인 수 → ■.▲●

• 수현: 0.1이 25개인 수 → 2.5
• 종욱: 0.01이 157개인 수 → 1.57
따라서 수현이와 종욱이가 말한 두 소수의 곱은 $2.5\times1.57=3.925$입니다.

5 ㉠ 3.2×2.1은 3의 2배인 6보다 큽니다.
㉡ 6.1×1.3은 6의 1배인 6보다 큽니다.
㉢ 2.7의 1.9배는 3의 2배인 6보다 작습니다.
따라서 어림하여 계산 결과가 6보다 작은 것을 찾아 기호를 쓰면 ㉢입니다.

6 (아버지의 몸무게)=(주하의 몸무게)×2.6
$=30.4\times2.6=79.04$ (kg)

7 $4.6\times1.9=8.74$
$2.8\times5.11=14.308$
$8.74<\square<14.308$에서 □ 안에 들어갈 수 있는 자연수는 9, 10, 11, 12, 13, 14이므로 모두 6개입니다.

8 곱하는 두 수의 자연수 부분이 클수록 곱이 크므로 가장 큰 수인 8과 두 번째로 큰 수인 7을 자연수 부분에 넣어야 합니다.
$8.4\times7.2=60.48$, $8.2\times7.4=60.68$이므로 곱이 가장 큰 곱셈식은 $8.2\times7.4=60.68$ 또는 $7.4\times8.2=60.68$입니다.

+9 (새로운 놀이터의 가로)$=13.4\times1.5=20.1$ (m)
(새로운 놀이터의 세로)$=7.6\times1.5=11.4$ (m)
(새로운 놀이터의 넓이)$=20.1\times11.4=229.14\ (m^2)$

본책 098~101쪽

22일 곱의 소수점 위치

확인 098쪽

❶ (1) 85.4, 854, 8540, 오른쪽에 ○표
(2) 854, 85.4, 8.54, 왼쪽에 ○표

기본기 다지는 교과서 문제 099쪽

1 (1) 3.82, 38.2, 382 (2) 96, 960, 9600
2 (1) 114, 11.4, 1.14 (2) 8.7, 0.87, 0.087
3 (1) 11.34 (2) 1.134 (3) 1.134 (4) 0.1134

1 곱하는 수의 0이 하나씩 늘어날 때마다 곱의 소수점이 오른쪽으로 한 자리씩 옮겨집니다.

2 곱하는 소수의 소수점 아래 자리 수가 하나씩 늘어날 때마다 곱의 소수점이 왼쪽으로 한 자리씩 옮겨집니다.

3 (1) 6.3과 1.8의 소수점 아래 자리 수의 합이 2이므로 1134에서 소수점을 왼쪽으로 두 자리 옮기면 11.34입니다.
(2) 0.63과 1.8의 소수점 아래 자리 수의 합이 3이므로 1134에서 소수점을 왼쪽으로 세 자리 옮기면 1.134입니다.
(3) 6.3과 0.18의 소수점 아래 자리 수의 합이 3이므로 1134에서 소수점을 왼쪽으로 세 자리 옮기면 1.134입니다.
(4) 0.63과 0.18의 소수점 아래 자리 수의 합이 4이므로 1134에서 소수점을 왼쪽으로 네 자리 옮기면 0.1134입니다.

스스로 풀어내는 도전 10 문제 100~101쪽

1 (1) 918, 91800, 91.8 (2) 1, 329, 32.9
2 ②
3 
4 28, 2.8, 0.28, 0.028
5 (1) 2.632 (2) 2632
6 (1) 0.22 (2) 0.439
7 ㉢
8 4.392
+9 1000배

+10 예 어떤 소수를 □라 하면 $3508.62\times\square=3.50862$
3508.62에서 소수점을 왼쪽으로 세 자리 옮기면 3.50862가 됩니다.
따라서 어떤 소수는 0.001입니다. / 0.001

2 곱하는 소수의 소수점 아래 자리 수가 3개이므로 곱의 소수점이 왼쪽으로 세 자리 옮겨집니다.
➔ $7560\times0.001=7.56$

3 $4.02\times10=40.2$
$4.02\times100=402$
$4.02\times1000=4020$

4 곱하는 소수의 소수점 아래 자리 수가 하나씩 늘어날 때마다 곱의 소수점이 왼쪽으로 한 자리씩 옮겨집니다.

5 (1) 56×0.047은 56×4.7보다 4.7에 소수점 아래 자리 수가 2개 더 늘어났으므로 263.2에서 소수점을 왼쪽으로 두 자리 옮기면 2.632입니다.
(2) 560×4.7은 56×4.7보다 56에 0이 1개 더 있으므로 263.2에서 소수점을 오른쪽으로 한 자리 옮기면 2632입니다.

6 (1) 43.9는 439의 0.1배인데 9.658은 9658의 0.001배이므로 □ 안에 알맞은 수는 22의 0.01배인 0.22입니다.
(2) 220은 22의 10배인데 96.58은 9658의 0.01배이므로 □ 안에 알맞은 수는 439의 0.001배인 0.439입니다.

7 ㉠ $27.48\times\boxed{10}=274.8$ ㉡ $2.748\times\boxed{10}=27.48$
㉢ $274.8\times\boxed{0.1}=27.48$ ㉣ $0.2748\times\boxed{10}=2.748$
➔ □ 안에 알맞은 수가 다른 것은 ㉢입니다.

8 $43.92\times10=439.2$이므로 ㉠$=439.2$
$78260\times$㉡$=782.6$에서
782.6은 78260에서 소수점을 왼쪽으로 두 자리 옮겨야 하므로 ㉡$=0.01$
➔ ㉠$\times$㉡$=439.2\times0.01=4.392$

+9 0.146은 146의 0.001배인데 36.5는 3650의 0.01배이므로 ★에 알맞은 수는 25의 10배인 250입니다.
14.6은 146의 0.1배인데 3.65는 3650의 0.001배이므로 ♥에 알맞은 수는 25의 0.01배인 0.25입니다.
따라서 250은 0.25의 1000배입니다.

16~22일 단원평가

102~103쪽

01 7, 7, 28, 2.8
02 (1) 6, 8, 48, 0.48 (2) 48, $\frac{1}{100}$, 0.48
03 3.6
04 <
05 5.84 kg, 58.4 kg, 584 kg
06 1815 m
07 1.12, 7.168
08 ㉡, ㉠, ㉢
09 15.1
10 풀이 참조 / 66.57

01 $0.7\times4=0.1\times7\times4=0.1\times28=2.8$

02 (1) 분수의 곱셈으로 계산하기: 0.6을 $\frac{6}{10}$으로, 0.8을 $\frac{8}{10}$로 바꾸어 계산합니다.
(2) 자연수의 곱셈으로 계산하기: $6\times8=48$이고 곱해지는 수와 곱하는 수가 각각 $\frac{1}{10}$배가 되면 계산 결과는 48의 $\frac{1}{100}$배인 0.48이 됩니다.

03 가장 작은 수: 0.9
가장 큰 수: 4
➔ $0.9\times4=3.6$

04 $2.1\times4.5=9.45$
$3.05\times3.2=9.76$
➔ $9.45<9.76$

05 (색종이 10묶음의 무게)$=0.584\times10=5.84$ (kg)
(색종이 100묶음의 무게)$=0.584\times100=58.4$ (kg)
(색종이 1000묶음의 무게)$=0.584\times1000$
$=584$ (kg)

06 5분 30초=5.5분
➔ (지영이가 달린 전체 거리)
=(1분 동안 달리는 거리)×(시간)
$=330\times5.5=1815$ (m)

07 $5.6\times0.2=1.12$
$1.12\times6.4=7.168$

08 ㉠ $725\times\boxed{0.01}=7.25$
㉡ $\boxed{0.1}\times44=4.4$
㉢ $5162\times\boxed{0.001}=5.162$

0.1 > 0.01 > 0.001이므로 □ 안에 알맞은 수가 가장 큰 것부터 차례로 기호를 쓰면 ㉡, ㉠, ㉢입니다.

09 ㉮ $9 \times 2.3 = 20.7$
㉯ $35 \times 0.16 = 5.6$
➔ $20.7 - 5.6 = 15.1$

10 예시 답안 가장 큰 수를 만들려면 높은 자리부터 큰 수를 차례대로 놓으면 되므로 만들 수 있는 가장 큰 소수 두 자리 수는 9.51입니다.
따라서 9.51과 7의 곱은 $9.51 \times 7 = 66.57$입니다.

채점 기준	
	❶ 만들 수 있는 가장 큰 소수 두 자리 수를 구해야 함.
	❷ 가장 큰 소수 두 자리 수와 7의 곱을 구해야 함.

본책 104~107쪽

23일 직육면체

확인 104쪽
❶ 6, 직육면체
❷ (왼쪽부터) 모서리, 면, 꼭짓점

기본기 다지는 교과서 문제 105쪽

1 (1) ( )(○)( ) (2) ( )( )(○)
2 6, 12, 8
3 직사각형에 ○표

1 직사각형 6개로 둘러싸인 도형을 찾습니다.

3 직육면체는 직사각형 6개로 둘러싸인 모양이므로 색칠한 부분을 본뜬 모양은 직사각형입니다.

스스로 풀어내는 도전 10 문제 106~107쪽

1 면, 모서리, 꼭짓점
2 다
3 8개
4 3개
5 (1) × (2) ○
6 3, 9, 7
7 2
8 2
+9 6가지
+10 예 직육면체는 직사각형 6개로 둘러싸여 있지만 주어진 도형은 그렇지 않습니다. 사다리꼴 2개와 직사각형 4개로 이루어져 있습니다.

1 선분으로 둘러싸인 부분: 면
면과 면이 만나는 선분: 모서리
모서리와 모서리가 만나는 점 : 꼭짓점

2 직육면체는 모든 면이 직사각형 모양이어야 하는데 다는 그렇지 않습니다.

3 모서리와 모서리가 만나는 점은 꼭짓점입니다. 직육면체의 꼭짓점은 8개입니다.

4 직육면체 모양은 주사위, 상자, 지우개로 모두 3개입니다.

5 (1) 직육면체는 면의 크기가 같을 수도 있고 다를 수도 있습니다.

힌트북 46쪽

6

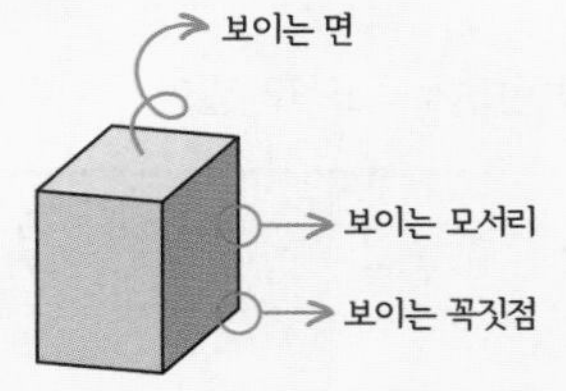

7 직육면체의 면은 6개, 꼭짓점은 8개, 모서리는 12개입니다.
㉠=6, ㉡=8, ㉢=12이므로
㉠+㉡−㉢=6+8−12=2입니다.

힌트북 47쪽

8

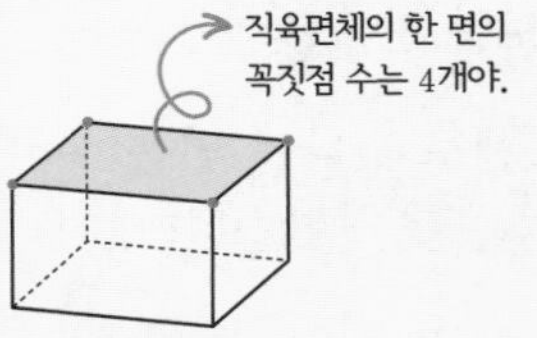

직육면체의 꼭짓점의 수는 8개이고 직육면체의 한 면의 꼭짓점의 수는 4개입니다.
따라서 직육면체의 꼭짓점의 수는 직육면체의 한 면의 꼭짓점의 수의 8÷4=2(배)입니다.

+9 직육면체는 면이 6개이므로 모두 6가지 색의 물감이 필요합니다.

본책 108~111 쪽

24일 정육면체

확인 108쪽

❶ (1) 가, 다 (2) 정육면체

기본기 다지는 교과서 문제 109쪽

1 (1) ( )( )(○) (2) ( )(○)( )
2 (1) 6, 12, 8 (2) 같습니다에 ○표 (3) 같습니다에 ○표
3 (1) 있습니다에 ○표 (2) 없습니다에 ○표

1 정사각형 6개로 둘러싸인 도형을 찾습니다.

스스로 풀어내는 도전 10 문제 110~111쪽

1 ( )(○)( )
2 나, 다
3 라
4 12개
5 14
6 지혜
7 ㉠, ㉣
8 36 cm
+9 2개
+10 ㉢ / 예 정육면체의 모서리의 길이는 모두 같습니다.

1 정육면체는 정사각형 6개로 둘러싸인 도형이므로 정육면체의 면이 될 수 있는 모양은 정사각형입니다.

2 정사각형 6개로 둘러싸인 도형을 모두 찾습니다.

3 직육면체가 되려면 면이 모두 직사각형이어야 하는데 라는 그렇지 않습니다.

주의 정육면체는 직육면체라고 할 수 있으므로 나, 다는 직육면체입니다.

4 정육면체의 모서리의 길이는 모두 같고 정육면체의 모서리는 12개입니다. 따라서 ㉮와 길이가 같은 모서리는 ㉮를 포함하여 모두 12개입니다.

5 • 정육면체의 면의 수: 6개
• 직육면체의 꼭짓점의 수: 8개
→ ■+▲=6+8=14

힌트북 48쪽

6

정육면체를 둘러싸고 있는 정사각형의 크기에 따라 정육면체의 크기는 다르므로 민호의 말은 틀렸습니다.

7 ㉠ 직육면체의 면의 모양은 직사각형이고, 정육면체의 면의 모양은 정사각형입니다.
㉣ 직육면체의 모서리의 길이는 같을 수도 있고 다를 수도 있으나 정육면체의 모서리의 길이는 모두 같습니다.

8 (정육면체의 한 모서리의 길이)
$=12\div4=3$ (cm)
정육면체의 모서리는 12개이므로
(모든 모서리의 길이의 합)$=3\times12=36$ (cm)입니다.

힌트북 49쪽

+9

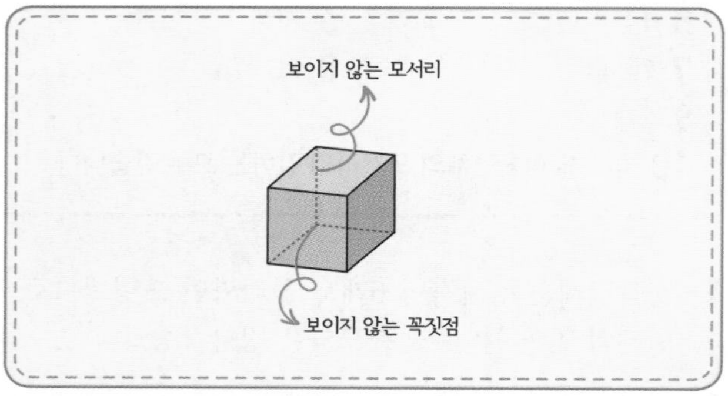

주어진 정육면체에서 보이지 않는 모서리는 3개, 보이지 않는 꼭짓점은 1개입니다.
따라서 보이지 않는 모서리와 보이지 않는 꼭짓점의 수의 차는 $3-1=2$(개)입니다.

본책 112~115쪽

25일 직육면체의 성질

확인 112쪽

❶ (1) 평행합니다에 ○표 (2) 밑면 (3) 3

기본기 다지는 교과서 문제 113쪽

1 (1) 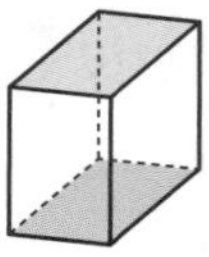 (2) 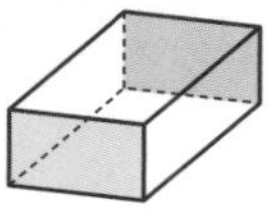

2 ( )( )(○)

3 (1) ㄱㄴㅂㅁ, ㄱㅁㅇㄹ (2) 직각입니다에 ○표

1 직육면체에서 서로 마주 보는 두 면은 평행하므로 색칠한 면과 마주 보는 면을 찾아 색칠합니다.

2 직육면체에서 서로 만나는 면은 수직이므로 색칠한 두 면이 서로 만나는 것을 찾습니다.

3 직육면체에서 한 꼭짓점에서 만나는 세 면은 서로 수직이므로 꼭짓점 ㄱ을 중심으로 모두 직각입니다.

스스로 풀어내는 도전 10 문제 114~115쪽

1 90

2 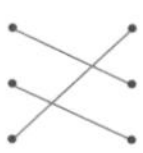

3 4개

4 ③

5 면 ㄱㅁㅇㄹ / 면 ㄱㄴㅂㅁ, 면 ㄱㄴㄷㄹ, 면 ㄹㄷㅅㅇ, 면 ㅁㅂㅅㅇ

6 32 cm

7 ㉢

8 면 ㄱㄴㅂㅁ, 면 ㄹㄷㅅㅇ

+9 2, 3, 4, 5

+10 서연 / 예 한 꼭짓점에서 만나는 면은 모두 3개야.

1 직육면체에서 만나는 면은 서로 수직이므로 색칠한 두 면이 이루는 각의 크기는 90°입니다.

2 직육면체에서 서로 마주 보는 두 면은 평행합니다.

3 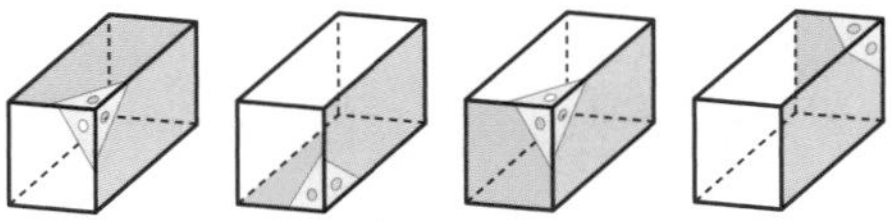

직육면체에서 한 면에 수직인 면은 모두 4개입니다.

4 ③ 면 ㄱㄴㄷㄹ은 면 ㅁㅂㅅㅇ과 서로 마주 보는 면이므로 평행한 면입니다.

5 면 ㄴㅂㅅㄷ과 평행한 면은 서로 마주 보는 면이므로 면 ㄱㅁㅇㄹ입니다.
면 ㄴㅂㅅㄷ과 수직인 면은 면 ㄴㅂㅅㄷ과 만나는 면이므로 면 ㄱㄴㅂㅁ, 면 ㄱㄴㄷㄹ, 면 ㄹㄷㅅㅇ, 면 ㅁㅂㅅㅇ입니다.

참고 직육면체에서 한 면에 수직인 면은 4개이므로 면 ㄴㅂㅅㄷ과 수직인 면은 4개입니다.

6 면 ㄱㄴㅂㅁ과 평행한 면은 서로 마주 보는 면이므로 면 ㄹㄷㅅㅇ입니다. 따라서 모서리의 길이는 9 cm, 7 cm, 9 cm, 7 cm입니다.
→ $9+7+9+7=32$ (cm)

7 ㉠, ㉡: 평행
㉢: 수직

8 • 면 ㄱㄴㄷㄹ과 수직인 면: 면 ㄱㄴㅂㅁ, 면 ㄴㅂㅅㄷ, 면 ㄷㅅㅇㄹ, 면 ㄱㅁㅇㄹ
• 면 ㄴㅂㅅㄷ과 수직인 면: 면 ㄱㄴㄷㄹ, 면 ㄱㄴㅂㅁ, 면 ㅁㅂㅅㅇ, 면 ㄷㅅㅇㄹ
→ 색칠한 두 면에 공통으로 수직인 면: 면 ㄱㄴㅂㅁ, 면 ㄷㅅㅇㄹ

+9 눈의 수가 1인 면과 평행한 면의 눈의 수는 6입니다. 따라서 눈의 수가 1인 면과 수직인 면의 눈의 수는 1부터 6까지의 수 중에서 1과 6을 제외한 2, 3, 4, 5입니다.

+10 직육면체의 한 꼭짓점에서 만나는 면은 모두 3개이므로 잘못 설명한 친구는 서연입니다.

본책 116~119쪽

26일 직육면체의 겨냥도

확인 116쪽

❶ 겨냥도
❷ (   )(○)

기본기 다지는 교과서 문제 117쪽

1 (1) 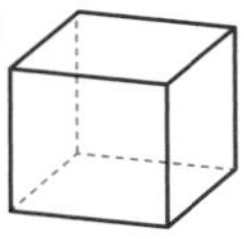 (2) 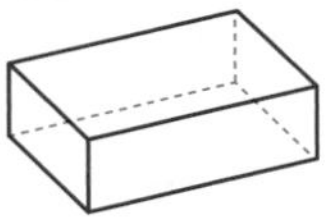

2 (1) 3 (2) 3 (3) 1

3 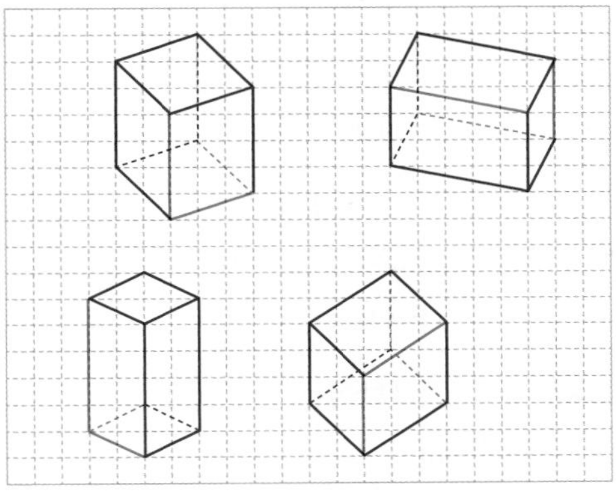

2 (1) 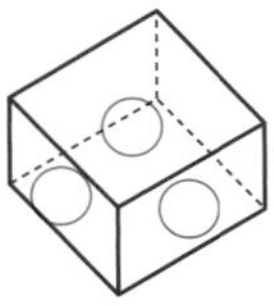
→ 보이는 면: 3개

(2) 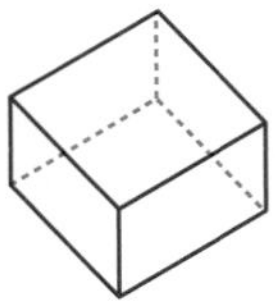
→ 보이지 않는 모서리: 3개

(3) 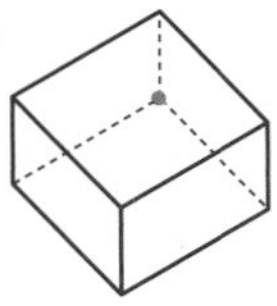
→ 보이지 않는 꼭짓점: 1개

3 직육면체의 겨냥도를 그릴 때 보이는 모서리는 실선으로, 보이지 않는 모서리는 점선으로 그립니다.

스스로 풀어내는 도전 10 문제 118~119쪽

1 실선에 ○표, 점선에 ○표
2 나
3
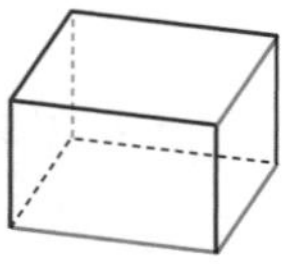

4 (위에서부터) 6, 3, 8
5 3, 9, 7
6 60 cm
7 ㉡
8 16 cm
+9 52 cm
+10 예 보이지 않는 모서리를 점선으로 그려야 하는데 실선으로 그렸기 때문입니다.

2 보이는 모서리는 실선으로, 보이지 않는 모서리는 점선으로 그린 것을 찾습니다.

3 보이는 모서리는 실선으로, 보이지 않는 모서리는 점선으로 그립니다.

4 직육면체에서 서로 평행한 모서리의 길이는 같습니다.

6 길이가 4 cm인 모서리가 8개, 7 cm인 모서리가 4개 있습니다.
→ $4\times8+7\times4=60$ (cm)

7 ㉠ (보이는 면의 수)+(보이는 꼭짓점의 수)
$=3+7=10$(개)
㉡ (보이지 않는 모서리의 수)+(보이지 않는 면의 수)
$=3+3=6$(개)
㉢ (보이지 않는 꼭짓점의 수)+(보이는 모서리의 수)
$=1+9=10$(개)

8 보이지 않는 모서리의 길이는 7 cm, 6 cm, 3 cm입니다.
→ $7+6+3=16$ (cm)

+9 끈을 10 cm인 모서리는 2번, 8 cm인 모서리는 2번 둘렀고, 매듭으로 묶는 데 사용한 끈의 길이는 16 cm입니다.
→ (상자를 묶는 데 사용한 끈의 길이)
$=10\times2+8\times2+16=52$ (cm)

+10 직육면체의 겨냥도를 그릴 때 보이는 모서리는 실선으로, 보이지 않는 모서리는 점선으로 그립니다.

본책 120~123쪽

27일 정육면체의 전개도

확인 120쪽

1 (1) 전개도 (2) 실선에 ○표, 점선에 ○표

기본기 다지는 교과서 문제 121쪽

1 ( )(○)
2 (1)
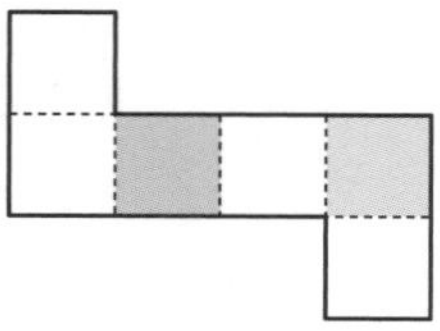

(2)
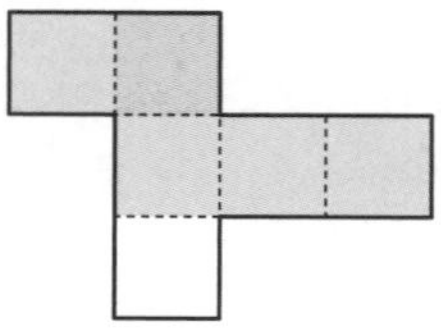

3
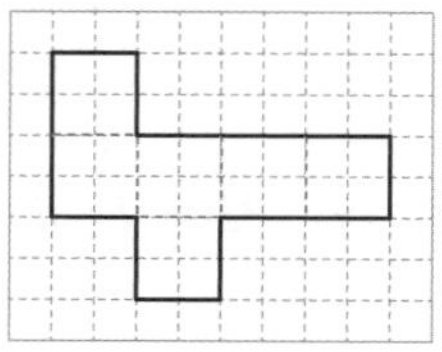

1 왼쪽 그림은 전개도를 접었을 때 서로 겹치는 면이 있으므로 정육면체의 전개도가 아닙니다.

2 (1) 전개도를 접었을 때 색칠한 면과 마주 보는 면을 찾습니다.
(2) 전개도를 접었을 때 색칠한 면과 평행한 면을 제외한 나머지 면 4개는 모두 색칠한 면과 수직입니다.

3 잘리지 않는 모서리를 점선으로 그려 넣어 정육면체의 전개도를 완성합니다.

스스로 풀어내는 도전 10 문제 122~123쪽

1 면 바
2 면 가, 면 다, 면 마, 면 바
3 (○)( )
4 선분 ㄹㄷ, 선분 ㅈㅇ
5 (위에서부터) ㄹ, ㄱ / ㅇ, ㅁ
6 ㉣
7 ㉠, ㉣
8 60 cm

+9

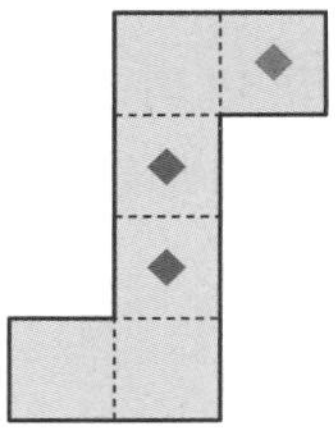

또는

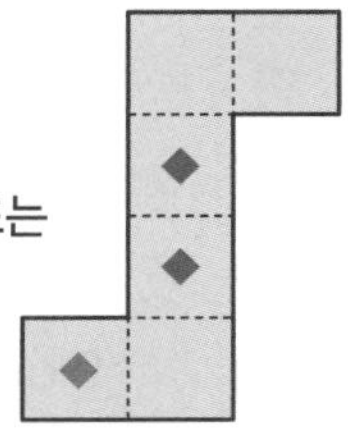

+10 예 전개도를 접었을 때 서로 겹치는 면이 있습니다.
/ 예

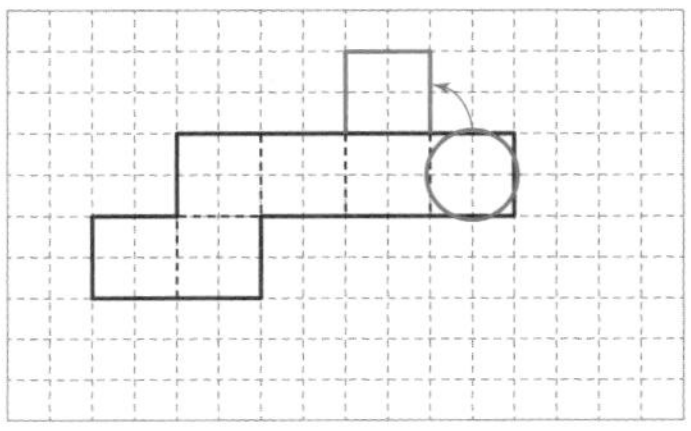

1 전개도를 접었을 때 면 가와 마주 보는 면을 찾습니다.

2 전개도를 접었을 때 면 나와 평행한 면 라를 제외한 나머지 면 4개는 모두 면 나와 수직입니다.

3 왼쪽의 전개도는 면의 개수가 1개 모자랍니다.

4 전개도를 접었을 때 선분 ㄴㄷ은 선분 ㄹㄷ과 만나 한 모서리가 되고, 선분 ㅁㅂ은 선분 ㅈㅇ과 만나 한 모서리가 됩니다.

5 전개도를 접었을 때 만나는 점끼리 같은 기호를 써넣습니다.

6 ㉠, ㉡, ㉢: 평행
㉣: 수직

7 ㉡ 또는 ㉢에 나머지 한 면을 놓으면 접었을 때 서로 겹치는 면이 있어 정육면체의 전개도가 될 수 없습니다.

8 정육면체의 한 모서리의 길이는 $15 \div 3 = 5$ (cm)입니다.
(정육면체의 모든 모서리의 길이의 합)
$=$(한 모서리의 길이)$\times 12$
$= 5 \times 12 = 60$ (cm)

+9 무늬가 있는 면 3개가 한 꼭짓점에서 만나도록 전개도에 무늬를 그려 넣습니다.

+10 주어진 전개도는 접었을 때 서로 겹치는 면이 있어 전개도가 될 수 없습니다. 전개도가 되려면 한 면을 겹치지 않는 곳으로 이동해야 합니다.

본책 124~127쪽

28일 직육면체의 전개도

확인 124쪽

1 (1) 전개도 (2) 실선, 점선

기본기 다지는 교과서 문제 125쪽

1 ( )(○)

2 (1)~(2)

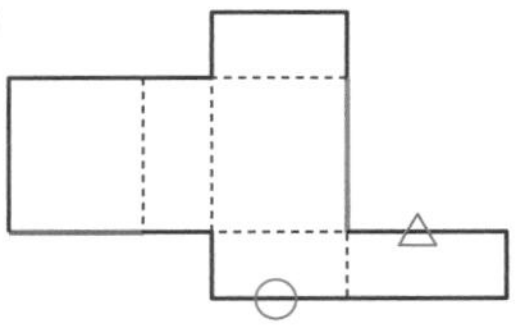

3 (1) 3 (2) 없습니다에 ○표 (3) 같습니다에 ○표

1 왼쪽 그림은 전개도를 접었을 때 서로 겹치는 면이 있으므로 직육면체의 전개도가 아닙니다.

2 전개도를 접었을 때의 모양을 생각하여 겹치는 선분을 찾아봅니다.

스스로 풀어내는 도전 10 문제 126~127쪽

1 면 다

2 면 나, 면 다, 면 라, 면 마

3

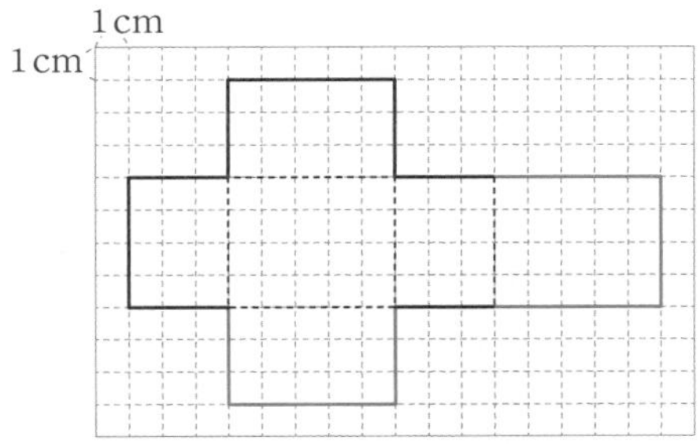

4 (위에서부터) ㄱ, ㄹ, ㅁ, ㅇ

5 면 ㉱

6 6 cm

7 면 나, 면 라

8 25 cm

+9

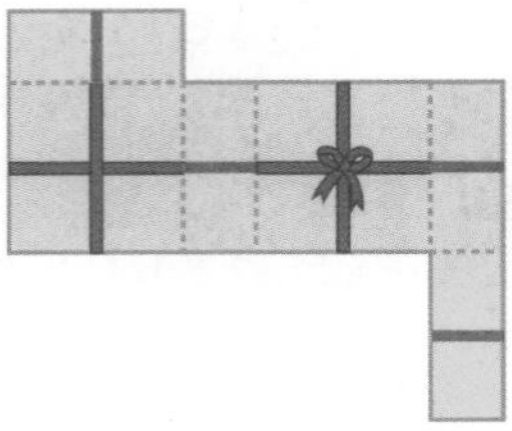

+10 나 / 예 전개도를 접었을 때 서로 만나는 모서리의 길이가 다릅니다.

1 전개도를 접었을 때 면 마와 마주 보는 면을 찾습니다.

2 전개도를 접었을 때 면 바와 평행한 면 가를 제외한 나머지 면 4개는 모두 면 바와 수직입니다.

3 마주 보는 면 3쌍의 모양과 크기가 같고 서로 겹치는 면이 없으며 만나는 모서리의 길이가 같도록 전개도를 완성합니다.

힌트북 56쪽

4

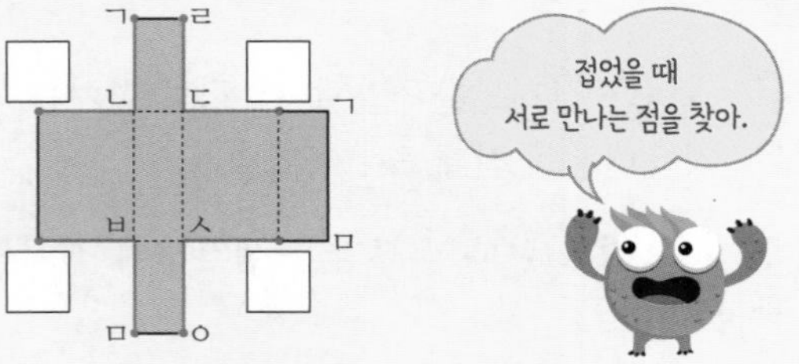

전개도를 접었을 때 만나는 점끼리 같은 기호를 써넣습니다.

5 면 ㉯와 만나는 모서리가 없는 면은 서로 마주 보는 면인 면 ㉱입니다.

6 전개도를 접었을 때 서로 만나는 모서리와 평행한 모서리의 길이는 같습니다.
(선분 ㅎㅍ)=(선분 ㅌㅍ)=(선분 ㅋㅊ)=6 cm
따라서 선분 ㅎㅍ의 길이는 6 cm입니다.

힌트북 57쪽

7

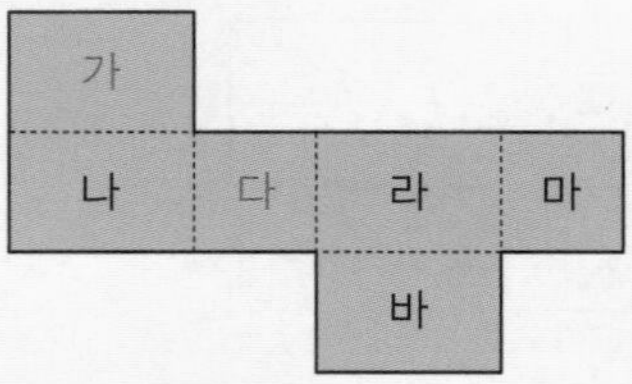

알아둬!
한 면과 수직인 면은 평행한 면을 제외한 나머지 4개의 면이야.

면 가에 수직인 면: 면 나, 면 다, 면 라, 면 마
면 다에 수직인 면: 면, 가, 면 나, 면 라, 면 바
따라서 면 가와 면 다에 공통으로 수직인 면은 면 나, 면 라입니다.

8 (선분 ㄷㅇ)=(선분 ㅂㅅ)=9 cm
(선분 ㅇㅈ)=(선분 ㅍㅎ)=7 cm
(선분 ㅈㅊ)=(선분 ㅂㅅ)=9 cm
(선분 ㄷㅊ)=9+7+9=25 (cm)

참고
- 전개도를 접었을 때 서로 만나는 모서리의 길이는 같습니다.
- 전개도를 접었을 때 서로 평행한 모서리의 길이는 같습니다.

힌트북 57쪽

+9

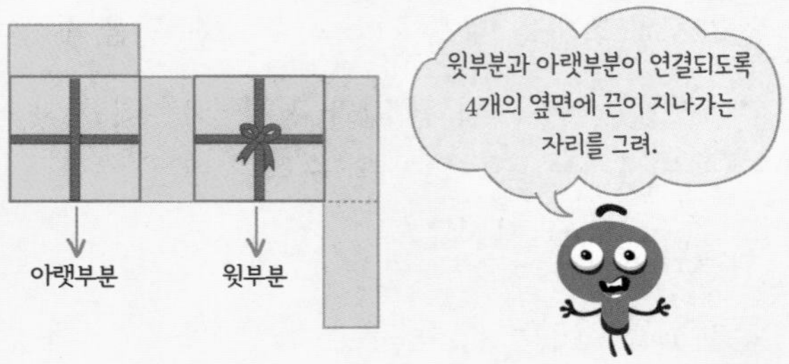

전개도를 접어 선물 상자를 접었을 때 리본이 있는 선물 상자의 윗부분과 아랫부분의 끈 사이에 끈이 지나가는 자리가 없습니다. 윗부분과 아랫부분을 연결할 수 있도록 옆면 4곳에 끈이 지나가는 자리를 그립니다.

힌트북 57쪽

+10

나 전개도는 접었을 때 서로 만나는 모서리의 길이가 다르므로 직육면체의 전개도가 아닙니다.

23~28일 단원평가 128~129쪽

01 가

02

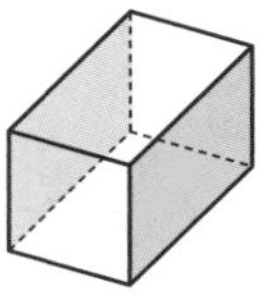

03

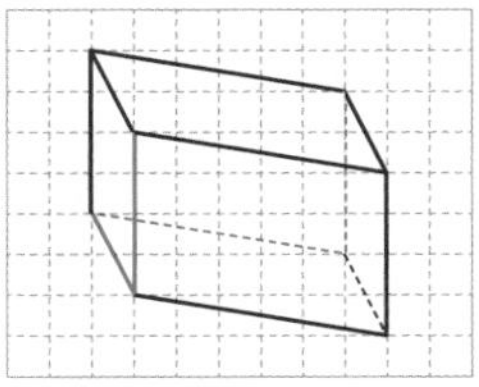

04 (위에서부터) 4, 6, 8

05 면 가, 면 나, 면 라, 면 바

06 84 cm

07 예

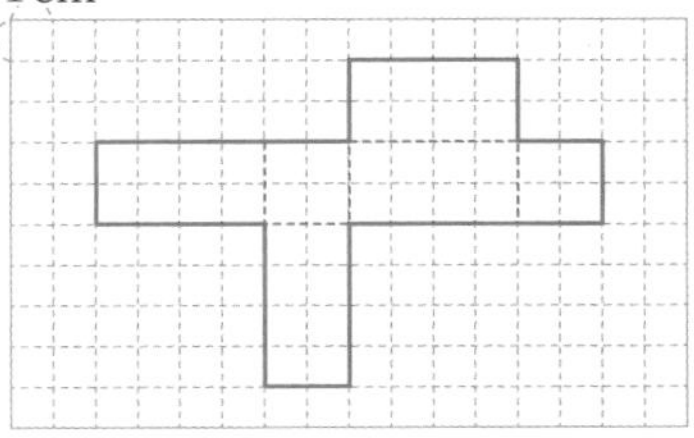

08 9

09 ㉡, ㉣

10 풀이 참조 / 4개

01 직사각형 6개로 둘러싸인 도형을 찾습니다.

02 색칠한 면과 마주 보는 면을 찾아 색칠합니다.

03 직육면체의 겨냥도를 그릴 때 보이는 모서리는 실선으로, 보이지 않는 모서리는 점선으로 그립니다.

04 전개도를 접었을 때 겨냥도의 모양과 같도록 선분의 길이를 써넣어야 합니다.

05 전개도를 접었을 때 면 다와 평행한 면 마를 제외한 나머지 면 4개는 모두 면 다와 수직입니다.

06 정육면체의 모서리 길이는 모두 같으므로 주사위의 모서리의 길이는 모두 7 cm입니다. 정육면체의 모서리는 12개이므로 주사위의 모서리의 길이의 합은
$7 \times 12 = 84$ (cm)입니다.

07 마주 보는 면 3쌍의 모양과 크기가 같고 서로 겹치는 면이 없으며 만나는 모서리의 길이가 같도록 전개도를 그립니다.

08 직육면체에는 길이가 □ cm, 5 cm, 12 cm인 모서리가 4개씩 있습니다.
$(\square+5+12) \times 4 = 104$, $\square+5+12=26$, $\square=9$

09 ㉡ 직육면체는 정육면체라고 할 수 없습니다.
㉣ 정육면체의 꼭짓점은 8개입니다.

10 예시 답안 직육면체의 겨냥도에서 보이지 않는 면은 3개, 보이지 않는 꼭짓점은 1개입니다. 따라서 보이지 않는 면과 보이지 않는 꼭짓점 수의 합은 $3+1=4$(개)입니다.

채점 기준	
	❶ 직육면체의 겨냥도에서 보이지 않는 면과 보이지 않는 꼭짓점의 수를 각각 구함.
	❷ 직육면체의 겨냥도에서 보이지 않는 면과 보이지 않는 꼭짓점의 수의 합은 몇 개인지 구함.

본책 130~133쪽

29일 평균

기본기 다지는 교과서 문제 131쪽

1 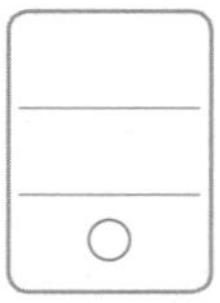

2 28 / 28, 7

3 (1) 32 (2) 8

3 (1) 6+8+9+9=32(개)

(2) (턱걸이 기록의 평균)

=(턱걸이 기록의 합계)÷(요일 수)

=32÷4=8(개)

스스로 풀어내는 도전 10 문제 132~133쪽

1 6, 6

2 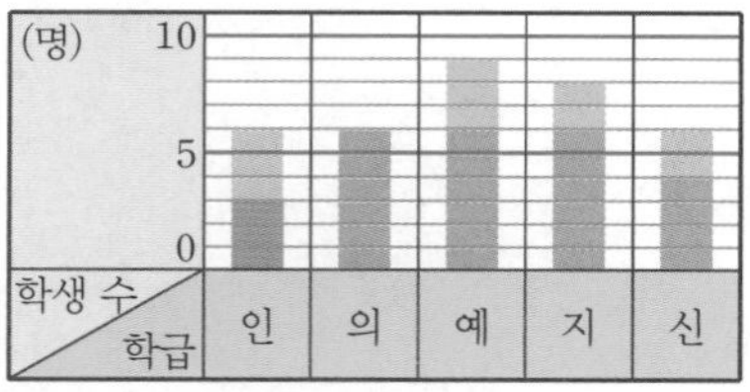

3 6명

4 51

5 22 ℃

6 162권

7 슬기네 모둠

8 주영, 우현

+9 2점

+10 예 봉사 동아리 회원들의 나이의 평균는

(14+13+12+16+15)÷5

=70÷5=14(살)입니다.

/ 14살

힌트북 58쪽

1 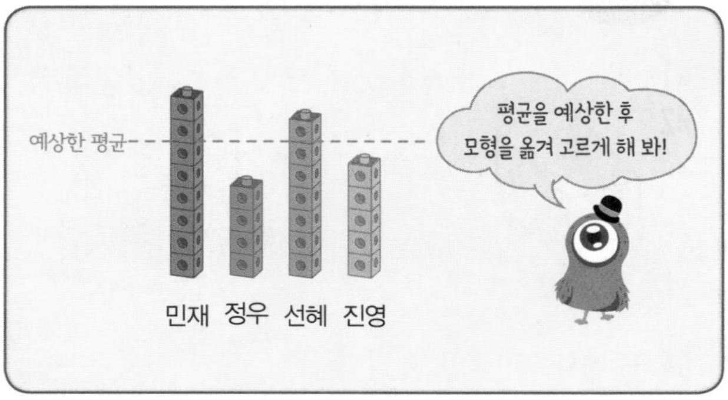

민재의 모형 2개를 정우에게 옮기고, 선혜의 모형 1개를 진영이에게 옮기면 각각 6개로 모형의 수가 같아집니다.

2 학급별 태블릿이 있는 학생 수를 막대그래프로 나타내면 다음과 같습니다.

학급별 태블릿이 있는 학생 수

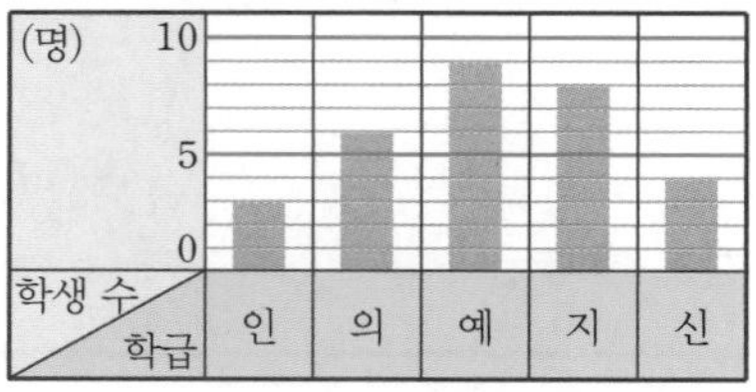

학급별 태블릿이 있는 학생 수를 나타낸 막대그래프의 높이를 고르게 하면 다음과 같습니다.

학급별 태블릿이 있는 학생 수

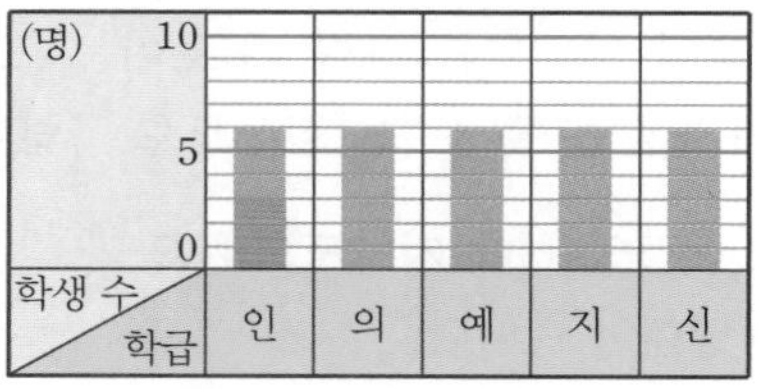

3 학급별 태블릿이 있는 학생 수를 막대그래프로 나타내고 막대의 높이를 고르게 하니 막대의 높이가 6명이 되었습니다. 따라서 학급별 태블릿이 있는 학생 수의 평균은 6명입니다.

4 (평균)=(54+38+63+49)÷4

=204÷4=51

5 (22+24+23+19+22)÷5=110÷5=22(℃)

6 (142+135+205+158+170)÷5

=810÷5=162(권)

힌트북 59쪽

7 두 모둠의 친구 수가 다를 땐 평균을 구해 보면 어느 모둠이 잘 했는지 알 수 있어.

이름	슬기	준영	지우	승연	
기록(m)	(9 +	15 +	18 +	14)	÷4

이름	지혜	유라	선우	미주	재현	
기록(m)	(16 +	10 +	17 +	9 +	13)	÷5

(슬기네 모둠의 공 던지기 기록의 평균)
$=(9+15+18+14)\div4$
$=56\div4=14$(m)
(지혜네 모둠의 공 던지기 기록의 평균)
$=(16+10+17+9+13)\div5$
$=65\div5=13$(m)
공 던지기 기록의 평균을 비교하면 $14>13$이므로 슬기네 모둠이 더 잘했다고 볼 수 있습니다.

8 (몸무게의 평균)$=(44+39+43+38)\div4$
$=164\div4=41$(kg)
따라서 몸무게가 평균보다 무거운 학생은 주영, 우현입니다.

+9 (네 경기 동안 얻은 점수의 평균)
$=(86+92+84+90)\div4$
$=352\div4=88$(점)
(다섯 경기 동안 얻은 점수의 평균)
$=(86+92+84+90+98)\div5$
$=450\div5=90$(점)
따라서 이 농구 팀이 다섯 경기 동안 얻은 점수의 평균은 네 경기 동안 얻은 점수의 평균보다 2점 늘어납니다.

본책 134~137쪽

30일 평균을 이용하여 문제 해결하기

확인 134쪽

❶ 60, 6, 10 / 55, 5, 11 / 2
❷ (1) 23, 92 (2) 92, 32

기본기 다지는 교과서 문제 135쪽

1 (1) 13, 11, 12 (2) 모둠 1
2 (1) 188 kg (2) 50 kg

1 (1) 모둠 1: $52\div4=13$(개)
모둠 2: $66\div6=11$(개)
모둠 3: $60\div5=12$(개)
(2) 한 학생당 먹은 떡 수의 평균을 비교하면 모둠 1이 13개로 가장 많습니다.

2 (1) (몸무게의 합)$=47\times4=188$ (kg)
(2) (서연이의 몸무게)$=188-(52+40+46)$
$=188-138=50$ (kg)

스스로 풀어내는 도전 10 문제 136~137쪽

1 152번
2 38번
3 싱싱 과수원
4 125 kg
5 25명, 5 kg
6 48분
7 84점
8 28번
+9 3100원
+10 예 남학생 4명의 몸무게의 합은 $42\times4=168$ (kg)입니다.
여학생 3명의 몸무게의 합은 $35\times3=105$ (kg)입니다.
평균 몸무게는 (전체 몸무게의 합)÷(학생 수)이므로 $(168+105)\div7=273\div7=39$ (kg)입니다.
/ 39 kg

1 (윗몸 일으키기 기록의 합)$=38\times4=152$(번)

2 $152-(34+41+39)=152-114=38$(번)

3 과수원별로 사과나무 한 그루당 수확한 사과 수의 평균을 구하여 비교합니다.
으뜸 과수원: $12000\div50=240$(개)
싱싱 과수원: $17500\div70=250$(개)
따라서 사과나무 한 그루당 수확한 사과의 수가 더 많다고 할 수 있는 과수원은 싱싱 과수원입니다.

4 헌 종이 500 kg을 학급 4반이 모아야 하므로 한 학급당 헌 종이를 $500\div4=125$ (kg)씩 모아야 합니다.

5 (한 학급당 학생 수의 평균)
$=(24+25+28+23)\div4=100\div4=25$(명)
(한 명당 모아야 하는 헌 종이 무게의 평균)
$=125\div25=5$ (kg)

6 (5일 동안 컴퓨터 게임을 한 시간의 합)
$=45\times5=225$(분)
(수요일에 컴퓨터 게임을 한 시간)
$=225-(40+45+50+42)$
$=225-177=48$(분)

7 (슬기, 영민, 수현이의 수학 점수의 합)
$=82\times3=246$(점)
(4명의 수학 점수의 평균)
$=(246+90)\div4=336\div4=84$(점)

8 평균이 26번 이상이어야 준결승에 올라갈 수 있으므로 기록의 합이 $26\times5=130$(번)과 같거나 커야 합니다.
→ $24+19+32+27+\square=130$, $102+\square=130$,
$\square=130-102=28$
따라서 5회에 적어도 28번을 넘어야 합니다.

+9 (전체 저금한 금액)$=2800\times4=11200$(원)
(1월과 4월에 저금한 금액의 합)
$=11200-(2500+3000)$
$=5700$(원)
4월에 저금한 금액을 □원이라 하면 1월에 저금한 금액은 (□$+500$)원입니다.
$\square+500+\square=5700$, $\square+\square=5200$
$\square=2600$
따라서 1월에 저금한 금액은 $2600+500=3100$(원)입니다.

본책 138~141 쪽

31일 일이 일어날 가능성을 말로 표현하기/일이 일어날 가능성을 비교하기

확인 138 쪽

❶
				○

❷ 불가능하다

기본기 다지는 교과서 문제 139 쪽

1

불가능하다	~아닐 것 같다	반반이다	~일 것 같다	확실하다
		○		
	○			
				○
○				

2

← 일이 일어날 가능성이 낮습니다. 일이 일어날 가능성이 높습니다. →

~아닐 것 같다	~일 것 같다
로운	서연

불가능하다	반반이다	확실하다
슬기	영민	지혜

1 • 번호표의 번호는 홀수 아니면 짝수이므로 은행에서 뽑은 대기 번호표의 번호가 홀수일 가능성은 '반반이다'입니다.
• 생일이 될 수 있는 날수는 365일이므로 생일이 같은 친구가 있을 가능성은 '~아닐 것 같다'입니다.
• 3월 1일 다음 날은 3월 2일이므로 가능성은 '확실하다'입니다.
• 해는 동쪽에서 뜨므로 내일 아침에 서쪽에서 해가 뜰 가능성은 '불가능하다'입니다.

2 지혜: 혈액형은 4가지이고, 학생 수는 4명 이상이므로 혈액형이 같은 친구가 있을 가능성은 '확실하다'입니다.
슬기: 해는 서쪽으로 지므로 해가 동쪽으로 질 가능성은 '불가능하다'입니다.
영민: 태어날 동생은 남자 또는 여자이므로 여자 아이일 가능성은 '반반이다'입니다.

로운: 주사위의 눈의 수는 1부터 6까지 있으므로 눈의 수가 5일 가능성은 '~아닐 것 같다'입니다.
서연: 장마철인 6월은 11월보다 비가 더 자주 내리므로 가능성은 '~일 것 같다'입니다.

스스로 풀어내는 도전 10 문제 140~141쪽

1 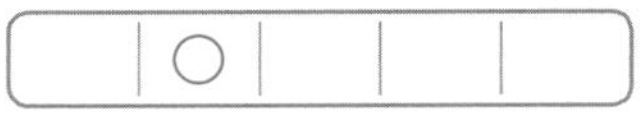

2 반반이다

3 ⑤

4 

5 라, 나, 다, 가

6 라

7 ㉢, ㉡, ㉤, ㉠, ㉣

8 예 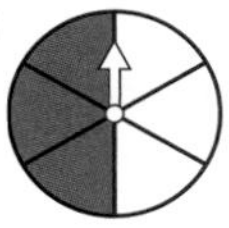

+9 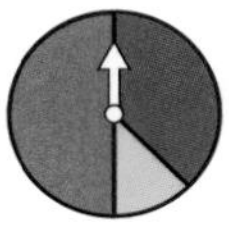

+10 로운 / 예 주사위의 눈의 수 1, 2, 3, 4, 5, 6 중에서 4 초과인 수는 5, 6이고 3 이하인 수는 1, 2, 3이므로 로운이의 일이 일어날 가능성이 더 높습니다.

1 번호표는 1번부터 10번까지 10개이므로 번호표가 6이 나올 가능성은 '~ 아닐 것 같다'입니다.

2 여학생 또는 남학생이므로 새로 전학 온 학생이 여학생일 가능성은 '반반이다'입니다.

3 $2+5=7$이므로 [2] [+] [5] [=]을 누르면 7이 나올 가능성은 '확실하다'입니다.

4 주사위에서 0의 눈이 없으므로 0이 나올 가능성은 '불가능하다'입니다.
동전은 그림 면과 숫자 면이 있으므로 숫자 면이 나올 가능성은 '반반이다'입니다.
흰색 바둑돌 2개 중에서 1개를 꺼내면 항상 흰색이 나오므로 가능성은 '확실하다'입니다.

5 노란색이 넓은 순서대로 기호를 쓰면 라, 나, 다, 가입니다.

6 회전판 라에서 노란색은 전체의 $\frac{1}{2}$이고 빨간색과 파란색은 각각 전체의 $\frac{1}{4}$이므로 화살이 멈춘 횟수가 빨간색 18번, 파란색 21번, 노란색 41번인 표와 일이 일어날 가능성이 가장 비슷합니다.

7 ㉠ 주사위의 눈은 6가지이므로 4의 눈이 나올 가능성은 '~아닐 것 같다'입니다.
㉡ 내 생일과 친구의 생일이 다를 가능성은 '~일 것 같다'입니다.
㉢ 1월은 겨울이라 밤이 낮보다 길므로 '확실하다'입니다.
㉣ 포도 맛 사탕만 있는 봉지에는 딸기 맛 사탕이 없으므로 '불가능하다'입니다.
㉤ 태어날 아이는 남자 또는 여자이므로 '반반이다'입니다.

힌트북 63쪽

8 

주사위를 10번 굴렸을 때 짝수가 나올 가능성은 반반이므로 회전판에서 3칸을 파란색으로 색칠하면 짝수가 나올 가능성과 화살이 파란색에 멈출 가능성이 같습니다.

+9 화살이 빨간색에 멈출 가능성이 가장 높기 때문에 회전판에서 가장 넓은 곳에 빨간색을 색칠하면 됩니다. 화살이 파란색에 멈출 가능성이 노란색에 멈출 가능성의 3배이므로, 가장 좁은 부분에 노란색을 색칠하고, 노란색을 색칠한 부분보다 넓이가 3배 넓은 부분에 파란색을 색칠하면 됩니다.

본책 142~145쪽

32일 일이 일어날 가능성을 수로 표현하기

확인 142쪽

❶ $0, \frac{1}{2}, 1$

❷ (1) 불가능하다에 ○표 / 0에 ○표
(2) 확실하다에 ○표 / 1에 ○표

기본기 다지는 교과서 문제 143쪽

1
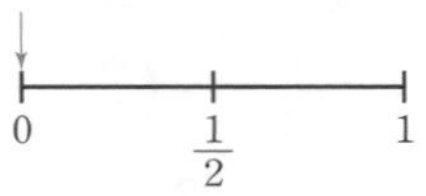

2
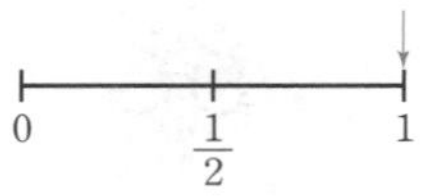

3
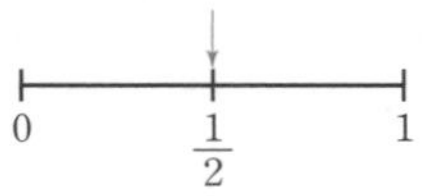

4 $\frac{1}{2}$

1 회전판 전체가 노란색인 회전판 가에서 화살이 초록색에 멈출 가능성은 '불가능하다'이므로 수로 표현하면 0입니다.

2 회전판 전체가 초록색인 회전판 나에서 화살이 초록색에 멈출 가능성은 '확실하다'이므로 수로 표현하면 1입니다.

3 노란색과 초록색이 회전판의 반씩 색칠된 회전판 다에서 화살이 노란색에 멈출 가능성은 '반반이다'이므로 수로 표현하면 $\frac{1}{2}$입니다.

4 흰색 바둑돌을 꺼낼 가능성은 '반반이다'이므로 수로 표현하면 $\frac{1}{2}$입니다.

스스로 풀어내는 도전 10 문제 144~145쪽

1
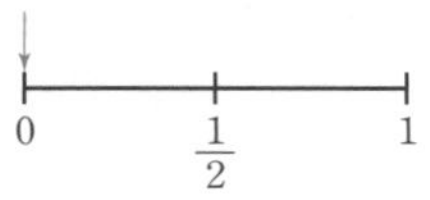

2
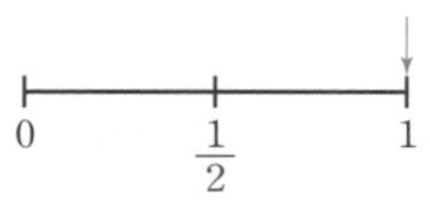

3 반반이다 / $\frac{1}{2}$

4 확실하다 / 1

5 불가능하다 / 0

6 $\frac{1}{2}$

7 ㉢, ㉠

8 $\frac{1}{2}$

+9 ㉡, ㉢, ㉠

+10 예 ♥ 모양의 카드가 2장이므로 카드 4장 중 한 장을 뽑을 때 ♥ 모양의 카드를 뽑을 가능성은 '반반이다'이고 수로 표현하면 $\frac{1}{2}\left(=\frac{2}{4}\right)$입니다. / $\frac{1}{2}$

1 회전판에 보라색은 없으므로 화살이 보라색에 멈출 가능성은 '불가능하다'이며, 수로 표현하면 0입니다.

2 검은색 바둑돌이 들어 있는 통이므로 꺼낸 바둑돌이 검은색일 가능성은 '확실하다'이며, 수로 표현하면 1입니다.

힌트북 64쪽

3

말	수
불가능하다	0
반반이다	$\frac{1}{2}$
확실하다	1

준수가 푼 ○× 문제의 정답이 ○일 가능성은 '반반이다'이며, 수로 표현하면 $\frac{1}{2}$입니다.

4 제비뽑기 상자에 당첨 제비만 2개 들어 있으므로 뽑은 제비가 당첨 제비일 가능성은 '확실하다'이며, 수로 표현하면 1입니다.

5 우산꽂이에 빨간색 우산은 없으므로 꺼낸 우산이 빨간색일 가능성은 '불가능하다'이며, 수로 표현하면 0입니다.

6 상자에서 공 1개를 꺼낼 때 나올 수 있는 공에 적힌 수는 1, 2, 3, 4로 4가지입니다. 이 중에서 홀수인 경우는 1, 3으로 2가지입니다. 따라서 꺼낸 공의 수가 홀수일 가능성은 '반반이다'이며, 수로 표현하면 $\frac{1}{2}$입니다.

힌트북 65쪽

7

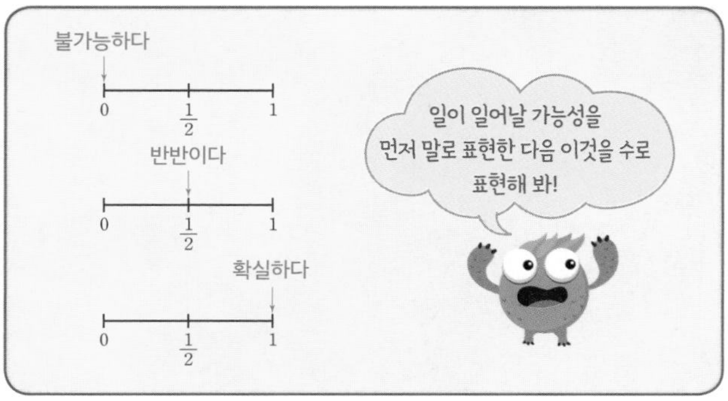

㉠ 빨간색 공 1개와 파란색 공 1개가 있는 주머니에 흰색 공은 없으므로 주머니에서 흰색 공을 꺼낼 가능성은 '불가능하다'이며, 수로 표현하면 0입니다.
㉡ 빨간색 공 2개와 파란색 공 2개가 있는 주머니에서 파란색 공을 꺼낼 가능성은 '반반이다'이므로 수로 표현하면 $\frac{1}{2}$입니다.
㉢ 빨간색 공 4개가 있는 주머니에서 빨간색 공을 꺼낼 가능성은 '확실하다'이므로 수로 표현하면 1입니다.
따라서 일이 일어날 가능성을 수로 표현했을 때 가능성이 가장 높은 것의 기호는 ㉢이고, 가장 낮은 것의 기호는 ㉠입니다.

8 파란색 공을 꺼내는 것은 4개 중의 2개이므로 가능성은 '반반이다'이며, 수로 표현하면 $\frac{1}{2}$입니다.

+9 ㉠ 주사위 눈의 수가 6보다 큰 수로 나올 가능성은 '불가능하다'이므로 수로 표현하면 0입니다.
㉡ 주사위 눈의 수가 모두 0 초과 7 미만이므로 나올 가능성은 '확실하다'이므로 수로 표현하면 1입니다.
㉢ 주사위 눈의 수가 4 미만으로 나올 가능성은 '반반이다'이므로 수로 표현하면 $\frac{1}{2}\left(=\frac{3}{6}\right)$입니다.

29~32일 단원평가

146~147쪽

01 88점	**02** 141 cm
03 3명	**04** ㉢
05 불가능하다	**06** ③
07 ㉡	**08** 확실하다 / 1
09 $\frac{1}{2}$	**10** 풀이 참조 / 90번

01 (수학 점수의 평균) $=(88+92+80+92)\div4$
$=352\div4=88$(점)

02 (키의 평균) $=(142+130+138+150+145)\div5$
$=705\div5=141$(cm)

03 세진이네 모둠 학생들의 키의 평균은 141 cm이므로 모둠 학생들의 키의 평균보다 큰 학생은 세진, 정현, 은미 3명입니다.

04 ㉠ ○× 문제에서 정답이 ○일 가능성은 '반반이다'입니다.
㉡ 12월 다음 달은 1월이므로 13월일 가능성은 '불가능하다'입니다.
㉢ 주사위를 굴려서 눈의 수가 6 이하로 나올 가능성은 '확실하다'입니다.
따라서 일이 일어날 가능성은 가장 높은 것을 찾아 기호를 쓰면 ㉢입니다.

05 주사위의 눈은 1, 2, 3, 4, 5, 6이므로 7의 눈은 나올 수 없습니다.

06 ③ 파란색 공만 들어 있는 상자에서 공을 꺼내면 항상 파란색이므로 가능성은 '확실하다'입니다.

07 회전판 ㉡에서 파란색은 전체의 $\frac{1}{2}$이고 빨간색과 노란색은 각각 전체의 $\frac{1}{4}$이므로 화살이 멈춘 횟수가 빨간색 15번, 파란색 29번, 노란색 16번인 표와 일이 일어날 가능성이 가장 비슷합니다.

08 주머니 속에 검은색 바둑돌만 2개 있으므로 꺼낸 바둑돌이 검은색일 가능성은 '확실하다'이며, 수로 표현하면 1입니다.

09 빨간색이 회전판의 반만큼 색칠되어 있으므로 빨간색에 멈출 가능성은 '반반이다'이며, 수로 표현하면 $\frac{1}{2}$입니다.

10 예시 답안 (4일 동안 한 줄넘기 기록의 합)
$=91\times4=364$(번)
(월요일에 한 줄넘기 기록)
$=364-(88+94+92)=364-274=90$(번)

채점 기준	
채점 기준	❶ 4일 동안 한 줄넘기 기록의 합을 구해야 함.
	❷ 월요일에 한 줄넘기 기록을 구해야 함.

memo

memo

memo

memo

memo

memo

수학이 만만해지는 힌트의 힘!

정답 · 풀이